21 世纪高等学校电子信息类规划教材

计算机文化

缑水平　荣　政　侯彦宾
杨淑媛　田　阗　李阳阳　编著

西安电子科技大学出版社

内容简介

本书主要包括计算机文化、计算机的基本知识和计算机的实际应用三个部分，旨在拓展学生对计算机技术的认知，提高学生学习兴趣。

本书第一部分介绍了计算机软/硬件、网络的发展，计算模式的变迁及计算机文化的形成历史；第二部分介绍了计算机内的信息表示、计算机组成、多媒体和网络、计算机编程和程序设计语言、数据库和数据库管理系统等初学者必备的计算机基本知识；第三部分以新颖的方式描述了常用软件的操作和高级应用。

本书可作为高等院校非计算机专业本科生的教材，也可作为高等职业技术学校的教材。建议课堂教学20学时，实践教学26学时。

图书在版编目(CIP)数据

计算机文化 / 缑水平等编著. —西安：西安电子科技大学出版社，2008.9(2015.7 重印)
21 世纪高等学校电子信息类规划教材
ISBN 978-7-5606-2121-0

Ⅰ. 计…　Ⅱ. 缑…　Ⅲ. 电子计算机—高等学校—教材　Ⅳ. TP3

中国版本图书馆 CIP 数据核字(2008)第 139104 号

策　　划　臧延新
责任编辑　阎　彬　臧延新
出版发行　西安电子科技大学出版社(西安市太白南路 2 号)
电　　话　(029)88242885　88201467　邮　　编　710071
网　　址　www.xduph.com　　电子邮箱　xdupfxb001@163.com
经　　销　新华书店
印刷单位　陕西华沐印刷科技有限责任公司
版　　次　2008 年 9 月第 1 版　2015 年 7 月第 6 次印刷
开　　本　787 毫米×1092 毫米　1/16　印 张　21
字　　数　494 千字
印　　数　11 001～13 000 册
定　　价　35.00 元(含光盘)
ISBN 978 - 7 - 5606 - 2121 - 0/TP · 1087
XDUP 2413001-6

前　言

计算机科学技术的飞速发展显著地加快了其他科学技术的进步，同时也大大加快了社会信息化的进程。近年来世界各国纷纷加大对计算机教育的投入力度，计算机知识和应用水平已成为21世纪人才必须具备的基本素质之一。

计算机已经过了数代的发展，其硬件架构已从处理数据位宽的增加模式发展到处理内核数增加的模式，其计算模式从最初的数据计算，经历信息计算，发展到现今的多媒体计算。

本书作为大学一年级学生学习计算机的入门课教材，担负着重要的引导和启发任务。本书在编写过程中充分考虑了工科学生的后续学习需求，因此首先介绍了计算机的发展以及发展过程中数学、物理、电子等其他学科对它的支撑作用，并通过计算机文化的形成过程向学生展示了计算机这种智力工具对我们现在及其以后生活、工作等的极大影响，从而激发学生的学习兴趣，使学生能够一入学就开始重视对自己的计算机素质和能力的培养。其次我们根据多年的教学经验，对计算机内数据编码、计算、程序设计思想、数据库简单原理等基本知识进行了深入讲解，目的是让学生对计算机的工作原理及其应用有一个感性的认识，同时可让学生对很多常用软件有一定的了解，为以后学习C语言、数据库、网络等课程打下良好的基础。

本书在编写的过程中也充分考虑了不同起点读者的情况，在基本知识点部分，本书采用了形象的、初学者容易理解的方式来表述；技术部分则采用了由基本理论、基本概念到实践应用深度逐步增加的方式来表述。此外，计算机学科是注重实践的学科，在理论教学的同时需加强学生的实际操作水平的练习，这样才能使学生真正掌握该门课程的实质内容。本书在第三部分对一些常用软件进行了针对性极强的训练描述，并在此基础上录制了操作实践视频，采用了由易到难、先仿后练、逐步推进的模式展开讲解，供学生在课上课下随时进行学习。只要读者能按照书中的要求边学边练，很快便可熟练运用计算机，从而享受计算机带来的各种乐趣。

本书由石光明教授总体策划，第1、2章由缑水平编写，第3~7章由荣政编写，第8章由侯彦宾编写，第9章由杨淑媛编写，第10、11章由田阒编写。全书由石光明、缑水平统稿。本书配有相应的光盘，全部由李阳阳老师配音。其他参加本书审校以及提供建议的人员还有邓卓峰、李晖、李林子、潘晓珠、姚若玉、孙江敏、张葵、刘丹华、胡海红、张华、姚瑶、王玉琴、冯静、祁伟栋、王朝霞、武瑞霞、孟会晓等。

感谢西安电子科技大学教务处、电子工程学院和通信工程学院领导的大力支持，感谢“微软亚洲研究院”为此书提供的有关“多媒体计算技术”的资料，感谢中科院计算技术研究所提供的关于“中国计算机发展”的资料，并特别感谢西安电子科技大学出版社为此书的出版提供的帮助。

由于编者水平有限，书中难免存在不妥之处，恳请读者批评指正。

编　者

2008年8月于西安

目　录

第一部分　计算机文化

第二部分　计算机的基本知识

第三部分 计算机的实际应用

第一部分

计算机文化

第1章　认识计算机

1.1　计算机的概念与分类

1.1.1　计算机的概念

计算机(Computer/Calculation machine)一般是在学术性或正式场合使用的名称，它的学名为电子计算机，是由早期的电动计算器发展而来的。自第一代计算机诞生以来，计算机技术和工业一直处于高速发展状态，计算机科学已成为一门发展快、渗透性强、影响深远的学科，计算机产业已在世界范围内发展成为具有战略意义的产业。计算机科学和计算机产业的发达程度已成为衡量一个国家的综合国力强弱的重要指标。计算机作为20世纪出现的新生事物，它的诞生对我们的生活、工作、学习等各方面产生了极大影响。全球第一代计算机如图1-1(a)所示，第一代便携式手提计算机如图1-1(b)所示。计算机科学涉及到数学、电子学(特别是微电子学)、磁学、光学、精密机械、通信、系统工程等学科，同时，由于各国政府、企业、科教组织对计算机的使用及影响程度不甚相同，因此，关于计算机并没有一个统一的、权威的定义。

(a) 全球第一代计算机

(b) 全球第一代手提计算机

图1-1　第一代计算机

《牛津英语词典(第二版)》的定义为：计算机是一种进行运算或者控制那些可以表示为数字或者逻辑形式的操作的设备。人们一般认为，广义的计算机是指能自动处理信息的机器。在通常用语中，计算机一般指电子计算机中的个人计算机。有一种定义为：计算机是一种能够按照指令对各种数据和信息进行自动加工和处理的电子设备，它由多个零配件组成，如中央处理器、主板、内存、电源、显卡等；还有一种定义为：计算机就是接收、处理和提供数据的一种装置，通常由输入/输出设备、存储器、运算和逻辑部件以及控制器组成。此外，还有这样一些定义：主板、显卡、声卡、显示器、机箱电源、键盘鼠标、光驱、软驱、内存条、CPU 等就构成了计算机；计算机就是能自动地、以存储程序的方式进行算术和逻辑运算的机器；代替人的部分脑力活动的机器就是计算机。

按定义来说，一台通用计算机能用来解决任何问题，只要这个问题可以用程序来表示。然而，程序运行时是有一些实际限制的：计算机的存储能力、所需处理问题的大小以及运行的速度。在 1934 年，艾伦·图灵证明了：给定正确的程序，任何通用计算机可以模拟其他任何计算机的行为。他的数学证明是纯粹理论上的，因为当时还没有通用计算机存在。这个证明的意义是深远的，例如，从理论上说，现在的通用计算机能够模拟任何未来制造的通用计算机的行为，尽管速度很慢。

通用计算机也称为完备的图灵机，它经常被用来定义现代计算机的能力上限。然而，这种定义是有问题的。几种过分单纯化的计算设备已经展现出完备的图灵机特性，但是它们都处于一种所谓的“图灵沥青陷阱”状态，即什么都是有可能的，但是和实用性一点都不沾边。现代计算机不仅仅是理论上通用化的，而且是实用化的通用工具。图 1-2(a)所示为现在国防、科研上使用的万亿次高性能计算机(2007 年 12 月 26 日，我国首台采用国产高性能通用处理器芯片“龙芯 2F”和其他国产器件、设备和技术的计算机在中国科学技术大学研制成功，并通过专家鉴定)，图 1-2(b)所示为市场上流行的一款掌上计算机。

(a) 百万亿次超高性能机群——“曙光 5000”

(b) 目前较小的一款掌上计算机

图 1-2 现代计算机

1.1.2 计算机的分类

1. 按用途分类

计算机制造商通常用以下词汇来描述他们的产品：超级计算机、迷你超级计算机(如图 1-3 所示)、大型计算机、企业级服务器、小型机、工作站、个人计算机或者台式机、膝上型计算机或者笔记本计算机、个人数字助理、可以穿戴的计算机等。计算机发展的快速性意味着计算机新的用途层出不穷，当前的定义很快就会过时。许多不再被人使用的计算机的类型，例如微分分析器，通常不被列入分类条目之中。所以，必须采用其他分类方法来明白无误地定义计算机。

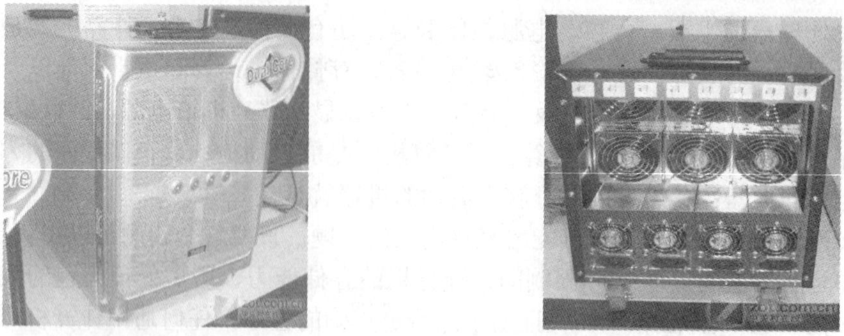

(a) Typhoon PSC 主机　　(b) Typhoon PSC 利于散热、降噪的背面设计

图 1-3　Typhoon PSC(泰安台风个人超级计算机)

2．按制造技术分类

按制造技术分类，可以有机械式计算机、半电子－半机械式计算机、电子式计算机、晶体管计算机、半导体集成电路计算机、光学计算机、量子计算机、神经计算机及生物计算机等。

3．按设计特点分类

现代计算机综合了许多基本的设计特点，这些特点是许多贡献者在很多年里逐渐开发出来的。设计特点经常独立于实现技术。现代计算机的综合性能来源于这些特点互相作用的方式。一些重要的设计特点罗列如下：

(1) 数字式和模拟式。设计一种计算机时有一个基本的决定：这种计算机应该是数字式还是模拟式的。数字式计算机处理离散的数字性或者符号性值，而模拟式计算机仍然应用于一些特殊的领域，例如机器人和回旋加速器的控制。

(2) 二进制和十进制。在数字式计算机的发展历程中，一个重大的设计进步是引入了二进制作为内部的数字系统。这种方法避免了那些基于其他数字系统的计算机中必需的复杂的进位机制。采用二进制的好处是简化了实现算术功能和逻辑运算的设计。

4．按能力分类

计算机按能力可以分为三大类：只能计算一种函数的单用途设备，可以计算有限范围内的函数的特殊用途设备，以及我们天天使用的通用设备。过去计算机这个词用来描述所有这些类型的机器，但是现在口语中的用法通常特指通用计算机了。

5．按操作方式分类

计算机可以按用户操作的方式来分类。有两大类操作方式：批处理和交互式处理。

6．按规模或系统功能分类

计算机可以分为巨型机、大型机、中小型机、工作站、个人计算机(微型机、膝上机、掌上机、单板机)等。

7．按计算机系统间的互连地域范围分类

计算机可划分为单机系统、计算机局域网、计算机远程网等。

8．按 Flynn 的建议分类

按计算机内的指令流和数据流是单个还是多个来划分计算机的种类，这就是 Flynn 分类法。按照 Flynn 法可把计算机的体系结构分为 4 类：SISD(单指令、单数据流)，串行地执

行指令；MISD(多指令、单数据流)，在多个处理机中用不同的指令去处理单个数据，这种方案看来是很不实际的；SIMD(单指令、多数据流)，以多个处理机同时对不同的数据执行同一种指令操作；MIMD(多指令、多数据流)，以多个处理机自治地对不同的数据执行不同的操作。

另外，按计算机系统的抗恶劣环境程度还可划分为通用计算机、加固(半加固)计算机。

1.2 计算机的影响

21 世纪人类已经进入信息社会，随着计算机和网络的普及，人们的生活正发生着翻天覆地的变化。计算机改变了人类获取知识、信息的方式，它还将改变人类社会的经济结构和生产、分配方式等。在这个科技进步的时代，计算机已成为每个人必备的工具，有了计算机，我们的联系才如此方便，快捷。计算机时代让人们尽情领略到了数字技术带来的神奇，比如使用计算机制作的两幅数字图画，如图 1-4(a)和 1-4(b)所示。同时计算机也给人们带来了一些健康隐忧，如图 1-4(c)和 1-4 (d)所示。计算机的普及和计算机文化的形成及发展，对社会产生了深远的影响。加上网络技术的飞速发展，使互联网渗透到了人们工作、生活的各个领域，成为人们获取信息、享受网络服务的重要来源。随着网络经济时代的到来，我们对计算机及其所形成的计算机文化，有了更全面的认识。

(a) 能看见 9 张脸吗？

(b) 柱子是圆的还是方的？

(c) 计算机噪声对于我们来说是另一种折磨

(d) 视力下降、眼睛干涩、红眼病是计算机族的常见情况

图 1-4 计算机对认知的影响

在 20 世纪 80 年代初期，Papert 曾指出计算机是一种强而有力的学习工具，可以克服传统教学媒体的缺陷，将一些抽象而深奥的概念化为具体而易懂的多媒体光盘互动教材，以帮助幼儿学习。Swigger 和 Hines 的研究成果显示：三岁的儿童已具有玩计算机的能力；四岁的儿童已具有使用计算机的能力；五岁的儿童已具有设计作业的能力。目前有许多研究已指出幼儿使用计算机的正面效果，但提供给幼儿的有意义的经验并非来自于计算机硬件，而是软件。此外，多媒体和网络技术提供了界面友好、形象直观的交互式学习环境，有利于激发学生的学习兴趣和协商会话、协作学习。当然，对于大多数人来说，如果计算机使用不当，那么它也会让人们对它产生过分的依赖性。比如，现在计算机的广泛使用极大地改变了人们认知世界的方式，改变了人的阅读习惯、日常生活习惯、价值观，甚至人格等。调查显示，近年来，我国国民图书阅读率持续走低，与此相反，网络阅读率却大幅增长。我国国民网上阅读率从 1999 年的 3.7%增加到 2003 年的 18.3%，再到 2005 年的 27.8%，7 年间增长了 7.5 倍，我国有网上阅读习惯的人数比例年均增幅 40%。各种电子媒介欣欣向荣，正在改变着我们的生活方式和思维方式。2003 年各种媒体接触率排名如图 1-5 所示。如今，网络阅读正成为全社会的一种新的阅读方式。

图 1-5　2003 年各种媒体接触率排名

现在计算机及网络技术已经成为人们生活中不可或缺的一部分，它们在我们的生活中无处不在。通过计算机网络我们可以轻松了解各种资讯、获取帮助、提高工作效率、共享信息等。如图 1-6 和图 1-7 所示的那样，计算机和网络也改变了我们一些传统的生活方式。

图 1-6　可视电话交流

图 1-7　视频聊天交流

下面我们将从信息高速公路和信息社会所具有的特征这两个方面来了解计算机文化对社会的影响。

1．信息高速公路

1993年1月，戈尔当选为克林顿政府的副总统，同年9月，他代表美国政府发表了“国家信息基础设施行动日程(National Information Infrastructure：Agenda for Action)”即“美国信息高速公路计划”，或称“NII”计划。网络系统是NII计划的基础。目前，世界上最大的计算机网络——Internet(常称为互联网)就是在ARPAnet的基础上，由35 000多个局域网、城域网(MAN)和国家网互连而成的一个全球网络，使得人们好像住进了一个地球村(见图1-8(a))。Internet已把全世界200多个国家和地区的几亿台计算机及其用户连接在一起，网上的数据信息量每月以10%以上的速度递增。仅以电子邮件(Electronic Mail或E-mail)为例，每天就有几千万人次使用Internet的E-mail信箱。发送电子邮件的用户只需把信件内容及收信人的E-mail地址按照规定送入连网的计算机中，E-mail系统就会自动把信件通过网络传送到目的地。收信的用户如果定时连网，可在自己的E-mail信箱中看到任何人发送给自己的邮件。NII计划的提出，给未来的信息社会勾画出了一个清晰的轮廓，而Internet的扩大运行，也给未来的全球信息基础设施提供了一个可供借鉴的原型。人人向往的信息社会，已不再是一个带有理想色彩的空中楼阁。

(a) 网络地球村　　(b) 机场忙碌的职业女性

图1-8　计算机网络改变生活、工作方式

2．信息社会的特征

同信息化以前的社会相比，信息社会具有下列主要特征：

(1) 信息成为重要的战略资源。在工业社会，能源和材料是最重要的资源。信息技术的发展，使人们日益认识到信息在促进经济发展中的重要作用。信息被当作是一种重要的战略资源。一个企业如果不实现信息化，就很难增加生产，提高与其他企业的竞争能力；一个国家如果缺乏信息资源，又不重视信息的利用和交换能力，就只能是一个贫穷落后的国家。目前，信息业已上升为一个国家最重要的产业。美国学者M·U·Poftat就提出一种宏观经济结构理论，将信息业与工业、农业、服务业并列为四大产业。信息业不能代替工业生产汽车，也不能代替农业生产粮食，但它是发展国民经济的“倍增器”，能够提高企业的生产水平，改进产品质量，改善劳动条件，产生明显的经济效益。可以预见，在未来的信息社会中，信息业将成为全世界最大的产业。

(2) 信息网络成为社会的基础设施。随着 NII 计划的提出和 Internet 的扩大运行，“网络就是计算机”的思想已深入人心。因此，信息化不单是让计算机进入普通家庭，更重要的是将信息网络联通到世界的每一个角落，每个人可以随时随地的开展工作。图 1-8(b)所示为一位在机场利用便携计算机和无线网络开展工作的职业女性。如果说供电网、交通网和通信网是工业社会中不可缺少的基础设施，那么信息网的覆盖率和利用率，理所当然地将成为衡量信息社会是否成熟的标志。

1.3 计算机文化

从文化教育的角度看，过去我们扫盲主要是使教育对象具有“能写会算”的基本功。现在针对信息化社会的要求又提出要培养在计算机上“能写会算”的人，国外把这称为计算机素养，归纳出三个 R，即读计算机的书、写计算机程序、取得计算机实际经验，这概括了国外计算机扫盲的基本要求。随着计算机教育的普及，一个更深内涵的问题——计算机文化正成为人们关注的热点。

人类文化的发展与传播文化的媒体技术关系极大。早在 1968 年，美国一位计算机科学家就设想过将来的计算机将成为“超级媒体”或“超级纸张”，并希望它能像活字印刷术那样对人类产生革命性的冲击。事实的发展证实了他的预言。在计算机的支持下，无纸贸易、无纸办公、无纸新闻、无纸出版正在成为现实。

网络技术的发展也使计算机如虎添翼。它建立起人与人之间以及这一群人与另一群人之间沟通的渠道，把时间和空间上的距离大大缩小，使得人们能彼此交流思想、交换信息。每个新思想正在被综合成更新的思想，从而对人类的本质以及我们生存的宇宙产生新的认识。网络最重要的特点就是人人可以处在网络的中心位置，彼此能完全平等地对话。多媒体计算机全球网使人类的联系更加密切，知识宝库更加丰富，各种难题更容易获得解决。网络文明对人类社会进步和生活改善将起到不可估量的影响。

当然，计算机文化既有知识精华在传播，也有污秽糟粕在泛滥，例如网络上传播的不健康的东西就应该坚决取缔。总之，随着计算机及其网络技术的发展，特别是信息高速公路的建设，要求我们不能单纯地把它当作科学技术问题来研究，还应该当作一种重大的文化现象来探讨，兴利除弊，因势利导。世界正在经历由 a 到 b 的转变，即原子(atom)时代向比特(bit)时代的变革，计算机科学与技术的进步在其中无疑起着关键性的作用。经过 50 多年的量变，计算机技术的应用领域几乎无所不在，成为人们工作、生活、学习不可或缺的重要组成部分，并由此形成了独特的计算机文化。

1.3.1 计算机文化的定义

所谓计算机文化，就是人类社会的生存方式因使用计算机而发生根本性变化后产生的一种崭新的文化形态，这种崭新的文化形态可以体现为：① 计算机理论及其技术对自然科学、社会科学的广泛渗透所表现的丰富文化内涵；② 计算机的软、硬件设备，作为人类所创造的物质设备丰富了人类文化的物质设备品种；③ 计算机应用介入人类社会的方方面面，从而创造和形成的科学思想、科学方法、科学精神、价值标准等成为一种崭新的文化观念。

计算机文化作为当今最具活力的一种崭新文化形态，加快了人类社会前进的步伐，它所产生的思想观念、所带来的物质基础条件以及计算机文化教育的普及有利于人类社会的进步和发展。同时，计算机文化也带来了人类崭新的学习观念：面对浩瀚的知识海洋，人脑所能接受的知识是有限的，我们根本无法“背”完，通过计算机这种工具可以把我们从“背”的繁重的记忆性劳动中解放出来，而更多地去完成“创造”性劳动。

计算机文化代表一个新的时代文化，它已经将一个人经过文化教育后所具有的能力由传统的读、写、算上升到了一个新高度，即除了能读、写、算以外，还要具有计算机运用能力(信息能力)，而这种能力可通过计算机文化的普及得到实现。

计算机文化来源于计算机技术，正是后者的发展，孕育并推动了计算机文化的产生和成长；而计算机文化的普及，又反过来促进了计算机技术的进步与计算机应用的扩展。

当人类跨入21世纪时，又迎来了以网络为中心的信息时代。作为计算机文化的一个重要组成部分，网络文化已成为人们生活的一部分，深刻地影响着人们的生活，同样也给我们带来了前所未有的挑战。信息时代是互联网的时代，娴熟地驾驭互联网将成为人们工作生活的重要能力。在信息时代造就了微电子、数据通信、计算机、软件技术这4大产业，围绕网络互联，又实现了计算机、电视、电话的“三合一”。“三合一”包含两层意思：一是计算机网、电视网、电话网三网合一，三种信号均通过网际网传输；二是终端设备融为一体。这是目前人们广泛关注的技术，它的实现极大地丰富了计算机文化的内涵，让每一个人都能领略计算机文化的无穷魅力，体味计算机文化的浩瀚。

今天，计算机文化已成为人类现代文化的一个重要组成部分，完整准确地理解计算科学与工程及其社会影响，已成为新时代青年人的一项重要任务。

1.3.2　计算机文化的形成

自第一台微型计算机问世以来，世界上已有超过2.5亿台的个人计算机(PC)在各地运行。PC机在美国家庭的普及率已超过50%。在中国，PC机的销售量以每年约20%的速度增长。除此以外，每年还有大量的单片机装入汽车、微波炉、洗衣机、电话和电视机中。一个计算机大普及的时代已经揭开了序幕，并由此形成了独具魅力的计算机文化。回顾过去20多年的历史，计算机的成就主要表现在以下几个方面：

(1) 价格持续下降。1975年问世的第一台微机(Altair 8800)的价格为4000美元。1977年著名的Apple II 8位机(带64 KB内存、不配显示器)的售价为1300美元。1981年推出的第一代IBM PC机(4.77 MHz 8088 CPU，512 KB内存，单色显示器和5英寸软盘驱动器)报价为3200美元。到1996年，一台配备齐全的PC机(90 MHz Pentium CPU，8 MB内存，VGA彩显，54 MB硬盘)，加上键盘、打印机等标准外部设备，花2500美元即可买到。在中国，现在配备最新的CPU的微机售价只需几千元人民币。同许多其他家电产品一样，PC机现已成为普通人能够买得起的家电产品。

(2) 性能大幅度提高。早期的微机速度低、内存容量小，其功能远不及小型机和主机。许多大型的软件因内存限制，无法在PC机上运行。硬件的进步，使PC机每秒可处理千兆字节的信息，内存容量可达几百兆字节，不少以前只能在工作站乃至大型机上运行的软件，现在也能在PC机上运行。一些先进技术，像虚似存储、数据库管理、图形系统和多媒体应用等，在PC机上都能实现。“微机不微”，今天的PC机，不仅在功能上已超过了26年前的小型机或某些主机，而且在软件、硬件技术上也覆盖了许多当代新技术。

(3) 操作日趋简便。早期的计算机操作复杂，只有专家才能使用。随着分时系统与小型机的推广，开始用键盘代替读卡机和纸带机，用字符显示器补充单独使用的电传打字机或打印机，简化了输入/输出操作。1982 年，美国 Xerox 公司采用图形显示器和鼠标器等设备，采用层叠式窗口、弹出式菜单等人机交互技术，一举吸引了公众的注意。1984 年，美国 Apple 公司在推出 Macintosh PC 机的同时，除采用窗口与菜单技术外，还增加了引人注目的“对话框”等技术。从此，图文并茂的图形用户界面开始取代传统的字符用户界面，以“多窗口”下拉菜单和“联机帮助”为特征的窗口系统迅速推广。随着多媒体技术的发展，形声兼备的多媒体用户界面也初露头角。不久的将来，计算机的操作与应用将更趋简便，更加自然。一个高性能的工具，配上友好的用户界面，再加上低廉的价格，使得计算机从“昔日王榭堂前燕”，变成了如今的“飞入平常百姓家”。计算机已成为我们日常生活不可分割的一个重要部分。

(4) 计算机网络迅猛发展。网络不仅作为一个媒体给传媒格局带来很多冲击，也作为一种新的社会形态，孕育了各种新的文化现象。网络文化的景观，既让一些人称奇，又让一些人困惑，更让不少人担忧。芙蓉姐姐、网络小胖、后舍男孩、美媚自拍、聊天交友、论坛灌水、反恐游戏、网络写手、电子购物等成了全新的文化创作与参与主体、全新的文化内容与文化传播、全新的经济活动与生存方式的代表。仅仅在 10 年前，我们还无法想象到今天的这种新文化形态，网络从一种技术的代名词演变为一种文化，成熟的周期显得过于短暂。图 1-9、图 1-10、图 1-11 是一些网络文化中较有代表性的一些事例。

图 1-9　网络电视

图 1-10　网络聊天

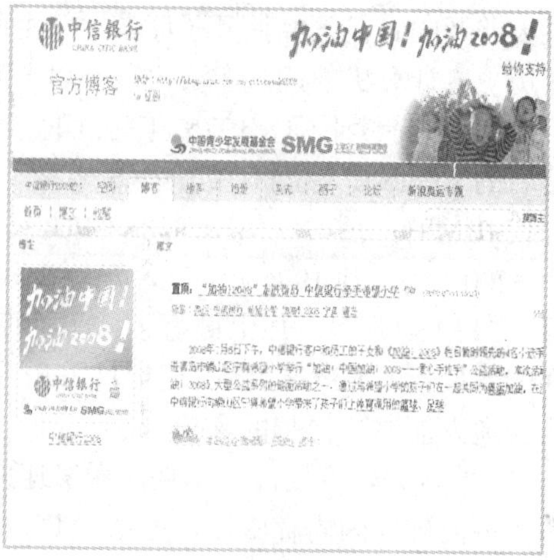

图 1-11　博客

影响着人类生活和思维方式的网络文化是一个内涵十分丰富的概念，对它的认识角度与层面不尽相同。人民网传媒频道彭兰博士将网络文化分成如下层面：

(1) 网络文化行为：网民在网络中的行为方式与活动，大多具有文化的意味，它们就是网络文化的基本层面，是网络文化的其他层面形成的基础。

(2) 网络文化产品：既包括网民利用网络传播的各种原创的文化产品，例如文章、图片、视频、Flash等，也包括一些组织或商业机构利用网络传播的文化产品。

(3) 网络文化事件：网络中出现的一些具有文化意义的社会事件，它们不仅对网络文化的走向起到一定作用，也会对社会文化发展产生一定影响。

(4) 网络文化现象：有时网络中并不一定发生特定的事件，但是，一些网民行为或网络文化产品等会表现出一定的共同趋向或特征，形成某种文化现象。

(5) 网络文化精神：网络文化的一些内在特质。目前网络文化精神的主要特点表现为：自由性、开放性、平民性、非主流性等。但随着网络在社会生活中渗透程度的变化，网络文化精神也会发生变化。

不同层面的网络文化交织在一起，构成了复杂的网络文化景观。而网络文化的形成，有着自己内部的动力系统，也有着外部的推动力量。总体来看，网络文化的形成基于以下几种主要的动力要素的组合结构及其运动方式：

(1) 网络文化发展的原动力是网民的需要或诉求。这些需要和诉求主要包括休闲娱乐诉求、自我表达诉求、自我调适需求、个人信息传播诉求、自我形象塑造诉求、知识管理诉求、社会参与诉求。

(2) 网民互动是网络文化的助推力。网民互动放大了个体行为影响(“芙蓉姐姐”就是一个典型的例子)、聚合了个体行为能量(近两年的“超女”现象)、孕育了群体文化、促进了文化产品传播(博客、BBS)、造就了网络文化精神。

社会学家指出，网络文化极大地满足了人们的一种“经历癖”，人们在网络的虚拟空间中从心态上锻炼了一种成就感和自信心。在游戏中，人们通过与不同魔怪打斗来提升自己的武功，同侠女相识相爱，如同身临其境；在论坛中，可以像学者官员那样评点国家大事，抨击社会丑恶现象；在网络文学与网络音乐创作中，可以像大作家与音乐家那样，随意创作自己得意的作品，供网民评点……

网络社会是在网络技术不断完善的过程中形成的，网络技术的不断发展使得网络的门槛逐渐降低，越来越多的人汇集到网络中来，人们共同完善和建设着这个有史以来人类最大的社区。因此，网络文化首先是“全球化”的，同时，由于网络汇聚了全球各个角落、各种民族、不同文化的人们来参与，网络文化的最终发展必然是多元的、共生的，更像是一个文化的“丛林”。

1.4 计算机硬件的发展

1.4.1 计算机的发展历史

1. 计算机的诞生

1946年2月15日发生了人类历史上一件划时代的大事：人类第一台真正意义上的电子计算机诞生了。1945年，由美国生产了第一台全自动电子数字计算机“埃尼阿克”(英文缩写词是ENIAC，即Electronic Numerical Integrator and Calculator，中文意思是电子数字积分器和计算器)，如图 1-12 所示。它是美国奥伯丁武器试验场为了满足计算弹道需要而研制的。主要发明人是电气工程师普雷斯波·埃克特(J.Prespen Eckert)和物理学家约翰·莫奇勒(John W. Mauchly)。这台计算机 1946 年 2 月交付使用，共服役 9 年。“埃尼阿克”的功，是计算机发展史上的一座纪念碑，是人类在发展计算技术的历程中到达的一个新的起点。

“埃尼阿克”计算机的最初设计方案是由 36 岁的美国工程师莫奇利于 1943 年提出的，它的主要任务是分析炮弹轨道。总工程师由年仅 24 岁的埃克特担任，组员格尔斯是位数学家，另外还有逻辑学家勃克斯。“埃尼阿克”共使用了 18 000 个电子管、1500 个继电器以及其他器件。其总体积约 90 立方米，重达 30 吨，占地 170 平方米，需要用一间 30 多米长的大房间才能存放，是个地地道道的庞然大物。这台耗电量为 140 千瓦的计算机，运算速度为 5000 次加法每秒，或者 400 次乘法每秒，比机械式的继电器计算机快 1000 倍。

“埃尼阿克”最初是为了进行弹道计算而设计的专用计算机，但后来可以通过改变插入控制板里的接线方式来解决各种不同的问题，而成为一台通用机。它的一种改型机曾用于氢弹的研制。“埃尼阿克”程序采用外部插入式，每当进行一项新的计算时，都要重新连接线路。有时几分种或几十分种的计算，要花几小时或 1～2 天的时间进行线路连接准备，这是一个致命的弱点。它的另一个弱点是存储量太小，至多只能存 20 个 10 位的十进制数。因此有了随后的世界上第一台能够存储程序的计算机，如图 1-13 所示。英国无线电工程师协会的蒙巴顿将军把“埃尼阿克”的出现誉为“诞生了一个电子的大脑”，“电脑”的名称由此流传开来。

图 1-12　第一台电子数字计算机“ENIAC”

图 1-13　世界上第一台存储程序式计算机 EDVAC

ENIAC 机的问世具有划时代的意义，它标志着计算机时代的到来。在以后的 40 多年里，计算机技术发展得异常迅速，在人类科技史上还没有一种学科可以与电子计算机的发展速度相提并论。在计算机技术发展初期，杰出代表人物是美籍匈牙利科学家冯·诺依曼(图 1-14)和英国科学家阿兰·迈席森·图灵(见图 1-15)。

图 1-14　冯·诺依曼(John von Neumann)

图 1-15　阿兰·迈席森·图灵(Alan Mathison Turing)

冯·诺依曼的主要贡献是：确立了现代计算机的基本结构，即冯·诺依曼结构。其特点可以概括如下：

(1) 使用单一的处理部件来完成计算、存储以及通信的工作；

(2) 存储单元是定长的线性组织；

(3) 存储空间的单元是直接寻址的；

(4) 使用机器语言，指令通过操作码来完成简单的操作；

(5) 对计算进行集中的顺序控制。

从技术上讲，ENIAC 尚未正式运行就几乎过时了。因为在它正式运行之前，一份新型电子计算机的设计报告，又在计算机发展史上树起了一座新的里程碑！这份设计报告的起草人，就是20世纪天才的数学大师之一、美籍匈牙利数学家冯·诺依曼。1903年12月28日，冯·诺伊曼诞生于匈牙利的布达佩斯。他从小就显示出惊人的数学天赋。18岁时，他与指导老师合作，在国外的杂志上发表了第一篇数学论文。1926年，冯·诺依曼几乎同时毕业于两所大学，在苏黎世高等技术学院获得“化学工程”文凭，在布达佩斯大学获得数学博士证书。冯·诺依曼有一个突出的优点，就是善于把人们认为不能用数学处理的实际问题加以公理化、系统化，将抽象的数学理论巧妙地应用于实际生活领域。譬如一次几十名商人参加的交易会，商人们都会谋求有利于自己的最优策略，其数学复杂程度远远超过了太阳系行星的运动。冯·诺依曼敢于知难而进，用一系列的数学理论创造并揭示了这类现象的规律，从而奠定了对策论这门数学分支的基础。

冯·诺依曼对计算机科学的贡献，尤其为人们所赞赏。有趣的是，将他引向这个领域却纯粹靠一个偶然的机会。1944年夏天，冯·诺依曼在一个火车站候车时，偶然遇见ENIAC研制小组的负责人之一、数学家格尔斯坦中尉。当时，冯·诺依曼正为原子弹实验中遇到的大量计算问题而苦恼，譬如有关原子核裂变反应过程问题，需要进行数十亿次初等算术运算，上百名女计算员用台式计算器日夜不停地工作，仍然不能按时完成任务。在与格尔斯坦中尉闲聊中，冯·诺依曼听到了ENIAC正在研制的消息，立刻理解了这项工作的深远意义。不久，他就成了研制小组的常客，并对一些关键问题的解决作出了贡献。从此，他那崭新的设计思想，深深地烙印在现代电子计算机的基本设计之中。西方科学家们对冯·诺依曼的工作给予了极高的评价，尊称他为“电子计算机之父”。

后来，冯·诺依曼又进一步研究了自动机理论，他用惊人的毅力克服癌症带来的病痛，探索了计算机和人脑机制的类似现象。不幸的是，1957年2月8日，《计算机与人脑》的讲稿尚未写完，冯·诺依曼便被骨癌夺去了生命。

计算机发展史上另一位重要人物阿兰·迈席森·图灵对现代计算机的贡献主要是：建立了图灵机的理论模型，发展了可计算性理论；提出了定义机器智能的图灵测试。

图灵1912年生于英国伦敦，1954年死于英国的曼彻斯特。他是计算机逻辑的奠基者，许多人工智能的重要方法也源自于这位伟大的科学家。他对计算机的重要贡献在于他提出了有限状态自动机也就是图灵机的概念，他杰出的贡献使他成为计算机界的第一人。现在人们为了纪念这位伟大的科学家，将计算机界的最高奖定名为“图灵奖”。

少年图灵感兴趣的是数学等学科，在加拿大他开始了他的职业数学生涯。在大学期间，这位学生似乎对前人现成的理论并不感兴趣，什么东西都要自己来一次。大学毕业后，他前往美国普林斯顿大学，也正是在那里，他制造出了以后称之为图灵机的东西。图灵机被公认为现代计算机的原型，这台机器可以读入一系列的 0 和 1，这些数字代表了解决某一问题所需要的步骤，按这个步骤走下去，就可以解决某一特定的问题。

1936 年，图灵向伦敦权威的数学杂志投了一篇论文，题为“论数字计算在决断难题中的应用”。在这篇开创性的论文中，图灵给“可计算性”下了一个严格的数学定义，并提出著名的“图灵机(Turing Machine)”的设想。“图灵机”不是一种具体的机器，而是一种思想模型，如图 1-16 所示，它由三部分组成：一个控制器，一条可以无限延伸的带子和一个在带子上左右移动的读/写头。通过图灵机可制造出一种十分简单但运算能力极强的计算装置，用来计算所有能想象得到的可计算函数。“图灵机”与“冯·诺依曼机”齐名，被永远载入计算机的发展史中。1950 年 10 月，图灵又发表了另一篇题为“机器能思考吗”的论文，成为划时代之作。也正是这篇文章，为图灵赢得了“人工智能之父”的桂冠。

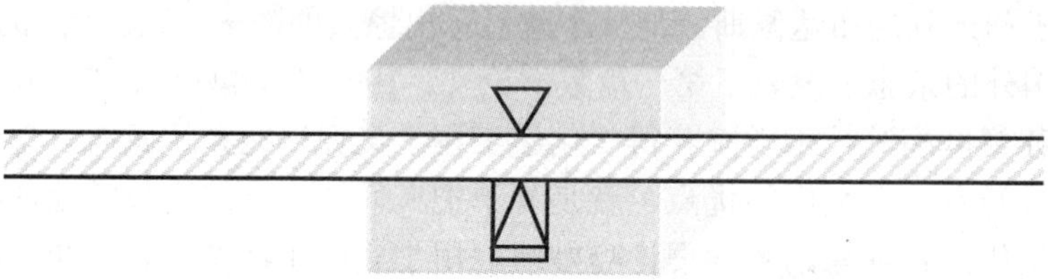

图 1-16　图灵机模型示意图

大学毕业后，图灵去美国普林斯顿大学攻读博士学位，还顺手发明过一个解码器。在那里，他遇见了冯·诺依曼，后者对他的论文极为赞赏，并随后由此提出了“存储程序”概念。当有人将“电子计算机之父”的头衔戴在冯·诺依曼头上时，他谦逊地说，真正的计算机之父应该是图灵。他俩是计算机历史浩瀚星空中相互映照的两颗巨星。

数学家把聪明给了电子计算机，电子计算机将使数学家变得更加聪明。电子计算机与其他的工具都不相同：它是人脑的一个侧面的延伸。电子计算机不仅具有非凡的计算能力，速度之快令人望尘莫及，而且还能够仿真人的某些思维功能，按照一定的规则进行逻辑判断和逻辑推理，代替人的部分脑力劳动。1976 年，数学家凭借电子计算机去证明四色定理，“依靠机器完成了人没有能够完成的事情”，轰动了整个国际数学界。电子计算机把人的思维更加有效地引向未知领域。仅仅从这个角度讲，也不难认识到电子计算机是一项多么伟大的科学发明了。

2. 计算机发展的四个时代

1) 第一代(1946～1958)：电子管数字计算机

计算机的逻辑元件采用电子管(见图 1-17)，主存储器采用汞延迟线、磁鼓、磁芯；外存储器采用磁带；软件主要采用机器语言、汇编语言；应用以科学计算为主。其特点是体积大、耗电大、可靠性差、价格昂贵、维修复杂，但它奠定了以后计算机技术的基础。第一代电子计算机的五个基本部分为运算器、控制器、存储器、输入器和输出器。运算器和控制器采用电子管，存储器采用电子管和延迟线。这一代计算机的一切操作，包括输入、输出在内，都由中央处理机集中控制。这种计算机主要用于科学技术

图 1-17　第一代：电子管
(计算速度为 5000～40 000 次/秒)

方面的计算。“埃迪瓦克(EDVAC)”是典型的第一代电子计算机，其方案实际上在 1945 年就完成了，但直到 1952 年 1 月才制成。

1949 年 5 月，英国剑桥大学数学实验室根据冯·诺依曼的思想，制成电子延迟存储自动计算机“埃迪萨克(EDSAC)”，这是第一台带有存储程序结构的电子计算机。随后，在 1952 年 1 月，由冯·诺依曼设计的 IAS 电子计算机问世，诺依曼的设想终于在这台机器上得到了圆满的体现。这台 IAS 计算机总共只采用了 2300 个电子管，但运算速度却比拥有 18 000 个电子管的“埃尼阿克”提高了 10 倍。因此 IAS 计算机被屡屡仿制，并成为诺依曼型电子计算机的鼻祖。从 1953 年起，美国的 IBM 公司开始批量生产应用于科研的大型计算机系列，从此电子计算机走上了工业生产之路。1955 年，前苏联科学家也研制出快速大型电子计算机，该机占用机房面积达 100 平方米，共用了 5000 多个电子管，平均计算速度达 7000～8000 次每秒。该机包括一个能存储 1004 个代码的专用内存储器。**1958 年，中国科学院也研制出了中国第一台采用电子管的大型快速计算机。**

2) 第二代(1958～1964)：晶体管数字计算机

晶体管(见图 1-18)的发明推动了计算机的发展。逻辑元件采用了晶体管以后，计算机的体积大大缩小，耗电减少，可靠性提高，性能比第一代计算机有很大的提高。这一代计算机的主存储器采用磁芯，外存储器已开始使用更先进的磁盘；软件有了很大发展，出现了各种各样的高级语言及其编译程序，还出现了以批处理为主的操作系统，计算机开始向系列化方向发展。其应用以科学计算和各种事务处理为主，并开始用于工业控制。

图 1-18 第二代：晶体管
(计算速度为几十万～百万次/秒)

1954 年，美国贝尔实验室研制成功第一台使用晶体管线路的计算机，取名“催迪克(TRADIC)”，装有 800 个晶体管。1955 年，美国在阿塔拉斯洲际导弹上装备了以晶体管为主要元件的小型计算机。10 年以后，在美国生产的同一型号的导弹中，由于改用集成电路元件，重量只有原来的 1/100，体积与功耗减少到原来的 1/300。

1958 年，美国的 IBM 公司研制出了第一台全部使用晶体管的计算机 RCA501 型。由于第二代计算机采用晶体管逻辑元件及快速磁芯存储器，计算速度从几千次每秒提高到几十万次每秒，主存储器的存储量从几千提高到 10 万以上。1959 年，IBM 公司又生产出全部晶体管化的电子计算机 IBM 7090。1958～1964 年，晶体管电子计算机经历了大范围的发展过程。从印刷电路板到单元电路和随机存储器，从运算理论到程序设计语言，不断的革新使晶体管电子计算机日臻完善。1961 年，世界上最大的晶体管电子计算机 ATLAS 安装完毕。1964 年，中国研制出了第一台全晶体管电子计算机 441-B 型。

第一代电子计算机使用的是“定点运算制”，参与运算的绝对值必须小于 1；而第二代电子计算机则增加了浮点运算，使数据的绝对值可达到 2 的几十次方或几百次方，使电子计算机的计算能力实现了一次飞跃。同时，用晶体管取代电子管使第二代电子计算机的体积大大减小，寿命延长，价格降低，为电子计算机的广泛应用创造了条件。

3) 第三代(1964～1971)：集成电路数字计算机

20 世纪 60 年代，计算机的逻辑元件采用小、中规模集成电路(见图 1-19)，计算机的体积更加小型化、耗电量更少、可靠性更高，性能比第二代计算机又有了很大的提高。这时，小型机也蓬勃发展起来，应用领域日益扩大。主存储器仍采用磁芯，软件逐渐完善，分时操作系统、会话式语言等多种高级语言都有新的发展。

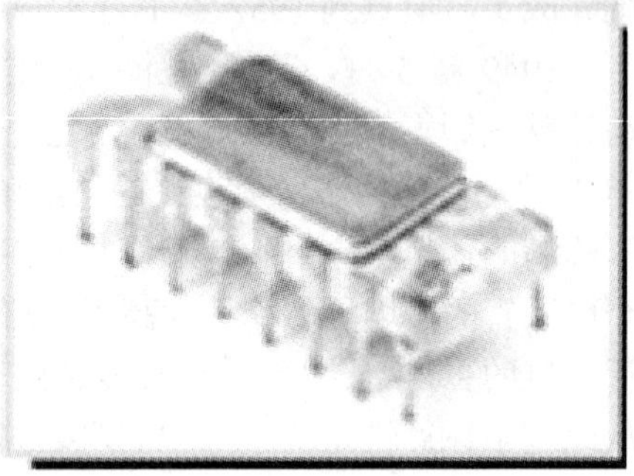

图 1-19　第三代：集成电路
(计算速度为百万～几百万次/秒)

1958 年，世界上第一个集成电路诞生时，只包括一个晶体管、两个电阻和一个电阻—电容网络。后来集成电路工艺日趋完善，集成电路所包含的元件数量以每 1～2 年翻一番的速度增长着。发展到 20 世纪 70 年代初期，大部分电路元件都已经以集成电路的形式出现了。甚至，在像指甲那样大的约 1 平方厘米的芯片上，就可以集成上百万个电子元件。因为它看起来只是一块小小的硅片，所以人们常把它称为芯片。与晶体管相比，集成电路的体积更小，功耗更低，而可靠性更高，造价更低廉，因此得到迅速发展。

1964 年 4 月 7 日，美国 IBM 公司同时在 14 个国家、全美 63 个城市宣告，世界上第一个采用集成电路的通用计算机系列 IBM 360 系统研制成功，该系列有大、中、小型计算机共 6 个型号，它兼顾了科学计算和事务处理两方面的应用，各种机器全都相互兼容，适用于各方面的用户，具有全方位的特点，正如罗盘有 360° 刻度一样，所以取名为 360。它的研制开发经费高达 50 亿美元，是研制第一颗原子弹的曼哈顿计划的 2.5 倍。IBM 360 系统是最早使用集成电路元件的通用计算机系列，它开创了民用计算机使用集成电路的先例，计算机从此进入了集成电路时代。IBM 360 成为第三代计算机的里程碑。

4) 第四代(1971 年以后)：大规模集成电路数字计算机

计算机的逻辑元件和主存储器都采用了大规模集成电路(见图 1-20)。所谓大规模集成电路，是指在单片硅片上集成 1000～2000 个以上晶体管的集成电路，其集成度比中、小规模的集成电路提高了 1～2 个以上数量级。这时计算机发展到了微型化、耗电极少、可靠性很高的阶段。随着大规模集成电路技术的迅速发展，计算机除了向巨型机方向发展外，还朝着超小型机和微型机方向飞越前进。1971 年末，世界上第一台微处理器和微型计算机在美国旧金山南部的硅谷应运而生，它开创了微型计算机的新时代。此后各种各样的微处理器和微型计算机如雨后春笋般地研制出来，潮水般地涌向市场，成为当时首屈一指的畅销品。这种势头直至今天仍然方兴未艾。特别是 IBM-PC 系列机诞生以后，几乎一统世界微型机市场，各种各样的兼容机也相继问世。

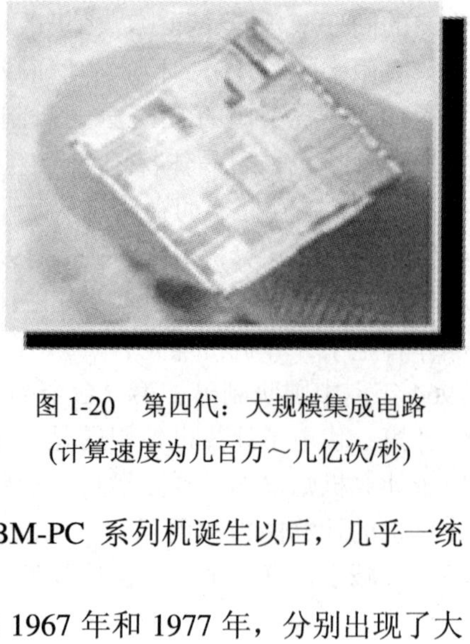

图 1-20　第四代：大规模集成电路
(计算速度为几百万～几亿次/秒)

进入 20 世纪 60 年代后，微电子技术发展迅猛。在 1967 年和 1977 年，分别出现了大规模集成电路和超大规模集成电路，并立即在电子计算机上得到了应用。由大规模和超大规模集成电路组装成的计算机，被称为第四代电子计算机。

美国 ILLIAC-IV 计算机是第一台全面使用大规模集成电路作为逻辑元件和存储器的计算机，它标志着计算机的发展已到了第四代。1975 年，美国阿姆尔公司研制成 470V/6 型计算机，随后日本富士通公司生产出 M-190 机，它们是比较有代表性的第四代计算机，英国曼彻斯特大学 1968 年开始研制第四代机，1974 年研制成功 DAP 系列机。1973 年，德国西门子公司、法国国际信息公司与荷兰飞利浦公司联合成立了统一数据公司，研制出 Unidata 7710 系列机。

第四代计算机的主机和主存储器均采用大规模和超大规模集成电路，多处理机的体系结构已显示出优势，磁盘、磁卡和光盘成为主要的辅助存储器，计算机系统已向网络化、开放式、分布式发展，计算机硬件系统和软件工程的进展已使各种计算机辅助设计、辅助生产、辅助决策、辅助管理、辅助医疗、辅助教学等系统发挥出巨大的经济效益和社会效益。

预计在 21 世纪，光电器件、超导器件、生物器件将用于计算机，计算机技术将与通信技术更紧密地结合。采用大规模并行处理(MPP)体系结构的计算机将得到更快的发展。人工智能技术将使计算机不仅是处理数据的工具，也是处理知识的助手。人工智能技术和各种多媒体技术及幻真(灵境)技术使计算机和用户之间的距离缩小，在未来的信息社会中将建立起和谐的人—机系统。

3. 中国计算机发展的四个时代

华罗庚教授是我国计算技术的奠基人和最主要的开拓者之一。当冯·诺依曼开创性地提出并着手设计存储程序通用电子计算机 EDVAC 时，正在美国 Princeton 大学工作的华罗庚教授参观过他的实验室，并经常与他讨论有关学术问题。华罗庚教授 1950 年回国，1952 年在全国大学院系调整时，他从清华大学电机系物色了闵乃大、夏培肃和王传英三位科研人员在他任所长的中国科学院数学所内建立了中国第一个电子计算机科研小组。1956 年筹建中科院计算技术研究所时，华罗庚教授担任筹备委员会主任。

1) 第一代电子管计算机的研制(1958～1964 年)

我国从 1957 年开始研制通用数字电子计算机，1958 年 8 月 1 日该机可以表演短程序运行，标志着我国第一台电子计算机诞生。为纪念这个日子，该机定名为八一型数字电子计算机。该机在 738 厂开始小量生产，改名为 103 型计算机(即 DJS-1 型，如图 1-21 所示)，共生产了 38 台。

图 1-21　103 机

图 1-22　104 机

1958 年 5 月我国开始了第一台大型通用电子计算机(104 机，如图 1-22 所示)的研制。它以前苏联当时正在研制的 БЭСМ-II 计算机为蓝本，在前苏联专家的指导帮助下，中科院计算所、四机部、七机部和部队的科研人员与 738 厂密切配合，于 1959 年国庆节前完成了研制任务。在研制 104 机同时，夏培肃院士领导的科研小组于 1960 年 4 月首次自行设计研制成功一台小型通用电子计算机 107 机，如图 1-23 所示。1964 年我国第一台自行设计的大型通用数字电子管计算机 119 机研制成功，如图 1-24 所示。该机平均浮点运算速度为 5 万次每秒。参加 119 机研制的科研人员约有 250 人，有十几个单位参与协作。

图 1-23　107 机

图 1-24　119 机

2) 第二代晶体管计算机的研制(1965～1972 年)

我国在研制第一代电子管计算机的同时，已开始研制晶体管计算机。1965 年研制成功的我国第一台大型晶体管计算机(109 乙机，如图 1-25 所示)实际上从 1958 年起计算所就开始酝酿启动。在国外禁运条件下要造晶体管计算机，必须先建立一个生产晶体管的半导体厂(109 厂)。经过两年努力，109 厂就提供了机器所需的全部晶体管(109 乙机共用 2 万多个晶体管，3 万多个二极管)。对 109 乙机加以改进，两年后又推出 109 丙机，它为用户运行了 15 年，有效算题时间 10 万小时以上，在我国两弹试验中发挥了重要作用，被用户誉为“功勋机”。

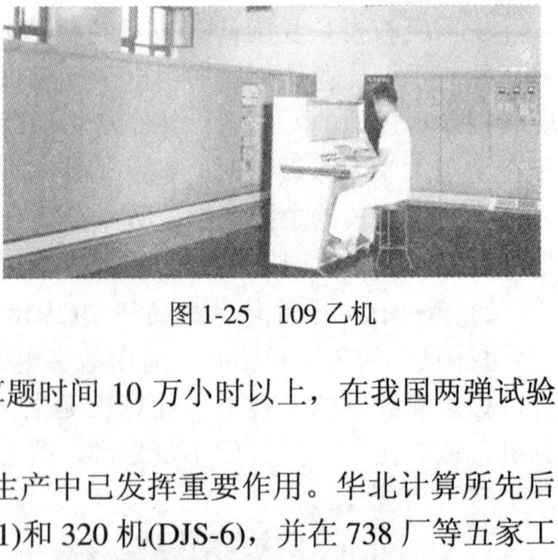

图 1-25　109 乙机

我国工业部门在第二代晶体管计算机研制与生产中已发挥重要作用。华北计算所先后研制成功 108 机、108 乙机(DJS-6)、121 机(DJS-21)和 320 机(DJS-6)，并在 738 厂等五家工厂生产。哈军工于 1965 年 2 月成功推出了 441B 晶体管计算机并小批量生产了 40 多台。

3) 第三代基于中小规模集成电路的计算机研制(1973～20 世纪 80 年代初)

我国第三代计算机的研制受到文化大革命的冲击。IBM 公司 1964 年推出 360 系列大型机是美国进入第三代计算机时代的标志，我国到 1970 年初期才陆续推出大、中、小型采用集成电路的计算机。1973 年，北京大学与北京有线电厂等单位合作研制成功运算速度为 100 万次每秒的大型通用计算机。进入 20 世纪 80 年代，我国高速计算机，特别是向量计算机有新的发展。1983 年中国科学院计算所完成我国第一台大型向量机 757 机(如图 1-26 所示)，计算速度达到 1000 万次每秒。

这一记录同年就被国防科大研制的银河－Ⅰ亿次巨型计算机打破。银河－Ⅰ巨型机(如图

1-27 所示)是我国高速计算机研制的一个重要里程碑，它标志着我国文革动乱时期与国外拉大的距离又缩小到 7 年左右(银河-Ⅰ的参考机克雷-1 于 1976 年推出)。

图 1-26　757 机

图 1-27　银河-Ⅰ

4) 第四代基于超大规模集成电路的计算机研制(20 世纪 80 年代中期至今)

和国外一样，我国第四代计算机的研制也是从微机开始的。1980 年初我国不少单位也开始采用 Z80、X86 和 M6800 芯片研制微机。1983 年 12 月电子部六所研制成功与 IBM PC 机兼容的 DJS-0520 微机。二十多年来我国微机产业走过了一段不平凡的道路，现在以联想微机为代表的国产微机已占领一大半国内市场。

1992 年国防科大研制成功银河-Ⅱ通用并行巨型机，其峰值速度达 4 亿次每秒浮点运算(相当于 10 亿次每秒基本运算操作)，总体上达到 20 世纪 80 年代中后期国际先进水平。从 90 年代初开始，国际上采用主流的微处理机芯片研制高性能并行计算机已成为一种发展趋势。国家智能计算机研究开发中心于 1993 年研制成功曙光一号全对称共享存储多处理机。1995 年，国家智能机中心又推出了国内第一台具有大规模并行处理机(MPP)结构的并行机曙光 1000(含 36 个处理机)，峰值速度为 25 亿次每秒浮点运算，实际运算速度上了 10 亿次每秒浮点运算这一高性能台阶。

1997 年国防科大研制成功银河-Ⅲ百亿次并行巨型计算机系统，它采用可扩展分布共享存储并行处理体系结构，由 130 多个处理结点组成，峰值性能为 130 亿次每秒浮点运算，系统综合技术达到 90 年代中期国际先进水平。

国家智能机中心与曙光公司于 1997～1999 年先后在市场上推出具有机群结构的曙光 1000A、曙光 2000 Ⅰ，曙光 2000 Ⅱ超级服务器，峰值计算速度已突破 1000 亿次每秒浮点运算，机器规模已超过 160 个处理机。2000 年推出浮点运算速度达 3000 亿次每秒的曙光 3000 超级服务器。2004 年上半年推出浮点运算速度 1 万亿次每秒的曙光 4000 超级服务器(如图 1-28 所示)。

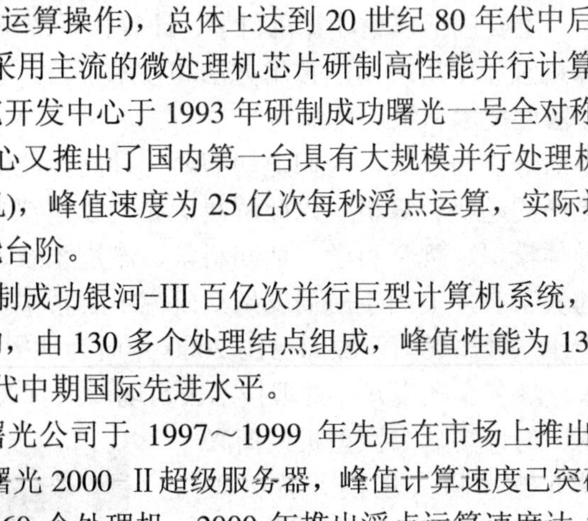

图 1-28　曙光 4000

综观 40 多年来我国高性能通用计算机的研制历程，从 103 机到曙光机，走过了一段不平凡的历程。这里给出国内外标志性计算机推出的时间表，见表 1-1。其中国外的代表性计算机为 ENIAC、IBM 7090、IBM 360、CRAY-1、Intel Paragon、IBM SP-2，国内的代表性计算机为 103、109 乙、150、银河-Ⅰ、曙光 1000、曙光 2000。

表 1-1　中外计算机研究进展对照表

机型	第一代	第二代	第三代	向量机	大规模并行机	机群
美国	1946	1959	1964	1976	1990	1994
中国	1958	1965	1973	1983	1995	1998
推出时间相差年数	12	6	9	7	5	4

1.4.2　计算机的发展现状

计算机科学与技术是一门实用性很强、发展极其迅速的面向广大社会的技术学科，它建立在数学、电子学 (特别是微电子学)、磁学、光学、精密机械等多门学科的基础之上。但是，它并不是简单地应用某些学科的知识，而是经过高度综合形成一整套有关信息表示、变换、存储、处理、控制和利用的理论、方法和技术。计算机科学是研究计算机及其周围各种现象与规模的科学，主要包括理论计算机科学、计算机系统结构、软件和人工智能等。计算机技术则泛指计算机领域中所应用的技术方法和技术手段，包括计算机的系统技术、软件技术、部件技术、器件技术和组装技术等。

随着科学技术的不断进步与发展，人们迫切需要一种高性能的，即运算速度达到万亿次、百万亿次甚至于更高的超级计算机，以此解决诸如气象模拟、流体湍流分析、污染分析、人类染色体、半导体模拟、视学科学、认知科学、燃烧系统、海洋环境以及核试验模拟等一类问题。具体的例子有，美国宇航局艾姆斯研究中心希望提供一台拥有百万亿次每秒浮点运算能力的超级计算机，美国能源部已在 2000 年时为他提供 10 万亿次量级超级计算机。这些用户的要求，只有靠规模并行处理技术去实现，只有大规模并行机才能胜任。

近年来，美、日两国的许多著名巨型机厂商兴起了将传统向量巨型机技术和大规模并行处理(MPP)技术相结合的综合性处理技术，以提高系统的性能。向量处理机高度并行化，既能保持同以往传统向量巨型机软件的兼容性，又能大幅度提高系统运算速度。例如，Cray Research 公司的 CRAY-YMP 系列(如图 1-29 所示)、日本富士通公司研制的 VPP500 等。

图 1-29　向量巨型机 Cray YMP M90 Ziegler

在计算机大家族中，超级巨型计算机(或超级计算机)是计算技术发展的顶峰，它集中了现代高科技之精华，因而国际上公认超级计算机技术及其超级计算机产品是一个国家综合国力的象征。超级计算机水平标志着一个国家科技、经济和国防的综合实力，因而发达国家为争夺超级计算机领域里的领先地位一直在激烈地竞争。近几年来，万亿次超级计算机成为世界上的热点。美国的 HPCC(高性能计算与通信)计划、日本的 RWC (真实世界计算)计划以及“欧洲万亿次计算机计划”都是围绕这个热点展开的。由于美国和日本的超级计算机发展水平遥遥领先，因此，万亿次机的争夺战主要在美、日之间进行。

2008 年 6 月 18 日，第 31 届全球超级计算机 TOP500 排行榜发布。本次排行一个爆炸性的突破，就是运算速度达千万亿次每秒的超级计算机的发布。美国能源部位于 Los Alamos 的国家实验室(LANL)的 Roadrunner 系统，以 1.026 petaflop/s(千万亿次浮点运算每秒)的计算能力位列榜首。超级计算机“Roadrunner”的名字取自新墨西哥州州鸟，其价值约为 1 亿美元，共经过三个阶段实施，是世界上第一台“混合”超级计算机(如图 1-30 所示)，其计算能力可达到 1 petaflop(一千万亿次每秒计算)，比部署在劳伦斯利物莫国家实验室(Lawrence Livermore National Lab)的目前世界上最快的计算机 IBM“蓝色基因(Blue Gene)”快了 1 倍。Roadrunner 的速度大约是目前全球其他 500 强超级计算机中领先者的近三倍。Roadrunner 大致相当于 10 万台目前最快的笔记本型计算机的计算能力总和，若将与其计算能力相当的笔记本计算机叠加起来，大概有 1.5 英里高。

图 1-30　超级计算机“Roadrunner”

在过去的 10 年中，超级计算机的计算能力增加了大约 1000 倍。今天，仅仅 3 个 Roadrunner 3 刀片处理单元就可与 1998 年速度最快的计算机相匹敌。对于一项复杂的物理学计算，在 1998 年，计算机需要花费 20 年的时间才能够完成(到现在才刚刚完成了一半)，而如今 Roadrunner 仅在一周之内便能完成。如果汽车油耗在过去十年中的改进速度能够赶上超级计算机成本和效率的提升速度，那么如今一加仑汽油将可以行驶 20 万英里。

然而，另外一方面，台湾的泰安 Typhoon PSC(台风个人超级计算机，如图 1-31 所示)性能强大却拥有令人心仪的超迷你尺寸。泰安台风 PSC 定位于科学计算机与高性能计算机(HPC)，有采用 AMD 皓龙和英特尔 P4/PD处理器的型号，外壳分别被刷成银或黑色。

2007 年 11 月 7 日，SSC(Scalable Servers Corporation)鼎磊科技在经过长时间的精心研发后，首次正式向大众发表基于 AMD 次世代 Opteron CPU 的超级计算机系统——flexBlade 工作群组超级计算机平台(如图 1-32 所示)。flexBlade 系统可看做为一台单独放置在桌边的个人超级计算机，或者是 SMP 架构的超级计算机，亦可作为机架式集群服务器。具有灵活且可扩展的配置方案，作为通用型的 flexBlade 由五组双路刀片服务器所组成，架构性能类似于 Cluster、SMP。该平台可以依照客户对性能需求的不同，从以安静及低耗电为目标的 1500 W 总耗电升级为以高性能计算为目标的 3000 W 总耗电。每个平台都可配置充足的内存(每节点最多 16 条 DIMM 插槽，每个机箱80 条 DIMM 插槽)、硬盘容量(有 10 个 2.5 英寸硬盘和 14 个 3.5 英寸的硬盘)，具有高速 Infiniband网络交换器及服务器管理功能，使跨机箱的系统扩充成为可能。

图 1-31 台风个人超级计算机

图 1-32 flexBlade 工作群组超级计算机平台

近几年来通信网络技术的飞速进展，使分布式计算机专用互连网有逐渐转向标准通信网络的趋势。ATM 技术是适合于 B-ISDN(宽带综合业务数字网)的标准通信协议，利用 ATM 网可将各种类型的计算机连接成分布式并行计算系统。由于 ATM 具有高带宽、低延迟等特性，紧耦合的并行处理系统和松耦合的分布式系统的界限逐渐模糊。2007 年底华硕 Eee PC(如图 1-33 所示)的发布给相关产业带来了一系列的连锁冲击。而在英特尔和威盛等芯片厂商的推波助澜下，2008 年，包括联想、惠普、戴尔、Acer、富士通、三星、技嘉、微星、海尔甚至爱国者等消费电子厂商都公布了生产超低价便携机的计划。日前，清华同方联手威盛电子在北京推出了 imini 系列迷你笔记本(如图 1-34 所示)的首款产品 S1。与以往不同的是，imini 系列笔记本隶属超移动计算平台，只有 10 英寸的屏幕。S1 除了可以当成笔记本使用外，还能摇身变成名片大师、移动硬盘、移动电源、数码伴侣、数码相框以及 GPS 导航仪等其他设备，其个性化定制功能搭配威盛超移动平台，不仅能充分满足用户的个性化需求，也展示了超移动计算机的魅力。

图 1-33 华硕 Eee PC

图 1-34 imini 笔记本

1.5 计算机软件的发展

一个完整的计算机系统由硬件和软件两部分组成，硬件是组成计算机的物质实体，而没有软件的计算机几乎不能完成任何功能。实际呈现在用户面前的计算机系统是经过若干层软件改造的计算机，其功能的强弱也与所配备的软件有关。因此一种能够让人与计算机之间进行“沟通”的语言——计算机语言就此诞生了，也称为编程语言。程序设计人员利用编程语言来编写完成某个特定任务的软件。

计算机软件技术发展很快。50 年前，计算机只能被高素质的专家使用，今天，计算机的使用非常普遍，甚至没有上学的小孩都可以灵活操作；40 年前，文件不能方便地在两台计算机之间进行交换，甚至在同一台计算机的两个不同的应用程序之间进行交换也很困难，今天，网络在两个平台和应用程序之间提供了无损的文件传输；30 年前，多个应用程序不能方便地共享相同的数据，今天，数据库技术使得多个用户、多个应用程序可以互相覆盖地共享数据。了解计算机软件的进化过程，对理解计算机软件在计算机系统中的作用至关重要。

语言和文字是人类所特有的用来表达思想和交流信息的工具，当人类试图用定量的方式来表达思想时，就必然对计算的方法和工具提出需求。计算机语言的发展是一个不断演化的过程，其根本的推动力就是对抽象机制更高的要求以及对程序设计思想的更好的支持。具体来说，就是把机器能够理解的语言提升到也能够很好地模仿人类思考问题的形式。计算机语言的演化是从最开始的机器语言到汇编语言，再到各种结构化高级语言，最后到支持面向对象技术的面向对象语言。

1．机器语言

第一代软件是用机器语言编写的。电子计算机所使用的是由“0”和“1”组成的二进制数，二进制是计算机语言的基础。计算机发明之初，人们只能用计算机的语言去命令计算机干这干那，一句话，就是写出一串串由“0”和“1”组成的指令序列交由计算机执行。这种语言就是机器语言。例如计算 2+6 在某种计算机上的机器语言指令如下：

```
10110000 00000110
00000100 00000010
10100010 01010000
```

第一条指令表示将“6”送到寄存器 AL 中，第二条指令表示将“2”与寄存器 AL 中的内容相加，结果仍在寄存器 AL 中，第三条指令表示将 AL 中的内容送到地址为 5 的单元中。

使用机器语言是十分痛苦的，特别是在程序有错需要修改时更是如此。而且，由于每台计算机的指令系统往往各不相同，因此，在一台计算机上执行的程序，要想在另一台计算机上执行，必须另编程序。所以，只有少数专业人员能够为计算机编写程序，这就大大限制了计算机的推广和使用。用机器语言进行程序设计不仅枯燥费时，而且容易出错(如图 1-35 所示)。但由于使用的是针对特定型号计算机的语言，故而运算效率是所有语言中最高的。

图 1-35　20 世纪 40 年代的编程

2．汇编语言

为了减轻使用机器语言编程的痛苦，人们进行了一种有益的改进：用一些简洁的英文字母、符号串来替代一个特定指令的二进制串，比如，用“ADD”代表加法，“MOV”代表数据传递等。例如计算 2+6 的汇编语言指令如下：

```
MOV AL，6
ADD AL，2
MOV #5，AL
```

这样一来，人们很容易读懂并理解程序在干什么，纠错及维护都变得方便了。这种程序设计语言就称为汇编语言，即第二代计算机语言。然而计算机是不认识这些符号的，这就需要一个专门的程序，负责将这些符号翻译成二进制数的机器语言。这种翻译程序被称为汇编程序。汇编语言同样十分依赖于机器硬件，移植性不好，但效率仍十分高。针对计算机特定硬件而编制的汇编语言程序，能准确发挥计算机硬件的功能和特长，程序精炼而质量高，所以至今仍是一种常用而强有力的软件开发工具。

3．高级语言

从最初与计算机交流的痛苦经历中人们意识到，应该设计一种这样的语言，这种语言接近于数学语言或人的自然语言(例如计算 2+6 的高级语言指令就是 2+6)，同时又不依赖于计算机硬件，编出的程序能在所有机器上通用。经过努力，1954 年，第一个完全脱离机器硬件的高级语言——FORTRAN 问世了。40 多年来，共有几百种高级语言出现，有重要意义的有几十种，其中影响较大、使用较普遍的有 FORTRAN、ALGOL、COBOL、BASIC、LISP、SNOBOL、PL/1、Pascal、C、PROLOG、Ada、C++、VC、VB、Delphi、JAVA 等。高级语言的发展也经历了从早期语言到结构化程序设计语言，从面向过程到非过程化程序语言的过程。相应地，软件的开发也由最初的个体手工作坊式的封闭式生产，发展为产业化、流水线式的工业化生产。

4．结构化程序设计

20 世纪 60 年代中后期，软件越来越多，规模越来越大，而软件的生产基本上是各自为战，缺乏科学规范的系统规划与测试、评估标准，其恶果是大批耗费巨资建立起来的软件系统，由于含有错误而无法使用，甚至带来巨大损失。软件给人的感觉是越来越不可靠，以致几乎没有不出错的软件。这一切，极大地震动了计算机界，史称“软件危机”。人们认识到：大型程序的编制不同于写小程序，它应该是一项新的技术，应该像处理工程一样处理软件研制的全过程。程序的设计应易于保证正确性，也便于验证正确性。1969 年，人们提出了结构化程序设计方法。1970 年，第一个结构化程序设计语言——Pascal 语言出现，标志着结构化程序设计时期的开始。

5．面向对象程序设计

20 世纪 80 年代初开始，在软件设计思想上又产生了一次革命，其成果就是面向对象的程序设计。在此之前的高级语言，几乎都是面向过程的，程序的执行是流水线式的，在一个模块被执行完成前，人们不能干别的事，也无法动态地改变程序的执行方向。这和人们日常处理事物的方式是不一致的，对人而言，是希望发生一件事就处理一件事，也就是说，不能面向过程，而应是面向具体的应用功能，也就是对象(object)。其方法就是软件的集成化，如同硬件的集成电路一样，生产一些通用的、封装紧密的功能模块，称之为软件集成块，它与具体应用无关，但能相互组合，完成具体的应用功能，同时又能重复使用。对使用者来说，只关心它的接口(输入量、输出量)及能实现的功能，至于如何实现，那是它内部的事，使用者完全不用关心，C++、VB、Delph i就是典型代表。高级语言的下一个发展目标是面向应用，也就是说只需要告诉程序你要干什么，程序就能自动生成算法，自动进行处理，这就是非过程化的程序语言。

第五代计算机语言的发展过程中有三个著名事件：在计算机软件业具有主导地位的Microsoft 公司的崛起、面向对象的程序设计方法的出现以及万维网(World Wide Web)的普及。

在这个时期，Microsoft 公司的 Windows 操作系统在 PC 机市场占有显著优势，尽管WordPerfect 仍在继续改进，但 Microsoft 公司的 Word 成了最常用的文字处理软件。20 世纪90 年代中期，Microsoft 公司将文字处理软件 Word、电子制表软件 Excel、数据库管理软件Access 和其他应用程序绑定在一个程序包中，称为办公自动化软件。

6. 计算机语言的未来发展趋势

面向对象程序设计以及数据抽象在现代程序设计思想中占有很重要的地位，未来语言的发展将不再依赖一种单纯的语言标准，将会是一种完全面向对象、更易表达现实世界、更易为人编写的语言。其使用人员将不再只是专业的编程人员，人们完全可以用订制真实生活中一项工作流程的简单方式来完成编程。计算机语言发展的特性包括：

(1) 简单性。提供最基本的方法来完成指定的任务，只需理解一些基本的概念，就可以用它编写出适合于各种情况的应用程序。

(2) 面向对象。提供简单的类机制以及动态的接口模型。对象中封装状态变量以及相应的方法，实现了模块化和信息隐藏；提供了一类对象的原型，并且通过继承机制，子类可以使用父类所提供的方法，实现代码的复用。

(3) 安全性。用于网络、分布环境下有安全机制保证。

(4) 平台无关性。与平台无关的特性使程序可以方便地被移植到网络上的不同机器、不同平台。

1.6 计算机网络的发展

互联网的出现给社会经济带来了广泛且深刻的影响。互联网已经发展成为人类历史上最大的交流平台，利用这个平台可以完成以前根本不可能做到的事情。比如，曾经有个研究外星人的天文爱好者想要计算一些数据，但工作之大，可能穷其一生亦未能完成。于是他在网上发了一个贴子求助，结果有 300 多万人回帖表示愿意帮助其计算。这在互联网诞生以前绝对是不可想象的。互联网也是有史以来最大的人际网络。互联网的每台机器后面都有一个或几个人，他们不分种族和国籍，这就如同把一大群人的脑袋连在一起。互联网还是有史以来最大的资料库，它将每台机器的资料都连接在一起，形成一个巨大的资料库，这也是前所未有的。据保守估计，互联网上有超过 200 亿个网站，上面几乎涵盖了所有学科所需的资料，而且其更新速度也很快。

计算机网络从产生到发展，总体来说可以分成4个阶段。

第1阶段。20世纪60年代末到20世纪70年代初为计算机网络发展的萌芽阶段。其主要特征是：为了增加系统的计算能力和资源共享，把小型计算机连成实验性的网络。第一个远程分组交换网叫ARPANET，是由美国国防部于1969年建成的，它第一次实现了由通信网络和资源网络复合构成计算机网络系统，标志着计算机网络的真正产生。

第2阶段。20世纪70年代中后期是局域网络(LAN)发展的重要阶段，其主要特征为：局域网络作为一种新型的计算机体系结构开始进入产业部门。局域网技术是从远程分组交换通信网络和I/O总线结构计算机系统派生出来的。1976年，美国Xerox公司的Palo Alto研究中心推出以太网(Ethernet)，它成功地采用了夏威夷大学ALOHA无线电网络系统的基本原理，使之发展成为第一个总线竞争式局域网络。1974年，英国剑桥大学计算机研究所开发了著名的剑桥环(Cambridge Ring) 局域网。这些网络的成功实现，一方面标志着局域网络的产生，另一方面，它们形成的以太网及环网对以后局域网络的发展也起到了导航的作用。

第3阶段。整个20世纪80年代是计算机局域网络的发展时期。其主要特征是：局域网络完全从硬件上实现了ISO的开放系统互连通信模式协议的功能。计算机局域网及其互连产品的集成，使得局域网与局域互连、局域网与各类主机互连以及局域网与广域网互连技术越来越成熟。综合业务数据通信网络(ISDN)和智能化网络(IN)的发展，标志着局域网络的飞速发展。1980年2月，IEEE(美国电气和电子工程师学会)下属的802局域网络标准委员会宣告成立，并相继提出IEEE 801.5～802.6等局域网络标准草案，其中的绝大部分内容已被国际标准化组织(ISO)正式认可。作为局域网络的国际标准，它标志着局域网协议及其标准化的确定，为局域网的进一步发展奠定了基础。

第4阶段。20世纪90年代初至现在是计算机网络飞速发展的阶段，其主要特征是：计算机网络化、协同计算能力发展以及全球互连网络(Internet)的盛行。计算机的发展已经完全与网络融为一体，体现了“网络就是计算机”的口号。目前，计算机网络已经真正进入社会各行各业，为社会各行各业所采用。另外，虚拟网络FDDI及ATM技术的应用，使网络技术蓬勃发展并迅速走向市场，走进平民百姓的生活。

目前，人类社会已经迈入了网络时代，计算机和互联网已经与老百姓的日常工作、学习和生活息息相关，人类社会目前又处于一个历史飞跃时期，正由高度的工业化时代迈向初步的计算机网络时代。在计算机技术、网络通信技术高速发展的今天，计算机和网络正在以惊人的速度进入人类社会的各个角落。

首先，网络将会推动社会生产力以更快的速度发展。人类社会经历过好几次技术革命，而计算机网络时代的到来，宣告了一场新的科技革命的到来。计算机和网络时代的主要元素就是信息，通过计算机和互联网，信息技术的发展将会空前加快，人们了解信息、传递信息的渠道将增多、速度将变快，信息的及时性和有效性也将会变得更强。

其次，对于个人来说，通过使用计算机和网络，人类的工作和劳动方式也将会发生许多改变。我们可以预计在不久的将来，通过计算机网络的连接，人们可以足不出户地完成工作和学习任务，可以让大家节约出更多的时间去处理一些其他的事，使人们在行动甚至是思想上都得到了解放。另外，我们可以借助计算机网络把我们的工作思维和方法输入到机器里面，完成本来我们必须亲手完成的任务。

最后，计算机网络对老百姓生活的改变也将产生极大的影响。通过计算机和网络，我们在今后可以拥有一个新的公共和私人的生活领域，使人们的生活方式出现崭新的形式。网络使人与人之间的沟通更加方便，使人与人之间的关系更为密切，使世界的距离变得越来越小。另外，网络还将会为我们提供任何我们需要的服务，比如收发信息、亲友联系、网上购物、及时了解新闻、收看电视节目以及完成工作和学习任务等。总之，高效的网络系统将会为我们解决所需要解决的一切问题。

由此可见，计算机网络的发展将会对人类社会产生积极的影响，将会引起社会的生产和生活的革命性变化，将会推动人类文明向更高的阶段发展。同时，网络的发展也带来一些负面效应。

由于目前网络技术还没有发展到一个比较完善的阶段，网络还存在着很大的虚拟性和不真实性，导致在网络上的思想和政治领域的斗争有了发展的条件。许多西方国家都有利用网络来影响发展中国家社会民众思想意识的行为。因为网络信息与那些有形的商品不同，它在其形成和传播过程中不可避免地会沾染上一些文化政治色彩，一些对自己的社会制度和意识十分标榜的国家就可以通过网络来把这些思想意识向其他国家的民众加以宣扬，从而达到促使这些国家社会动荡、民心不稳的恶劣目的，进一步实现在政治制度上的影响。

其次，网络会导致世界各国的发展更不平衡。目前西方发达国家纷纷建立网络信息高速公路，原先的经济低迷状况马上得以好转，社会经济开始了新一轮发展，可见网络信息对经济发展的影响是多么巨大。现在信息已经成为各国和各企业实体参与竞争的主要手段，大家都已经认识到只要掌握及时有效的信息，才能使自己在竞争中立于不败之地。但我们知道要建立高效、完整的信息网络，需要有巨大的资金和技术支持，这不是每一个国家都能够轻易完成的。

计算机网络取得今天的发展成就，是人类文明进入到更高阶段的标志，它推动着人类社会向更现代化的方向发展，同时也推动知识经济时代的到来。人们通过计算机网络的连接，打破了原先在时间和空间上的阻隔，在无形中拉近了人与人之间的距离，也在一定程度上扩大了我们生存的空间。网络给我们提供了超乎寻常的方便和成功，但是，网络也给社会带来了更多的挑战，它要求我们要以更高的层次去面对新的生活和环境，同时不断地改变我们的思想和行为。我们要抓住网络时代带给我们的机遇，不断努力推动人类社会向更高阶段发展。

思考题

什么是计算机文化？它对你有什么影响？

第2章　计算机应用

2.1　计算机的特点

计算机问世之初，主要用于数值计算，“计算机”也因此得名。但随着计算机技术的迅猛发展，它的应用范围不断扩大，不再局限于数值计算而广泛地应用于自动控制、信息处理、智能模拟等各个领域。计算机能处理各种各样的信息，包括数字、文字、表格、图形、图像等。计算机之所以具有如此强大的功能，是由它的特点所决定的。概括地说，计算机主要具备以下几方面的特点：

(1) 运算速度快。计算机的运算部件采用的是电子器件，其运算速度远非其他计算工具所能比拟，而且，由电子管升级到晶体管，再升级到小规模集成电路、中规模集成电路、大规模集成电路等，其运算速度还以每隔几年一个数量级的水平不断提高。

(2) 存储容量大。计算机的存储器可以把原始数据、中间结果、运算指令等存储起来，以备随时调用。存储器不但能够存储大量的信息，而且能够快速准确地存入或取出这些信息。计算机的应用使得从浩如烟海的文献、资料、数据中查找信息并且处理这些信息成为容易的事情。

存储器的容量是用字节数来度量的。由于一般存储器的容量都非常大，现在常用“K字节”和“M 字节”来度量，1K 字节=1024 字节，1M 字节=1024K 字节=1024×1024 字节。一台普通的奔腾微机，主存储器有 32M 字节，便可把 1600 多万汉字全部放入内存，而且能够快速地进行查找、排序、编辑等工作。

(3) 具有逻辑判断能力。计算机能够根据各种条件来进行判断和分析，从而决定以后的执行方法和步骤。还能够对文字、符号、数字的大小、异同等进行判断和比较，从而决定怎样处理这些信息。计算机被称为“电脑”，便是源于这一特点。

(4) 工作自动化。计算机内部的操作运算是根据人们预先编制的程序自动控制执行的。只要把包含一连串指令的处理程序输入计算机，计算机便会依次取出指令逐条执行，完成各种规定的操作，直到得出结果为止。

另外，计算机还具有运算精度高、工作可靠等优点。

2.2　计算机的基本运算

计算机的运算有两种：数值运算(最基本的是四则运算)和非数值运算(最基本的是逻

辑运算)。

1．四则运算(二进制加法和乘法)

计算机中使用二进制码 0、1，一般 1 表示事件的肯定(真)，0 表示事件的否定(假)。

四则运算中最基本的是加法，其他运算都可由加法实现。二进制的加法规则是：0+0=0，0+1=1，1+0=1，1+1=10；二进制的乘法规则是：0×0=0，0×1=0，1×0=0，1×1=1。

2．基本逻辑运算(与或非)

基本逻辑运算有三种：与(AND)、或(OR)、非(NOT)。

(1) 逻辑与规则：当 A 和 B 同时为真时，A AND B 的值为真，否则为假。即：

0 AND 0=0，0 AND 1=0，1 AND 0=0，1 AND 1=1(或 0 • 0=0，0 • 1=0，1 • 0=0，1 • 1=1)

(2) 逻辑或规则：当 A 和 B 有一个为真时，A OR B 的值为真，否则为假。即：

0 OR 0=0，0 OR 1=1，1 OR 0=1，1 OR 1=1(或 0+0=0，0+1=1，1+0=1，1+1=1)

(3) 逻辑非规则：当 A 为真时，A 的非为假；当 A 为假时，A 的非为真。即：

NOT 0=1，NOT 1 =0 (或 0'=1 ($\bar{0}=1$)，1'=0 ($\bar{1}=0$))

2.3　科学计算与高性能计算

随着电子计算机的诞生，在 20 世纪五六十年代，人们已经通过数值计算得到了很多科学与工程问题的实用解答，并且与实验结果吻合得很好。进入 20 世纪 70 年代以来，由于计算机硬件、计算方法以及计算机软件的飞速发展，科学计算的方法被推向人类科学活动的前沿，使它上升为除理论研究、实验技术之外的第三种科学方法，对科学的定量化起了重要的作用。科学计算是伴随着电子计算机的出现而迅速发展并获得广泛应用的新兴交叉学科，是数学及计算机应用于高科技领域的必不可少的纽带和工具。很多无法从理论上证明，又难以通过实验获得结果的问题却可以通过数值模拟得以解决。

高性能计算(HPC)以其强大的计算与仿真能力成为人类认识自然的第三种方式。早期的一个著名的例子是“四色定理”。自从 1852 年英国人弗南西斯 • 格思里提出“只需四种颜色便可让拥有共同边界的国家着上不同的颜色”(也可应用于省份着色，如图 2-1 所示)，这个貌似简单的“四色猜想”一个多世纪以来吸引了很多一流的数学家，直到 1976 年美国数学家阿佩尔与哈肯在伊利诺伊大学的计算机上用了 1200 多个小时，最终完成了“四色定理”的证明。人们最为熟知的是 HPC 在气象领域的应用，如图 2-2、图 2-3 所示。曾经的农谚“燕子低飞蛇过道，大雨不久就来到”，已被基于 HPC 的数值预报所替代。位于上海超算中心的曙光 4000A 在 15 分钟内便可完成北京奥运会场馆周边地区风向、风速、温度、湿度等精度为 1 公里的 36 小时气象预报。而基于 HPC 的长期气候预测，不仅对农业产生直接的影响，而且还关系到水资源、食品安全、生态环境、人类健康和迁徙等众多社会经济问题。这些问题与每个人都密切相关。

正如军事应用促成了电子计算机的诞生一样，在 HPC 的诞生和发展中，军事应用特别是核武器的研发在其中扮演着重要的角色，洛斯阿拉莫斯、劳伦斯利弗莫尔和桑迪亚这三大美国核武器研究机构是高端 HPC 的重要买主。特别是 1996 年联合国通过《全面禁止核试验条约》后，HPC 成为核武器的唯一研发平台。

图 2-1　利用红、紫、蓝、绿四种颜色划分中国 32 个行政区域

图 2-2　香港天文台克雷 SV-1 高速计算机

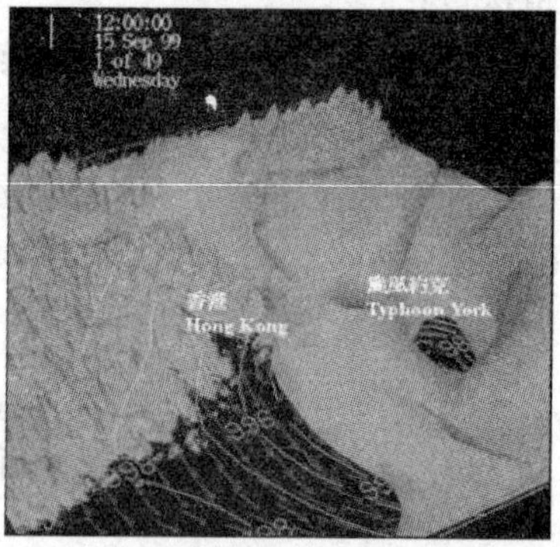

图 2-3　高分辨率数值天气预报系统对台风约克某个时间的预测

即便是在拥有加速器等超大型实验设备下，HPC 给高能物理带来的有效性和经济性也不能低估。事实上，当今全球高性能计算 500 强(Top 500)名列前两位的 IBM“蓝色基因”和 Cray 的“红色风暴”体系架构或得益于李政道领导的哥伦比亚大学理论物理研究中心，或直接来源于桑迪亚国家实验室。

事实上，HPC 在人类认知自然的三种方式中扮演着日益重要的角色。犹如 HPC 在人类基因组测序中的作用，当今的科学研究日益依赖 HPC 的支持，甚至可以说 HPC 为各个学科的科学家构建了数字化实验室。

石油领域也是 HPC 的早期和重要用户之一。目前，打一口油井的成本高达 1 亿元。通过 HPC 来确定井位，少打“干井”的价值显而易见。而在油田早期勘查期间，一口井的表现可能会决定一座油田的命运。

HPC 的应用不胜枚举，除了人们知道的新材料、药物筛选、生命科学、地震预报、城市建设(如图 2-4 所示的计算机模拟建筑设计)、环境科学、汽车、航空航天(如图 2-5 所示的计算机模拟恒星形成过程)、船舶等外，基于 HPC 的生物识别与控制方法，来防范以生物入侵为手段的恐怖活动正成为新的应用热点。HPC 的发展是提升国家科技竞争力的重要手段，它关系到国家安全(如图 2-6 所示的计算机模拟“9.11”事件)、经济安全乃至社会安全。

图 2-4　一座设计中的建筑物

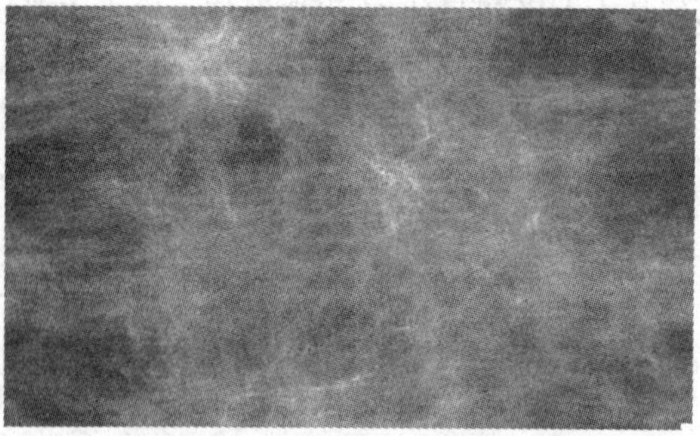
图 2-5　超级计算机模拟恒星形成过程

图 2-6　电子“9.11”

2.4 网络计算

“计算”这个词在不同的时代有不同的内涵，一般人们都会想到我们最熟悉的数学和数值计算。自计算机技术诞生以来，人类就进入了“计算机计算的时代”。随着技术的进一步发展，网络宽带的迅速增长，人们开始进入“网络计算时代”。“网络计算”比“数学计算”有更广泛的内涵。20 世纪 90 年代，Internet 蔓延到世界各地，成为人们沟通信息和协同工作的有效工具。更为重要的是，Internet 上汇集的成千上万的计算资源、数据资源、软件资源、各种数字化设备和控制系统共同构成了生产、传播和使用知识的重要载体，人们开始思考如何将物理上互连的众多资源汇聚起来，联合提供服务，重新认识网络计算技术的实质。

目前，网络计算正处于发展阶段，人们对它的定义还没有形成共识，但一个相对可以接受的理解是：“网络计算”把网络连接起来的各种自治资源和系统组合起来，以实现资源共享、协同工作和联合计算，为各种用户提供基于网络的各类综合性服务。基于此，人们把企业计算、网格计算、对等计算和普及计算归类为网络计算。

2.4.1 集中式计算

20世纪60～70年代的集中式计算及主机模式，由大型机和多个与之相连的哑终端组成。当时的计算模式为主机/终端模式(即集中式计算模式)，运行在主机系统上的 Unix 操作系统是一个多用户、多任务和多进程的操作系统，用户终端仅仅是一个输入/输出接口。由于物理设备的限制，采用这种计算模式的所有计算数据和程序都只能位于主机系统上，从而形成典型的“集中存储、集中计算”模式。

最初的集中式大型机结构所采用的传统终端，相对其主机而言是一种“瘦型”客户端。然后经历过功能强大的“胖型”客户端即 PC 之后，我们却又一次回到“瘦型”客户端！这并非是一种简单的循环往复，而是计算机体系结构的发展向“开放式”结构不断迈进的过程。我们始于非常封闭的集中式主机，目前正向一个真正开放的、与平台完全无关的环境过渡。

为解决传统的两层式 Client/Server 体系结构中的一些固有问题，便出现了三层或多层的计算模式，即客户机/中间服务器/数据库服务器(应用服务器)模式。在这种三层式的体系结构中，客户机只完成基本的显示、输入和输出或者一些简单的事物处理；中间服务器插入到传统的 Client/Server 体系中，完成由原客户机所进行的数据前后处理工作，并负责为其前台的客户机提供显示服务，同时与后台的一个或多个数据库服务器进行大量的数据传递。客户机相对于中间服务器来说是一个“Client/Server”关系。随着网络和计算机技术的发展和多用户 Windows NT 操作系统的问世，这种三层体系的代表“Thin-Client/Server”计算模式，在众多的领域中得到了越来越广泛的应用。

瘦客户机/服务器计算体系是全新一代的集中式计算模式，其服务器采用多用户 Windows 2000 操作系统，Windows 终端是其客户机设备。在这股集中式计算模式回归的潮流中，Windows 终端(Windows Based Terminal，WBT)体系以其良好的交互界面、丰富的应用软件、较低的迁移成本在众多的瘦客户机技术方案中快速脱颖而出，已经成为行业及商用领域的一种主流的信息计算模式。目前，Windows 终端应用越来越广泛，已逐渐进入重点行业核心业务应用。对应于 Windows 终端的出现和逐渐发展成熟，信息计算模式进入了后 PC 时代。与 PC 相比，Windows 终端具有总体成本低、安全性高、性能可靠、使用灵活等特点。集中式计算在行业中具有广阔应用前景。

集中式计算案例包括：

(1) 金融。以“Thin-Client/Server”模式为基础，证券交易系统很好地解决了网络管理、维护、安全与网络规模和应用需要之间的矛盾。Windows 终端能够很好地与其他应用服务器和数据库服务器通信。同时，对网络带宽要求很低，特别适合证券网点分布零散、与总部之间带宽有限的现状。另外，证券行业计算机网络系统的建设和改造，在功能上涵盖证券交易业务、资金分析管理业务和证券办公业务，设置的计算机点遍布于行情发布、自动委托以及各个内部办公地点。

(2) 电信。目前电信收费系统的特点主要体现在：系统维护工作量大，应用软件需要经常更改和升级，收费项目要求系统的安全性和可靠性较高等。根据电信系统收费应用的要求，集中式 Windows 终端组网收费系统能够满足安全可靠、使用方便、维护简单、升级容易等要求。其优点主要表现在：对现有工作流程变动不大，服务器端和终端基本上不需要进行改变；系统保持了完全集中式管理，客户端基本不需要维护。

(3) 电力。电力系统的结构庞大、部门关系复杂，在网络结构与软件的实现方面有着明显的要求。基于“Thin-Client/Server”计算模式的终端组网设计方案能够很好地解决电力系统的网络安全、系统维护和升级等问题。

(4) 保险、税务。在保险、税务行业的系统中，尤其强调数据的安全性。Windows 终端作为全面实现 Windows 2000 Server 终端服务功能的客户端设备，在降低 TCO、实现集中管理、丰富应用软件、提高系统安全性、迅速部署业务应用等方面具有极大的优势。将终端模式操作系统、应用软件全部安装在终端服务器上，只要维护好了服务器，终端无需维护，真正实现了零维护；另外，终端没有存储设备，病毒没有入口，数据没有出口，有效保证了系统的安全。

2.4.2　分布式计算

20 世纪 80～90 年代中期网络计算处于第二个阶段，其显著特征是计算机应用领域被大大拓宽，桌面办公应用和数据库技术的大力发展，导致协同计算和分布式计算理念迅速蔓延。特别是随着 Client/Server 计算模式的兴起，人们似乎找到了解决异种结构和平台之间资源共享的最佳方法，即“分布式计算”。分布式计算研究如何把一个需要非常巨大的计算能力才能解决的问题分成许多小的部分，然后把这些部分分配给许多计算机进行处理，最后把这些计算结果综合起来得到最终的结果。分布式计算比起其他算法具有以下几个优点：① 稀有资源可以共享；② 通过分布式计算可以在多台计算机上平衡计算负载；③ 可以把程序放在最适合运行它的计算机上。其中，共享稀有资源和平衡负载是计算机分布式计算的核心思想之一。

最近的分布式计算项目已经被用于使用世界各地成千上万位志愿者的计算机的闲置计算能力，通过因特网，分析来自外太空的电讯号，寻找隐蔽的黑洞，并探索可能存在的外星智慧生命。您可以寻找超过 1000 万位数字的梅森质数，也可以寻找并发现对抗艾滋病病毒的更为有效的药物。这些项目都很庞大，需要惊人的计算量，仅仅由单个的电脑或是个人在一个能让人接受的时间内计算完成是决不可能的。

分布式计算是利用互联网上计算机的中央处理器的闲置处理能力来解决大型计算问题的一种计算科学。这类大型计算问题一般是跨学科的、极富挑战性的、人类急待解决的科研课题。其中较为著名的是：① 解决较为复杂的数学问题，例如 GIMPS(寻找最大的梅森素数)；② 研究寻找最为安全的密码系统，例如 RC-72(密码破解)；③ 生物病理研究，例如 Folding@home(研究蛋白质折叠、误解、聚合及由此引起的相关疾病)；④ 各种各样疾病的药物研究，例如 United Devices(寻找对抗癌症的有效药物)；⑤ 信号处理，例如 SETI@Home(在家寻找地外文明)。

下面列举一个分布式计算案例。

2005 年 12 月 15 日，中密苏里州立大学的 Curtis Cooper 和 Steven Bonne 发现了第 43 个梅森素数($2^{30\,402\,457}-1$)，这个新发现是目前所知的最大素数。这个新素数有 9 152 052 位。它在五天内由法国格勒诺布尔的 Tony Reix 独立验证。这次核算工作由一台带有 16 个 Itanium 21.5 GHz 处理器的 Bull NovaScale 6160 HPC 超级计算机完成。所运用的演算程序是 Guillermo Ballester Valor 编写的 Glacus 程序。发现素数的 Cooper 博士加入 GIMPS 项目已过 7 年，他的同事 Vince Edmondson 博士负责在全校范围内部署推广 GIMPS 程序，可惜他在 2003 年逝世了。Cooper、Boone 和中密苏里州立大学的发现来之不易，他们协调着超过 700 台计算机！当然，Cooper 等人不可能独立完成这些发现，其中还有着成千上万的 GIMPS 志愿者的参与。这次发现是 GIMPS 项目的第九个最大素数记录。

随着计算机的普及，个人电脑开始进入千家万户。与之伴随产生的是电脑的利用问题。越来越多的电脑处于闲置状态，即使在开机状态下中央处理器的潜力也远远不能被完全利用。互联网的出现，使得连接调用所有这些拥有限制计算资源的计算机系统成为了现实。首先，一些本身非常复杂但是却很适合划分为大量的更小的计算片断的问题被提出来，然后由某个研究机构通过大量艰辛的工作开发出计算用服务器端和客户端。服务器端负责将计算问题分成许多小的计算部分，然后把这些部分分配给许多连网参与计算的计算机进行并行处理，最后将这些计算结果综合起来得到最终的结果。

您也可以选择参加某些项目，以捐赠 CPU 内核处理时间。您将发现您所提供的中央处理器内核处理时间将出现在项目的贡献统计中。您可以和其他的参与者竞争贡献时间的排名，您也可以加入一个已经存在的计算团体或者自己组建一个计算小组。这种方法很利于调动参与者的热情。

随着民间的组队逐渐增多，许多大型组织(例如公司、学校和各种各样的网站)也开始组建自己的“战队”。同时，也形成了大量的以分布式计算技术和项目讨论为主题的社区，这些社区多数翻译制作分布式计算项目的使用教程及发布相关技术性文章，并提供必要的技术支持。参与分布式计算——一种能充分发挥您的个人电脑的利用价值的最有意义的选择——只需要下载有关程序，然后这个程序会以最低的优先级在计算机上运行，这对平时正常使用计算机几乎没有影响。**您的微不足道的付出或许就能使您在人类科学的发展史上留**

下不小的一笔呢！

那么谁可能加入到这些项目中来呢？答案是任何人都可以！如果您已经加入了某个项目，而且曾经考虑加入计算小组，您将在中国分布式计算总站及论坛里找到您的家。任何人都能加入分布式计算总站组建的分布式计算小组。希望您在中国分布式总站及论坛里发现乐趣。感兴趣的同学请到 www.equn.com(中国分布式计算总站)看看吧！

2.4.3　网格计算：让计算能力“公用化”

网格计算(Grid Computing)是网络计算的另一个具有重要创新思想和巨大发展潜力的分支。最初，网格计算研究的目标是希望将超级计算机连接成为一个可远程控制的元计算机系统(MetaComputers)；现在，这一目标已经深化为建立大规模计算和数据处理的通用基础支撑结构，将网络上的各种高性能计算机、服务器、PC、信息系统、海量数据存储和处理系统、应用模拟系统、虚拟现实系统、仪器设备和信息获取设备(如传感器)集成在一起，为各种应用开发提供底层技术支撑，将 Internet 变为一个功能强大、无处不在的计算设施。网格的一个典型应用 GridFTP 工作方式，在不同的网格主机之间提供了安全的、可依赖的数据传输，使用扩展的 FTP 协议，提供了网格的功能。GridFTP 是标准的服务器/客户端应用，支持两种类型的文件传输：标准和第三方参与的文件传输。一个典型应用 GridFTP 的工作方式原理如图 2-7 所示，而有第三方参与的文件传输原理如图 2-8 所示。

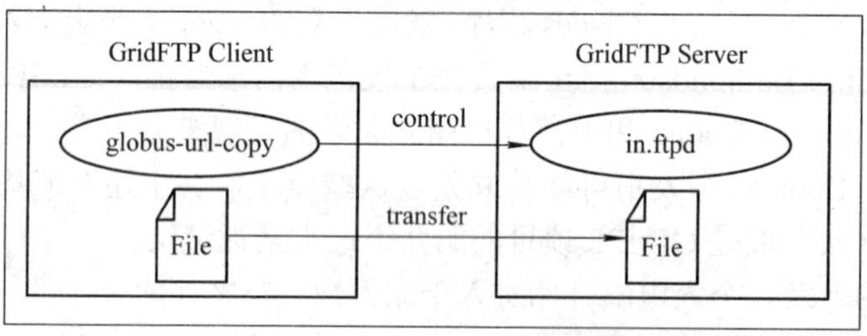

图 2-7　一个典型应用 GridFTP 的工作方式原理图

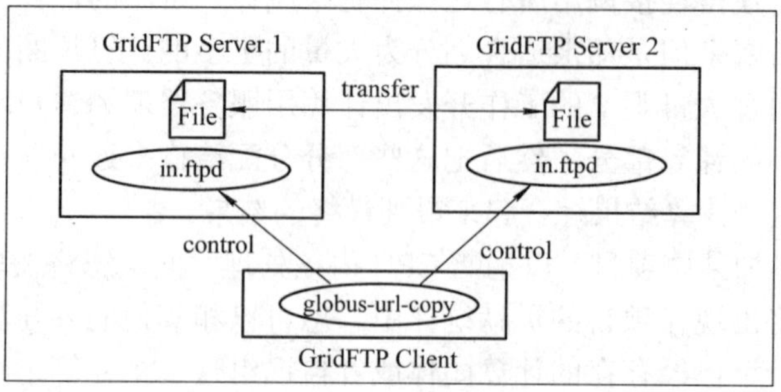

图 2-8　允许第三方在不同的 GridFTP 服务器之间传输数据

首先，从概念上讲，网格计算的目标是资源共享和分布协同工作。网格的这种概念可以清晰地指导行业和企业对各部门的资源进行基于行业或企业的统一规划、部署、整合和共享，而不仅仅是行业或大企业中的各个部门自己规划、占有和使用资源。这种思想的沟通和认同对行业和企业是至关重要的，将提升或改变整个行业或企业信息系统的规划部署、运行和管理机制。

其次，网格是一种技术。为了达到多种类型的分布资源共享和协作，网格计算技术必须解决多个层次的资源共享和合作技术，制定网格的标准，将 Internet 从通信和信息交互的平台提升到一个资源共享的平台。

最后，网格是基础设施，是各种网络综合计算机、数据、设备、服务等资源的基础设施。随着网格技术的逐步成熟，将建立地理分布的遍布全国或全球的大型资源节点，集成网络上的多个资源，联合向全社会按需提供全方位的信息服务。这种设施的建立，将使用户如同今天我们按需使用电力一样，无需在用户端配全套计算机系统和复杂软件，就可以简便地得到网格提供的各种服务。

如同电力系统一样，把网格设施作为一个国家战略信息基础设施来规划、建设和运行管理，其复杂度和难度是相当大的，这里面有思想和观念上的变化、技术上的难点以及国家法律和政策上的问题等，需要经过多年的艰苦努力。但是，大型企业、行业、国防等部门完全可以从现在就开始实施网格基础设施战略。

目前，大的网格项目研究和实施有一个显著的特点，即各个项目是直接面向应用、与应用领域紧密相关的。IBM、HP、Sun、LSF、Boeing 等公司现在都已经进入网格计算领域，正在加紧研究相关的技术和产品。

这里需要强调的是“网格计算”与“高性能计算机”的关系。高性能计算机是网格计算环境结构的节点和重要组成部分；网格计算技术是高性能计算技术的发展方向之一，它并不能替代超高性能计算机系统，但是未来的超高性能计算机系统必须支持网格计算环境，应能够很容易地融入到网格计算环境中，将其强大的计算和数据存储处理能力提供给众多的用户使用。网格计算技术的目的是结合高性能计算技术和网络计算技术，将高性能计算机的能力释放出去，构造一个公共的高性能处理和海量信息存储的计算基础设施，使各类用户和应用能够共享资源。因此，网格计算将会促进高性能计算机应用的发展，促进高性能计算机服务市场的发展，刺激市场对高性能计算机和海量存储系统的需求。

2.5　普适计算：无处不在的人性化服务

普适计算是信息技术中的一个真正的“大概念”。随着计算机、通信、网络、微电子、集成电路等技术的发展，信息技术的硬件环境和软件环境发生了巨大变化。这种变化使得通信和计算机构成的信息空间，与人们生活和工作的物理空间正在逐渐融为一体。普适计算(ubiquitous/pervasivecomputing)的思想就是在这种背景下产生的。这个概念的提出始于1991 年，从 20 世纪 90 年代后期开始，普适计算受到了广泛关注。

普适计算作为一项尚未开始应用的“未来”技术，有各种各样的定义。实际上各种表述的基本内容差别不大。人们普遍认为，在完善的普适环境下，使用任意设备和任意网络、在任意时间都能获得相当质量的计算服务。普适计算的重点在于，提供面向客户、无处不在的自适应计算环境。

在普适计算建立的融合空间中，人们可以“随时随地”和“透明”地获得数字化的服务。在普适计算环境成熟以后，使用者可以在生活和工作场所的任何位置很自然地获得所需要的网络和计算服务。在使用者获得计算服务的过程中，由于提供计算和通信的设备已经融入到该环境中，使用者并不需要有意识地选择使用某种设备或者网络。由于计算能力的无所不在，信息空间将与人们生活和工作的物理空间融为一体。同时，这些设备对于用户而言虽然广泛存在，并可以人机交互，却无需去有意识地寻找、感知和操控，计算机好像隐身了——这是普适计算最重要的特征。

移动计算是随着移动通信、Internet、数据库、分布式计算等技术的发展而兴起的一个多学科交叉、涵盖范围广泛的新技术。移动计算技术将使计算机或其他信息智能终端设备在无线环境下实现数据传输及资源共享。它的作用是将有用、准确、及时的信息提供给任何时间、任何地点的任何客户。这将极大地改变人们的生活方式和工作方式。实质上移动计算只是普适计算的一个子集，从 1876 年发明电话开始，进深到 1973 年发明移动电话，1994 年进入商用笔记本电脑时代，人们在网络和便携方面的应用和发展令人惊异不已(如图 2-9 所示)。

现在已有一些公司开发嵌入 ZigBee 等技术的移动手持设备，比如泛泰 PG3600V 手机(如图 2-10 所示)，用户可以控制任何兼容 Zigbee 标准的设备，例如控制家用电器、查收邮件、监控住所安全等，从而成为普适计算时代的先锋。

图 2-9　移动计算无处不在

图 2-10　泛泰 PG3600V 手机

早在两年前，有关“智能尘埃”的报道就吸引了无数的眼球。美国加州大学柏克莱分校日前宣布，他们已开发出一种新型侦察用微型探测器，取名“智能尘埃”。该探测器小到可装进一个阿斯匹林药片大小的塑料容器内，可用于侦察近距离敌方的活动情况。这项研究已经到了实地测试阶段。图 2-11 和图 2-12 分别是一个家电产品和环境保护中用到的智能尘埃产品。

图 2-11　一款“智能尘埃”产品的芯片

图 2-12　环境保护中的“智能尘埃”

RFID标签是一种无线射频识别标签，通常为一片半导体芯片，带有存储单元和天线。各种信息芯片的存储单元通过天线与读取器进行非接触通信，而多数RFID标签并不需要电池。目前，RFID标签已经广泛用于商业领域，如图2-13所示就是一个将RFID标签用于比赛门票的示例，它也可以为物流管理等业务提供方便。RFID技术称得上是一种有现实意义的普适计算终端的雏形。就服装而言，带有RFID标签的衣服不仅能够在商场收银台显示商品的价格，还能够将衣服的布料成分传递给洗衣机和电熨斗，使洗涤、烘干程序和熨烫温度均可以自动设定。家庭计算机可以通过RFID信息了解到衣物的保暖、防风等性能，自动比较主人外出前穿戴衣物的保暖性能是否适应室外的气候，包括当时的气候和一段时间之后的气候。如果主人出远门，计算机还会通过订票信息了解目的地的气候情况并进行分析，这些分析会根据每个个体的衣着习惯进行。

图2-13　德国世界杯启用RFID标签把足球流氓拒之门外

在普适计算环境，也就是第四代计算环境中，将存在大量种类繁多的计算设备，其中大部分都将是嵌入式设备。各种设备之间、由各种设备构成的各个相对独立的普适环境之间以及设备和用户之间，都存在着广泛的无处不在的信息流。对于用户的绝大部分计算需求，普适计算环境都能够按照用户预先的设定或者用户个人的喜好，智能化地加以满足。

普适计算最核心的内容在于对人的关怀。在普适计算建立的融合空间中，人们可以随时、透明地获得计算服务，而不用离开现场端坐在计算机前。这种服务的访问方式甚至可以在用户没有觉察的情况下由系统主动提供。从某种意义上说，计算机好像销声匿迹了。

2.6　云计算：正在改变网络

云计算(Cloud computing)是一种基于互联网的超级计算模式，即把存储于个人电脑、移动电话和其他设备上的大量信息和处理器资源集中在一起，协同工作。它是一种新兴的共享基础架构的方法，可以将巨大的系统池连接在一起以提供各种IT服务环境。很多因素推动了对这类环境的需求，其中包括连接设备、实时数据流、SOA的采用以及搜索、开放协作、社会网络和移动商务等这样的Web 2.0应用的急剧增长。另外，数字元器件性能的提升也使IT环境的规模大幅度提高，从而进一步加强了对一个由统一的“云”进行管理的需求。

简而言之，云计算将使未来的互联网变成超级计算的乐土。在2007年11月中旬的上海IBM创新论坛上，IBM高性能随需解决方案团队副总裁Willy Chiu对记者解释说，“云计算的基本原理是，通过使计算分布在大量的分布式计算机上，而非本地计算机或远程服务器中，企业数据中心的运行将更与互联网相似。这使得企业能够将资源切换到需要的应用上，根据需求访问计算机和存储系统。”图 2-14 是 IBM 公司的“蓝云”产品架构图。下面通过一个场景描述一下什么是云计算。

Tom 是一家公司的员工，某天公司派 Tom 去伦敦出差。那么，Tom 想要了解他所乘坐的航班信息、从他的住所到机场的最佳路线、伦敦最新的天气以及住宿信息等。在未来，所有的这些信息都可以通过云计算来提供！云计算将与各种各样的终端(例如个人电脑、PDA、手机、电视等)进行连接，为用户提供广泛、主动、高度个性化的服务，如图 2-15 所示。

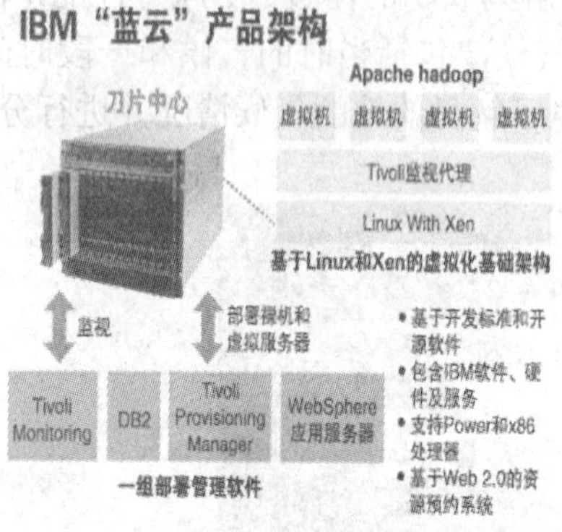

图 2-14　IBM 公司的“蓝云”产品架构图

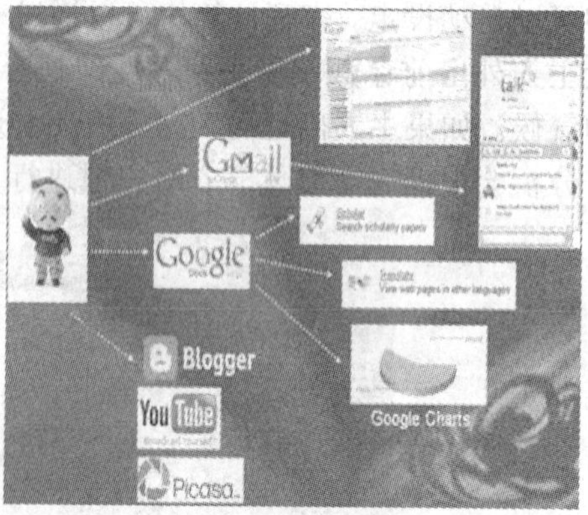

图 2-15　未来生活中的云计算示意图

这可是一种革命性的举措，打个比方，这就好比是从古老的单台发电机模式转向了电厂集中供电的模式。它意味着计算能力也可以作为一种商品进行流通，就像煤气、水电一样，取用方便，费用低廉。最大的不同在于，它是通过互联网进行传输的。

这场技术竞赛吸引了众多参赛者，包括 Sun、IBM、微软、Google、亚马逊(Amazon)等信息业巨头都已经循迹而来。“云计算正在兴起。”微软超级计算机研究员 Dan Reed 也说，“推动云计算兴起的动力是高速互联网连接的发展、更加廉价且功能强劲的芯片以及硬盘、数据中心的发展。”

互联网企业是这方面的先行者，Google 的搜索引擎可以视为云计算的早期产品。用户的搜索请求经过互联网发送到 Google 的大型服务器集群上，完成之后再返回用户桌面。Amazon.com 最近向开发者开放了名为“弹性计算机云”的服务，它可以让小软件公司按照自己的需要购买 Amazon 数据中心的处理能力。

目前，PC 依然是我们日常工作生活中的核心工具——我们用 PC 处理文档、存储资料，通过电子邮件或 U 盘与他人分享信息。如果 PC 硬盘坏了，我们会因为资料丢失而束手无策。

而在“云计算”时代，“云”会替我们做存储和计算的工作。“云”就是计算机群，每一群包括了几十万台，甚至上百万台计算机。“云”的好处还在于，其中的计算机可以随时更新，保证“云”长生不老。Google 就有好几个这样的“云”，其他 IT 巨头，如微软、雅虎、亚马逊也有或正在建设这样的“云”。

2.7　21 世纪的计算：计算无处不在

计算机现在能做的事情还不太多，但是在今后的 10～20 年里，计算机将能做更多的事情，这将是新的令人振奋的应用领域。所以，我们要看看有哪些令人振奋的事情是在将来可以实现的。

2.7.1 计算机模拟

在模拟方面，有一种可能性，就是我们可以准确地模拟真实世界。比如可以把你的身材扫描到计算机系统中，在屏幕上模拟出一个真实的你。这样你就可以通过计算机去试穿并订购衣服(如图 2-16 所示)。类似地也可以通过摄像机在计算机上模拟出一个真实的乡村场景(如图 2-17 所示)。

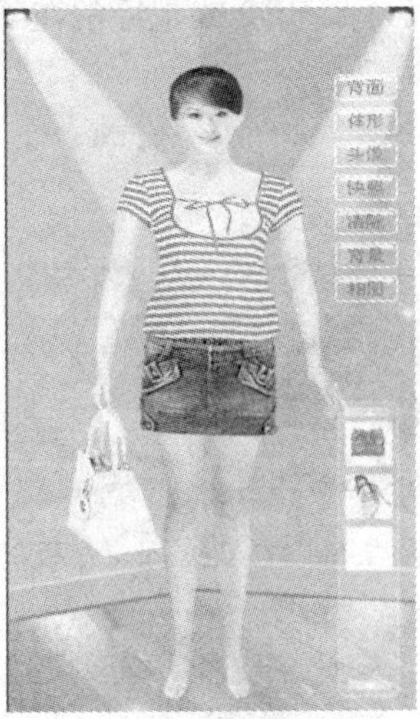

图 2-16 网络模拟试衣间

图 2-17 模拟现实生活中真实场景的效果

2.7.2 新一代多媒体及网络计算

在通信方面，五年前，比尔·盖茨曾说过一个口号：“信息要垂手可得”。现在有很多计算机系统在信息方面得做非常成功，但是我们还没做到垂手可得。比如，你要找某个信息得等好长时间。还有一种是我们所说的远程参与，也就是说有的时候你不能去那个地方，但是可以以远程方式参与。在通信方面还有很多有趣的应用，如在家工作、智能搜索等。

1．数字墨水与 Tablet PC

数字墨水是一种与传统的文字、图片、视频及声音等不同的有结构及意义的数据类型。数字墨水技术打破了以往的手写技术主要集中于手写文字识别的禁锢，智能地对手写文档内容进行结构解析及语义理解，能够使无结构的手写笔迹组合变成有结构的手写笔记。数字墨水是一种新的人机界面技术，它在借鉴了学术界多年来在“手写识别”方面所取得的研究成果的同时，超越了“手写识别”技术的许多局限。数字墨水可以将手写的笔迹以墨水的形式保存，不会丢失任何信息。用户不再需要利用其他的 Windows 应用程序，来把手绘、手写的笔迹转换为别的格式来保存、发送和编辑。这一技术突破了现有键盘、鼠标、游戏手柄等人机交互手段，通过数字摄像头来采集用户的动作、分辨用户的操作意图，使人与机器的游戏过程实现得更直接、更自然、更亲切，从而拉近了人与机器的距离，如图 2-18 所示。

以“数字墨水”为核心技术的划时代产品 Tablet PC 简体中文版由微软亚洲研究院的中国科学家首次自主研发。微软(中国)有限公司总裁唐骏博士表示，Tablet PC(见图 2-19)是人性化计算领域的一个飞跃，它让人们在任何时间、任何地点、通过任何设备都能进行沟通，获得所需要的信息。Tablet PC 的问世为移动计算机产品开创了新纪元，是在“高信度计算”和人性化计算领域的一个飞跃。Tablet PC 能够帮助使用者了解计算机是如何适应人们真正的工作方式的——不管是在会议中记笔记，还是以无线方式和同事一起工作或者在屏幕上阅读；而我们所做的，只是在为 Tablet PC 的无限可能揭开序幕。让人们在任何时间、任何地点、通过任何设备进行沟通，获得所需要的信息，是微软公司的.NET 愿景，Tablet PC 则是实现 .NET 愿景非常重要的关键所在。它让需要经常出差旅行、开会或是经常在外工作的信息工作者，可以很容易地完成工作。

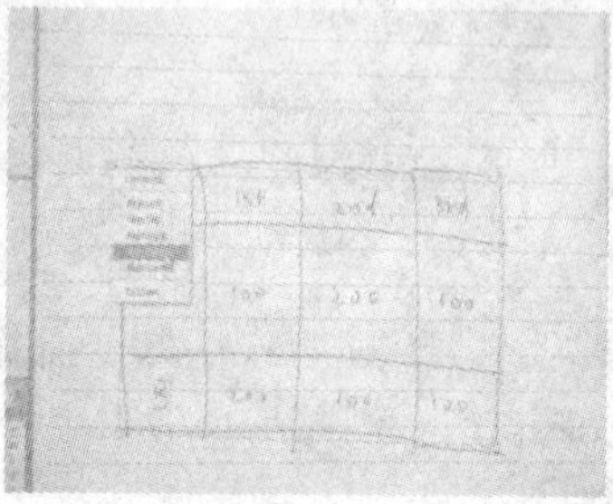

图 2-18　用数字墨水画一个表格

图 2-19　Tablet PC-Viewsonic 平板电脑

UMPC 就是 Ultra Mobile PC(见图 2-20)，翻译过来就是超便携移动个人电脑。这个概念的提出来源于 Intel。微软叫它做 Origami 计划、Intel 则称它为 UMPC。简单地说，UMPC 就是一款安装了特殊版 Windows XP Tablet 操作系统的 Tablet PC，但体积要小很多。一般来说，UMPC 都配备了 7 英寸左右的显示屏，重量为 900 g 左右，支持蓝牙、Wi-Fi 和以太网连接，内存为 512 MB 以上，硬盘容量为 30 GB 到 60 GB。根据需要，厂商还可以自行添加 GPS、指纹识别、电视卡、摄像头以及读卡器等设备。

图 2-20　Tabletkiosk UMPC

2. 哼唱搜索歌曲

midomi 是基于声音的搜索，因此是终极乐曲搜索工具。唱歌、哼歌或者吹口哨就可以立即找到您喜爱的乐曲，并连接到与您的音乐兴趣相同的社区。我们还可以在 midomi 建立自己的档案，演唱您自己喜爱的歌，与朋友分享这些歌曲，而且还能让其他 midomi 用户认识您。您可以聆听其他人的演唱，为他们打分、观看他们的图片、给他们发送消息、购买原创乐曲等。一个哼唱搜索页面如图 2-21 所示。

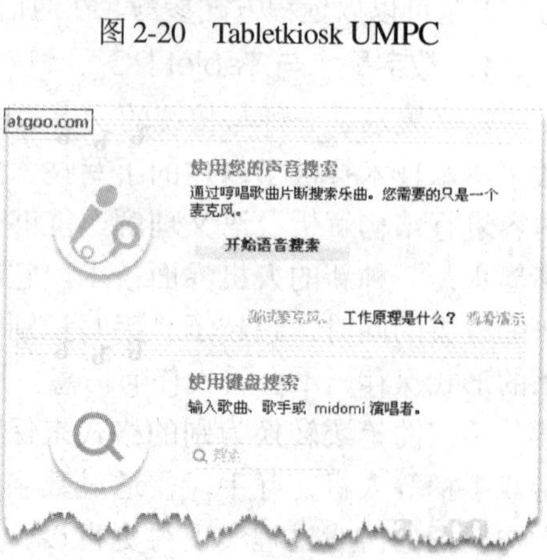

图 2-21　哼唱搜索页面

3. 用声音看视频

计算机可以轻松处理文本信息，但对语音却没那么容易。在过去的 20 年里，研究人员一直在努力让人和计算机“搭上腔”，语音技术因此变得成熟。现在，你已经可以通过声音来“命令”计算机做一些简单的操作，你所讲的话也能够顺利地被识别为一段文字。但随着互联网上音频文件的不断增多，如何进行准确检索成为一大难题。为此，微软亚洲研究院的余鹏研究员所在的小组提出了一项“词格”索引技术，该项技术能够给出每个搜索结果中包含的关键字的上下文，你可以直接点击其中标粗的关键字，位于搜索页面右面的播放器便会自动转到相关内容进行播放。而你甚至还能通过搜索结果下方的音频条，形象地了解这一关键词在这段视频中出现的位置和频率。

4. 手机搜索

可曾想过一个场景：在疲倦的午后走在街头，你突然想找一处清幽的地方享受一杯香浓的咖啡，可是对周围环境的不了解，使你迷茫。这时你掏出手机，进入 YY 搜索，键入“茶馆”，从列表里找出离你最近、最喜爱的那一家，如图 2-22 所示，便可达成心愿。你又可曾想过当你在商店购物时需要查询“黑森林蛋糕”的配料，这时你只要在手机的移动网络浏览器上查询“黑森林蛋糕”，即可在八十多亿张网页中搜寻到满意的答案，如图 2-23 所示。

图 2-22 YY 手机搜索

图 2-23 手机搜索

2.7.3 机器人应用

关于互动，我们知道最明显的应用就是机器人应用。十几年来我们一直在说，下一个 10 年将是机器人时代，你可以买一台机器，让它洗碗、拖地板、去超市购物等，如图 2-24 所示。但到目前为止，这样的梦想还没有实现，但是，今后 10 年或者稍微再长一点时间，可能就会有这样的机器人出现，也就是说我们可以把这些工作交给机器人去干了。工业机器人已在工业发达国家的生产中得到了广泛的应用。目前，工业机器人已广泛应用于汽车及汽车零部件制造业、机械加工行业、电子电气行业、橡胶及塑料工业、食品工业、木材与家具制造业等领域中。在工业生产中，弧焊机器人、点焊机器人、分配机器人、装配机器人、喷漆机器人及搬运机器人等工业机器人都已被大量采用，如图 2-25 所示。

图 2-24 康涅狄格州斯特佛德市里一位机器人娇妻

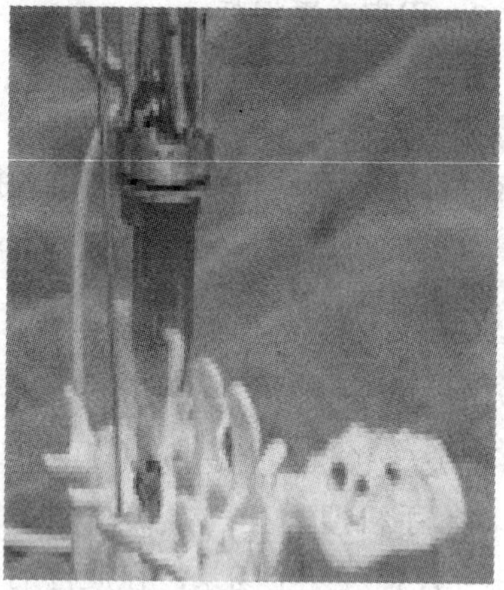

图 2-25 微型机器人实行脊椎手术

正如科幻小说家和军事计划者所幻想的那样，用于战争的机器人正在走入现实。机器人武器首次出现是在第二次世界大战期间，是“纳粹的歌利亚”(圣经中被大卫杀死的巨人)引导式自杀坦克。这种微型坦克的尺寸大小为2英尺×4英尺×1英尺，被100千克的炸药包裹着，由操纵者通过很长的电缆发送指令引导。当代的一些新式机器人如图2-26和图2-27所示。

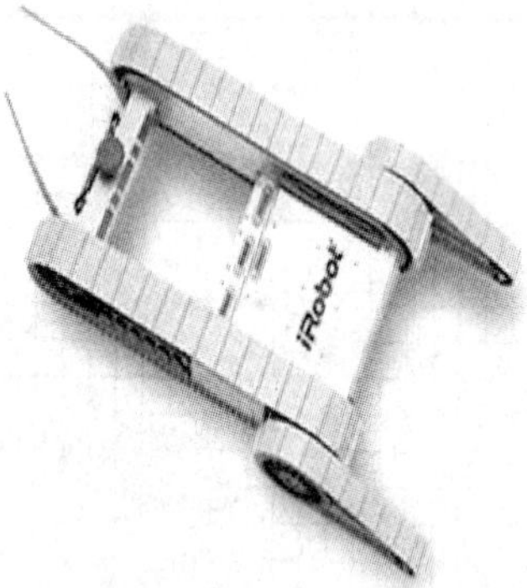

图 2-26 美国新一代机器人战士“PackBot”

图 2-27 南京航空航天大学的空中机器人起飞

现在的计算机几乎是无所不在，而我们希望未来的计算机是无所不算，使得21世纪的计算机有更多更强的计算能力，这样才能使它的存在更有意义。目前，计算和信息访问还是一种工作方式，使用计算机还是一种“技术”。如果有一天，计算和信息访问将不再是一种“工作”和“技术”，而成为我们生活的一部分，人们虽然不能明确地感受到它们的存在，但却每时每刻都离不开它们，那我们就可以说，我们实现了“普适计算”的理想境界。

思考题

计算机中有哪些计算？你是如何理解的？

第二部分

计算机的基本知识

第3章 计算机内的信息表示

3.1 数据、信息和文件

数据是对客观事物属性进行记录而得到的一组符号，例如它可以表示数量、大小等。任何事物的属性都是通过数据来表示的。信息是客观事物属性的反映。当数据经过加工处理之后，用人能够理解和使用的形式表示出来，它就成为信息，并对人类客观行为产生影响。

信息来源于数据，是数据加工的结果，它必须通过数据才能传播；而数据则是信息的载体。

一般情况下(从技术上说)，数据是供计算机使用的，而信息是供人使用的。计算机通常可以处理四种类型的数据：文本、图像、音频和视频。

文本数据由标准的字母、数字及特殊符号组成，这类数据常见于简单的文字处理中。图像数据可用来表示照片、图片等，与文本数据相比，图像数据需要更强的处理能力和更大的存储容量。音频数据包括所有类型的声音，如音乐和噪音。现代计算机可以把声音转换成计算机可读的形式，像保存其他类型的数据一样保存声音数据。而视频数据则可表示动态画面，如动画、电影剪辑等。

计算机是以文件的形式存储和组织数据的。简单地讲，文件是用户赋予了名字并存放在存储介质(如硬盘或光盘)上的数据的集合。尽管所有的文件都包含数据，但不同类型文件的处理方式是不同的。如数据文件包含能被处理的数据，如文本、视频画面、音乐、网页的内容等，可执行文件则包含了告诉计算机如何执行特定任务的程序或指令。

文件的内容是可以通过文件名得到线索的。每个文件都有一个文件名，文件名是存取文件的依据。一般来说，文件名分为文件主名和扩展名，扩展名进一步描述了文件的内容。扩展名与文件名之间通常用“.(点)”隔开。如文件名 Setup. exe 中，Setup 是文件主名，.exe 是扩展名。

可执行文件大多具有 . exe 扩展名，而数据文件则有多种扩展名，如 . mp3、. wav 是音频文件，. htm 是网页文件，. bmp、. jpg 是图像文件。

3.2 计算机中的计数制

计数制是表示数字的一种方法。人们在日常生活中最常用的是十进制计数制，也称以 10 为基数的计数机制。它是用 0、1、2、3、4、5、6、7、8、9 这 10 个阿拉伯数字符号来表示所有可能的数字。那么，计算机又是如何表示数字的呢？

3.2.1　计算机中的数字表示

我们今天所使用的计算机都是数字化的电子设备，其电子元件只有两种状态，如电位的高低、电路的通断、脉冲的有无。计算机所使用的介质也同样表现出两种状态，如磁盘上每一个记录的磁化和未磁化，光盘上每一个信息点物理状态的凹面和凸面。为了简单起见，通常我们把这两种不同的状态称做“开”和“关”，并用 0 代表“关”，1 代表“开”。这些 0 和 1 都是二进制数字，我们把它们称做“位”。图 3-1 描述了电子设备的两种自然状态。

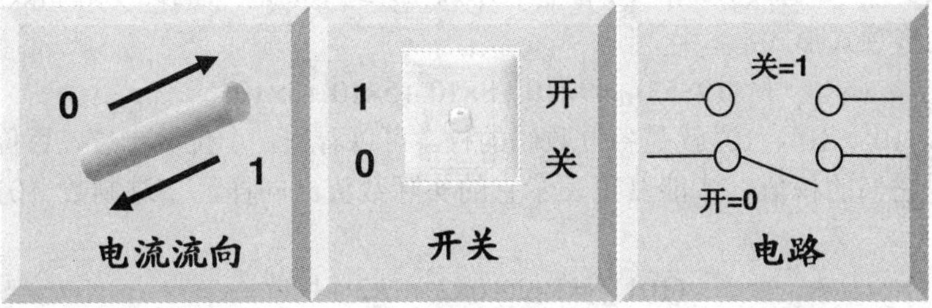

图 3-1　电子设备的两种自然状态

正是由于数字计算机的基本逻辑元件所能表现的都是两种状态，因此十进制并不适合作为计算机工作的数字进位制，而二进制中的两个符号 0 和 1 则能方便地表示“关”和“开”两种状态，所以计算机内部数据的存储和处理很自然地就采用二进制计数制。也就是说，计算机是采用二进制作为自己的数学语言来进行计算的。但为了书写方便，也采用八进制、十六进制以及人们常用的十进制形式来表示。

在日常生活中，人们是使用自然语言进行交流的，例如汉语、英语和法语，但如果我们要与计算机相互交流，就需要一个从自然语言向二进制位的转换过程以及从二进制位向自然语言的再次转换的过程。这样，计算机才能够按照我们的要求去完成相应的工作，并把处理结果以一定的方式输出。图 3-2 描述了这样的转换过程。

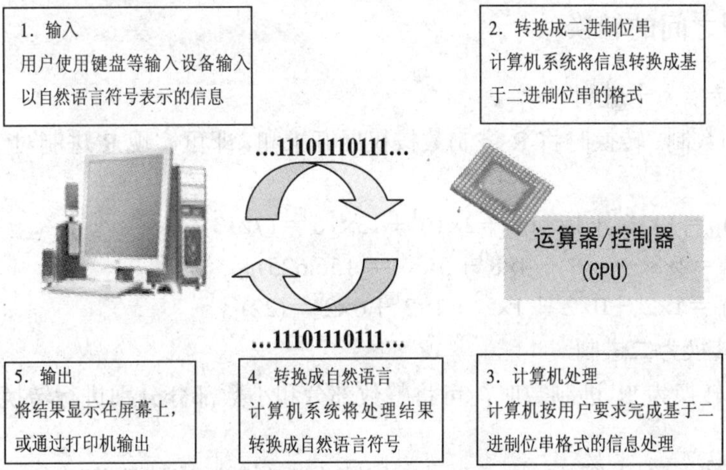

图 3-2　用户信息与二进制位串之间的转换

图 3-2 中的这些 0 和 1 就是二进制的位串。在下面的内容中，我们将介绍计算机如何用这样的 0、1 串位来数字化地表示数字、符号、图像、声音、视频等各种数据。

3.2.2　二进制计数制

数制是以表示数值所用的数字符号的个数来命名，并按一定进位规则来进行计数的。如果数制只采用 R 个基本符号(如 0, 1, 2, …, R−1)表示数值，则称为 R 数制。在不同的数制中，每一个阿拉伯数字所处的位置都有一个以基数为底(十进制以 10 为底，二进制以 2 为底)的“权”数，或称为指数。在十进制计数制中，从右往左，第一个位置表示成 10^0 或 1，第二个位置表示成 10^1 或 10，第三个位置表示成 10^2 或 100…… 因此十进制数 9853 就可以表示成以下的多项式形式：

$$(9853)_{10}=9\times10^3+8\times10^2+5\times10^1+3\times10^0$$

上式中的 10^3、10^2、10^1、10^0 就是各位数码的权。可以看出，个位、十位、百位和千位上的数字只有乘以它们的权值，才能真正表示它的实际数值。同样，二进制数 1011 就可以表示成：

$$(1011)_2=1\times2^3+0\times2^2+1\times2^1+1\times2^0$$

转换成十进制数就是 11。

表 3-1 中列出了计算机中常用的几种数制的基数、位数、数字符号及进位规则。

表 3-1 计算机中常用的几种进制

形　式	十进制	二进制	八进制	十六进制
基数	10	2	8	16
位权 R^k	10^k	2^k	8^k	16^k
数字符号	0,1,2,3,4,5,6,7,8,9	0,1	0,1,2,3,4,5,6,7	0,1,2,3,4,5,6,7,8,9,A,B,C,D,E,F
进位规则	逢十进一	逢二进一	逢八进一	逢十六进一

3.2.3　各数制之间的转换

1. R 进制转换为十进制

基数为 R 的数制，转换时将 R 进制数按权展开求和，即可实现 R 进制对十进制的转换。例如：

$$(1C2D)_{16}=1\times16^3+12\times16^2+2\times16^1+13\times16^0=(7213)_{10}$$
$$(234.5)_8=2\times8^2+3\times8^1+4\times8^0+5\times8^{-1}=(156.625)_{10}$$
$$(10110)_2=1\times2^4+0\times2^3+1\times2^2+1\times2^1+0\times2^0=(22)_{10}$$

2. 十进制转换为二进制

将十进制数转换为 R 进制数时，可将整数部分和小数部分分别进行转换，然后再组合起来。

整数部分的转换采用“除 R 取余”法，即将十进制整数连续地除以 R 取余数，直到商为 0，将所得的余数倒序排列，就是对应的二进制整数。

小数部分的转换采用“乘 R 取整”法，即将十进制小数不断乘以 R 取整数，将乘积所得的整数部分顺序排列，就是对应的二进制的小数部分。有一点必须提醒注意，并非所有十进制小数均可以化成有限二进制小数。所以，“乘二取整”可能在有限步并不能终结。这样，我们就必须依据需要的精度，在适当处结束“乘二取整”的操作。

例：将十进制数 225.81 转换成二进制数。

整数部分取余

除数	被除数	余数	
2	225	余 1	低位
2	112	余 0	↓
2	56	余 0	↓
2	28	余 0	↓
2	14	余 0	↓
2	7	余 1	↓
2	3	余 1	↓
2	1	余 1	高位
	0		

小数部分取整

运算	取整数	
0.81 × 2 = 1.62	1	高位
× 2 = 1.24	1	↑
× 2 = 0.48	0	↑
× 2 = 0.96	0	低位

转换结果为：

$$(225.81)_{10}=(11100001.1100)_2$$

3．二进制和八进制、十六进制间的转换

二进制数非常适合计算机内部数据的表示和运算，但书写起来位数比较长，不方便。而八进制数和十六进制数比等值的二进制数的长度短得多，而且它们之间的转换也非常方便，因此经常会使用八进制数和十六进制数。

由于二进制、八进制和十六进制数有特殊的关系，即一位八进数相当于 3 位二进制数，一位十六进制数相当于 4 位二进制数，因此它们之间的相互转换就比较方便。

二进制数转换为八进制数时，首先从小数点开始分别向左和向右把整数及小数部分每 3 位分成一组。若整数最高位不足 3 位，则在其左边加 0 补足 3 位；若小数最低位的一组不足 3 位，则在其最右边加 0 补足 3 位。然后用与每组二进制数所对应的八进制数取代每组的 3 位二进制数，则得到该二进制数所对应的八进制数。

例：将二进制数 10110101.01101 转换为八进制数。

二进制数：	010	110	101	.	011	010
	↓	↓	↓		↓	↓
八进制数：	2	6	5	.	3	2

转换结果为：

$(10110101.01101)_2=(265.32)_8$

例：将八进制数 345.23 转换为二进制数。

八进制数：	3	4	5	.	2	3
	↓	↓	↓		↓	↓
二进制数：	011	100	101	.	010	011

转换结果为：

$$(345.23)_8=(11100101.010011)_2$$

二进制数和十六进制数之间的转换，与二进制数和八进制数之间的转换方法类似，即将八进制数的一位对应二进制数的 3 位改为十六进制数的一位对应二进制数的 4 位。

例：将二进制数 10110101.01101 转换为十六进制数。

二进制数：　1011　0101　.　0110　1000

　　　　　　↓　　↓　　　↓　　↓

十六进制数：　B　　5　　.　6　　8

转换结果为：

$$(10110101.01101)_2=(B5.68)_{16}$$

例：将十六进制数 3A8C.9D 转换为二进制数。

十六进制数：　3　　A　　8　　C　.　9　　D

　　　　　　　↓　　↓　　↓　　↓　　↓　　↓

二进制数：　0011　1010　1000　1100　.　1001　1101

转换结果为：

$$(3A8C.9D)_{16}=(11101010001100.10011101)_2$$

3.3　数值数据在计算机中的表示

由以上描述知道，计算机是使用二进制计数体系来表示数字数据的，但在计算机中如何表示一个二进制数的正、负，又如何进行运算呢？

在计算机中采取了一种约定的方法来解决这个问题：在二进制数的绝对值前面增加一位二进制数作为符号位，该位为“0”表示正数，为“1”表示负数。这样，数的符号在计算机中也数字化了，符号位和数值位一起结合起来就构成该数在计算机内的表示形式。我们把一个数在计算机中的表示形式称为机器数，而把它的实际数值称为机器数的真值。

例如一个数以 8 位二进制码表示，那么两个分别带有正号和负号的二进制数 x 和 y 在计算机内的表示则如图 3-3 所示。

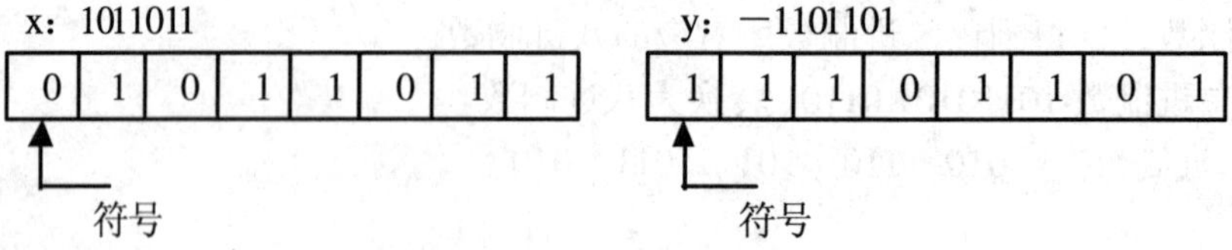

图 3-3　正、负数在计算机内的表示

为了运算方便，计算机中对有符号数常采用 3 种表示方法，即原码、反码和补码。

3.3.1　原码、反码和补码

1．原码

正数的符号位为 0，负数的符号位为 1，其他位则用来表示数的绝对值，用这种方法得到的数码就是该数的原码。假设计算机中用 8 个二进制位表示一个数，最高位被设置为符号位，后面的 7 位表示数的绝对值。例如：

$[+127]_{原}=(01111111)_2$，$[-127]_{原}=(11111111)_2$

8 位原码表示的最大值为 127，最小值为−127，表示的数的范围为−127～127。在原码表示中，0 有两种表示形式，即：

$[+0]_{原}=(00000000)_2$，$[-0]_{原}=(10000000)_2$

原码简单易懂，与其真值的转换方便。但用这种码进行两个异号数相加或两个同号数相减时都不方便，这时需要比较两个数哪个绝对值大，才能决定运算结果的符号位及值。因此，为了简化原码运算的复杂性，计算机中使用补码进行加减法运算。

2. 反码

反码很少使用，但它是求补码的中间码。

正数的反码和原码的表示形式相同，负数的反码是其原码除符号位外的各位按位取反(0 变 1，1 变 0)。例如：

$[+127]_{反}=(01111111)_2$，$[-127]_{反}=(10000000)_2$

在反码表示中，0 也有两种表示形式：

$[+0]_{反}=(00000000)_2$，$[-0]_{反}=(11111111)_2$

可见，8 位反码表示的最大值、最小值和表示数的范围与原码相同。

3. 补码

正数的补码与其原码相同，负数的补码为其反码在最低位加 1。例如：

$[+127]_{原}=[+127]_{反}=[+127]_{补}=(01111111)_2$

$[-127]_{原}=(01111111)_2$，$[-127]_{反}=(10000000)_2$，$[-127]_{补}=(10000001)_2$

值得注意的是，0 的补码表示只有唯一的形式：

$[+0]_{原}=[+0]_{反}=[+0]_{补}=(00000000)_2$

$[-0]_{原}=(10000000)_2$，$[-0]_{反}=(11111111)_2$，$[-0]_{补}=(00000000)_2$

因而可以用多出来的一个编码 10000000 来扩展补码所能表示的数值范围，即将负数最小−127 扩展到−128。这里的最高位既可看做符号位负数，又可表示为数值位，其值为−128。这就是补码与原码、反码最小值不同的原因。

利用补码可以使减法统一为加法，方便地进行运算。即当带符号的两个数采用补码形式表示时，进行加法运算可以把符号位和数值位一起进行运算(若符号位有进位，则丢掉)，结果为两数之和的补码形式。例如：

$[103-25]_{补}=[103+(-25)_{补}]=[103]_{补}+[-25]_{补}$

$=(01100111)_2+(11100111)_2=(01001110)_2=[78]_{补}$

$[-9-5]_{补}=[-9]_{补}+[-5]_{补}=(11110111)_2+(11111011)_{补}=(11110010)_2=[-14]_{补}$

后一个运算中，丢失最高位 1，运算结果为 11110010，是−14 的补码形式。

由此可见，补码规则简单，在数的有效存储范围内，符号位如同数值一样参加运算，无需单独处理，也允许产生最高位的进位(被丢去)，且最后的结果符号位仍然有效，因此补码的使用较为广泛。

3.3.2　有符号数运算时的溢出问题

如果在计算机中，我们用 n 位二进制数来表示一个数，即 n 位二进制数的最高位为符

号位，其余 n－1 位为数值位，采用补码表示时，可表示的数 X 的范围为

$$-2^{n-1} \leqslant X \leqslant 2^{n-1}-1$$

当 n=8 时，可表示的有符号数的范围为－128～+127；当 n=16 时，可表示的有符号数的范围为－32 768～+32 767。两个有符号数进行加减运算时，如果运算结果超出可表示的有符号数的范围，就会发生溢出，使计算结果出错。很显然，溢出只能出现在两个同号数相加或两个异号数相减的情况下。

具体地讲，对于加运算：当次高位(数值部分最高位)形成进位加入最高位，而最高位(符号位)相加(包括次高位的进位)却没有进位时，将发生溢出。反过来，次高位没有进位加入最高位，但最高位却有进位时，也将发生溢出。因为这两种情况分别是：两正数相加，结果超出了范围，形式上变成了负数；两负数相加，结果超出了范围，形式上变成了正数。例如：

$$[72]_{补}+[98]_{补}=(01001000)_2+(01100010)_2=(10101010)_2=[-86]_{补}$$

$$[-83]_{补}+[-80]_{补}=(10101101)_2+(10110000)_2=(01011101)_2=[+93]_{补}$$

在这两个运算中，由于运算结果超出了范围，正数相加变成了负数，负数相加则变成了正数，都发生了溢出。

对于减运算：当次高位不需从最高位借位，但最高位却需借位(正数减负数，差超出范围)时，会溢出；反过来，次高位需从最高位借位，但最高位不需借位(负数减正数，差超出范围)时，也会溢出。例如：

$$[+72]_{补}-[-98]_{补}=(01001000)_2+(10011110)_2=(10101010)_2=[-86]_{补}$$

$$[-83]_{补}-[+80]_{补}=(10101101)_2+(01010000)_2=(01011101)_2=[+93]_{补}$$

以上两个运算同样也发生了溢出。

在实际运算时，若发生溢出，计算机微处理器中的标志寄存器的溢出标志位将被置 1。

3.3.3 定点数和浮点数

在计算机中，用二进制表示实数的方法有两种：定点数和浮点数。

1. 定点数

定点数允许的数值范围有限，在计算机中一般用固定长度表示，同时将小数点固定在某一个位置。定点数有以下两种表示方法：

(1) 规定小数点固定在最高数值位的左边，如图 3-4 所示，这样所表示的数都是小数。n 位数值部分所能表示的数 X 的范围为 $1-2^{-n} \geqslant X \geqslant -(1-2^{-n})$。

(2) 规定小数点固定在最低数值位的右边，如图 3-5 所示，这样所表示的数都是整数。n 位数值部分所能表示的数 X 的范围为 $2^n-1 \geqslant X \geqslant -(2^n-1)$。

符号位	数 值 位

. ←小数点

图 3-4 定点小数表示法

符号位	数 值 位

. ← 小数点

图 3-5 定点整数表示法

如果实际数值不是纯小数或纯整数，那么必须根据实际需要选择一个“比例因子”，将

原始数据化成小数或整数，这样才能用定点法表示。而计算结果又要用比例因子恢复实际值。在计算过程中，如果中间结果超过数的表示范围，计算机便产生溢出，这时必须重新调整比例因子。

2. 浮点数

由于定点数的表示范围受到字长和数据类型限制，例如，若表示一个整数，字长为 8 位，最大值表示为 01111111，因为最高位是符号位，因此这个最大值为 127。若数值超过 127，计算机就会溢出，这给计算带来不便。为了表示很大或很小的数，可采用浮点数。

浮点数由阶码和尾数两部分构成，其小数点的位置是浮动的。阶码的位数表示数的大小范围，它是一个带符号的整数。尾数表示数的精度，可采用整数或纯小数两种形式。

例如：0.678×10^4，4 是阶码，0.678 是尾数。

浮点数在计算机中的表示形式如图 3-6 所示。

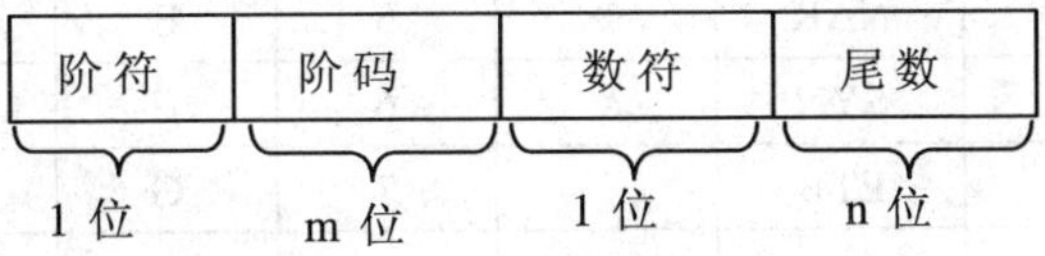

图 3-6　浮点数表示示意图

阶码只能是一个带符号的整数，阶码本身的小数点约定在阶码最右面。尾数表示数的有效部分，是纯小数，其本身的小数点约定在数符和尾数之间。设阶码的位数为 m 位，尾数的位数为 n 位，则浮点数的取值范围为

$$2^{-n}\cdot 2^{-(2^{m}-1)} \leqslant |X| \leqslant (1-2^{-n})\cdot 2^{2^{m}-1}$$

浮点数能表示的数值范围大，但其运算比整数运算复杂得多。例如浮点的加法运算，首先要保证参加运算的数是规格化数，然后再“对阶”，即通过移动尾数使两个数的阶码相同，然后尾数才能相加，最后还要对结果进行规格化处理。为了加快浮点数的运算，在计算机硬件结构中专门设计了浮点运算部件。

3.4　非数值数据在计算机中的表示

我们知道，计算机不但能够处理数字数据，还可以处理文本、图像、声音，甚至视频在内的各种数据。那么这些类型的数据在计算机内部又是如何表示的呢？

3.4.1　字符数据的表示

字符包括西文字符(字母、数字、各种符号)和中文字符。由于计算机是以二进制的形式存储和处理数据的，因此字符也必须按特定的规则进行编码后才能存入计算机中，为此制定出国际和国家标准编码规则。

1. ACSII 码、EBCDIC 码和 Unicode 码

计算机中最常用的字符编码是 ASCII 码(Americans Standard Code for Information

Interchange，美国信息交换标准码)，它被国际标准化组织指定为国际标准，也作为数据通信系统的标准被广泛采用。ASCII 码用 7 位二进制数表示每一个字符，共有 $2^7=128$ 个不同的编码值，可以表示 128 个不同字符的编码，如表 3-2 所示。

表 3-2　7 位 ASCII 编码表

$B_3B_2B_1B_0$	$B_6B_5B_4$							
	000	001	010	011	100	101	110	111
0 0 0 0	NUL	DEL	空格	0	@	P	`	p
0 0 0 1	SOH	DC1	!	1	A	Q	a	q
0 0 1 0	STX	DC2	"	2	B	R	b	r
0 0 1 1	ETX	DC3	#	3	C	S	c	s
0 1 0 0	EOT	DC4	$	4	D	T	d	t
0 1 0 1	ENQ	NAK	%	5	E	U	e	u
0 1 1 0	ACK	SYN	&	6	F	V	f	v
0 1 1 1	BEL	ETB	'	7	G	W	g	w
1 0 0 0	BS	CAN	(	8	H	X	h	x
1 0 0 1	HT	EM	)	9	I	Y	i	y
1 0 1 0	LF	SUB	*	:	J	Z	j	z
1 0 1 1	VT	ESC	+	;	K	[	k	{
1 1 0 0	FF	FS	,	<	L	/	l	|
1 1 0 1	CR	GS	-	=	M	]	m	}
1 1 1 0	SO	RS	.	>	N	^	n	～
1 1 1 1	SI	US	/	?	O	—	o	DEL

在 ASCII 码表中，有 34 个非图形字符(也称为控制字符)，例如：

CR(0001101)　　回车

DEL(1111111)　　删除

BS(0001000)　　退格

SOH(0000001)　标题开始

其余 94 个是图形字符，包括数字、大小写字母及键盘上的其他字符等。

扩展 ASCII 码(E ASCII)是 ASCII 码的扩充，它用八位二进制来表示每个字符。例如字母“A”的扩展 ASCII 码为 01000001。用 8 位二进制码的好处是，扩展 ASCII 码提供的编码比普通的 ASCII 码多 128 个。这些增加的字符包括制图符及一些键盘上没有出现的特殊符号。

EBCDIC 码(Extended Binary-Coded Decimal Interchange Code，扩展二—十进制交换码)由 IBM 公司开发，主要应用于 IBM 大型机，它是用 8 位二进制码串来表示字符的。

Unicode 码(统一码)为每种语言中的每个字符设定了统一并且唯一的二进制编码，以满足跨语言、跨平台进行文本转换、处理的要求。它可以表示使用不同字母表书写的数据，例如汉语和希腊语。Unicode 使用 16 位二进制编码，为 65 536(2^{16})个字符提供了编码，这些编码能够描述现行语言的标准字符及很多数学符号。

2．汉字编码

汉字相对于西文字符而言，其数量庞大、字型复杂，为了使计算机能够输入、显示、处理、输出和传输汉字字符，我国于 1980 年颁布了国家汉字编码标准 GB 2312—80，全称是《信息交换用汉字编码字符集—基本集》(简称国标码)，是一个简化汉字的编码标准。国标码把最常用的汉字分成两级：一级汉字 3755 个，按汉语拼音排列；二级汉字 3008 个，按偏旁部首排列。国标码规定：一个汉字用两个字节表示，每个字节只用低 7 位，最高位为 0。但为了与标准的 ASCII 码兼容，避免每个字节的 7 位中的个别编码与 ASCII 码中的控制码冲突，实际只选取了 94 个编码。因此，双 7 位码实际能够表示的汉字是 94×94＝8836 个，由区号和位号(区中的位置)构成了区位码。而实际的国标码字符集中共有 7445 个字符(包括 6763 个汉字和 682 个非汉字的图形字符)。

由于许多汉字没有包括在 GB 2312—80 中，因此 1990 年制定了 GB12345—1990，即《信息交换用汉字编码字符集 辅助集》，1995 年制定了《汉字内码扩展规范(GBK)1.0 版》，它是对 GB2312—80 的扩展，共收录了 21 004 个汉字，它支持国际标准 ISO 10646 中的全部中日韩汉字，也包含了 BIG5(台港澳)编码中的所有汉字。2000 年我国又发布了国家标准《信息交换用汉字编码字符集基本集的扩充》(GB18030—2000)，其中收录了 27 484 个汉字，总编码空间超过 150 万个码位。

3．汉字的处理过程

在汉字处理过程中的不同阶段，对汉字的处理有不同的要求。从汉字编码的角度看，计算机对汉字信息的处理过程实际上是各种汉字编码间的转换过程。汉字编码主要包括汉字输入码、汉字机内码、汉字地址码、汉字字形码等。一个汉字从输入到输出，首先要用汉字的外码将汉字输入，其次是用汉字的内码存储并处理汉字，最后用汉字的字形码将汉字输出。汉字的处理过程如图 3-7 所示。

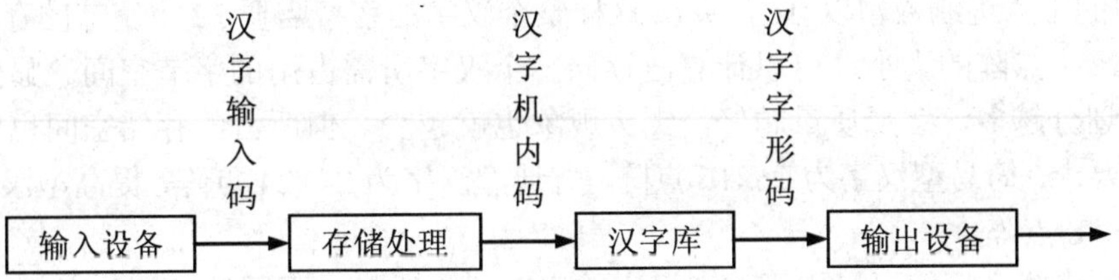

图 3-7　汉字的处理过程

(1) 汉字输入码。汉字输入码是为将汉字输入计算机而编制的代码，也叫做外部码或外码。键盘输入汉字是输入汉字的外部码，不同的输入法对同一个汉字有不同的编码。目前汉字输入编码法的研究发展迅速，已有几百种汉字输入码的编码方案问世，其中得到广泛使用的也达几十种之多。一个好的输入编码应是：编码短，可减少击键次数；重码少，可实现盲打；易学易记。目前常用的输入法有按字型组织的字型码、按发音的音码、发音和字型结合的音型码及数字码，如全拼输入法、双拼输入法、五笔字型码、首尾码、国标码、快速码等。

(2) 汉字机内码。汉字机内码是一种用于在计算机内部进行存储、处理的汉字代码，它应能满足存储、处理和传输的要求。输入码到机内码的转换依赖于输入码表，每一种输入码都有其各自的转换码表。目前，对应于国标码，一个汉字的机内码用两个字节存储，为了与国际通用的ASCII码区分，将每个字节的最高二进制位置“1”。

(3) 汉字字形码。为了将汉字以点阵的形式输出，还要将汉字的机内码转换为汉字字形码，以便输出成人们可读的方块汉字。字形码又称为汉字字模。汉字字形码通常有两种表示方式：点阵和矢量。

把汉字按图形符号设计成点阵图，就得到了相应的点阵代码。显示一个汉字一般采用16×16点阵、24×24点阵或48×48点阵。图3-8显示了“你”字的16×16的字形点阵及代码。

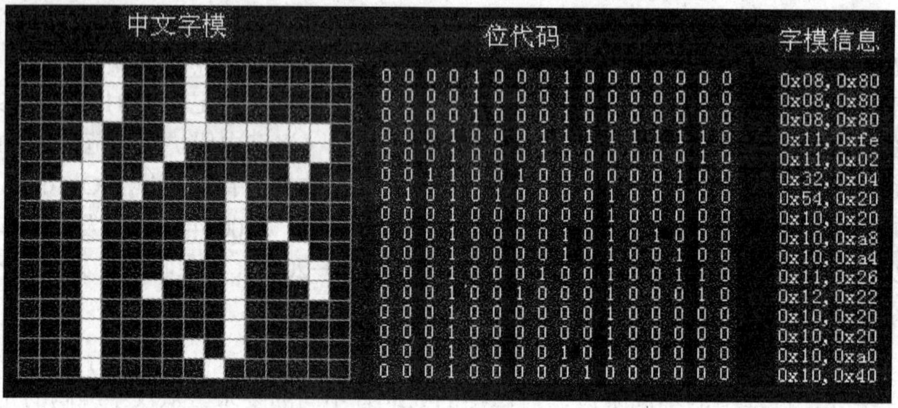

图3-8　汉字字形点阵及代码

在一个16×16的网格中用点描出一个汉字，如图3-8中的“你”字，整个网格分为16行16列，每个小格用1位二进制编码表示，有点的用“1”表示，没有点的用“0”表示。从上到下，每一行需要16个二进制位，占两个字节。如第一行的点阵编码是0x08，0x80(计算机中的十六进制数常以0x开头)，这样整个汉字的字型需要32个字节的存储空间。因此，已知汉字点阵的大小，可以计算出存储一个汉字所需占用的字节空间。显然，点阵中行、列数划分越多，字形质量越好，锯齿现象也就越少，但所占的存储空间也就越大。根据输出的要求，简易型汉字为16×16点阵，普通型汉字为24×24点阵，提高型汉字为32×32点阵、48×48点阵。

汉字的点阵字形编码仅用于构造汉字的字库，一般对应不同的字体(如宋体、楷体、黑体、繁体等)有不同的字库，字库中存储了每个汉字的点阵代码。输出汉字时，先根据汉字机内码从字库中提取汉字的字形数据，然后根据字形数据显示和打印出汉字。

汉字点阵字形的缺点是放大后出现锯齿现象，很不美观。

矢量代码存储的是汉字字形的轮廓特征。一个汉字中笔画的轮廓可用一组曲线来勾画，它采用数学方法来描述每个汉字的轮廓曲线。这种方法的特征是字形精度高，且可以任意放大、缩小而不产生锯齿现象，缺点是输出之前必须经过复杂的数学运算处理。

(4) 汉字地址码。汉字地址码是指汉字库中存储汉字字形信息的逻辑地址码。汉字库中，字形信息都是按一定顺序(大多数按标准汉字交换码中汉字的排列顺序)连续存放在存储介质上的，所以汉字地址码也大多是连续有序的，而且与汉字机内码之间有着简单的对应关系，以简化汉字内码到汉字地址码的转换。

3.4.2　图形/图像和视频信息的表示

图形/图像和视频信息作为多媒体的重要组成部分，广泛出现在计算机中。相比前述的数字和字符信息，图形图像和视频信息具有结构复杂、信息量大的特点，在计算机中有其特殊的表示方法，但最终也要编码成 0 和 1 来存储和传送。

1．图形/图像信息的表示

在计算机科学中，图形一般是指用计算机绘制的诸如直线、圆、圆弧、矩形、曲线和图表等组成的画面，而图像是指通过输入设备(如图像扫描仪)捕获的实际景物画面，或以数字化形式存储的任意画面。

计算机中，图形和图像有两种不同的编码方法：位图和矢量图。

(1) 位图。位图是最常用的图形数据存储格式之一。它是由多个点组成的图像点阵，每一个点都是 0 和 1 的组合，分别代表着不同的色彩及色彩深浅度，这些点被称为像素。反映位图质量的主要参数是分辨率和颜色数目。图像分辨率是指图像的水平与垂直方向的像素个数，而颜色数目是指图像中颜色的总数目，它反映了图像中表示各像素的二进制数据位数的多少，称为颜色编码。单色位图中的每个像素对应 1 个二进制位，16 色位图的每个像素对应 4 个二进制位，256 色位图的像素则对应为 8 个二进制位。位图按图像点阵的行、列、像素点颜色编码的形式存储在计算机中。表 3-3 列出了常用的几种图像名称及对应的颜色数目、颜色编码和数据容量(以 800×600 分辨率为例)。

表 3-3　位图图像及其存储容量

颜色编码/位	颜色总数	图像名称	存储容量/位
1	2^1	单色图像	800×600×1
4	2^4	16 色图像	800×600×4
8	2^8	256 色图像	800×600×8
24	2^{24}	真色彩图像	800×600×24

为适应不同应用的需要，计算机上的图像以多种格式进行存储，常见的位图格式的文件扩展名为 .BMP、. GIF、. JPEG 等。

由于在被调整大小时，位图形式的图像会被扭曲，因此在这种情况下，可以选择矢量图形式。

(2) 矢量图。矢量图是指用一组描述构成该图形的所有图形元素(如点、线、矩形、多边形、圆和弧线等)的位置、形状等参数的指令来表示该图形，这些参数都是通过数学公式计算获得的。例如一幅花的矢量图实际上是由线段形成外框轮廓，由外框的颜色以及外框所封闭的颜色决定花显示出的颜色。

计算机中存储的只是指令，而不是真正的图形。由于矢量图形可通过公式计算获得，因此矢量图形文件体积一般较小。矢量图形最大的优点是无论放大、缩小或旋转等都不会失真；最大的缺点是难以表现色彩层次丰富的逼真图像效果。

2．视频信息的表示

视频是由一系列静态图像组成的序列，其中每一幅称为一帧。电影、电视按一定的速率(即每秒显示的帧数目，称为帧率)快速播放每帧画面，再加上人眼的视觉暂留效应便产生了连续的视频效果。

视频可用图像序列来表示，其中每一幅图像的表示与前述静止图像的表示方法相同。视频图像的容量为静止图像的容量与帧率相乘，再乘以视频图像的放送时间(秒)。如播放800×600 分辨率 256 色的图像，若帧率为 30 f/s，则两小时的视频需要超过 48 GB 的容量，这么大的容量就给视频图像的存储、传送、显示带来了许多困难。因此，视频图像(包括静止图像)都是先经过压缩，再进行存储、传送和显示的，而显示时先要进行解压。

3.4.3　音频信息的表示

声音是文字、图像之外的另一种多媒体信息。计算机中处理的声音也称为音频信息。音频信息的计算机获取过程主要是进行数字化处理，因为只有经过数字化后音频信息才能像文字、图像信息那样进行存储和处理。音频信息在计算机中常以数字音频的形式表示，即用 0 和 1 来表示声音信息。数字音频是声(音)波(形)数字化的结果。数字化就是将连续的声音波形离散化，主要包括采样和量化。声音数字化的过程如图 3-9 所示。

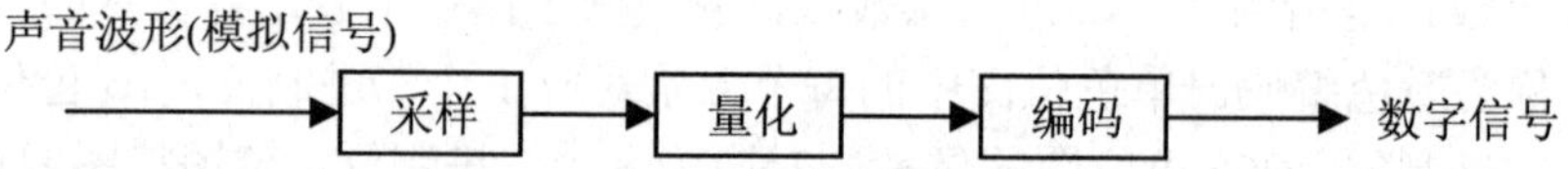

图 3-9　模拟声音的数字化过程

采样是指以周期性的间隔对模拟波形的幅度值进行抽取，把时间上的连续信号变成时间上的离散信号。时间的间隔称为采样周期，其倒数称为采样频率。

采样频率是决定数字音频质量的重要参数之一。采样频率越高，声音的保真度越好，但所需的数据存储量也就越大。图 3-10 表示了声波的采样。

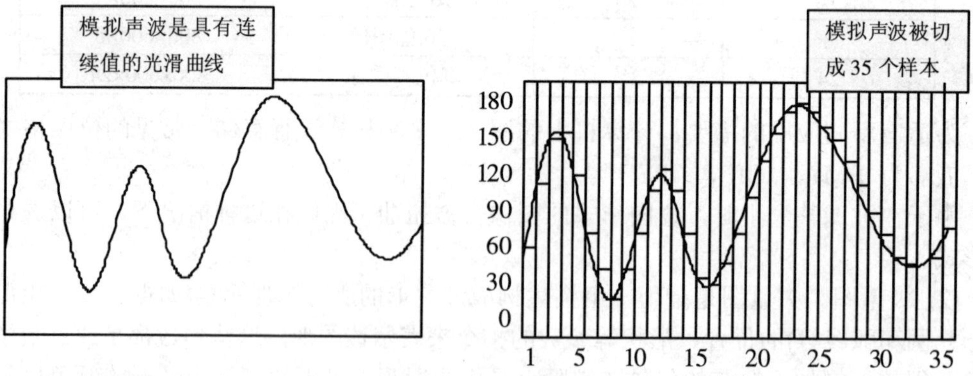

图 3-10　声波的采样

经采样得到的信号在时间上是离散的，但在幅度上仍是连续的。由于任何一个数字量的大小只能是某个最小数量单位的整数倍，因此用数字量表示采样值时，先要把采样电压化为这个最小单位的整数倍，这一转换过程称为量化。编码是指将量化的结果用二进制数的形式表示。

在量化过程中，每个样本的高度都将被转换成二进制数的数字并被存储起来。表示采样点振幅的二进制位数称为量化位数(也称样本精度)，它是决定数字音频质量的另一个重要参数。量化位数的大小反映了对各个采样点进行数字化时所选用的精度。通常量化的位数有 8 位、16 位或 32 位。如图 3-10 中的样本 29 的高度是 90(十进制)，若量化位数为 8 位，则被存储为相应的二进制形式 1011010。二进制的位数越大，量化精度越高，数字音频的质量就越好，但信息的存储量也相应增大。

数字音频信息在计算机中以文件的形式保存，相同的音频信息可以有不同的文件存储格式。常见的数字音频信息的文件格式有 .WAV、.MP3、.VOC 等。数字音频的数据量也很大，在存储或播放时，也要经过压缩和解压。

3.4.4 计算机中的信息单位

1. 位(Bit)

在计算机中，一个二进制代码称为一位，记为 bit，是计算机中表示信息的最小单位。一位二进制数(取值为 0 或 1)可表示 $2^1=2$ 个信息，两位二进制数(取值为 00、01、10、11)可表示 $2^2=4$ 个信息。以此类推，二进制数每增加 1 位，可表示的信息个数便增加一倍。

2. 字节(Byte)

字节是信息组织和存储的基本单位，由 8 位二进制位组成，是存储空间的基本计量单位。1 个字节可以存储 1 个英文字母或者半个汉字，换句话说，1 个汉字占据 2 个字节存储空间。

在计算机中，往往用字节数来表示存储器的存储容量，并统一以字节(Byte，B)为单位。容量的单位从小到大依次是：字节(B)、KB、MB、GB、TB，它们之间的关系是。

K 字节　1 KB=1024 字节(1024B)
M 字节　1 MB=1024 KB
G 字节　1 GB=1024 MB
T 字节　1 TB=1024 GB

3. 字(Word)

一个字通常由一个或若干个字节组成。字是计算机进行信息交换、处理、存储的基本单元。在计算机的存储器中，每个单元通常存储一个字，因此每个字都是可以寻址的。

4. 字长(Word Size)

每个字所包含的位数称为字长。由于字长是计算机一次可处理的二进制数的位数，因此它与计算机处理数据的速率有关，是衡量计算机性能的一个重要因素。计算机字长越长，则其精度和速度越高。计算机的字长一般为字节的整数倍，如 8 位、16 位、32 位和 64 位等。目前普遍使用的微机大多支持 32 位字长，也有支持 64 位的。例如 486 微机的字长是 32 位，称为 32 位机。

习题

一、填空题

1. 计算机内部数据的存储和处理均采用________计数制。
2. 计算机中对有符号数常采用_________、________和_________三种表示方法。

3．数字音频是______数字化的结果，其过程主要包括________和_______。
4．计算机存储器中，一个字节由_________位二进制位组成。
5．在微机中，1 MB 准确等于_______字节。
6．5 GB =______MB=_______KB=_______B。
7．计算机中，应用最普遍的字符编码是_________。
8．在存储一个汉字内码的两个字节中，每个字节的最高位是_______。
9．要存放 10 个 24×24 点阵的汉字字模，需要________字节的存储空间。

二、简答题

1．计算机中有哪几种计数制？它们之间是如何进行转换的？
2．信息与数据的关系是什么？
3．进行下列数的数制转换：
(1) $(214)_{10}=(\qquad)_8=(\qquad)_{16}=(\qquad)_2$
(2) $(70.5)_{10}=(\qquad)_8=(\qquad)_{16}=(\qquad)_2$
(3) $(3AB)_{16}=(\qquad)_2=(\qquad)_8$
(4) $(1011100111110100)_2=(\qquad)_8=(\qquad)_{16}$
4．若 $x=(+75)_{10}$，$y=(-75)_{10}$，其编码用 8 位二进制表示，则
$[x]_{原}=(\qquad)_2$，　$[x]_{反}=(\qquad)_2$，　$[x]_{补}=(\qquad)_2$
$[y]_{原}=(\qquad)_2$，　$[y]_{反}=(\qquad)_2$，　$[y]_{补}=(\qquad)_2$
5．什么是 ASCII 码和扩展 ASCII 码？
6．字符数据在计算机中是如何表示的？计算机对汉字信息的处理经过了哪些过程？
7．说出存储单元、位、字节、字和字长的含义。
8．简要说明计算机对声音信息的处理过程。
9．计算机系统是由哪几部分组成的？

第 4 章　计算机组成

4.1　计算机系统的组成

计算机系统由硬件和软件两部分组成。

硬件系统是计算机的物理实体，通常指计算机以及所有与之连接的输入、输出和存储设备，如图 4-1 所示。

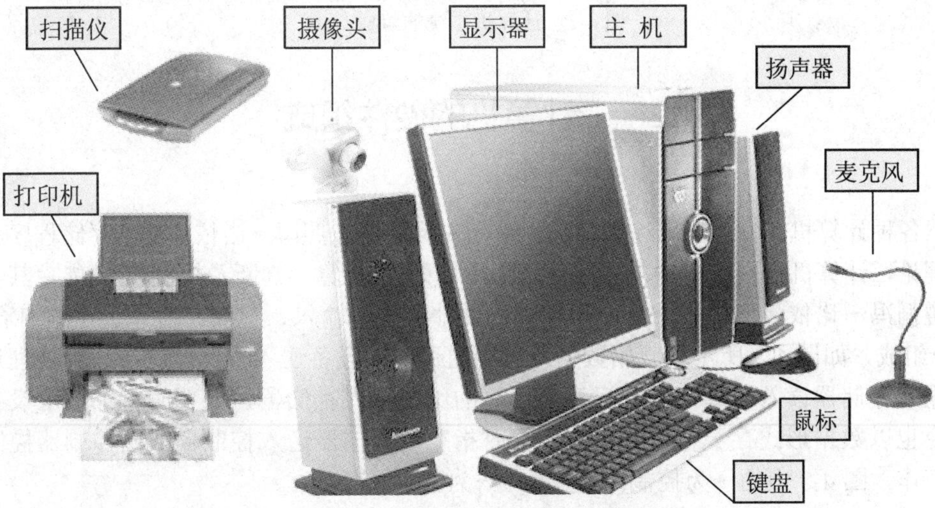

图 4-1　计算机系统及外围设备

图 4-1 中那些可以附加到计算机系统中，用以增强计算机功能的设备称为外围设备，如打印机、扫描仪、摄像头等。常见的外围设备还包括图形画板、操纵杆、数码相机等。

软件系统是指计算机的逻辑实体，是控制计算机接收输入、存储数据、处理数据并产生输出的程序的总和。

硬件是软件工作的基础，离开硬件，软件无法工作；软件又是硬件功能的扩充和完善，有了软件的支持，硬件功能才能得到充分的发挥。两者相互渗透、相互促进。可以说硬件是基础，软件是灵魂。只有将硬件和软件结合成统一的整体，才能称其为一个完整的计算机系统。

硬件系统和软件系统的有机结合与相互配合，构成了计算机系统的整体，如图 4-2 所示。

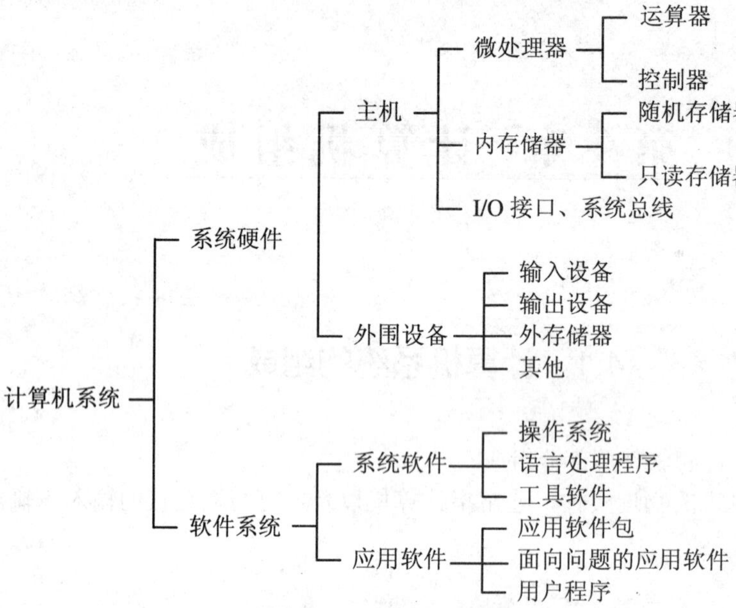

图 4-2　计算机系统的组成

4.2　计算机的硬件组成

虽然各种计算机在性能、用途和规模上有所不同，但按照冯·诺依曼的“存储程序和二进制”理论，计算机应当具有输入、存储、输出和处理(运算、判断及控制)等功能，其基本结构都遵循冯·诺依曼型体系结构，即计算机硬件部分由输入、存储、运算、控制和输出 5 个部分组成，如图 4-3 所示。原始数据及程序通过输入设备送入存储器，在运算处理过程中，数据从存储器读入运算器进行运算，运算的结果存入存储器，必要时再经输出设备输出。指令也以数据形式存于存储器中，运算时指令由存储器送入控制器，由控制器控制各部件的工作。图 4-3 中的→为控制(信息)流，--→为数据(信息)流。

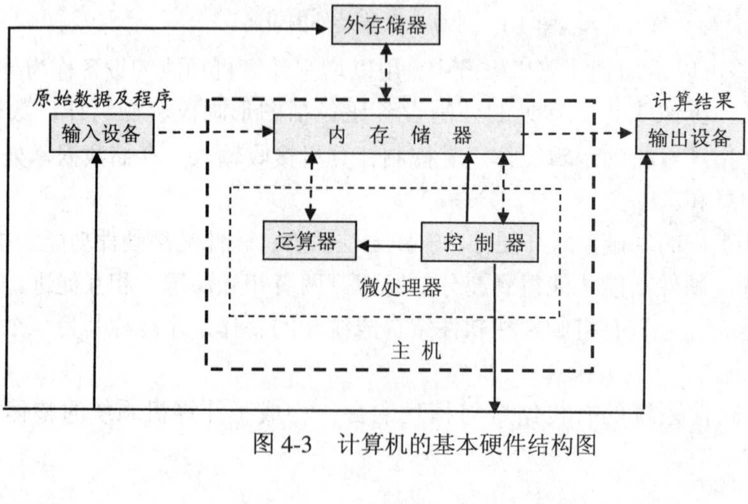

图 4-3　计算机的基本硬件结构图

在计算机的体系结构中，微处理器是核心。

4.2.1　微处理器

微处理器有时简称处理器或 CPU，是计算机系统的核心，也是最昂贵的计算机部件(参见图 4-4)。这个芯片包含了各种电路和元件，被安装在计算机的主板上。

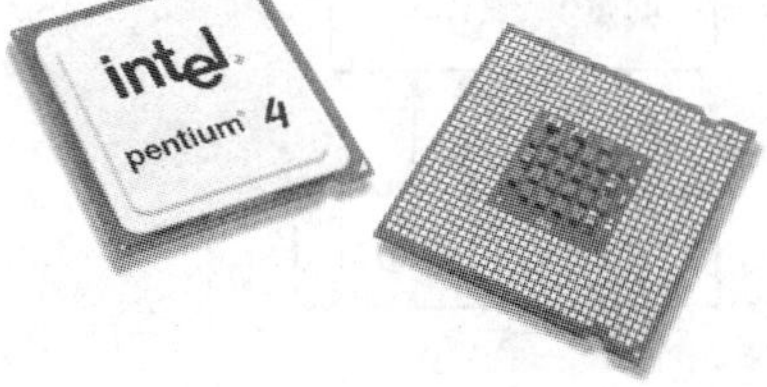

(a) Intel Pentium Ⅳ处理器

(b) AMD Athlon 处理器

图 4-4　处理器

微处理器包括运算器和控制器，主要功能是按照程序给出的指令序列分析、执行指令，完成对数据的加工处理。计算机所发生的全部动作都受处理器的控制。处理器品质的高低直接决定了计算机系统的档次。

1. 运算器

运算器主要完成各种算术运算和逻辑运算，是计算机实现数据加工和处理的核心部件。

计算机可以对大量数据进行各种复杂的运算，但运算器所完成的操作只是最基本的二进制算术运算和逻辑运算。算术运算包括加、减、乘、除等四则运算，逻辑运算则包括与、或、非以及各种移位操作。运算器以极快的速度综合各种各样的运算方式，使得计算机能够在极短的时间内执行特别复杂和数据量极大的任务，其速度是非常让人惊叹的。

运算器主要由一个算术逻辑单元(Arithmetic and Logical Unit，ALU)、若干个寄存器以及一些控制电路组成，如图 4-5 所示。

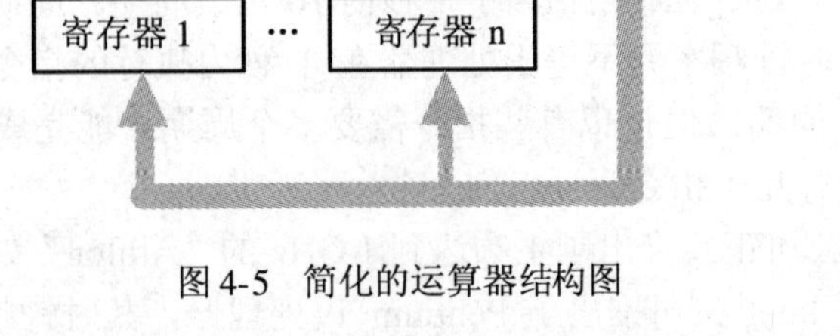

图 4-5　简化的运算器结构图

寄存器组用来存放操作数。在进行运算时，操作数传送到 ALU，在 ALU 中完成规定的运算后，结果传送到指定的存储单元或某个通用寄存器中。

2．控制器

控制器是整个计算机的控制枢纽，用于有条不紊地控制计算机各部件协调地工作。控制器的结构简图如图 4-6 所示。

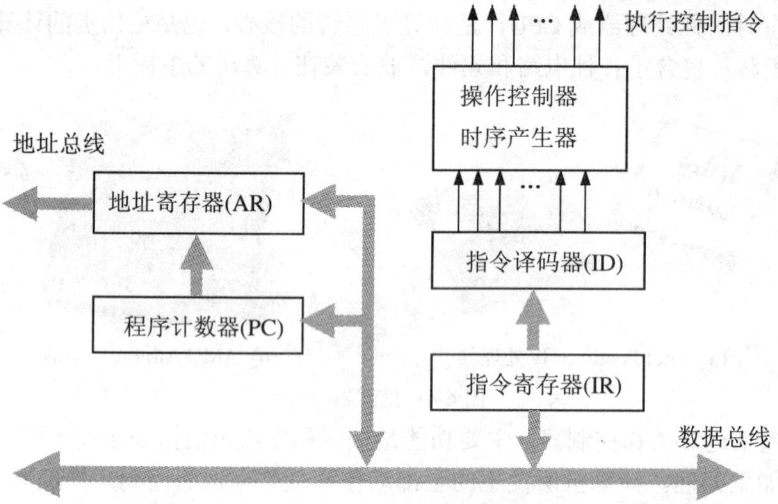

图 4-6　简化的控制器结构图

控制器由程序计数器(PC)、指令寄存器(IR)、指令译码器(ID)、时序产生器和操作控制器组成。IR 存放当前要执行的指令代码。ID 对代码进行分析，识别指令的性质。PC 保存下一次要执行的指令代码。操作控制器和时序产生器则根据指令译码器的结果，产生指令执行过程中所需要的全部控制信号。因此控制器的主要功能是：

(1) 从内存中取出一条指令，并指出下一条指令在内存中的位置。

(2) 对指令进行译码，并产生该指令执行过程中的全部控制信号，以便启动规定的动作。

(3) 指挥并控制处理器、内存和输入/输出设备之间数据流动的方向。

运算器和控制器共同构成了计算机的微处理器。

3．影响微处理器性能的主要因素

微处理器是计算机的心脏，其品质的高低直接决定了计算机系统的档次。很多因素都会影响处理器的性能，如时钟频率、字长、高速缓存容量、指令集和处理技术等。

(1) 处理速度。CPU 的处理速度也被称做时钟频率，是指处理器执行指令的速度。大多数计算机用兆赫兹和吉赫兹来度量 CPU 的速率。兆赫兹(MHz，Megahertz)相当于 1 秒内 1 百万个周期，吉赫兹(GHz，Giegahertz)相当于 1 秒内 10 亿个周期。周期是处理器最小的时间单位。需要说明的是，时钟频率并不等于处理器在 1 秒内执行的指令数目。在很多计算机中，一些指令只有一个周期，但是也有些指令需要多个周期才能完成。有些微处理器甚至在单一的时钟周期内执行几个指令。

2000 年 3 月，AMD 公司正式推出了主频达到 1 GHz 的“Athlon”处理器，从而掀开了吉赫兹处理器大战。随后 Intel 公司推出了 Pentium Ⅳ处理器，其时钟频率达 3.6 GHz，该处理器采用全新的 Netburst 架构，并且另外增加了 144 条全新指令，用于提高对视频、音频等多媒体信息及 3D 图形的处理能力。

(2) 字长。我们知道，字长就是运算器所能并行处理的二进制数的位数。字长较长的处理器在每个处理周期内可以处理更多的数据。字长越长，所能处理的数的范围就越大，运算精度越高，处理速度也就越快，但价格也越高。

目前普遍使用的 Intel 和 AMD 处理器的微机大多支持 32 位字长，也有支持 64 位的。

(3) 高速缓冲存储器。高速缓冲存储器有时也称为高速缓存(Cache)，是一个专用的、位于 CPU 和内存之间的高速存储器，它的容量比内存小但交换速度快。

缓存的工作原理是：当 CPU 要读取一个数据时，首先从缓存中查找，如果找到就立即送给 CPU 处理；如果没有找到，就用相对慢的速度从内存读取并送给 CPU 处理，同时把这个数据所在的数据块调入缓存中，这就使得以后对整块数据的读取都从缓存中进行，不必再调用内存。一级高速缓存(Level 1 Cache，L1)一般固化在处理器内部，容量与结构对 CPU 的性能影响较大。不过高速缓存均由静态 RAM 组成，结构较复杂，在 CPU 管芯面积不能太大的情况下，L1 级高速缓存的容量不可能做得太大。二级高速缓存(Level 2 Cache，L2)位于单独的芯片上，因此它需要更多的时间将数据传送到处理器中。高速缓存器的容量通常以千字节来度量。

缓存大小也是 CPU 的重要指标之一，而且缓存的结构和大小对 CPU 速度的影响非常大。CPU 内缓存的运行频率极高，一般是和处理器同频运作，工作效率远远大于系统内存和硬盘。

(4) 指令集。所谓指令集，就是 CPU 中用来计算和控制计算机系统的一套指令的集合。每一种新型的 CPU 在设计时就规定了一系列与其他硬件电路相配合的指令集。而指令集的先进与否，也关系到 CPU 的性能发挥，它也是 CPU 性能体现的一个重要标志。

当芯片设计者为处理器设计各种指令集时，他们往往会增加一些需要几个时钟周期才能执行的较复杂的指令。拥有这样指令集的处理器使用了复杂指令集计算机(Complex Instruction Set Computer，CISC)技术。而拥有数量有限且较简单指令集的处理器使用了精简指令集计算机(Reduced Instruction Set Computer，RISC)技术。RISC 指令集是高性能 CPU 的发展方向。与传统的 CISC 相比而言，RISC 的指令格式统一，种类较少，寻址方式也比复杂指令集少，当然处理速度也提高很多。当今大多数 Mac 机(Apple 公司生产的一款 PC)的微处理器均采用 RISC 技术，而大多数 PC 机的微处理器采用 CISC 技术。

4.2.2　存储器

存储器(Memory)是计算机系统中的记忆设备，用来存放程序和数据。计算机中的全部信息，包括输入的原始数据、计算机程序、中间运行结果和最终运行结果都保存在存储器中。根据存储器是设在主机内部还是外部，可将其分为内存储器和外存储器。

图 4-7　内存储器和硬盘存储器

1．存储器的构成

构成存储器的存储介质目前主要是半导体器件和磁性材料。存储器中最小的存储单位就是一个双稳态半导体电路或一个 CMOS 晶体管或磁性材料的存储元，它可存储一个二进制代码。由若干个存储元组成一个存储单元，然后再由许多存储单元组成一个存储器。一个存储器包含许多存储单元，每个存储单元可存放一个字节。每个存储单元的位置都有一个编号，即地址，一般用十六进制表示。一个存储器中所有存储单元可存放数据的总和称为它的存储容量。假设一个存储器的地址码由 20 位二进制数(即 5 位十六进制数)组成，则可表示 2^{20}，即 1 M 个存储单元地址。每个存储单元存放一个字节，则该存储器的存储容量为 1024 KB。

2．内存储器

内存储器简称内存，位于微机主板上，用来存放当前计算机运行所需要的程序和数据。内存容量的大小是衡量计算机性能的主要指标之一。内存储器的结构如图 4-8 所示。

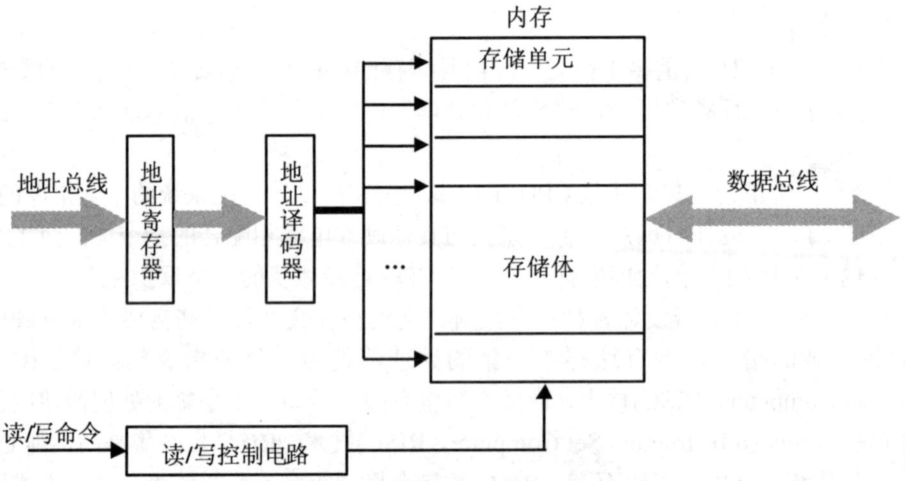

图 4-8　内存储器的结构简图

地址寄存器用来保存存储器进行数据读/写时所应操作的存储单元的地址。地址译码器则根据地址寄存器中的单元地址来定位对应的存储单元，以便对该单元进行读/写操作。而读/写控制电路则发出命令，控制存储器完成数据的读出或写入。

内存包括随机存储器(Random Access Memory，RAM)和只读存储器(Read Only Memory，ROM)。

(1) 随机存储器(RAM)。随机存储器主要用来暂时保存程序和数据，其特点是：信息可以随时写入或读出，计算机一旦断电，其中的信息立即丢失。因此 RAM 是计算机处理数据的临时存储区，要想使数据长期保存，必须将数据存放在外存储器中。根据电路原理，RAM 分为静态 RAM(SRAM)和动态 RAM(DRAM)。计算机内存板一般采用 DRAM，而高速缓存则采用 SRAM，以实现内存的高速存取，适应高速 CPU 的需要。

现在的个人计算机通常都有 128 MB～2 GB 的 RAM。计算机所需要的 RAM 取决于所使用的软件，通常软件需要的 RAM 容量在软件包装外都有说明。为了满足基本性能要求，运行 Windows 软件最少需要 256 MB 的 RAM，而要使游戏、图形和视频应用程序顺利运行，往往需要 512 MB 的 RAM。

(2) 只读存储器(ROM)。只读存储器是一种存放计算机启动程序的存储器。ROM 位于单个集成电路中，并插在主板上。与 RAM 的暂时、易失存不同，ROM 的存储是永久性的，不会因断电而丢失信息。ROM 上存储的信息可以随机读出，但不可以高速地随机写入。ROM 中固化了一个基本输入/输出系统，称为 BIOS，主要作用是完成对系统的加电自检、系统中各功能模块的初始化，以及引导操作系统。

ROM 包括可编程只读存储器和可擦除可编程只读存储器(EPROM)。

3．外存储器

外存储器简称外存，是计算机存储器的重要组成部分，用以长期存储程序和数据。外存储器存取时要通过内存，而不与 CPU 直接打交道。与内存相比，外存的特点是存储容量大，存取速度较慢，信息可长期保存，断电后不丢失信息，价格便宜。目前常用的外存主要有磁存储器(如软盘、硬盘、磁带等)、光存储器(如光盘 CD、数字视频光盘 DVD)和闪存设备(如 U 盘、记忆棒、闪存卡等)，参看图 4-9。外存和内存一样，存储容量也是以字节为基本单位的。

图 4-9　软盘、光盘和闪存

1) *磁存储器*

软盘、硬盘和磁带存储技术属于磁存储，即靠磁化磁盘或磁带表面的微粒来存储数据。微粒保留磁化方向直到这个方向被改变，因此使用磁盘和磁带可以相当持久地保存数据，但它们也是可更改的存储介质，通过改变磁盘表面部分微粒的磁化方向便可轻易地更改和删除存储的数据。读/写头就是磁盘驱动器中通过使存储磁盘表面的微粒受磁来写数据或读取数据的机械装置。

硬盘是目前计算机最主要的存储设备。硬盘驱动器是硬盘与主机系统间的连接部件，作用是在硬盘缓存和主机内存之间传输数据。不同的硬盘驱动器决定着硬盘与计算机之间的连接速度，在整个系统中，硬盘驱动的优劣直接影响着程序运行的快慢和系统性能的好坏。为了防止污垢接触盘片而造成磁头碰撞，硬盘是被封装在盒中的。由于震动也会造成磁头碰撞，因此在搬动和运输时仍需小心。

需要注意的是，存储在磁存储器上的数据会因磁场、灰尘、泥土、热和存储设备存在的机械问题而改变。例如，放一块磁铁在软盘上必然会使数据丢失。

2) *光存储器*

CD(Compact Disc，CD)和 DVD(Digital Video Disc，DVD)都是光存储器。光存储技术是一种通过光学的方法读/写数据的技术。光盘上有凹凸不平的小坑，光照射到上面有不同的反射，再转化为 0、1 的数字信号就成了光存储。光存储设备利用低强度的激光来读取存储在光盘上的数据。光盘的表面涂有一层透明的塑料保护膜，使得光盘持久耐用且比存储在磁介质上更不容易受外界环境的影响。

图 4-10　光盘和光盘驱动器

光盘驱动器(如图 4-10 所示)采用几种不同的技术在 CD 和 DVD 盘上记录数据。可记录技术(Recordable)通过用激光改变夹在透明保护膜下的染色层的颜色来记录数据，在染色层中的改变是永久的，所以数据一旦记录就不能再改变。可擦写技术(Rewritable)使用“相位改变”技术来改变光盘表面的晶状体结构，从而记录数据。晶状体的结构可以从亮变暗再从暗变亮，而且可以反复多次，这就使光盘能像硬盘一样重复记录和修改数据。

所有的 CD 比传统的软盘的存储容量都大，达到 650 MB，而 DVD 的存储容量更是达到了 4.7～17 GB。

3) 闪存

闪存(Flash Memory)是一种长寿命的非易失性(在断电情况下仍能保持所存储的数据信息)存储器，数据删除不是以单个的字节为单位而是以固定的区块为单位，区块大小一般为 256 KB～20 MB。这种存储技术在存储信息的过程中没有机械运动，这使得它的运行非常稳定，从而提高了它的抗震性能，使它成为所有存储设备里最不怕震动的设备。由于它不存在类似软盘、硬盘、光盘等的高速旋转的盘片，因此它的体积往往可以做得很小。而现在的 MP3 播放器可以做得很小的原因就是因为采用了这种存储技术。目前的闪存主要有闪存盘、闪存卡、记忆棒等。

闪存盘通常也称为优盘(U 盘)，通过 USB 端口与计算机相连，它小巧便于携带，存储容量大，价格便宜。一般的 U 盘容量有 64 MB、128 MB、256 MB、512 MB、1 GB、2 GB、4 GB 等。

闪存卡(Flash Card)一般应用在数码相机、掌上电脑、MP3 等小型数码产品中，作为存储介质使用。由于它样子小巧，有如一张卡片，所以称之为闪存卡。它通过一种称为读卡器的设备与计算机连接，将数据传入计算机或从计算机导出，如图 4-11 所示。根据不同的生产厂商和不同的应用，闪存卡有 SmartMedia(SM 卡)、Compact Flash(CF 卡)、Secure Digital(SD 卡)、Memory Stick(记忆棒)等。这些闪存卡虽然外观、规格不同，但是技术原理都是相同的。

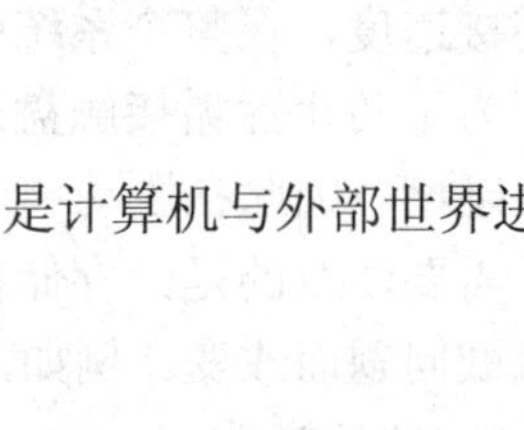

图 4-11　闪存卡和读卡器

4.2.3　输入和输出设备

计算机的输入/输出设备简称 I/O 设备(Input/Output devices)，是计算机与外部世界进行信息交换的中介。人们通过 I/O 设备与计算机进行交流。

1．输入设备

输入设备用于将数据输入到计算机中，即将人们习惯于阅读和书写的字母、数字、自然语言符号及图像、语音和视频信息转换成计算机能够处理的二进制数字 0 和 1。大部分计算机都使用标准键盘和鼠标来输入指令或数据，还可通过附加的输入设备来扫描图像、文本和条形码，通过多媒体输入设备来输入语音或视频。

1) 键盘和鼠标

在计算机系统中，最常用的输入设备就是键盘和鼠标。

多数的计算机键盘(Keyboard)是基于打字机的 QWERTY(在大多数打字机键盘左上端的前 6 个字母键)布局设计的。除了基本的输入键区外，台式计算机和笔记本电脑的键盘还含有用来有效移动基于屏幕的插入点的编辑键区和执行特定任务的功能键区。多数的台式计算机键盘还有数字键区。一些掌上电脑用户可以使用轻便的可折叠键盘。各种各样的键盘如图 4-12 所示。

图 4-12 各种各样的键盘

键盘由一组按阵列方式装配在一起的按键开关组成，键盘内还有一个单片微处理器，负责控制整个键盘的工作。键按下后，就相当于接通了相应的开关电路，根据其位置将该字符转换成对应的二进制码，并传送给主机和显示器。

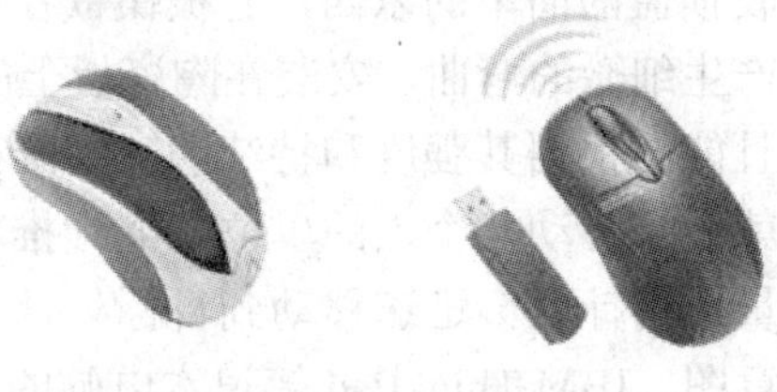

图 4-13 光电鼠标和无线鼠标

键盘用于输入字符、数字和标点符号都很方便，但却不适合图形操作。随着计算机软件的发展，图形处理的任务越来越多，尤其现在出现的一些大型软件，几乎全部采用各种形式的“菜单”或“图标”操作，操作时只要在屏幕特定的位置选定光标，该操作即可执行。鼠标(Mouse)就是这样一种定点设备(参见图 4-13)，它可以方便、准确地移动光标进行定位，是一般窗口软件和绘图软件的首选输入设备。鼠标最基本的操作有三种：移动、点击和拖曳。

鼠标分为“有线鼠标”和“无线鼠标”。常见的有线鼠标有两种：机械式和光电式；无线鼠标也有两种：红外线型和无线电波型。目前常用的鼠标是光电式鼠标。

机械式鼠标的下面有一个可以滚动的小球。当鼠标在桌面上移动时，小球和桌面摩擦，发生转动。屏幕上的光标随着鼠标的移动而移动，光标和鼠标器的移动方向是一致的，而且与移动的距离成比例。这种鼠标价格便宜，但易沾灰尘，影响移动速度，且故障率高，应经常清洗。

光电式鼠标的下面是两个平行放置的小光源(灯泡)，它只能在特定的反射板上移动。光源发出的光经反射后，再由鼠标器接收，并转换为移动信号送入计算机，使屏幕光标随着移动。其余原理和机械式鼠标相同。

红外线型无线鼠标对鼠标与主机之间的距离有严格要求。无线电波型无线鼠标较为灵活，但价格贵。

除了鼠标，在笔记本电脑上还常常选用跟踪球、指针棒、触摸板、操纵杆等定点设备作为鼠标的替代物，如图 4-14 所示。

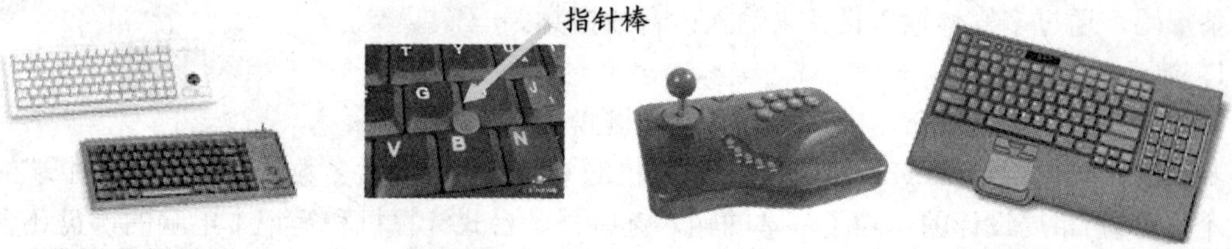

带跟踪球的键盘　　指针棒　　操纵杆　　带触摸板和指针棒的键盘

图 4-14　可选用的定点设备

跟踪球(Trackball)是用以操纵显示屏上光标移动的设备，类似于颠倒过来的机械鼠标，滚动球被装在上面。要移动屏幕上的光标，只需用手指转动小球。跟踪球包含用手自由推动的球和两个对应于 x 方向及 y 方向的轴角编码器。球转动时送出相应的 x 方向与 y 方向的编码，控制屏幕上的光标随球的移动方向移动。

触摸板(TouchPad)是每一款笔记本电脑都必备的输入设备，它由一块能够感应手指运行轨迹的压感板和两个按钮组成，两个按钮相当于标准鼠标的左右键。触摸板的优点是没有机械磨损，控制精度也不错，操作起来很方便，初学者很容易上手。缺点是使用者的手指潮湿或者脏污的话，控制起来就不那么顺手了。

指针棒(TrackPoint)的样子很像橡皮头，是一个在陶瓷制的指点杆上覆以有粗糙感的橡胶顶盖的简单的东西，它被镶嵌在键盘的中间。用指尖轻推指点杆，其底部的陶瓷板就会产生细微的弯曲，安装在陶瓷板上的 4 个弯曲传感器马上就会感知力度的方向和大小，并且能够根据其强度和持续的时间准确地实现操作。如果仅仅是轻轻地施加一点力量，指针就会只移动几个点的单位。继续推动，指针就会加速平滑地移动。如果瞬间加以较大的力量，指针就会迅速移动到目标处。这种巧妙的设计，使指针的移动真正契合了用户的操作意图。IBM ThinkPad 笔记本电脑的所有型号一律采用的是指针棒。

操纵杆看起来像微缩版的汽车变速杆，它包含一个不可移动的基底，一个与基底基本垂直的操纵杆和一个微处理器电路。基底上含有操纵杆倾斜角位移检测装置或力检测装置，用来检测操纵杆的倾斜角位移或作用于操纵杆上的力。操纵杆上含有两个或两个以上的计算机鼠标功能按键。使用者通过手握操纵杆来控制计算机光标的移动，可以在玩计算机游戏时使用。

2) 扫描仪

扫描仪是除键盘和鼠标之外被广泛应用于计算机的一种图形、图像输入设备，如图 4-15 所示。可以利用扫描仪迅速地将图形、图像(包括文字)输入到计算机中，因此它已成为图像处理、图文通信、出版系统等领域重要的输入设备。

图 4-15　平板扫描仪、条码扫描仪、手持扫描仪

扫描仪对原稿进行光学扫描，然后将光学图像传送到光电转换器中变为模拟电信号，

又将模拟电信号变换成为二进制数字电信号，最后通过计算机接口送至计算机中。

3) 手写板

手写板也称做电脑笔，它由笔与基板两部分组成，用笔与基板的相互作用来完成写字、画画和控制的功能。手写板可分为两大类：手触式与电磁感应式。

手触板是利用笔触及到基板时(如图4-16)，基板上的电容及电阻发生的变化来起作用的。因此，所谓“笔”，可以是任何会改变电阻或电容的物件，例如手指或塑料棒。计算机根据笔的位置，便能使光标做相应的移动，或做其他的动作。由于笔必须接触到基板才能作用，因此用起来比较不自然，反而有点像鼠标。另外手触板的分辨度比较低，笔的位置很难精确判断。再就是手触板性能比较不稳定，使用一段时间后，也容易变得不好用。但是，手触板要求的技术水平不是很高，所以还是有一定的应用。

图4-16 手写板

而电磁感应式的电磁感应笔会放出电磁波，由基板感应到后，计算出笔的位置，报告给计算机。然后，计算机再做出移动光标或其他相应的动作。由于电磁波能隔着空气传导，因此笔即使不接触到基板，基板也能感应得到。这样笔只要在基板上一定高度之内，就仍然可以作用。但是电磁感应笔所需要的技术水平比较高。

4) 其他输入设备

计算机还可通过麦克风、数码相机、数码摄像机等外接设备将音频、图像及视频信息输入到计算机中(参见图4-17)。

图4-17 麦克风、数码相机和数码摄像机

麦克风是一种语音输入设备，与计算机声卡连接，可将声音信息输入计算机。

数码相机是近年发展起来的一种新型照相机。它将图像存储在数字相机的存储器中，可以将图像输入到计算机中进行处理。数码相机的性能指标主要是分辨率，分辨率越高，所能处理的图像也越清晰。

数码摄像机的存储介质不再是录像带，它所摄取的影音信息可以直接输入计算机进行处理。

2. 输出设备

输出设备将计算机处理的结果还原成人们能够理解的形式。输出设备通常将结果显示在屏幕上或打印到纸上。

1) 显示设备

显示器是计算机基本的输出设备。目前用于输出的显示设备有 CRT、LCD 和等离子三种。

图4-18 几种计算机显示设备

CRT 显示器也叫阴极射线显示器(Cathode Ray Tube)，它采用与标准电视类似的大型玻璃电子管。电子管内的枪状机械装置射出电子束到屏幕上，激活单个的颜色点形成图像。CRT 显示器是便宜而可靠的计算机显示器，其优点是价格低，但体积和耗电量比较大。

LCD 显示器也叫做液晶显示器(Liquid Crystal Display)或平板显示器，它通过电流来改变液晶面板上的薄膜型晶体管内晶体的结构，使它显像。LCD 显示器广泛应用在笔记本电脑上。它的优点是显示清晰，辐射低，体积和耗电都很小，但价格比较高。

等离子显示器依靠高电压来激活显像单元中的特殊气体，使它产生紫外线来激发磷光物质发光。"等离子"得名于用氖气填充的气体并使它们发光。等离子显示器与 LCD 相似，显示清晰，紧凑轻便，但价格也比 CRT 显示器贵许多。

连接主机与显示器的接口卡称为显示器适配卡，又称显卡，其作用是将主机的输出信息转换成字符、图形和颜色等信息，传送到显示器上显示。由 CPU 送来的数据会通过 AGP 或 PCI-E 总线，进入显卡的图形芯片(Graphic Processing Unit，GPU)里进行处理。处理完后，相关数据会被运送到显示内存(也称显存)里暂时储存。然后数字图像数据会被送入随机存储数字/模拟转换器(Random Access Memory Digital Analog Converter，RAMDAC)，转换成计算机显示需要的模拟数据。最后 RAMDAC 再将转换完的类比数据送到显示器成为我们所看到的图像。

显示器图像的质量取决于屏幕尺寸、点间距、分辨率、颜色数、刷新率等。屏幕尺寸是指荧光屏对角线的长度，单位为英寸，一般显示器屏幕的尺寸为 13 英寸到 21 英寸。点间距是度量图像清晰度的一种方式，越小的点间距意味着图像越清晰，现在显示器的点间距一般为 0.26～0.23 mm。分辨率是指显示器的屏幕上横向和纵向可显示的光点数，是显示器重要的技术指标。早期的标准是 VGA(Video Graphics Array，视频图形阵列)，分辨率为 640×480，随后的 SVGA(Super，超级 VGA)、XGA(eXtended Graphics Array，扩展图形阵列)、SXGA(Super XGA，超级 XGA)和 UXGA(Ultra XGA，急速 XGA)提供了更大的分辨率，如 UXGA 的分辨率为 1600×1200。颜色数是显卡在当前分辨率下能在屏幕上显示的色彩数量，一般以多少色或多少 bit 色表示。刷新率是指屏幕更新的速度。一般来说，CRT 显示器每秒刷新 60 次(60 MHz)或 75 次(75 Hz)。刷新率越快，显示器闪动就越少。

2) 打印机

打印机是个人计算机最流行的输出设备之一。目前最常用的打印机一般使用喷墨或激光技术。专门的打印技术还包括点阵式和热转印。

广泛使用的击打式打印机(也叫针式打印机)是点阵式的，这类打印机上的关键部件是一个可沿水平方向运动的打印头，在打印头上有一组可按控制命令动作的钢针。通过电磁铁带动这组钢针撞击色带，将一组组的点阵打印在纸上，组成输出的文字和图像。今天的针式打印机主要用在后台，它运营成本低且可靠，但打印质量不高，例如我们常见的针式票据打印机(参见图 4-19)。

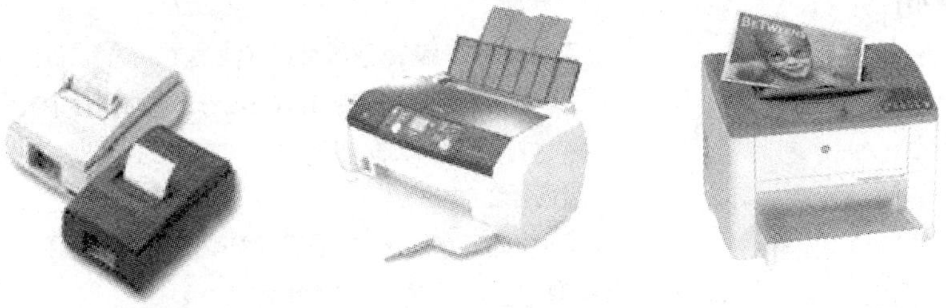

针式票据打印机　　喷墨打印机　　激光打印机

图 4-19　各种打印机

喷墨打印机是通过喷墨管和喷墨头将墨水喷射到打印纸上输出信息的。喷墨打印机的打印噪音和印字效果都优于针式打印机，还具有价格较低的优点，是目前较为流行的打印机。喷墨技术也用于照片打印，能打印出由数码相机和扫描仪产生的高质量图像。

激光打印机是一种采用激光和电子照相技术在打印纸上输出信息的非击打式页式打印机。它具有打印无噪音、速度快、分辨率高等特点，其打印出的字符和图形的质量高于喷墨打印机和点阵打印机，但价格较贵。

4.2.4　计算机的购买及性能升级

当计算机已成为你生活中必不可少的一部分时，你可能就要考虑：怎样买到最合适的计算机？能否改进现有计算机的性能呢？

1．购买计算机

我能为这台计算机支付多少费用？我将怎样使用计算机？不同的顾客有不同的需求，所以购买计算机的第一步是进行预算，并明确计算机的用途，如家庭娱乐、办公、媒体处理等，而基于不同用途的计算机在具体配置上也大不相同。因此在购买之前，建议购买者应根据自己的实际情况归纳一个包括用途和预算在内的购买方案。明确这些因素后，接下来你往往会开始看各种计算机的广告。

典型的计算机广告一般包含描述计算机部件和容量的一个长长的列表，如图 4-20 所示。

广告大多数会首先说明处理器的型号和速度，接着就会说明计算机中的存储器及配置的存储设备，如软盘驱动器、硬盘驱动器、CD 或 DVD 驱动器等，以及一些输入/输出设备。精明的计算机厂商想让消费者认为处理器的速度越快越好，存储器的容量越大越好，并希望消费者为自己的计算机配置各式各样的存储设备和输入/输出设备。那么购买者面对这些让人眼花缭乱的广告，如何进行选择呢？学习了前面几节的知识后，相信大多数读者都会对计算机的硬件组成、各种硬件的性能和特点有了基本的了解，这时就可以根据自己的预算做出选择。

DELL

Dell 推荐使用 Windows Vista™ Home Premium.

Dell(TM) Inspiron(TM) 1420 Notebook

网上价格 (已含所有折扣)	RMB 5,398.38
处理器	英特尔(R) 奔腾(R) 双核处理器 T2370
操作系统	正版Windows Vista(R) Home Basic 32位 (简体中文)
液晶显示屏	14.1吋宽屏幕WXGA (1280x800) TFT 显示器
颜色套件	黑色套件
内存	1GB (2x512) 667MHz 双通道 DDR2 SDRAM 内存
硬盘	120GB (5400 RPM) SATA硬盘
硬盘分区	硬盘分区, 初始设置C盘容量40GB,其余分配给D盘.
内置光驱	内置8X DVD+/-RW带CDRW 一体化光驱
显卡	128MB DDR3 NVIDIA(R) GeForceTM 8400M GS
无线网卡	戴尔 Wireless 1395 802.11g Mini卡
Label Options	英特尔奔腾双核标签
主电池	6芯锂离子电池 (1 年保修)
电源适配器	90W 主电源适配器(110V/220V)
便携包	不含便携包
软驱	无软驱
WinRE	Vista WinRE 软件
折扣代码	Limited time promotional offer only. No further discounts apply.
安全软件	McAfee(TM) 防病毒软件 9.0 (简体中文) - 30天试用版
戴尔Media Direct	MOD,SW,MDRT,3.5,OS

图 4-20 DELL 某型号计算机的部分广告说明

1) 考虑诸多因素比较微处理器的性能

微处理器是计算机的核心部件，在产品说明中处于重要的地位。通常计算机广告都会醒目地指出使用的处理器型号和它的速度。微处理器执行每一个任务的速度都是以时钟频率来度量的。在其他因素相同的情况下，使用 3.6 MHz CPU 的计算机肯定要比使用 1.5 MHz CPU 的计算机快得多。

但需要注意的是，除时钟频率以外，还有许多因素都可以影响微处理器的性能，如字长、高速缓存容量、指令集等，因此购买者需要考虑诸多因素并进行选择。

由于 64 位字长的处理器在每个时钟周期内比 32 位字长的处理器可以处理更多的数据，因此购买者可以选择较长字长的处理器以提高计算机性能。

从理论上讲，容量大的高速缓存处理速度相应较快。但目前计算机的高速缓存容量一般与处理器特定的品牌和型号有关，它对消费者来说并没有多大意义，因为在出厂时就已经固定了。例如，如果不相应地更换 CPU，你就不能随便在计算机上增加更多的一级高速缓存。

指令集的强弱也是CPU的重要指标，是提高微处理器效率的有效工具之一。对于CPU来说，在基本功能方面，基本的指令集都差不多，但是许多厂家为了提升某一方面性能，又开发了扩展指令集。扩展指令集定义了新的数据和指令，能够大大提高某方面的数据处理能力。例如，MMX指令集(Multi Media Extensions，多媒体扩展指令集)是Intel公司于1996年推出的一项多媒体指令增强技术，SSE指令集(Streaming SIMD Extensions，单指令多数据流扩展)是Intel在Pentium Ⅲ处理器中率先推出的，SSE2指令集(Streaming SIMD Extensions 2)是Intel公司在SSE指令集的基础上发展起来的，SSE3指令集(Streaming SIMD Extensions 3)是Intel公司在SSE2指令集的基础上发展起来的，3DNow！是AMD公司开发的SIMD指令集，可以增强浮点和多媒体运算的速度。虽然扩展指令集可以增强游戏、图形软件和视频编辑的速度，但是在使用这些指令时必须有相关软件的支持。

各个微处理器的生产商都会对自己的产品进行一系列的技术测试，以评估微处理器的总速率，这些测试的结果称为基准。购买者在考虑诸多因素并比较以决定选择哪种微处理器时，可以在相关的Web上查看测试结果，并同其他微处理器测试的结果进行比较。

现在大多数计算机采用的微处理器是由Intel、AMD或者Motorola公司制造的。当今世界上最大的芯片制造商仍是Intel公司。Intel公司自它在1993年推出早期的奔腾(Pentium)系列后，一直在不断地升级奔腾系列处理器。1997年推出了Pentium Ⅱ，1999年推出了Pentium Ⅲ，2000年推出了Pentium Ⅳ，2001年推出了安腾(Itanium)，2002年推出了安腾Ⅱ。赛扬(Celeron)系列是Intel公司的低端处理器产品，因为它的价位很低，所以这款CPU没有L2缓存。虽然赛扬系列的性能不如奔腾系列，但也可以很好地完成软件的运行，因此也很受消费者的欢迎。AMD公司的Athlon和Opteron微处理器是Intel公司的奔腾和安腾系列的竞争产品。AMD公司的处理器虽比Intel公司相应型号的处理器便宜，但它在某些性能上却略占优势。而Motorola系列芯片主要用于Apple Macintosh计算机。

那么最终选择哪一种微处理器呢？这取决于你的预算和计算机的用途。市场上与计算机配套的微处理器基本能满足教育、商业和娱乐的需求。但如果你在3D动画、图像处理、视频编辑上有更高的要求，就可考虑Intel公司和AMD公司提供的最快的处理器。

2) RAM的容量

RAM的容量是计算机广告中的另一个主要指标。一般来讲，RAM容量越大，就能提供更强的性能，可同时处理多个打开的文件，能一次同时运行更多打开的应用程序。

现在的个人计算机通常都有128 MB～2 GB的RAM。计算机所需要的RAM的容量依赖于所使用的操作系统和应用程序。近年来，RAM的价格不断下跌，它并不是影响计算机价格的重要因素。为了有效运行Windows系统，计算机至少需要256 MB的RAM。但是在买回计算机后，你还可以扩充内存容量，直到达到计算机能支持的最大值。游戏、图形和视频应用软件往往需要512 MB的RAM。

我们在计算机主板上所配置的内存通常称做物理内存。如果在计算机中运行的程序很大很多时，就会出现内存不够用的情况，这时计算机会临时使用硬盘的一部分来存储部分程序和数据文件，以缓解内存的紧张。所使用的这部分硬盘空间被称做虚拟内存。通过有选择地交换RAM中的数据和虚拟内存中的数据，计算机几乎可以使用无限的内存空间。但是过多使用虚拟内存会降低计算机系统的性能，因为从硬盘驱动器等机械设备中读取数据要比从 RAM 中读取数据慢，因此购买者可以在预算以内尽可能地增加 RAM。

需要说明的是，RAM 除了容量外，还有一个指标就是速度。RAM 的速度通常以纳秒(nonsecond，ns)或 MHz 来表示。纳秒值愈小，RAM 的速度就愈快，它意味着 RAM 的线路可以更快地反应以更新它存放的数据。如果 RAM 的速度用 MHz 来表示，则 MHz 愈大，速度愈快。内存生产商们正在不断努力生产更高速的内存。

当今大多数个人计算机都使用同步动态 RAM(Synchronous Dynamic RAM，SDRAM)或总线式动态 RAM(Rambus Dynamic RAM, RDRAM)。双倍速率 SDRAM(Double Date Rate SDRAM，DDR SDRAM)由于采用双数据速率，提高了 SDRAM 的速度。SDRAM 速度快且相对便宜。RDRAM 比 SDRAM 贵，经常用在高性能的工作站上。

大多数的计算机广告都明确显示了 RAM 的容量、速度和类型，如图 4-20 列出了 DELL 某型号计算机的部分配置。从内存栏的说明“1GB(2×512)667 MHz 双通道 DDR2 SDRAM”中，我们可知该型号计算机的 RAM 的容量是 1 GB，这对于一般用户进行文字处理、上网和游戏而言，已经足够了，它以 667 MHz 的速度运行(相当快)，用的是双通道 DDR2 SDRAM。

3) 添加存储设备

购买者还需要为自己的计算机添加一些外部存储设备，以方便数据的存储。每种存储设备都有自己的优点和缺点，购买者可以从功能性、耐用性、速度和容量等方面进行比较和选择。

硬盘是计算机系统的主要存储设备，它容量大(40～160 GB)，从文件中读取数据的速度快，价格经济实惠。硬盘存储量是软盘存储量的数百万倍，但硬盘驱动的价格仅为软盘驱动价格的 3 倍。

在计算机广告中通常用相关术语首字母的缩写词来描述硬盘驱动器技术，如 SATA(Serial ATA)、SCSI(Small Computer System Interface)、IDE(Integrated Drive Electronics)等。尽管计算机广告详细说明了硬盘驱动控制器的类型，但消费者却没有太多的选择。

在计算机广告中，还会有硬盘转速的说明。转速(Rotational Speed)是硬盘内电机主轴的旋转速度，也就是硬盘盘片在一分钟内所能完成的最大转数。转速的快慢是标志硬盘档次的重要参数之一，它是决定硬盘内部传输率的关键因素之一，在很大程度上直接影响到硬盘的速度。硬盘的转速越快，寻找文件的速度也就越快，相对的硬盘的传输速度也就越快。硬盘转速以每分钟多少转来表示，单位表示为 RPM(Revolutions Per Minute)，即转每分钟。RPM 值越大，内部传输率就越快，访问时间就越短，硬盘的整体性能也就越好。家用的普通硬盘的转速一般有 5400 RPM、7200 RPM 几种。服务器用户对硬盘性能要求最高，服务器中使用的 SCSI 硬盘转速基本都采用 10 000 RPM，甚至还有 15 000 RPM 的，性能要超出家用产品很多。如图 4-20 所示的广告中，硬盘容量为 120 GB，RPM 值为 5400。

目前的计算机大多配有各种光驱动器，如 CD 驱动器或 DVD 驱动器。它们的基本技术相似，但存储容量不同。

光驱动器用几种不同的技术在 CD 和 DVD 盘上记录数据。计算机广告中对所配置的光驱动器也会有相应的说明，如 CD-R 表示“可记录 CD 技术”，“DVD-RW”表示存储数据使用的是可擦写技术。而光驱动器速度通常用多少倍数(×)来表示，数字越大，则说明驱动器读/写速度越快。目前市场主流内置式 CD-RW 产品最大能达到的是 52 倍速的刻录速度，还有部分 40 倍速、48 倍速的产品。DVD-RW 产品能达到的最高刻录速度为 16 倍速。若采用 2～4 倍速的刻录速度，每秒数据传输量为 2.76～5.52 MB，则刻录一张 4.7 GB 的 DVD 盘片需要大约 15～27 分钟的时间；而采用 8 倍速刻录则只需要 7 到 8 分钟，只比刻录一张 CD-R 的速度慢一点。如图 4-20 中的广告说明中所配置的光驱是 8 倍速的一体化 DVD 光盘驱动器，其数据存储采取的是可擦写技术。

需要说明的是，DVD 和 CD 的速度是用不同等级来衡量的。1×DVD 驱动器的速度大约和 9×CD 的一样。

4) 选择输入/输出设备

大多数计算机的基本配置都包括键盘和鼠标，以输入基本数据。除了鼠标以外，还可以选择其他的定点设备，如指针棒、触摸板、跟踪球等，但这些定点设备一般都用于笔记本电脑中。若希望在玩计算机游戏时更有趣，还可以添加操纵杆。至于扫描仪等图形输入设备的配置，则取决于购买者的用途了。

显示器当然是基本的输出设备。在计算机广告中，除了对显示屏的说明外，通常还要说明显卡的一些技术参数。显卡的核心是显示主芯片，其性能直接决定显卡性能的高低。显示主芯片不同的显卡，不论从内部结构还是其性能，都存在着差异，而且价格差别也很大。一般来说，越贵的显卡，性能自然越好。现在的显卡都是 3D 图形加速卡。由于显存用于存放显示芯片处理后的数据，因此显存越大，显卡支持的最大分辨率就越大，3D 应用时的贴图精度就越高。显示内存的种类主要有 SDRAM、SGRAM、DDR SDRAM 等几种，目前显卡上被广泛使用的显存就是 SDRAM 和 DDR SDRAM。RAM DAC 的转换速率以兆赫兹表示，它决定了刷新频率的高低。其工作速度越高，频带越宽，高分辨率时的画面质量就越好。该数值决定了在足够的显存下，显卡最高支持的分辨率和刷新率。在图 4-20 所示的计算机显示设备的配置说明中，我们可以知道其显示器为 14.1 英寸的 TFT 液晶宽屏，显示模式为 WXGA，分辨率是 1280×800。显卡中采用的 DDR3 显存，容量为 128 MB，显卡的型号是 NVIDIA 公司的 GeForfce TM 8400M GS 图形芯片。

除了显示器外，打印机通常也是购买者首选的输出设备。目前的个人打印机多是喷墨打印机和激光打印机。除了价格因素外，购买者在选择打印机时，还应考虑以下几个指标：

(1) 分辨率。打印图像及文本质量的清晰度取决于打印机的分辨率，它表示在每英寸打印纸上可以打印出多少个表征图像输出效果的色点，一般用点每英寸(dpi)来表示。打印机的分辨率数越大，图像输出的色点就越小，输出的图像效果就越精细。在正常的阅读距离下，大约 900 dpi 的分辨率看起来已经足够好了。要想打出精细的图像质量，就要选择高分辨率的打印机。

(2) 打印速度。它指的是打印机在每分钟能够打印的页数(ppm)或每秒打印的字符数(cps)。彩色打印一般比黑白打印需要更长的时间。通常个人打印机的打印速度是每分钟 6～10 页。不过需要注意的是，产品标识的打印速度，是指打印统一的字体、字号的纯文本，并且在省墨(也有称之为草稿方式)状态下进行打印的最快速度。在日常的应用中，在绝大多数的情况下是达不到这个速度的。

(3) 打印成本。除购买打印机的费用外，喷墨的墨盒及激光打印机的硒鼓在使用一段时间后，都需要更换，这些也应计入成本内。可以在网上查询不同品牌的产品需要多长时间更换这些耗材及更换的费用。

当选择了上述设备后，计算机的配置和性能就已基本确定了。最后需要强调的是，要买到最合适的计算机，一定要先进行预算，明确你所购买计算机的用途，并根据你的实际需要来进行选购，这样当广告商为你的计算机推荐各种各样的配置时，你才会做出正确的选择。

2. 计算机硬件的性能升级

如果你已有了一台计算机，但觉得性能还不够理想，那么能不能在硬件做一些性能上的改进呢？这时可以考虑对计算机进行升级。

(1) 能更换微处理器吗？升级计算机的微处理器，从技术层面上说是可行的，这时你需要查看主板的型号，以确定主板能否支持更换的微处理器。但是很少有人这么做，因为首先从费用上看很不划算，新的功能强大的微处理器的价钱往往超过一台新计算机费用的一半；其次技术因素也不鼓励升级微处理器，因为只有当一台计算机的所有部件都高速工作时，微处理器的性能才能达到最大功效，否则更换的处理器就好像是装在一条小木船上的高速马达，小木船无法利用马达的所有动力，自然就达不到期望的效果。

(2) 扩展内存的容量。对一些游戏、视频应用程序或大程序来说，所需要的内存会比普通应用程序大得多。如果用户打开多个程序或者处理大文件时需要等待很长的时间，而计算机微处理器的速度相对还比较快，这时用户可以考虑为系统增加更大的内存。至于内存能扩大到多少、用什么样的内存，则取决于计算机的主板。在购买特定主板的 RAM 之前，用户还应考虑下列因素：

- 安装新硬件之前请联系硬件制造商，以确保如果拆除计算机的盖子不会取消担保；
- 查看用户手册或主板手册，以确定 RAM 是奇偶校检还是非奇偶校检；
- 确定 RAM 的速度(以纳秒为测量单位)；
- 确定计算机使用的是单列直插式内存模块(SIMM)还是双列直插式内存模块(DIMM)；
- 确定主板上的针脚数目是 30、72 还是 168；
- 确定主板上可用的开放式 RAM 插槽的数量。

扩展内存是改善计算机性能的一种简单有效的方式。内存容量扩充后，许多应用程序的执行速度会明显变快。

(3) 增加显存的容量。如果希望更好地表现 3D 游戏的效果，增加显存容量也是一种措施。目前主流显存容量是 128 MB、256 MB 和高档显卡的 512 MB，某些专业显卡甚至已经具有 1 GB 的显存了。

但是，显存容量越大并不一定意味着显卡的性能就越高，因为决定显卡性能的三要素首先是其所采用的显示芯片，其次是显存带宽，最后才是显存容量。一款显卡究竟应该配备多大的显存容量才合适是由其所采用的显示芯片所决定的，也就是说显存容量应该与显示核心的性能相匹配才合理，显示芯片性能越高，所配备的显存容量相应也应该越大，而低性能的显示芯片配备大容量显存对其性能是没有任何帮助的。

虽然硬件升级在一定程度上能够改善计算机的性能，但升级要有明确的思路。如果计算机中的某个硬件系统性能不好，或对该系统有较高的要求，就建议升级该子系统。这种升级针对性强，见效快。比如，如果玩 3D 游戏速度不够快，干脆就去买一片性能突出的 3D 加速卡升级一下。当单个硬件设备升级后，还必须考虑升级与此相关的其他设备，以配合其性能发挥。比如，显卡升级后，微处理器的速度就必须跟上，以配合提供更佳的几何处理能力。

4.3 计算机软件

只有硬件的计算机系统通常称为裸机，如果没有软件系统的支持，它是无法工作的，无论它的配置如何地齐全。计算机的功能不仅仅取决于硬件系统，而且在更大程度上是由所安装的软件系统所决定的。那么这些软件是如何使计算机完成众多的任务的呢？这一节将介绍计算机软件的各种特性及它们的工作原理。

4.3.1 软件基础知识

软件决定了计算机能够帮助用户完成的任务种类。例如，我们大家熟悉的 Microsoft Word 能进行文字处理，Microsoft Outlook 是个人信息管理程序和电子邮件通信软件，Photoshop 图像处理软件则能完成图像编辑、图像合成、校色调色及特效制作等，而 Adobe Premiere 视频编辑软件则是目前主流的 DV 编辑工具，它为高质量的视频提供了完整的解决方案。那么什么是软件呢？

1．什么是软件

在第 3 章中，我们知道，程序是命令计算机完成某个任务的指令的集合。这些程序及相关的数据和文档资料组织在一起，能够完成某个特定任务，这就是软件。软件是一种逻辑产品，看不见摸不着，但软件通常制作成 CD 或 DVD 光盘来销售，如图 4-21 所示。

图 4-21 软件制作成光盘销售

每个软件包都包含若干个文件，其中至少包含一个能让用户打开或运行的可执行文件程序，这些文件的扩展名通常为 .exe。在安装应用 Windows 系统的计算机中，可以通过点击图标、从 Start 菜单中选取可执行文件的方式来打开可执行程序。软件包中还包含了若干不由用户直接运行的程序，这些文件包含了在运行可执行程序时所需使用的大量指令。这些程序的扩展名通常是 .dll 或 .ocx。

除了程序文件以外，许多软件产品中还包含数据文件，如帮助文档、软件工具栏中的图标文件等。这些数据文件的扩展名通常为 .txt、.bmp 或 .hlp。

2．软件是如何工作的

我们购买的或者从网上下载的软件，大多是由专业的程序设计人员编写的，当然也有用户为自己编写一些供个人使用的应用软件。要想让计算机帮助人们完成某项任务，就需要一种能够让人与计算机之间进行"沟通"的语言，这就是计算机语言，也称为编程语言。程序设计人员利用编程语言来编写可以完成某个特定任务的软件。

编程语言的种类很多，总的来说可以分成机器语言、汇编语言、高级语言三大类。但是程序设计人员很少用机器语言编写程序，因为机器语言直接采用二进制代码表示指令，例如用 0000010100000000001 表示乘法指令，用这样的指令编写程序是一件十分繁琐的事。因此今天的程序设计人员更多的是使用高级语言来编写程序，如 C、C++、Java 等。这些高级语言和人类使用的自然语言有很多相似之处，使用方便，用这些语言所编写的程序也更容易修改。

那么所编写的软件是怎样运行工作的呢？

由于机器语言直接采用二进制代码表示指令系统，因此是计算机硬件系统真正能理解和执行的唯一语言。如果程序是由机器语言编写的，那么计算机只需按照程序中描述的指令集，由微处理器去顺序执行。

但是高级语言编写的指令必须先翻译成机器语言才能被计算机使用。这个翻译过程可以由两种专门的程序来完成：编译器和解释器。

编译器将程序中的所有指令翻译后，生成被称为目标代码的机器语言指令，然后存入新的文件中，如图 4-22 所示。光盘上的商用软件里的程序文件都已被编译过，包含有处理器能够执行的机器语言指令。

图 4-22　编译器将程序翻译成可执行文件

解释器对高级语言程序的翻译采取的是另一种方法，即在程序运行的同时翻译指令。解释器读取程序中的第一条指令，将它转换为机器语言指令，再将它传输给微处理器。当这条指令执行完后，再翻译下一条指令，如此反复进行，直到程序中的所有指令都执行完。由于程序的运行是边翻译边执行的，因此运行的速度比编译器翻译的程序运行得要慢。

3．软件的分类

软件通常分为两大类：系统软件和应用软件。系统软件用来控制和协调计算机系统的各个组成部分，以便各部件能够高效地运行，例如操作系统、设备驱动程序等。应用软件是用户用来完成某一特定任务的软件，如字处理软件、图像处理软件、视频编辑软件等。

但实际上，系统软件和应用软件之间并不总是界限分明的，因为系统程序经常也包括一些常见的应用，例如 Microsoft Windows 操作系统中也包括一些应用，如 Web 浏览器、日历以及记事本等。而且，应用程序有时也会允许用户做很少的一部分系统工作，如删除磁盘上的文件或重命名。某个程序具体归类于系统软件还是应用软件，主要取决于该程序所能完成的主要工作。

4.3.2　操作系统软件

计算机的操作系统(Operation System，OS)是任何一个计算机系统都不可缺少的一部分，它从根本上影响着计算机的使用。例如，能否将计算机连接到网络上，是否可以同时运行两个程序，这些都取决于计算机所使用的操作系统。没有操作系统，其他任何程序都不能运行，甚至计算机也不能工作。

操作系统通过应用软件、设备驱动程序和硬件间的交互来管理计算机资源。这些资源可以是处理器、内存或输入/输出设备。当用户使用某个应用软件时，应用软件就按照其程序中指令的安排，命令操作系统做相应的处理，操作系统再命令设备驱动程序，然后由设备驱动程序驱动硬件，相关的硬件就会开始工作，如图 4-23 所示。

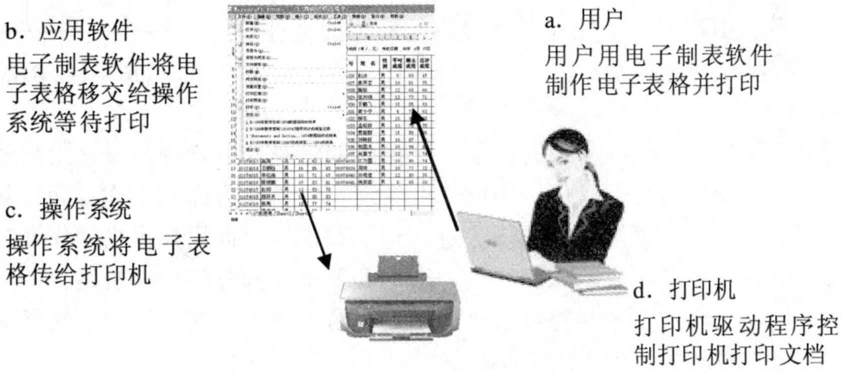

图 4-23　操作系统控制打印机打印文档

1．操作系统的功能

当用户使用应用软件时，计算机操作系统也在忙着处理以下的任务：管理处理器资源、管理内存、管理存储的文件、保证输入/输出的正常进行等。

1) 处理器的管理

处理器是计算机中的核心资源，所有程序的运行都要靠它来实现。如何协调各程序之间的运行关系，如何及时反应不同用户的不同要求，如何让众多用户能够公平地得到计算机的资源等都是处理器管理要关心的问题。具体地说，处理器管理要做如下事情：对处理器的时间进行分配，对不同程序的运行进行记录和调度，实现用户和程序之间的相互联系，解决不同程序在运行时相互发生的冲突。处理器管理是操作系统中的核心部分，它的管理方法决定了整个系统的运行能力和质量，代表着操作系统设计者的设计观念。

2) 存储器的管理

存储器用来存放用户的程序和数据，存储器容量越大，存放的数据就越多。生产商也在不断地扩大存储器的容量，以满足用户对存储器容量的需求。但是，存储器容量是不可能无限增长的，而用户对存储器容量的需求是无限的。当用户想要同时运行多个程序时，自然而然会带来许多管理上的要求，这就是存储器管理要做的。存储器的管理要进行以下的工作：以最合适的方案为不同的用户和不同的任务划分出分离的存储器区域，保障各存储器区域不受别的程序的干扰(参见图4-24)；在主存储器区域不够大的情况下，使用硬盘等其他辅助存储器来替代主存储器的空间，自行对存储器空间进行整理等。

3) 文件的管理

硬盘和其他外部存储设备上的数据都是以文件的形式存放的，这些文件可以是文档、照片、音乐、视频、电子邮件或是计算机程序。每个文件都有以下特征：名称、格式、位置、大小和日期。对这些文件的管理也是由操作系统完成的。操作系统负责创建、命名、存储和恢复硬盘、磁盘和CD上的文件，它知道计算机中所有文件的名字和位置，知道哪里有可以存储新文件的空闲空间。依靠操作系统，可以使用应用程序或是操作系统提供的特定的文件管理实用程序来组织和操作文件。

图4-24　RAM的使用

4) 作业管理

当用户开始与计算机打交道时，第一个接触的就是作业管理部分，用户通过作业管理所提供的界面对计算机进行操作。因此作业管理担负着两方面的工作：向计算机通知用户的到来，对用户要求计算机完成的任务进行记录和安排；向用户提供操作计算机的界面和对应的提示信息，接受用户输入的程序、数据及要求，同时将计算机运行的结果反馈给用户。更具体地说，作业管理要提供安全的用户登录方法、方便的用户使用界面、直观的用户信息记录形式和公平的作业调度策略等。

5) 设备管理

计算机主机连接着许多设备，这些设备都可以看做是资源。有专门用于输入/输出数据的设备，也有用于存储数据的设备，还有用于某些特殊要求的设备。这些设备又来自于不同的生产厂家，型号更是五花八门。设备管理的任务就是：为用户提供设备的独立性，使用户在使用设备时不需要了解设备的具体操作，只需发出相关的操作要求。设备管理的具体内容是：在接到用户的要求以后，将用户提供的设备名与具体的物理设备进行连接，再将用户要处理的数据送到物理设备上；对各种设备信息进行记录、修改；对设备行为进行控制。

操作系统会确保以有序的形式处理输入和输出，并在计算机忙于其他任务时使用“缓冲区”来收集和保存数据。例如，因为有键盘缓冲区，无论用户敲击键盘的速度有多快，或者计算机同时还在做其他事情，计算机都不会漏掉用户按下的任何一个键。

2. 用户与操作系统的交互

操作系统程序都非常庞大，大部分内容都存储在硬盘上。操作系统的引导程序存储在只读存储器中，它能够在系统启动时提供指令，将内核指令加载到内存中。操作系统的核心部分指令称为内核，内核提供的是操作系统中最重要的服务，如内存管理和文件访问。在计算机运行时内核会一直驻留在内存中。操作系统的其他部分，例如定制使用程序，则只有需要时才载入。

早期用户与计算机之间的交互是通过键盘和显示器进行的，操作员通过键盘输入命令，操作系统接到命令后立即执行并将结果通过显示器显示。而现在大多数的操作系统都具有图形用户界面，如图 4-25 所示。图形用户界面提供了用鼠标点击来选择菜单项并操作屏幕上显示图形对象的方法，用户不再需要输入各种命令就可方便地运行程序和完成任务。操作系统的用户界面为所有它所兼容的软件定义了“外观”。例如在 Windows 下运行的应用软件使用一组基于操作系统的用户界面的标准菜单、按钮和工具栏。

图 4-25　Windows 系统的图形用户界面

许多操作系统还提供了被称为实用程序的工具，帮助用户来控制和定制计算机设备和工作环境，如启动程序、获得帮助、配置设备等。

3．各种不同的操作系统

市场为用户提供了多种可供选择的操作系统。由于人们的要求和兴趣各不相同，因此不同的操作系统存在着很大的区别，其中最主要的差异包括用户界面的类型、操作系统面向的对象是个人还是网络服务、操作系统的设计面向的处理和 CPU 的类型等。

人们对操作系统进行了大致的分类：

(1) 单用户操作系统。个人计算机上配置的操作系统大多属于这种类型，一次只能由一个用户使用。目前单用户操作系统采用了很多传统操作系统技术，例如虚存、并发、多任务等，联网、移动通信功能已成为它的一个重要组成部分。常见的单用户操作系统有 Windows 95，OS/2 等。

(2) 多用户操作系统。这种操作系统允许一台计算机(通常是大型机)处理来自多个用户的同时输入、输出和处理要求。多用户操作系统的最艰巨的任务之一就是将作为中心的计算机必须完成的处理请求进行排定。IBM 公司的 OS/390 就是最常见的大型机的多用户操作系统之一。

(3) 网络操作系统。网络操作系统使计算机操作系统增加了网络操作所需要的能力，提供允许计算机之间共享数据、程序和外围设备的通信和路由服务，例如众所周知的 Novell Netware。实际上网络服务和多用户服务之间的区别是比较模糊的，尤其是 UNIX、Linux 和 Sun Microsystem 公司的 Solaris 等操作系统都能提供这两种服务。但是最主要的区别是：多用户操作系统将作为中心计算机要处理的要求进行排序；而网络操作系统则是简单地通过路由将数据和程序发送给每个用户的本地计算机，所以实际的处理发生在本地计算机上。

(4) 多任务操作系统。该系统提供了能够允许同时运行两个或更多的程序的处理和存储管理服务。现在的大多数计算机操作系统，包括个人计算机上的操作系统，都提供多任务服务。

(5) 桌面操作系统。这是一种为台式机、笔记本等个人计算机设计的操作系统，如我们使用的 Windows 系统。通常，这些操作系统都被设计成单一用户的，不过它们也可以提供网络功能和多任务功能。

需要说明的是，操作系统的分类并没有唯一的标准，可以根据操作系统的工作方式、运行环境、架构进行不同的分类。

4. 几种主要的操作系统

目前主要的计算机操作系统有 Microsoft Windows 操作系统、UNIX 操作系统、Linux 操作系统、Mac OS 及 DOS 操作系统。

1) Microsoft Windows 操作系统

目前最受欢迎的操作系统当属 Windows 操作系统，全世界超过 80%的个人计算机上安装了 Windows 系统。在 Windows 上运行的应用程序的数量和多样性是其他任何操作系统都无法匹敌的，这个事实也使得 Windows 最终获得了世界个人电脑操作系统软件的垄断地位。

目前 Windows 2000、Windows XP、Windows Server 2003 以及于 2005 年 7 月发布的 Windows Vista(视窗操作系统远景版)是使用较多的操作系统版本。关于这些软件的更为详细的内容我们在随后的第 8 章进行介绍。

2) UNIX 操作系统

UNIX 是一个强大的多用户、多任务操作系统，支持多处理器架构，最早由 Ken Thompson, Dennis Ritchie 和 Douglas McIlroy 于 1969 年在 AT&T 的贝尔实验室开发。

贝尔实验室开发的 UNIX 在学术机构和大型企业中都得到了广泛的应用，当时的 UNIX 拥有者AT&T公司以低廉甚至免费的许可将 UNIX 源码授权给学术机构做研究或教学之用，许多机构在此源码基础上加以扩充和改进，形成了所谓的 UNIX“变种(Variations)”，这些变种反过来也促进了 UNIX 的发展。

UNIX 是一个柔性操作系统，所以它可以广泛地应用在各种类型的机器上。Windows 专为 Intel 芯片设计，Mac OS 专为 PowerPC 芯片设计，而 UNIX 并不专为某一种处理器而设计。从微型机到大型机，所有的计算机系统都可以运行 UNIX，而且它也可以通过网络连接很容易地和不同厂家生产的各种各样的设备结合起来。在许多类型的应用中，和其他操作系统相比，这种柔性设计大大提高了 UNIX 的市场竞争力。

但是在过去的几年里，也有些不足限制了 UNIX 的发展。它通常采用命令行用户界面，这使得与图形界面相比使用起来比较困难。此外，同样赋予 UNIX 柔性结构的特征又使得它在运行速度上远远低于其他专为某种处理器量身定制的操作系统。这些特性大大限制了 UNIX 在受控于特定类型的个人计算机环境中的应用，比如它就很少用于基于 Windows 的计算机中。

今天最新版的 UNIX 系统使用图形界面代替了传统的命令行界面。而且，在所有未来的 UNIX 版本中都加入一个新的单独的 UNIX 使用说明，以期缓和过去不同版本之间不兼容的问题，有助于更好地克服 UNIX 的最大弱点。

3) Linux 操作系统

1991 年 4 月，年轻的芬兰学生 Linux Torvalds(见图 4-26)根据可以在低档机上使用的 MINIX(Mini UNIX，迷你版本的类 UNIX 操作系统)，设计了一个系统核心 Linux 0.01，但没有使用任何 MINIX 或 UNIX 的源代码，他将源代码放到了芬兰的 FTP 站点上供人免费下载。这时的 Linux 只有核心程序，还不能称做是完整的系统。但 Linux 是一种资源开放型软件，即它的程序源代码是面向公众开放的，可以对其进行修改、改进或针对某个特殊应用进行用户化。多年以来，许多专业用户(主要是程序员)自愿地开发 Linux 的应用程序，并借助 Internet 与他人共享改进代码，所以 Linux 周边的程序越来越多，Linux 本身也逐渐发展壮大起来。

图 4-26 芬兰学生 Linux Torvalds

虽然最初 Linux 的设计采用命令行用户界面，但是今天绝大多数的新版 Linux 均采用图形用户界面。通常，这些用户界面分别基于 KDE(K Desktop Environment)或 GNOME(GNU Network Object Model Environment)桌面环境、KDE 网络设计产品和 GNOME 设计基础而构建。所有的设计机构都忠于自由发展、桌面环境下易于使用的原则，采用 Linux 和其他类似 UNIX 操作系统的强大应用框架结构。一般情况下，购买的 Linux 操作系统所得到的支持和帮助要远远大于自由下载 Linux 操作系统所得到的。

现在的 Linux 经过数次改版(包括核心的升级和周边程序的完善)，已经发展成了一个遵循 POSIX(Portable Operating System Interface of UNIX)标准的纯 32 位操作系统，64 位版本也在开发之中。Linux 可以兼容大部分的 UNIX 系统，很多 UNIX 的程序不需要改动，或经很少的改动就可以运行于 Linux 环境；内置 TCP/IP 协议，可以直接连入 Internet，作为服务器或者终端使用；内置 JAVA 解释器，可直接运行 JAVA 源代码；具备程序语言开发、文字编辑和排版、数据库处理等能力；提供 X Windows 的图形界面；主要用于 x86 系列的个人电脑，也有其他不同硬件平台的版本，支持现在流行的所有硬件设备。

就性能上来说，Linux 并不弱于 Windows 甚至 UNIX，而且靠仿真程序还可以运行 Windows 应用程序。它有成千上万的各类应用软件，并不输于 Windows 的应用软件数量，其中也有商业公司开发的赢利性的软件。最可贵的是：它是一个真正的 UNIX 系统，可以供专业用户和想学 UNIX 的人在自己的个人电脑上使用。Linux 是一个非常灵活的系统，相对于 Windows 而言也是一个比较难用的系统，就如同大多数用户用不惯 Mac OS 的单键鼠标一样。想要对 Linux 轻车熟路，你必须懂得一些相关知识，如软、硬件的配置，最好还懂点程序，因为别人没有义务为你提供技术支援，除了和其他用户交流之外，你必须要自己解决问题。当然，如果你只是作为日常应用，就不需要那么复杂了，Linux 一样会为你提供完美的操作环境，你所要做的就是改变使用习惯和成见。

4) Mac OS 操作系统

Mac OS(Macintosh Operating System)是一套运行于 Apple 公司系列电脑上的操作系统。1984 年 Apple 公司发布 Mac OS，确定了图形用户界面的标准，它也是首个在商用领域应用的图形用户界面。

Mac OS 随着时间和 Apple 公司每一次新型的 CPU 芯片与计算机模式的问世而不断发展。此类操作系统的最新版是 Mac OS X，见图 4-27。这个基于 UNIX 的核心系统增强了系统的稳定性、性能以及响应能力。它能通过对称多处理技术充分发挥双处理器的优势，提供无与伦比的 2D、3D 和多媒体图形性能以及广泛的字体支持，还增加了为多用户保存设置、为 Internet 以及电子商业应用保存工具等新功能。Mac OS X 通过 Classic 环境几乎可以支持所有的 Mac OS 9 应用程序，直观的用户界面使 Macintosh 的易用性又达到了一个全新的水平。Mac OS X 的缺点就是对内存的要求很强，至少需要 128 MB 的 RAM。

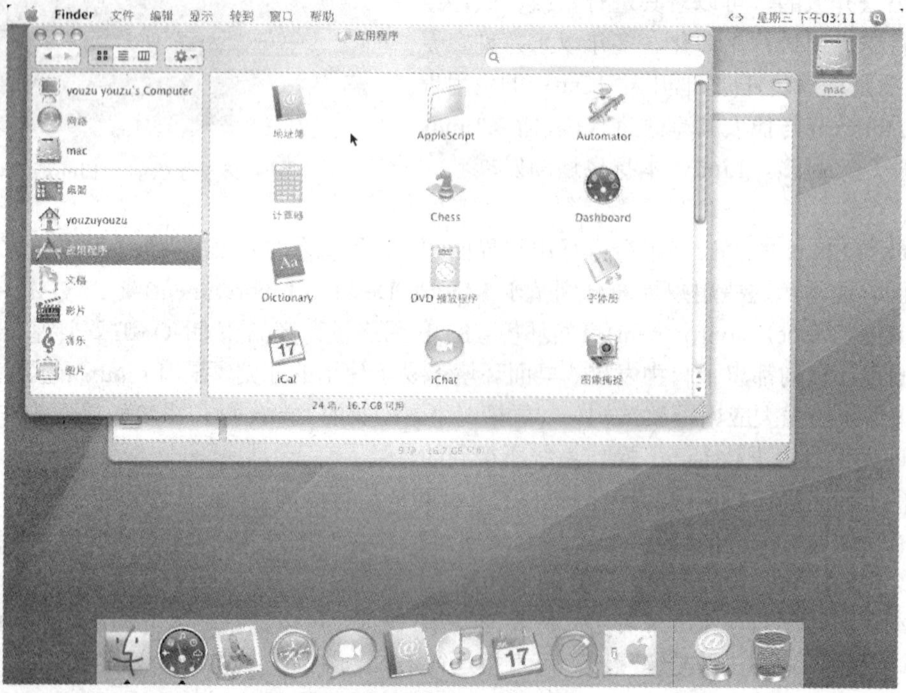

图 4-27 Mac OS X 10 中的用户界面

5) DOS 操作系统

DOS 操作系统是 1981～1995 年的个人计算机使用的一种主要的操作系统，也称为磁盘操作系统(Disk Operation System，DOS)，它是一个基于磁盘管理的操作系统。它由后来开发了 Windows 操作系统的 Microsoft 公司开发。DOS 于 1982 年在最早的 IBM 公司 PC 上首次采用，IBM 公司称这款操作系统为 PC-DOS，而微软公司在向其他公司销售时称其为 MS-DOS。它与我们现在使用的操作系统最大的区别在于，它是命令行形式的，靠输入命令来进行人机对话，并通过命令的形式把指令传给计算机，让计算机实现操作。

DOS 主要由三个基本文件和一些外部命令组成，这三个基本文件是 MSDOS.SYS、IO.SYS 和 COMMAND.COM。其中，MSDOS.SYS 称为 DOS 的内核，它主要用来管理和启动系统的各个部件，为 DOS 的引导做好准备工作。IO.SYS 主要负责系统的基本输入和输出，即 DOS 与各个部件的联系。COMMAND.COM 文件是 DOS 与用户的接口，它主要提供了一些 DOS 的内部命令。磁盘是否具有启动 DOS 的能力，就看它是否具有这三个文件，具有这三个文件的磁盘称为引导盘。而除此之外还包含许多 DOS 外部命令的磁盘称为系统盘。

20 多年后的今天，由于 DOS 为 Windows 的 3.1、95、98 和 Me 版本提供了部分的内核，因此仍有部分 DOS 留存在个人计算机的世界里，如图 4-28 所示。

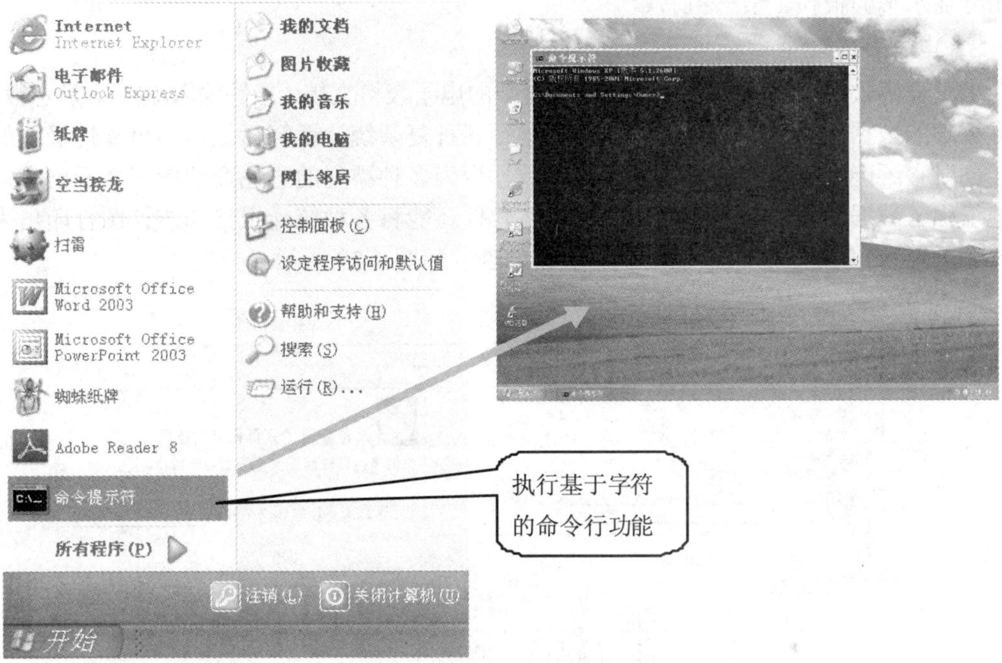

图 4-28　Windows 系统中的 DOS

除了上述介绍的操作系统外，针对不同的用户和不同的应用领域，还有很多种操作系统，如广泛用于基于个人计算机的 NetWare 局域网操作系统，由 IBM 公司专为高级用户终端而设计的 OS/2 操作系统，以及用于 PDA(Personal Digital Assistant，也称掌上电脑)的 Palm OS 和 Windows Mobile OS 等。

4.3.3　应用软件

在日常的工作和生活中，计算机用户可以根据自己的需求选择相应的软件来完成自己的任务，这些软件种类繁多，功能各异，有的可以帮助用户制作文档，进行文字处理，有的可以用于管理财务，有的可用于发送电子邮件等。这些被设计用来完成特定任务的软件就被归为应用软件。

1．文档制作软件

用户可以利用这类软件方便地完成写作、编辑、设计、打印并出版电子文档。

Microsoft Word 就是一款功能极强的文字处理和版面编排软件，可以进行文字类稿件的输入、编辑、排版。它通常是与电子表格软件(Excel)、幻灯片的制作和演示软件(PowerPoint)等捆绑在一起，作为套装软件销售的。

2．桌面出版软件

桌面出版软件(DeskTop Publishing software，DTP)又称桌上出版、桌上排版软件，是指通过计算机进行报纸书籍等纸张媒体编辑出版的软件。在以前的印刷作业中，设计、打字、排版等工序都是各个工序的专业人员分工处理的，而在现代桌面排版中，所有操作通过计算机由一个人就可以完成。它运用图形设计技术使文档格式和外观更加美观，辅助用户制作出专业水平的报刊、杂志和书籍。

3．电子表格软件

电子表格软件可以帮助用户制作各种复杂的电子表格文档，能够输入/输出、显示数据，进行繁琐的数据计算，并能对输入的数据进行各种复杂统计运算后显示为可视性极佳的表格，同时它还能形象地将大量枯燥无味的数据变为多种漂亮的彩色商业图表显示出来，极大地增强了数据的可视性。另外，电子表格软件还能将各种统计报告和统计图打印出来。Microsoft Excel 就是一种最常用的电子表格软件，如图 4-29 所示。

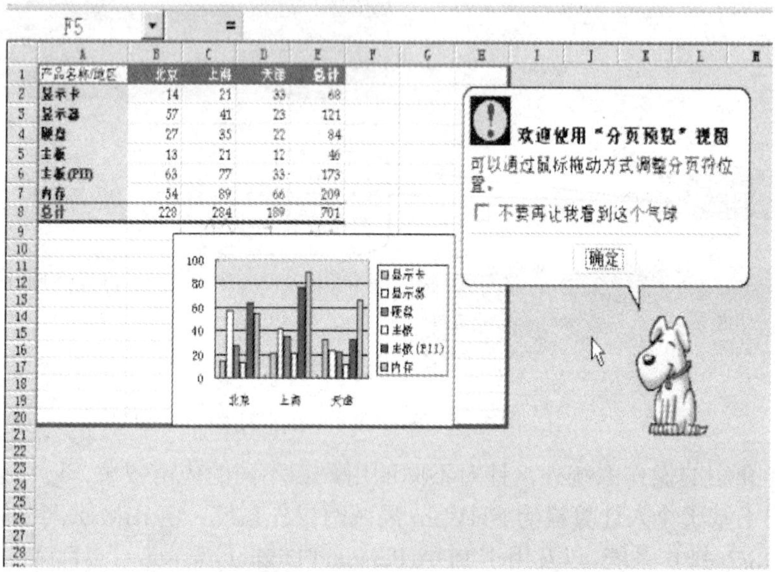

图 4-29　Microsoft Excel 电子表格软件

电子表格的实现大致可分为两种方式：一种是为某种目的专门设计的程序，例如财务程序，适于输出特定的表格，但其通用性较弱；另一种则是通用的制表工具，能够适用于大多数的制表需求，面对的是普通的计算机用户。除了制表，电子表格还是一个通用的计算工具，能够快速、准确地进行表格的计算，即将屏幕看做一张计算用的"纸"，在这张"纸"上，可以进行很复杂的计算。

4．数据库软件

数据库是存储在一台或多台计算机上的数据集合，它可以包括任何类型的数据，如学生记录、商店的库存记录、银行的客户信息等。数据库软件能够帮助用户输入、查找、组织、更新、统计、输出数据库中的信息。数据库软件也称为数据库管理系统(Database Management System)。我们常用的 Microsoft Access、SQL、Oracle 等都是数据库管理系统。

Microsoft Access 是一种关系型数据库管理系统(RDBMS)，它是 Microsoft Office 套件的 Professional 版和 Developer 版的一个组件(参见图 4-30)，不需要单独安装，功能比较单一，不提供数据发布、分布式事务处理等操作，一般用于桌面应用程序，不适用于大型的企业级应用。

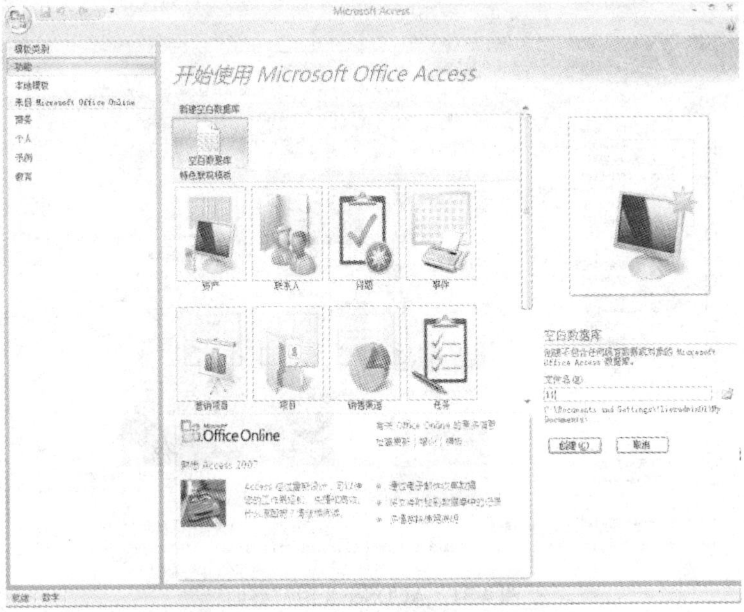

图 4-30 Microsoft Access 2007 界面

SQL Server 也是一个关系数据库管理系统，具有成本低、易上手、工具全等优点，适用于大型或超大型数据库服务器端。它最初是由 Microsoft、Sybase 和 Ashton-Tate 三家公司共同开发的，于 1988 年推出了第一个 OS/2 版本。在 Windows NT 推出后，Microsoft 与 Sybase 在 SQL Server 的开发上就分道扬镳了，Microsoft 将 SQL Server 移植到 Windows NT 系统上，专注于开发与推广 SQL Server 的 Windows NT 版本。SQL Server 2005 数据库引擎为关系型数据和结构化数据提供了更安全可靠的存储功能，使用户可以构建和管理用于业务的高可用和高性能的数据应用程序。

5. 图形和图像处理软件

Photoshop 是 Adobe 公司旗下最为出名的图像处理软件之一。Photoshop 版本 1.0.7 于 1990 年 2 月正式发行。Photoshop 可分为图像编辑、图像合成、校色调色及特效制作部分。图像编辑是图像处理的基础，可以对图像做各种变换如放大、缩小、旋转、倾斜、镜像、透视等，也可进行复制、去除斑点、修补、修饰图像的残损等。图像合成则是将几幅图像通过图层操作和工具应用合成完整的、传达明确意义的图像。校色调色是 Photoshop 中极具威力的功能之一，可方便快捷地对图像的颜色进行明暗、色偏的调整和校正，也可在不同颜色中进行切换以满足图像在不同领域如网页设计、印刷、多媒体等方面的应用。特效制作在 Photoshop 中主要由滤镜、通道及工具综合应用完成，包括图像的特效创意和特效字的制作，如油画、浮雕、石膏画、素描等常用的传统美术技巧都可由 Photoshop 完成。

ACDSee 是 ACD System, Ltd.的产品，是一款著名的图片浏览管理软件，它提供了良好的操作界面(参见图 4-31)、简单人性化的操作方式和优质的快速图形解码方式，支持丰富的图形格式，具有强大的图形文件管理功能等，能广泛应用于图片的获取、管理、浏览、优化甚至和他人的分享。使用 ACDSee，还可以从数码相机和扫描仪高效获取图片，并进行便捷的查找、组织和预览。

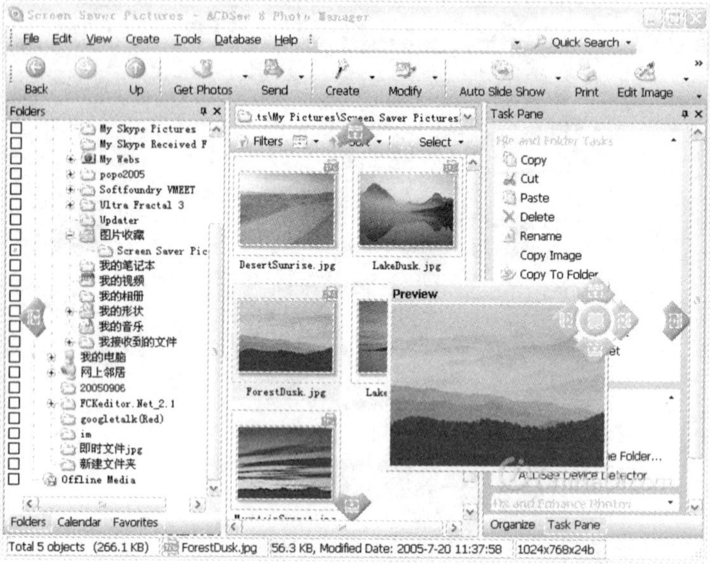

图 4-31 ACDSee 8 用户界面

AutoCAD(Auto Computer Aided Design)是美国Autodesk公司于 1982 年设计的自动计算机辅助设计软件，用于二维绘图、详细绘制、文档设计和基本三维设计(参见图 4-32)，现已经成为国际上广为流行的绘图工具。AutoCAD 软件具有完善的图形绘制功能和强大的图形编辑功能，可以采用多种方式进行二次开发或用户定制，可以进行多种图形格式的转换，具有较强的数据交换能力，支持多种硬件设备，支持多种操作平台，具有通用性、易用性，适用于各类用户。此外，从 AutoCAD 2000 开始，该软件又增添了许多强大的功能，如 AutoCAD 设计中心(ADC)、多文档设计环境(MDE)、Internet 驱动、新的对象捕捉功能、增强的标注功能以及局部打开和局部加载的功能，从而使 AutoCAD 系统更加完善。

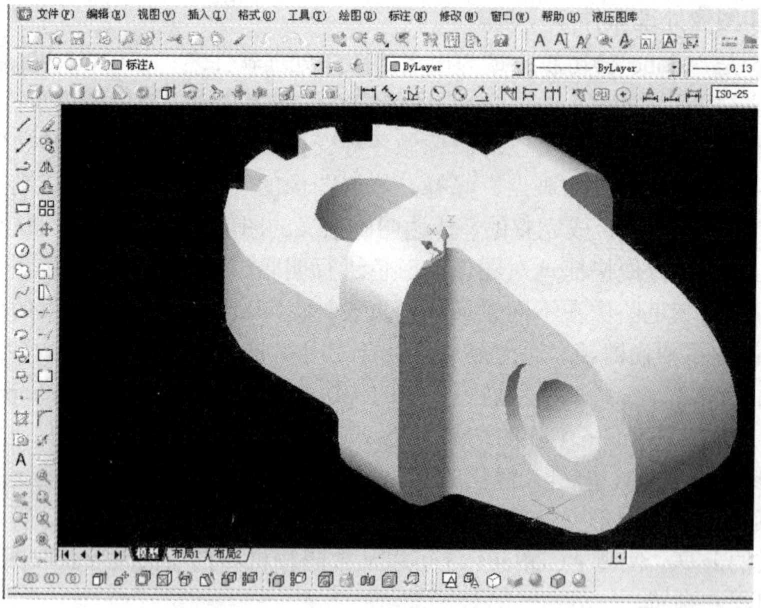

图 4-32 AutoCAD 的三维设计实例

4.3.4　软件的安装和版权

在我们使用任何应用软件之前，还需要搞清楚两个问题，一个是软件的安装，另一个就是软件的版权。

1．软件的安装与卸载

无论是我们购买的软件还是从软件开发商站点下载的软件，在使用前都必须将软件安装到计算机中。

如果是购买的软件，可以从其 CD 或 DVD 的包装说明上了解支持软件运行的环境，如图 4-33 所示。如果是从开发商站点下载的软件，也可从软件包中的相关说明文件中了解其运行环境。

基本配置	建议配置
操作系统：Windows 95/98/XP/2003	操作系统：Windows 95/98/XP/2003
CPU：Pentium Ⅱ以上	CPU：Pentium Ⅱ500 以上
内存：128 MB	内存：256 MB
硬盘空间：600 MB	硬盘空间：2GB
声卡：Direct 3D 声卡	声卡：Direct 3D 声卡
显卡：支持 DirectX 的显卡	显卡：支持 DirectX 的显卡
光驱：8 倍速以上	光驱：16 倍速以上

图 4-33　软件运行环境可从包装说明中找到

安装应用软件时，新软件文件会存储在计算机硬盘上适当的文件夹中，然后计算机运行一些软件或硬件配置以确保新软件的运行。在安装过程中，计算机通常会执行以下操作：

- 复制软件到硬盘特定的文件夹中。
- 将压缩文件解压缩。
- 分析计算机的硬件配置，如处理器速度、内存容量、硬盘容量等，以确定是否支持软件的运行环境。
- 检查外围设备，选择适当的驱动程序。
- 查找运行软件必需的系统文件或播放器。
- 将新安装软件的信息更新到必要的系统文件中，如 Windows 注册表和 Start 菜单中。

Windows 软件通常都提供了安装向导，用户可以很方便地在安装向导的引导下，完成整个的安装过程，如图 4-34 所示。有的应用软件在插入第一张 CD 或 DVD 时，安装程序会自动运行，接下来就可以根据安装提示插入其余的 CD 或 DVD。如果没有自动运行安装程序，那就要在软件包中找到 Setup.exe 这个文件，手动运行它。我们在后续课程中会通过具体软件的安装，让大家进一步了解软件的安装过程。

在安装软件后，也可以更新软件。软件的更新包括新版本、补丁或服务包三种。新版本的软件会完全代替旧版本，而且和旧版本的安装方法很相似。

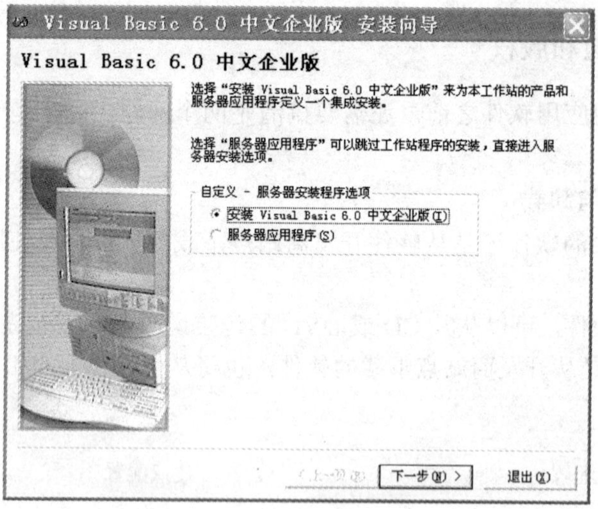

图 4-34 Visual Basic 6.0 安装向导

如果所安装的应用软件不再需要了，也可以将软件从计算机中移除，这个过程就是软件的卸载。

在某些操作系统(如 DOS)中，若想移除某应用软件，直接从硬盘上删除该文件即可，但在 Windows 或 Mac OS 这样的系统中，要用其卸载程序来删除，如图 4-35 所示。卸载程序可以从硬盘的多个文件夹中删除该应用软件的所有文件，并从桌面和操作系统文件(如 Windows 系统注册表)中去除和该应用软件程序有关的内容。

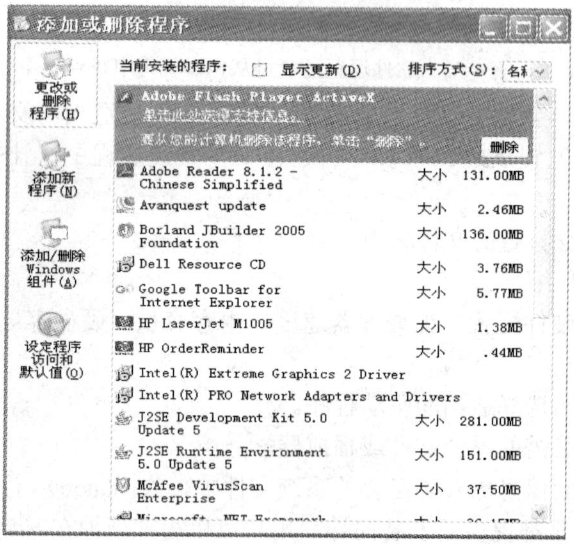

图 4-35 应用软件的卸载

2. 软件的版权和许可证

用户在购买软件后，可能会认为自己既然已经付费，就可以以任意方式安装和使用软件。实际上，用户的“付费购买”只是获得了以某种规定方式使用软件的权利。软件和其他商品(如电器)不同，用户虽然付费，但并不能“完全拥有”这个软件。软件和图书一样，是受版权保护的。

软件版权在中国又称软件著作权，属于知识产权的著作权范畴，具有知识产权的特征，即时间性、专有性和地域性。软件版权可进行登记，即软件版权登记，经登记后可取得国家权威部门颁发的软件版权证书。软件版权所有者拥有复制、发布、出售和修改其软件产品的权利，而购买者却无此权利。如果有人无视版权法规，非法复制、销售、发布或修改软件，则称为软件侵权。

除了软件版权保护外，计算机软件通常还受软件许可证条款的保护，如图 4-36 所示。软件许可证实际上就是软件使用方式的规定，因此用户付费购买的只是软件的许可证，从法律上说，用户购买的只是使用软件拷贝的权利，而版权所有者才是这套软件法律意义上的拥有者。

有的许可证规定了单用户使用的权利，即一次只允许一个用户使用，有的许可证规定了软件复制的数量，即允许一定数量的拷贝同时使用，这种软件有时也称为“共享软件”。

另外有一些“自由软件”的许可协议较为宽松，有的甚至将源代码都公布出来，在其上做第三方应用是合法的。

还有一些软件是“免费软件”，这类软件允许使用、复制和将软件给他人，但不允许更改或出售软件。许多实用程序、驱动程序和一些游戏就是免费软件。

正因如此，用户在购买软件后，需要注意软件的许可证协议。很多软件在首次安装时会将许可证条款显示在屏幕上，只有当用户点击指定的按钮，表示接受许可证规定的条款后，才允许继续安装软件。如果不接受条款，软件不会安装，也就不能使用了。

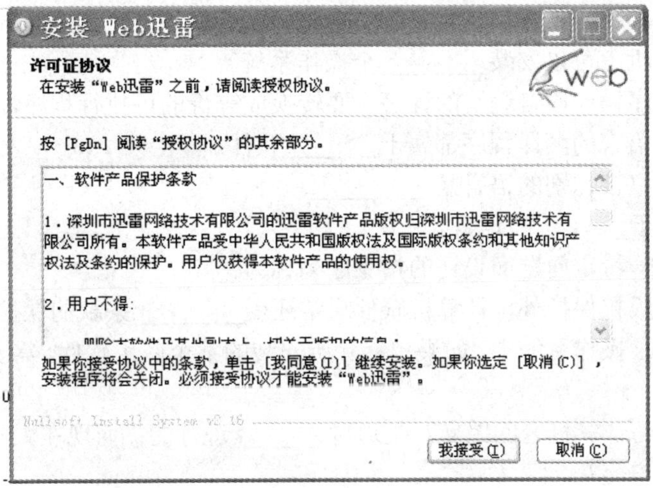

图 4-36　软件安装时显示的许可证条款

习题

一、填空题

1. 微机硬件系统中的最核心部件是_______。
2. 微处理器把运算器和_____作为一个整体，采用大规模集成电路集成在一块芯片上。

3. 当微处理器执行算术或逻辑运算时，运算器用______保存数据。

4. 微处理器上的______集可被分为 CISI 和 RISI。

5. 在计算机的性能指标中，内存容量是指______的容量。

6. 断电会使存储数据丢失的存储器是______。

7. 开机时把操作系统数据加载到 RAM 中的指令，在计算机首次开机时存储在____中。

8. 计算机______设备包括鼠标、触摸板、跟踪球和操纵杆。

9. 在微机的配置中常看到“处理器 Pentium Ⅲ/667”字样，其数字 667 表示______。

10. 显示设备的图像质量取决于屏幕尺寸、点______、______率、______率和______数等。

11. 内存储器是计算机系统中的记忆设备，它主要用于存储______。

12. 微型计算机中，ROM 的中文名字是______。

13. 计算机的主存储器是指______。

14. 微机系统中存取容量最大的部件是______。

15. 内存与外存比较具有______的特点。

16. 当计算机主板上所配置的内存不够用时，计算机会临时使用硬盘的一部分来存储部分程序和数据文件，所使用的这部分硬盘空间被称做______。

17. 由______语言编写的指令必须先翻译成机器语言才能够被计算机所执行。

18. 计算机软件可以分为______软件和______软件两大类。

19. 操作系统的核心部分被称为它的______。

20. 一台计算机上可以安装______个操作系统。

21. 用高级程序设计语言编写的程序，要转换成等价的可执行程序，必须经过______。

22. 各种高级语言的翻译程序都属于______软件。

23. 计算机能直接识别的语言是______。

24. C 语言属于______语言。

25. 为解决某一特定问题而设计的指令序列称为______。

26. 除了软件版权保护外，计算机软件通常还受______条款的保护，

27. 在 Windows 操作系统中，如果想移除所安装的某个应用软件，需要使用______来删除。

28. 早期用户与计算机之间的交互是通过______进行的；而现在大多数的操作系统都通过______与用户交互。

二、简答题

1. 计算机的硬件由哪几部分组成？请说明各部分的作用。

2. 请说明微处理器的组成部分及其主要功能。

3. 存储器为什么要分内存和外存？二者有什么区别？高速缓冲存储器的作用是什么？

4. 常用的外存储器有哪些？各有什么特点？

5. 说出下面各缩写词代表的含义：RAM、ROM、USB。

6. 影响微处理器性能的主要因素是什么？

7. 什么是“输入”和“输出”？说出你知道的几种输入和输出设备。

8．目前的个人计算机采用了哪些存储技术？

9．假如你的PC运行速度很慢，可以从哪些方面考虑来改善计算机的性能(不包括购买全新的系统)？

10．简述计算机操作系统的主要功能。

11．操作系统大致可以分成哪些类型？

12．列出你知道的几种应用软件，它们各自的作用是什么？

13．用户付费购买软件后，是否可以以任意方式安装和使用软件？

14．简述用户所编写的程序在计算机中是怎样运行的。

第5章　多媒体和网络

自20世纪80年代中后期开始，多媒体计算机技术成为人们关注的热点之一。多媒体技术是一种迅速发展的综合性电子信息技术，它给传统的计算机系统、音频和视频设备带来了方向性的变革，使计算机具有综合处理文字、声音、图形、图像和视频等多种信息的能力，给人们的工作、生活和娱乐也带来了深刻的变革。

5.1　多媒体和多媒体信息

媒体(Medium)是信息表示和传输的载体，比如报纸、广播、电视等都是媒体。计算机领域中的媒体是指计算机系统中信息的载体，即信息的表现形式或传输形式，如文字、声音、图形等。随着计算机技术和通信技术的发展，人们将各种媒体信息在计算机内均以数字形式表示，并综合形成一种新的媒体概念——多媒体。

5.1.1　多媒体和多媒体技术

多媒体(Multimedia)是全面的、综合性的信息资源，是多种媒体，如数据、文字、图形、视频、声音等的集成。

使用多媒体的最大优点就是使信息的展示更加生动有趣，许多观点都更容易表达。用户不仅可以通过文字信息，还可以通过直接看到的影像和听到的声音，来了解感兴趣的对象，更重要的是，用户可以参与或改变信息的展示，也就是说，信息的展示具有一定的交互性。

多媒体技术不是各种信息媒体的简单复合，而是以数字技术为基础，并结合通信技术和计算机技术，将文字、图形、图像、声音和视频等各种媒体的信息结合在一起，进行存储、传送、综合处理和控制，并能支持完成一系列交互式操作的信息技术。

多媒体技术有以下几个主要特点：

(1) 多样性。多样性是指多媒体信息的多样化，同时也指媒体输入、传播、再现和展示手段的多样化。

(2) 集成性。多媒体计算机技术是综合文字、图形、影像、声音、动画等各种媒体的一种应用，并且是建立在数字化处理的基础上的，是一个利用计算机技术的应用来整合各种媒体的系统。它一方面表现为媒体信息的集成，另一方面表现为显示或表示媒体设备的集成，即多媒体系统不仅包括了计算机，还包括了音响及视频设备。

(3) 实时性。当用户给出操作命令时，相应的多媒体信息都能够得到实时控制。多媒体系统除了能够处理离散媒体，如文本、图像外，还能综合处理带有时间关系的媒体，如音频、视频和动画，甚至是实况信息媒体。这就意味着多媒体系统在处理信息时有着严格的时序要求和很高的速度要求。

(4) 交互性。交互性是多媒体应用有别于传统信息交流媒体的主要特点之一。传统信息交流媒体只能单向地、被动地传播信息，而多媒体技术则可以实现人对信息的主动选择和控制。

(5) 非线性。多媒体技术的非线性特点将改变人们传统的循序性的读/写模式。以往人们的读/写方式大都采用章、节、页的框架，循序渐进地获取知识，而多媒体技术将借助超文本链接(Hyper Text Link)的方法，把内容以一种更灵活、更具变化的方式呈现给用户。

5.1.2　多媒体的信息元素

组成多媒体的信息元素包括文本、图形、图像、动画、音频、视频。

1．文本

文本是大多数多媒体应用软件的重要组成部分，它可以用来提供基本的内容以及基于文本的菜单、超链接和其他导航组件。

2．图形

图形一般是指通过绘图软件绘制的由直线、圆、圆弧和任意曲线等组成的画面。图形文件中存放的是描述生成图形的指令。图形常以矢量图形文件形式存储，如图 5-1 所示。

图 5-1　以矢量图形文件形式存储的图形

3．图像

图像是通过扫描仪、数码相机、摄像机等输入设备捕捉的真实场景的画面，数字化后常以位图格式存储。常见的图像文件格式有 TIFF、BMP、GIF 和 JPEG，对应的文件扩展名分别为 .TIF、.BMP、.GIF、.JPG 等。

TIFF(Tagged Image File Format，标记图像文件格式)可以用来制作质量非常高的图像，因而经常用于出版印刷。它可以显示上百万种颜色，通常用于比 GIF 或 JPEG 格式更大的图像文件。如果要在一个并非创建该图像的程序中编辑图像，则以这种格式保存将很有帮助，因为多种程序都可以识别它。几乎所有的桌面扫描仪都可以生成 TIFF 图像，主要用于在应用程序和计算机平台之间交换文件。

BMP 是一种与硬件设备无关的图像文件格式，使用非常广。它采用位映射存储格式，除了图像深度可选以外，不采用其他任何压缩，因此，BMP 文件所占用的空间很大。由于 BMP 文件格式是 Windows 环境中交换与图有关数据的一种标准，因此在 Windows 环境中运行的图形图像软件都支持 BMP 图像格式。

GIF(Graphics Interchange Format，图像交换格式)是网页图片的标准格式，被所有显示图片的浏览器所支持。由于 GIF 是经过压缩的，而且又是 8 位的，因此这种格式的文件大多用于网络传输，其传输速度要比传输其他格式的图像文件快得多。GIF 格式采用无损压缩存储，因此在保存图片时，图片质量不会降低。GIF 的另一个特点是在一个 GIF 文件中可以存多幅彩色图像，如果把存于一个文件中的多幅图像数据逐幅读出并显示到屏幕上，就可构成一种最简单的动画。其缺点是不能用于存储真彩的图像文件。

以上三种格式的图像如图 5-2 所示。

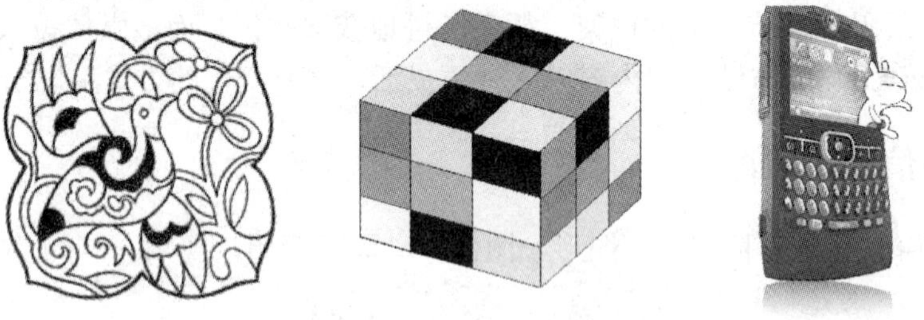

(a) TIFF 图像　　(b) BMP 图像　　(c) GIF 图像

图 5-2　不同格式的图像文件

JPEG(Joint Photographic Experts Group，联合照片专家组)格式图像被大多数展示图片的网页浏览器支持。JPEG 采用有损压缩技术，所以图片在压缩后质量将会下降，并且在保存图片时压缩率从 0%～100%是可以选择的。压缩的程度越高，文件占用的空间就越小，压缩后图像损失的质量也越多。但是 JPEG 压缩技术十分先进，它用有损压缩方式去除冗余的图像数据，在获得极高的压缩率的同时能展现十分丰富生动的图像。JPEG 格式适合应用于互联网，可减少图像的传输时间。

4. 动画

动画指的是由许多帧的静止画面，以一定的速度(如每秒 16 张)连续播放时，肉眼因视觉暂留而产生错觉，误以为画面活动的作品。不论应用在何种场合，多媒体应用软件通常都会使用某种动画效果。通常使用 Java applet(Java 的一种程序)和 GIF 图片为网页加上单一的动画效果。Java applet 是随网页下载下来的一个小程序，它可使文本生成类似滚动文本显示的效果。可动的 GIF 图片是存储在特殊可动 GIF 文档中的一组 GIF 图片，这些图片逐一展现来模拟某些动作，例如运动的物体或动物，如图 5-3 所示。如果要展示更复杂的动画，如互动式游戏，通常使用 Macromedia 公司的动画设计软件 Flash 来制作动画，也可用 Dynamic HTML(DHTML)、JavaScript 和编程语言来制作动画。

图 5-3　GIF 图片的动画效果

5. 音频

人类能够听到的所有声音都称为音频，包括语音、音乐和自然界的各种声音。大多数的多媒体应用软件使用音频来提高展示效果或是达到满意的信息传播效果。无论是说话声、歌声还是乐器声，都可以通过数字音乐处理软件，将它制作成音频文件，存放在计算机中。反过来，我们也可以把存储下来的音频文件通过一定的音频程序播放，还原以前录下的声音。

随着计算机技术的发展，特别是海量存储设备和大容量内存在计算机上的实现，对音频媒体进行数字化处理便成为可能。数字化处理的核心是对音频信息的采样和量化，通过对采集到的样本进行加工，达成各种效果，这就是音频媒体数字化处理的基本含义。

以下是常见的音频文件的格式：

(1) MP3。MP3 的全称是 Moving Picture Experts Group Audio Layer Ⅲ。MP3 利用 MPEG Audio Layer 3 的技术，将音乐以 1:10 甚至 1:12 的压缩率，压缩成容量较小的文件，也就是说，能够在音质丢失很小的情况下把文件压缩到更小的程度，而且还非常好地保持了原来的音质。正是因为 MP3 文件小、音质高，MP3 格式几乎成为网上音乐的代名词。每分钟的 MP3 格式音乐只有 1 MB 左右大小，这样每首歌的大小只有 3～4 MB。使用 MP3 播放器对 MP3 文件进行实时的解压缩(解码)，这样，高品质的 MP3 音乐就播放出来了。

(2) WAV。WAV 格式是微软公司开发的一种声音文件格式，也叫波形声音文件，是最早的数字音频格式，被 Windows 平台及其应用程序广泛支持。WAV 格式支持许多压缩算法，支持多种音频位数、采样频率和声道。若 WAV 采用 44.1 kHz 的采样频率，16 位量化位数，则其音质与 CD 相差无几，而且浏览器不需要插件也能支持它。但 WAV 格式未经压缩，因此对存储空间需求较大。

(3) MID。MID 格式由 MIDI(Musical Instrument Digital Interface)继承而来，允许计算机与音乐合成器交换数据。计算机将音乐编码成 MIDI 序列，然后存储为以 .mid 为扩展名的格式。MID 文件并不是一段录制好的声音，而是记录声音的信息，然后再告诉声卡如何再现音乐的一组指令。这样一个 MIDI 文件每存 1 分钟的音乐只占大约 5～10 KB 的空间。今天，MID 文件主要用于原始乐器作品、流行歌曲的业余表演、游戏音轨以及电子贺卡等。MIDI 的最大缺点是不能生成高质量的声乐作品。

(4) RealAudio。RealAudio 主要适用于在网络上的在线音乐欣赏。RealAudio 格式主要有 RA、RM 和 RMX。这些文件格式的特点是可以根据网络带宽的不同而改变声音的质量，在保证大多数人听到流畅声音的前提下，令带宽较富裕的听众获得较好的音质。但其缺点是音质达不到其他格式的水准，而且需要播放器或插件的支持。

(5) WMA。WMA(Windows Media Audio) 格式来自于微软公司，常用于音乐下载网站，其音质要强于 MP3 格式，更远胜于 RA 格式，它的压缩率一般都可以达到 1:18 左右。WMA 的另一个优点是内置的版权保护技术可以限制播放时间和播放次数，甚至于播放的机器等，这对深受盗版困扰的音乐公司来说可是一个福音。而且 Windows 操作系统和 Windows Media Player 的无缝捆绑，让用户在 Windows 操作系统下可以直接播放 WMA 音乐。

6．视频

视频不同于动画，它是指先用摄像机之类的视频捕捉设备，将外界影像的颜色和亮度信息转变为电信号，再记录到存储介质(如录像带)上的信息。播放时，视频信息被转换为帧信息，并以每秒约 30 帧的速度投影到显示器上(如图 5-4 所示)，使人类的眼睛认为它是连续不间断地运动着的。一般电影播放的帧率大约是每秒 24 帧。

图 5-4 视频由一系列的帧组成

正因为视频信息是以每秒 30 帧的速率再现的，所以在多媒体系统中播放一个视频文件将涉及相当多的数据，从而导致该文件占用很大的存储空间。因此，如同音频数据一样，视频数据通常是经过压缩处理的，压缩的标准也各不相同。

以下列举一些最常见的视频格式：

(1) MPEG。MPEG(Moving Pictures Experts Group，移动图像专家组)格式有三个版本：MPEG-1，MPEG-2，MPEG-4。由于在一开始就是作为一个国际化的标准来研究制定的，因此，MPEG 具有很好的兼容性。其次，MPEG 能够比其他算法提供更好的压缩比，最高可达 200:1。更重要的是，MPEG 在提供高压缩比的同时，对数据的损失很小。MPEG 主要用于桌面视频、PDA 视频和 Web 流视频。

(2) AVI。AVI(Audio Video Interleave，音频视频交叉)格式是 Microsoft 公司开发的一种将语音和影像同步组合在一起的文件格式。它对视频文件采用了一种有损压缩方式，但压缩比较高，因此尽管画面质量不是太好，但其应用范围仍然非常广泛。AVI 支持 256 色和 RLE 压缩。AVI 信息主要应用在多媒体光盘上，用来保存电视、电影等各种影像信息。

(3) MOV。MOV 即 QuickTime 格式，是 Apple 公司开发的视频文件格式，用 Apple's QuickTime 播放器播放。它具有跨平台、存储空间要求小的技术特点。而采用了有损压缩方式的 MOV 格式文件，其画面效果较 AVI 格式要稍微好一些。到目前为止，MOV 共有 4 个版本，其中 4.0 版本的压缩率最好。

(4) RM 和 RMVB。RM 是RealNetworks公司早期推出的一种视频格式，采用固定码率编码。这类文件使用 RealPlayer 播放，可以实现即时播放，即先从服务器上下载一部分视频文件，形成视频流缓冲区后可实时播放，同时继续下载，为接下来的播放做好准备。这种“边传边播”的方法避免了用户必须等待整个文件从 Internet 上全部下载完毕才能观看的缺点，因而特别适合在线观看影视节目。RM 主要用于在低速率的网上实时传输视频的压缩格式，它同样具有存储空间小而画面又比较清晰的特点。RM 文件的大小完全取决于制作时选择的压缩率，这也是为什么 1 小时的影像有的只有 200 MB，而有的却有 500 MB 之多的原因。现在 RM 已经基本上被可变码率的 RMVB 格式所取代。RMVB 在尽量保存清晰度的情况下大幅缩减了文件大小，已成为网络传播视频的首选格式。

5.2 多媒体数据压缩技术

数字媒体文件是相当大的。例如，一秒钟的视频文件需要 56 MB 的存储空间；一张分辨率为 1024×768 的真彩位图图像需要 2.3 MB 的存储空间；45 分钟的波形音频文件大约有 475 MB。

如此庞大的数据量不仅占用很多的存储空间，还需要冗长的传送时间，造成与现有的计算机存储资源和网络带宽之间的巨大差距，成为人们有效获取和利用多媒体信息的一个瓶颈。

如何减少文件的大小又不丢失文件自身的任何数据，这就是数据压缩技术所要解决的问题。

5.2.1　数据压缩

数据压缩，简单地说，就是用最少的数码来表示信息，即通过减少计算机中所存储数据或者通信传播中数据的冗余度，达到增大数据密度，最终使数据的存储空间减小的技术。

多媒体数据之所以可以被压缩，是因为数据之间，尤其是相邻的数据之间常存在着相关性。例如，同一幅图片中常常有色彩均匀的背景，电视信号的相邻两帧之间可能只有少量的影像是不同的，声音信号有时具有一定的规律性和周期性等。因此，就有可能利用某些变换来尽可能地去掉这些相关性。此外，人们在欣赏音像节目时，由于耳、眼对信号的时间变化和幅度变化的感受能力都有一定的极限，如人眼对影视节目有视觉暂留效应，人眼或人耳对低于某一极限的幅度变化已无法感知等，故可将信号中这部分感觉不出的分量压缩掉或“掩蔽掉”。

衡量数据压缩技术的三个主要指标是压缩比、图像质量、压缩和解压缩的速度。

当数据被压缩时，包含数据的文件大小缩减了，缩减的程度被称为压缩比。例如，若压缩比为 20:1，则意味着压缩后的文件大约是原始文件的 1/20。压缩比越高，压缩性能越好。

数据被压缩后，在解压缩时要尽可能地恢复到原始数据的效果，即解压缩后的图像质量要好。

压缩和解压缩的速度要快，其软、硬件的开销要小。

5.2.2　无损压缩和有损压缩

如果数据压缩后，文件大小的缩减不会导致任何数据的丢失，这种压缩方式称为无损压缩。相反，有损压缩在压缩文件时会“扔掉”一些原始数据。有损压缩可以应用于图像、视频和音频文件，因为从理论上讲，人的眼睛和耳朵感觉不出信息的丢失。

1．无损压缩

无损压缩利用数据的统计冗余(统计冗余是指用数学的方法来表示信息中的重复数据或相关数据)进行压缩，其原理是通过统计被压缩数据中重复数据的出现次数来进行编码，是对文件本身的压缩，原理和其他数据文件的压缩一样，是对文件的数据存储方式进行优化，采用某种算法表示重复的数据信息，文件可以完全还原，不会影响文件内容。对于数码图像而言，无损压缩不会使图像细节有任何损失。由于无损压缩只是对数据本身进行优化，所以压缩比例有限，一般为 2∶1～5∶1，广泛应用于文本数据、程序以及重要图形和图像(如指纹图像)的压缩。压缩软件 WinZip 和 WinRAR 就是基于无损压缩原理设计的。

2．有损压缩

有损压缩是经过压缩、解压缩的数据与原始数据不同但是非常接近的压缩方法，又称为破坏性压缩。有损压缩利用了人类对图像或声波中的某些频率成分不敏感的特性，允许压缩过程中损失一定的信息。虽然有损压缩不能完全还原原始数据，但是所损失的部分对理解原始图像的影响较小，又换来了较大的压缩比，所以有损压缩广泛应用于语音、图像和视频数据的压缩。

有损压缩的特点是保持颜色的逐渐变化，删除图像中颜色的突然变化。生物学中的大量实验证明，人类大脑会利用与附近最接近的颜色来填补所丢失的颜色。例如，对于蓝色天空背景上的一朵白云，有损压缩的方法就是删除图像中景物边缘的某些颜色部分。当在屏幕上看这幅图时，大脑会利用在景物上看到的颜色填补所丢失的颜色部分。

利用有损压缩技术，某些数据被有意地删除了，而被删除的数据也就不能被还原。JPEG、MP3 和 MPEG 文件使用的就是有损压缩。

3. 文件的压缩

有些文件格式会自动地压缩文件数据，另一些格式允许用户选择是否压缩文件以及调整压缩的程度。如 MP3、GIF 文件都是压缩文件，用来保存和打开这些文件的软件中包含了压缩和解压缩文件所需的编/解码器，而 JPEG、AVI 等格式文件的编/解码器通常在保存图像或视频前就允许选择压缩程度。

也可以使用压缩工具程序进行文件的压缩，如 WinRAR。WinRAR 压缩工具全面支持 ace 和 zip 格式的压缩文件及其他多种格式的压缩文件，可以创建固定压缩、分卷压缩和自释放压缩等多种方式，可以选择不同的压缩比例，最大程度地减少对磁盘空间的占用(参见图 5-5)。目前该软件的最新版本是 WinRAR 3.X。

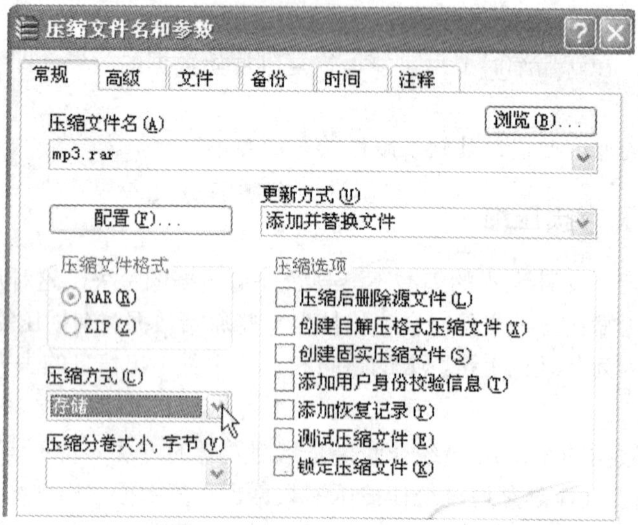

图 5-5　压缩软件 WinRAR 界面

5.3　多媒体信息处理技术

多媒体信息处理技术涉及面相当广泛，主要包括音频技术、视频技术、图像技术、数据压缩技术及通信网络技术。

5.3.1　音频技术

音频技术发展较早，几年前一些技术已经成熟并产品化，甚至进入了家庭，如数字音响。音频技术主要包括四个方面：音频数字化、语音处理、语音合成及语音识别。

我们在第 4 章中已经知道，声音信息必须经过采样和量化的数字化过程，最终以音频文件的格式存储在计算机中。音频采样包括两个重要的参数，即采样频率和样本精度(也称采样数据位数)。采样频率即对声音每秒钟采样的次数，人耳听觉上限在 20 kHz 左右，目前常用的采样频率为 11 kHz、22 kHz 和 44 kHz 几种。采样频率越高，音质越好，但存储的数据量也越大。采样数据位数即每个采样点的数据表示范围，目前常用的有 8 位、12 位和 16 位三种。不同的采样数据位数决定了不同的音质，采样位数越高，存储数据量越大，音质也越好。

采样和量化过程的主要硬件是模拟/数字(A/D)转换器。

语音处理涉及音频压缩、数字化声音的处理，如编辑、加工合成声音素材、制作各种声音效果等。

语音合成是指将计算机中的文本信息转换为语音信息的过程。目前国外几种主要语音的合成水平均已到实用阶段，汉语合成近几年来也有突飞猛进的发展，实验系统正在运行。

语音识别是指让计算机通过识别和理解过程把语音信号转变为相应的文本或命令的技术，虽然目前只是处于实验研究阶段，但是其广阔的应用前景使之一直成为研究关注的热点之一。

5.3.2　视频技术

视频技术包括视频数字化、视频编码技术、视频信息的处理。

视频数字化是将模拟视频信号经模/数转换和彩色空间变换后转为计算机可处理的数字信号，使得计算机可以显示和处理视频信号。需要指出的是，视频数字化的概念是建立在模拟视频信息基础上的，如果视频信息来源于数字信号，如数字摄像机摄录的信号本身已是数字信号，那么就只需要从磁带转到硬盘中。

视频编码技术是指通过特定的压缩技术，将某个视频格式的文件转换成另一种视频格式文件的方式。

视频信息的处理主要包括视频剪辑、视频叠加、视频和声音同步、视频特技等。

5.3.3　图像技术

图像处理技术涉及以下几个方面。

1．图像获取和图像表现

图像获取和图像表现是指将模拟图像信号转化为计算机所能接受的数字形式，以及把数字图像用所需要的形式显示出来。

2．提高图像的视感质量

提高图像的视感质量是指对图像进行亮度、彩色变换，增强、抑制某些成分，对图像进行几何变换等，以改善图像的质量。

3．图像的编码和压缩

由数字化得到的一幅图像的数据量十分巨大，一幅典型的数字图像通常由 500×500 或 1000×1000 个像素组成。如果是动态图像，其数据量更大。对图像数据要进行编码和压缩，以便于图像的存储和传输。

5.3.4 多媒体通信技术

多媒体通信技术集成了计算机技术和通信技术，是一门综合技术。多媒体通信是指在一次呼叫过程中能同时提供多种媒体信息，如声音、图像、图形、数据、文本等的新型通信方式。

利用多媒体通信，相隔万里的用户不仅能利用声、像、图、文交流信息，使分布在不同地点的多媒体信息，能步调一致地作为一个完整的信息呈现在用户面前，而且用户对通信全过程具有完备的交互控制能力。这就是多媒体通信的分布性、同步性和交互性特点。

多媒体通信需要解决许多重大技术问题。首先是通信网问题。最适合多媒体通信的通信网是宽带综合业务数字网，它能灵活地传输、交换具有不同传输速率、不同性能要求的多媒体信息。世界各国正在着手建设的“信息高速公路”为容纳多种媒体信息的“车辆”通行无阻创造了条件。其次，要解决多媒体信息的“压缩”问题，把音频、视频信号的频带压缩到一定范围，否则“信息高速公路”上容不下那么多的多媒体信息的“车辆”。再次，还要研制至少可以存储、显示处理两种以上多媒体信息的多媒体终端设备等。

5.4 常用多媒体制作工具

多媒体制作工具是多媒体应用系统的软件开发工具，它提供多媒体应用系统各种成分所需要的重要框架，包括图形、动画、声音和视频的剪辑。制作工具的用途是建立具有交互式的用户界面，在屏幕上演示制作好的多媒体应用系统，以及将各种媒体成分集成为一个完整的系统。多媒体制作工具可以分成以下几种：以传统程序语言为基础的制作工具，如 Visual Basic、Visual C++等高级语言；基于时间的制作工具，如 Macromedia 公司的 Director；基于图符或流线的制作工具，如 Macromedia 公司的 Authorware；基于卡片和页面的制作工具，如 Asymetrix 公司的 Multimedia ToolBook 等。

5.4.1 Visual Basic 高级程序设计语言

Visual Basic 是功能强大的可视化面向对象程序设计语言，有专门的多媒体对象处理模块(控件)来完成多媒体素材的连接、调用和交互性控制。但它需要制作人员有一定的编程经验，否则很难在短时间内熟练运用。图 5-6 是 Visual Basic 的界面。

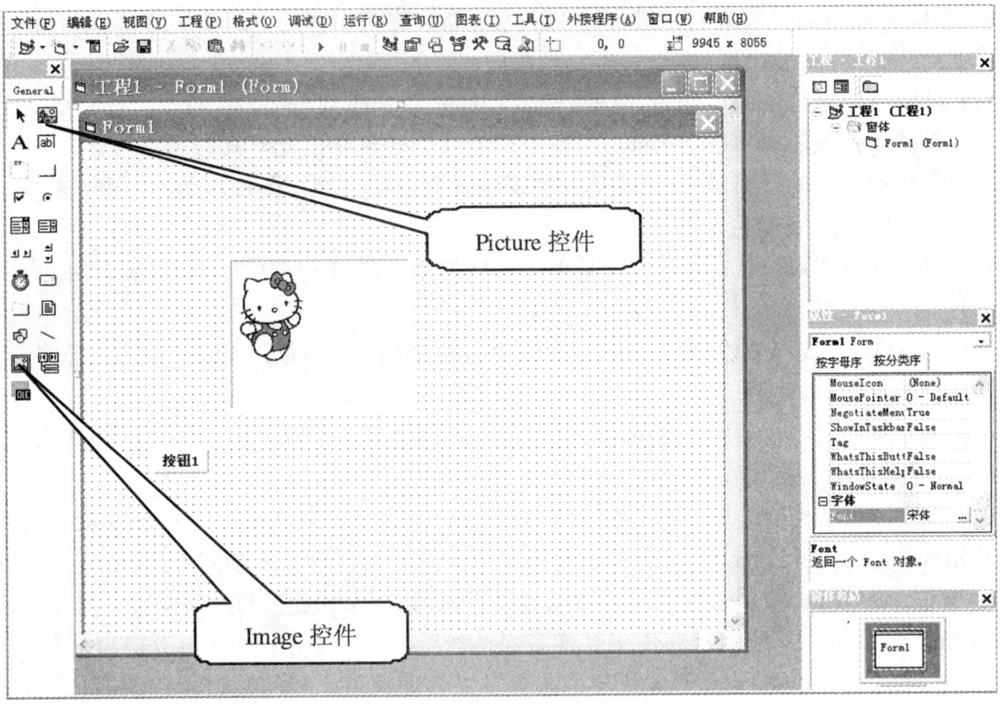

图 5-6　Visual Basic 利用控件完成多媒体素材的处理

5.4.2　Authorware

Authorware 是 Macromedia 公司 20 世纪 90 年代推出的一种多媒体制作工具。它提供了丰富的人机交互方式，直观的图标流程控制界面，并将多媒体功能集成为一个个图标，提供了 13 种用以表现不同媒体对象的编辑图标以及 11 种在人们日常生活、工作中经常被采用的交互方式，向开发者提供了一种“搭积木”式的制作方法。它一改传统的编程方式，采用鼠标对图标的拖放来替代复杂的编程语言。开发者利用对各种图标逻辑结构的布局，只需根据制作要求，将所需图标放到流程线上，就可以实现整个应用系统的制作，如图 5-7 所示。Authorware 具有一定的绘图功能，能方便地编辑各种图形，能多样化地处理文字。Authorware 为多媒体作品制作提供了集成环境，能直接使用其他软件制作的文字、图形、图像、声音和数字电影等多媒体信息。

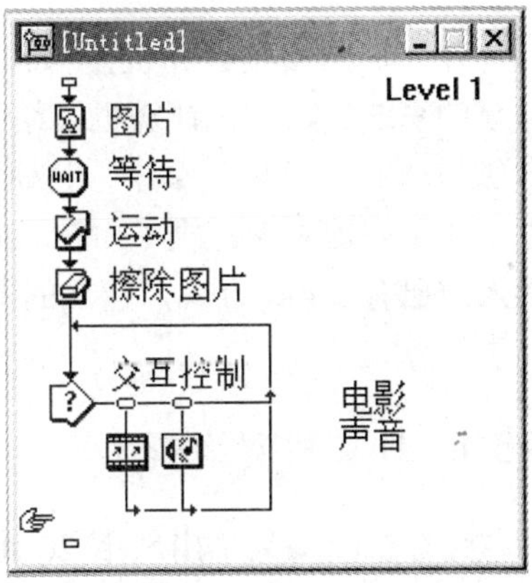

图 5-7　Authorware 中的流程线和图标

5.4.3　Director

Director 是 Macromedia 公司推出的又一动画和多媒体制作工具，它以时间轴为基准，按照对象的出场时间，设计和规划整个作品。Director 系统中的基本概念是电影中的“画面”

(Frame，帧)，所使用的各种素材常被称为“演员”，都放置在相应的窗口中进行管理。Director具有以下一些特点：

(1) 可以方便地将动画、声音、图像等多媒体元素合成到一起。

(2) 提供了强大的脚本语言 Lingo，使用户能够创建复杂的交互式应用程序。

(3) 无数量限制的“演员”(也就是各种媒体元素，如文字、图片、动画、声音等)，使制作者能创作出更加完美的作品。

(4) 最多可设 1000 个通道，也就是可在这些通道上放置 1000 个媒体元素，并可分别控制它们。

(5) 具有强大的声音控制能力，在时间轴上有两个声道，再通过 Lingo 语言，最多可同时控制八个声音。

(6) 在虚拟现实创作方面，Director 也有它的独到之处。国际上许多公司已经开始利用 Director 中的虚拟现实技术在 Internet 上制作广告。

(7) 开放体系结构(MOA)允许任何一位 Director 开发者使用 Lingo、JavaScript 或 C++来制作 Xtras(为了适应 Director 功能扩展而开发出的第三方插件)，实现对 Director 能力的扩展。这些被整合的 Xtras 被用来建立新的转场效果、进行数据库的连接和对某些设备的控制等。

Director 可以被广泛应用于制作交互式多媒体教学演示、网络多媒体出版物、网络电影、网络交互式多媒体查询系统、动画片、企业的多媒体形象展示和产品宣传、游戏和屏幕保护程序等。

5.5 计算机网络

计算机网络是计算机技术和通信技术相结合的产物，是一个实现远程信息处理和资源共享的系统。目前，计算机网络技术已广泛应用于办公自动化、企业管理与生产过程控制、金融与商业电子化、军事、科研、教育信息服务、医疗卫生等领域。在我国，计算机网络也正在迅猛地发展。据 CNNIC 2005 年 1 月的统计，我国上网计算机总数达 4160 万台，上网人数已有 9400 万人，建立的网站已达 66 万个。计算机网络正在改变着人们的工作方式与生活方式。

5.5.1 计算机网络概述

计算机网络最早出现于 20 世纪 50 年代，是指通过通信线路将远方终端的资料传送给主计算机处理而形成的一种简单的联机系统。随着计算机技术和通信技术的不断发展，计算机网络也经历了从简单到复杂、从单机到多机的发展过程。计算机网络的产生扩大了计算机应用的范围，也促进了信息技术和信息产业的发展。

简单地讲，计算机网络是由多台计算机(或其他计算机网络设备)通过传输介质和软件物理(或逻辑)连接在一起组成的。如果对计算机网络做比较完整的描述，那么计算机网络就是将若干台分布在不同地理位置的、具有独立处理能力的计算机，通过通信设备和传输介质连接起来，由网络软件实现通信、资源共享和协同工作的系统。

从逻辑功能上看，可以将计算机网络分成通信子网和资源子网，如图 5-8 所示。通信子网由通信控制处理机、通信线路和其他通信设备组成，负责网络的数据传输、转发等任务。资源子网由计算机主机、终端、外设、相关软件及信息资源组成，负责全网的数据处理业务，向网络用户提供各种网络资源与网络服务。

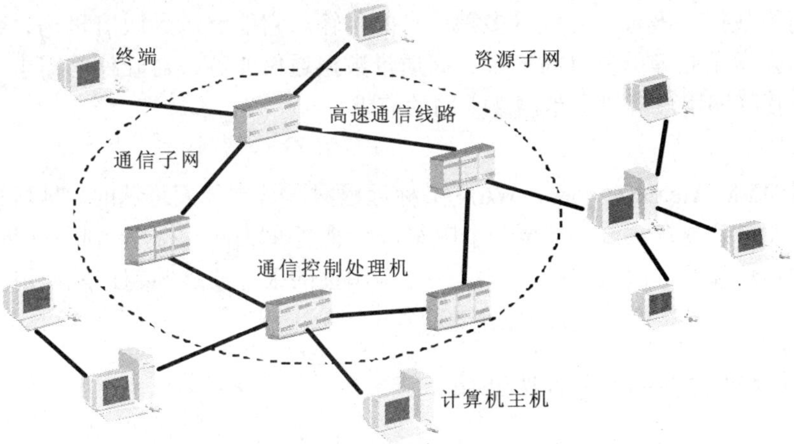

图 5-8　通信子网与资源子网

5.5.2　计算机网络的分类

计算机网络的分类可以从不同角度进行，按物理拓扑结构可以分为星型、总线型、环型、网状和树型；按网络带宽(即网络携带数据的能力)可分为宽带网和窄带网；最常用的是按网络作用的地理范围分类，可分为局域网、城域网和广域网。

1. 局域网

局域网(Local Area Network，LAN)用于将某一有限区域内(如一个办公室、同一建筑物、一个校园、一个公司等，参见图 5-9)的各种计算机、终端与外部设备互连成网，其速度大于 10 Mb/s，甚至 1 Gb/s。局域网可以实现文件管理、应用软件共享、打印机共享、扫描仪共享、工作组内的日程安排、电子邮件和传真通信服务等功能。局域网传输可靠，误码率低，结构简单，容易实现。

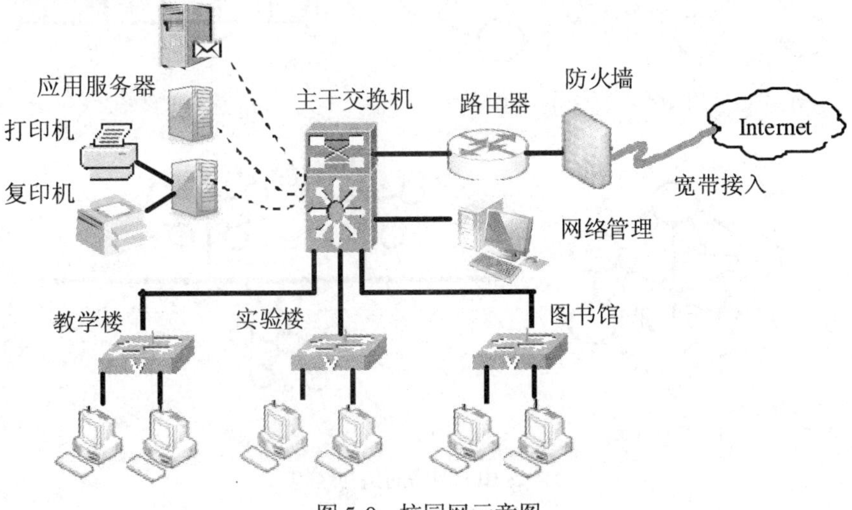

图 5-9　校园网示意图

2．城域网

城域网(Metropolitan Area Network，MAN)基本上是一种大型的LAN，通常使用与LAN相似的技术，其作用范围为几十到上百千米。城域网主要采用光缆为传输媒介，可实现大量用户之间的数据、语音、视频等多种信息的传输。它能够满足政府机构、金融保险、大中小学校、公司企业等单位对高速率、高质量数据通信业务日益旺盛的需求，特别是快速发展起来的互联网用户群对宽带高速上网的需求。

3．广域网

广域网(Wide Area Network，WAN)又称远程网，是一种大跨越的、地域性的计算机网络的集合，通常跨越省、市，甚至一个国家，其速度可以从1.2 kb/s到上百Mb/s不等，其通信设备及传输媒体一般由电信部门提供。全国性的银行或连锁超市所使用的网络可以归类为广域网。因特网是世界上最大的广域网。

5.5.3 计算机网络的物理拓扑结构

网络上的每个连接点都称为一个节点。网络节点通常是如下设备中的一个：

- 服务器：负责存储数据和程序的计算机。
- 工作站：连接到网络的个人计算机。
- 网络外围设备：打印机或扫描仪等能够直接连接到网络而不是连接到工作站的设备。
- 网络设备：能够进行网络数据传输、信号增强或者为数据到达目的地而进行路由的电子设备。

网络中节点与通信线路之间的几何关系就称为计算机网络的物理拓扑结构，它反映了网络中各实体间的结构关系。常用的拓扑结构有总线型、星型、环型、树型、网状等，如图5-10所示。

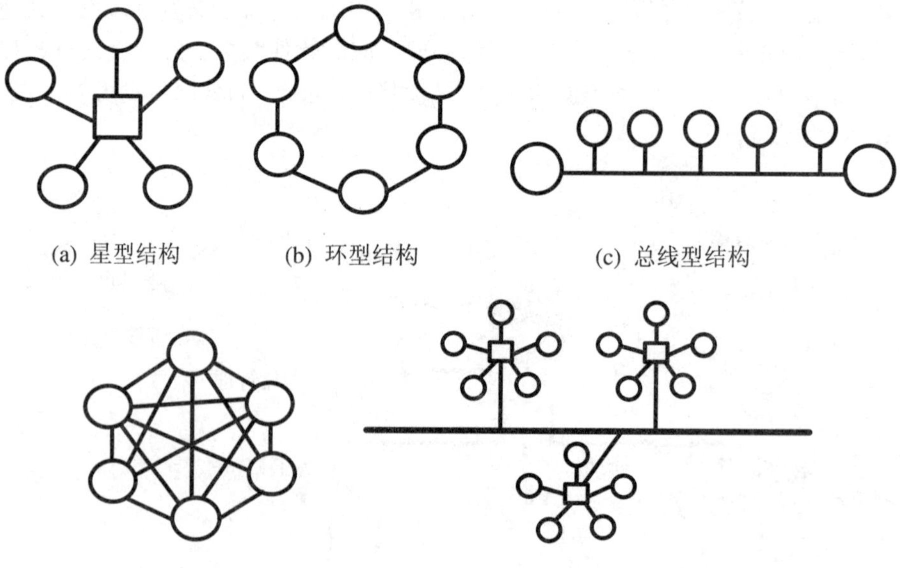

(a) 星型结构　(b) 环型结构　(c) 总线型结构

(d) 网状结构　(e) 树型结构

图5-10　网络的拓扑结构

1．星型拓扑结构

星型拓扑结构以一个节点作为中央控制节点，称之为集线器，其他节点通过电缆连接到中央控制节点。网络中任意两个节点的通信都要通过中心节点转接。星型结构的优点是控制简单，单个节点的故障不会影响到网络的其他部分，但中心节点的任务重，其故障会导致整个网络的瘫痪。

2．环型拓扑结构

环型拓扑结构中各节点首尾相连形成闭合的环，环中的数据沿着一个方向绕环逐站传输。环型拓扑的优点是抗故障性能好，电缆长度短；缺点是一旦网络中的任意一个节点或一条传输介质出现故障，都将导致整个网络的故障，因此故障难以检测。

3．总线型拓扑结构

总线型拓扑结构通过一根传输线路将网络中的所有节点连接起来，这根线路称为总线。网络中各节点都通过总线进行通信，在同一时刻只能允许一对节点占用总线通信。总线型拓扑所需电缆数量少，结构简单，有较高的可靠性，易于扩充，增减用户方便；缺点是传输距离有限，通信范围受到限制，故障诊断和隔离困难，分布式协议不保证信息及时传送，不具实时功能。

4．网状拓扑结构

网状拓扑结构能够将每个网络设备都和其他多个网络设备相连接。网状网络上的数据可以选择从出发地到目的地中几个可能的路径中的任意一条进行传输。这些冗余的数据路径可使得网状网络非常强壮。即使有几条链路失效，数据仍能选择有效的链路到达目的地。

5．树型拓扑结构

树型拓扑结构本质上是星型与总线型网络的混合体，即由一个主干链路将多个星型网络连接成一个总线型结构。树型拓扑以其独特的特点而与众不同：具有层次结构，是一种分层网，其结构可以对称，联系固定，具有一定的容错能力，一般一个分支和节点的故障不影响另一分支节点的工作，任何一个节点送出的信息都由根接收后重新发送到所有的节点，可以传遍整个传输介质，所以它也是广播式网络。当今大多数的校园网络和商用网络都是基于树型拓扑结构的。

5.6　计算机网络安全

网络安全是计算机信息系统安全的一个重要方面。计算机系统的互连，在大大扩展信息资源的共享空间的同时，也将其本身暴露在更多恶意攻击之下。

如何保证网络信息存储、处理的安全和信息传输的安全，就是我们所谓的计算机网络安全关注的问题。设计一个安全网络系统，必须做到既能有效地防止对网络系统的各种攻击，保证系统的安全，同时又要有较高的成本效益、操作的简易性以及对用户的透明性和界面的友好性。计算机病毒、访问控制和防火墙技术是与网络安全相关的三个重要的问题。

5.6.1　计算机病毒

计算机病毒是指“编制或者在计算机程序中插入的破坏计算机功能或者数据，影响计算机使用并且能够自我复制的一组计算机指令或者程序代码”。它将自身嵌入文件，然后进行自我复制，传播到其他文件。病毒可以破坏文件、毁坏数据、显示令人气愤的信息或是干扰计算机操作。

计算机病毒是对计算机文件安全的最大威胁之一。在 1981 年，只有一种已知的计算机病毒。而今天，这个数字已超过 70 000，每个月都会有 600 到 900 种新的病毒出现。

1．计算机病毒的特征

计算机病毒具有寄生性、传染性、破坏性、可触发性和潜伏性等特征。

(1) 寄生性。计算机病毒寄生在其他程序之中，当执行这个程序时，病毒就会起破坏作用，而在未启动这个程序之前，它是不易被发觉的。

(2) 传染性。计算机病毒不但本身具有破坏性，更有害的是具有传染性，一旦病毒被复制或产生变种，其传染速度之快令人难以预防。例如 Melisas(梅丽莎)病毒在 10 小时内感染了 3500 000 台计算机，I-love-You 病毒更是在 3 小时内横扫了 72 000 000 台计算机。

(3) 破坏性。计算机病毒的表现性或破坏性体现了病毒设计者的真正意图。有的病毒程序要显示一些文字或图像，影响系统的正常运行；还有一些病毒程序删除文件、加密磁盘中的数据，甚至摧毁整个系统和数据，使之无法恢复，造成无可挽回的损失。但是无论何种病毒程序，一旦侵入系统，都会对操作系统的运行造成不同程度的影响，即使不直接产生破坏作用，也要占用系统资源(如占用内存空间、占用磁盘存储空间以及系统运行时间等)。

(4) 可触发性。计算机病毒并不是随时发作的，而是满足触发条件时才发作。计算机病毒带有定义好的触发条件，可以是时间或是某些特定数据等。计算机病毒运行时，由触发机制检查是否满足触发条件。如果满足，病毒就进行感染或攻击，否则病毒会潜伏下来。

(5) 潜伏性。计算机病毒具有依附于其他媒体而寄生的能力，这种媒体我们称之为计算机病毒的宿主。依靠病毒的寄生能力，病毒传染合法的程序和系统后，并不立即发作，而是悄悄隐藏起来，然后在用户未察觉的情况下进行传染。因此病毒的潜伏性越好，它在系统中存在的时间也就越长，病毒传染的范围也越广，其危害性也越大。

2．计算机病毒的分类

计算机病毒的分类方法很多，如按寄生方式分类、按病毒攻击的操作系统分类或按病毒的破坏性和传播途径分类。

(1) 按寄生方式分类。计算机病毒按照寄生方式可分为文件型病毒、引导扇区型病毒和混合型病毒。

文件型病毒感染应用程序，一般依附在 .com 和 .exe 可执行文件中，如 848 病毒。文件型病毒通过被感染程序的执行而激活，被感染的文件执行速度会明显变慢，有时甚至无法执行。

引导扇区型病毒感染启动计算机时所需的系统文件，它利用系统引导时不检查主引导区的内容是否正确这一漏洞，在引导系统的过程中入侵系统。典型的引导型病毒有大麻病毒。

混合型病毒兼具文件型病毒和引导型病毒的特点，具有双重传播能力，如新世纪病毒。

(2) 按破坏性分类。从产生的后果看，病毒可分为良性病毒和恶性病毒。所谓良性病毒，是指那些只为表现自己，并不破坏系统和数据的病毒，通常多是一些恶作剧者所制造的。

而恶性病毒则是指那些破坏系统数据、删除文件，甚至摧毁系统的危害性较大的病毒。这类病毒一般是由怀有特别目的(如政治、军事、经济和报复性目的)的人编写的。

要强调的是，危害性是所有病毒的特点，良性病毒并非没有危害性，它们会大量占用系统资源，增加系统开销，降低系统工作效率，这对于运行速度要求很高的用户来说是无法忍受的。

(3) 按传播途径分类。按传播途径分，计算机病毒可分为单机病毒和网络病毒。单机病毒是利用移动存储介质，如 U 盘、移动硬盘、光盘等进行传播。网络病毒是利用互联网进行传播的病毒。1988 年，22 岁的康奈尔大学研究生 Robert Morris(罗伯特·莫里斯)通过网络发送了一种专为攻击 UNIX 系统缺陷、名为“蠕虫(Worm)”的病毒。蠕虫造成了 6000 个系统瘫痪，估计损失为 200 万到 6000 万美元。这一事件引起了人们对计算机病毒的恐慌，也使更多的计算机专家重视和致力于计算机病毒研究。

随着 Internet 开拓性的发展，网络病毒也给网络带来了灾难性后果。网络病毒的来源主要有两种：一种来自文件下载，那些被浏览的或是通过 FTP 下载的文件中可能存在病毒，而共享软件和各种可执行的文件已经成为病毒传播的重要途径；另一种来自于电子邮件，大多数的 Internet 邮件系统提供了在网络间传送附带格式化文档邮件的功能，只要简单地敲敲键盘，邮件就可以发给一个或一组收信人，因此受病毒感染的文档或文件就可能通过网关和邮件服务器涌入企业网络。

3. 常见的计算机网络病毒

(1) 木马病毒。木马病毒其实是一个后门程序，是一种带有恶意性质的远程控制软件。与一般的病毒不同，木马病毒不会自我繁殖，也并不“刻意”地去感染其他文件，它通过将自身伪装来吸引用户下载执行，向施种“木马”者提供打开被种者计算机的门户，使施种者可以任意毁坏、窃取被种者的文件，甚至远程操控被种者的计算机。常见的木马病毒有网络游戏木马、网银木马和即时通讯软件木马，这些木马病毒能够盗取网络游戏的账号密码、窃取用户 QQ 号、盗取网上银行的卡号、密码，甚至安全证书。

木马一般分为客户端(client)和服务器端(server)。客户端就是本地使用的各种命令的控制台，服务器端则是给别人运行的，只有运行过服务器端的计算机才能够完全受控。运行了带有木马程序的服务器以后，被种者的计算机就会有一个或几个端口被打开，使“黑客”(Hacker)可以利用这些打开的端口进入计算机系统，窃取各种信息，这样一来系统的安全和个人隐私也就毫无保障了。木马的设计者为了防止木马被发现，而采用多种手段隐藏木马。随着病毒编写技术的发展，木马程序对用户的威胁越来越大，尤其是一些木马程序采用了极其狡猾的手段来隐蔽自己，使普通用户很难在中毒后发觉。

(2) 蠕虫病毒。随着网络通信与电子邮件业务的增长，蠕虫病毒开始成为计算机通信领域的主要顾虑。与其他病毒从文件向文件的传播方式不同，蠕虫的传染机理是利用网络进行复制和传播，传染途径是通过网络和电子邮件。

蠕虫病毒是自包含的程序(或是一套程序)，它能传播它自身功能的拷贝或它的某些部分到其他的计算机系统中(通常是经过网络连接)。大多数蠕虫利用通信网络(特别是因特网)，在电子邮件和 TCP/IP 包内由一台计算机传播到另一台计算机。一些蠕虫可以轻易地传遍整个网络，而另一些还可能产生各种各样的有效负荷，使其从无害信息变为恶意的文件删除。近几年危害很大的“尼姆亚”病毒就是蠕虫病毒的一种。这一病毒利用了微软视窗操作系统的漏洞，计算机感染这一病毒后，会不断自动拨号上网，并利用文件中的地址信息或者网络共享进行传播，最终破坏用户的大部分重要数据。

从显示无害的消息到使网站崩溃，当前大量木马和蠕虫病毒对网络造成了以下各种各样的问题：网络堵塞，使网络服务质量大幅下降；在网上产生大量的活动，使服务器被无用的流量所淹没，从而导致拒绝用户服务；修改用户的默认访问页设置，导致浏览器的重新配置；删除硬盘上的软件，修改 Windows 操作系统注册表，造成系统不稳定；机器的性能下降；禁用杀毒软件和防火墙。这一系列的问题，使得病毒的诊断和防治愈加重要。

4. 计算机病毒的诊断与防治

通常可以根据以下情况初步诊断计算机是否感染了病毒：

- 系统启动速度变慢或反复重新启动。
- 计算机运行速度变慢，或是经常出现内存不足、硬盘空间不够的情况。
- 系统在运行时无故地出现死机现象。
- 计算机屏幕上出现莫名其妙的提示信息、特殊字符及异常画面。
- 计算机经常出现出错信息、程序工作异常等情况。

当计算机出现上述现象后，可以初步判断感染了病毒。此时应该利用各种杀毒软件或防毒卡等诊断工具来进一步确定是否感染了计算机病毒。

比起在木马和蠕虫病毒感染计算机后再清除这些讨厌的程序，让它们远离自己的计算机可谓是更应采取的措施。以下是防范计算机被感染的最主要的方法：

- 计算机定期安装系统补丁，保证软件补丁和操作系统服务工具包及时更新。
- 在所使用的计算机上安装有效的杀毒软件，并根据实际需求进行安全设置，定期对计算机做病毒扫描。目前较流行的杀毒软件有 Norton(诺顿)、卡巴斯基、金山毒霸、瑞星及江民杀毒等。
- 使用有查毒功能的电子邮箱，不要打开可疑的电子邮件附件。
- 浏览网页、下载文件时要选择正规的网站。
- 使用基于客户端的防火墙或过滤措施，以增强计算机对黑客和恶意代码攻击的免疫力，或者在一些安全网站中对自己的计算机做病毒扫描，查看它是否存在安全漏洞与病毒。

图 5-11 是 Symantec 推出的 Norton 360 杀毒软件界面。

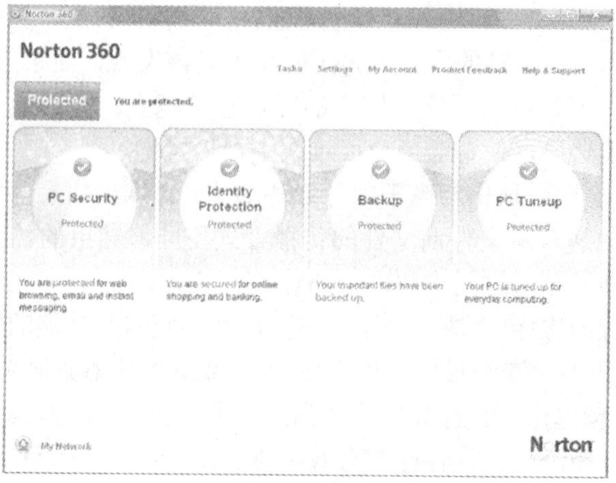

图 5-11　Symantec 推出的 Norton 360 杀毒软件

5.6.2 访问控制

访问控制是指拒绝非法用户使用系统资源和防止非法用户窃取、破坏系统资源，它是网络安全的一项实用技术。为防止未授权访问，主要采取以下手段。

1．身份验证

身份验证是指对用户身份的识别和验证，例如利用口令或密码进行验证、利用信物进行验证(如 IC 卡)、利用人类生物特征进行验证(如指纹识别、声音识别等)。

(1) 口令验证。口令用来约束访问程序和数据，也可用来约束访问网络或一些资源。在使用口令时，选择一个好的口令并经常变换口令是很重要的。口令的使用和实现简单，但它最大的缺点是容易忘记，而且如果口令选择不当，有时也可能会被猜出。

(2) 信物验证。信物验证主要是使用磁卡、智能卡和编码标识牌等进行验证。信物验证的缺点是容易丢失和未经授权的持卡人冒用。

(3) 生物特征验证。生物特征验证是指通过生物检测设备辨认人独特的生理特征以提供网络访问，如指纹、手形、声音、虹膜、签名等。人体的生物特征具有“不会丢失、不会遗忘、不易仿冒”的特点，与传统的“以物辨人”方式有着根本的区别，具有“人各有异、终生不变、随身携带”等特点。

由于生物特征验证的可靠性，历经多年的发展，生物特征验证技术逐步完善、成熟，其产品的性价比也在不断地提高，在很多场合都有了应用(参见图 5-12)，其广阔的市场前景将使其成为未来一个高速增长的领域。

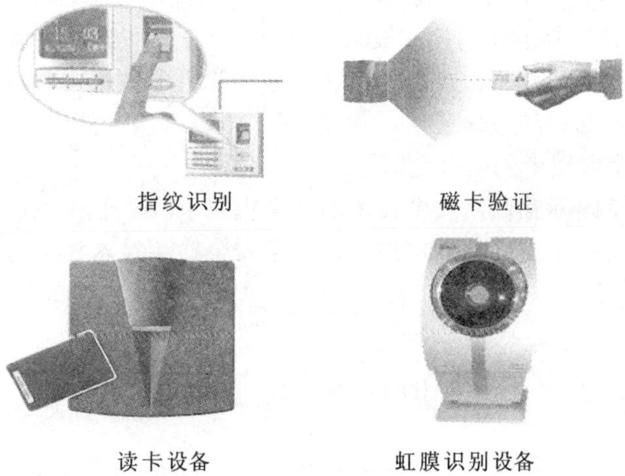

图 5-12 防止越权访问的身份鉴定

2．报文验证

报文验证是指在两个通信实体之间建立了通信联系后，对每个通信实体接收到的信息进行验证，以保证所收到的信息是真实的。

5.6.3 防火墙技术

随着国际互联网的迅速普及和发展，为了防止入侵者对网络的威胁，越来越多的机构组织开始设立防火墙。所谓防火墙技术，就是象征性地比喻将危害信息系统安全的“火”阻挡在网络之外，为网络建一道安全的屏障。它是计算机硬件和软件的结合，即建立起一个安全网关(Security Gateway)，从而保护内部网免受非法用户的侵入，是阻止国际互联网“黑客”攻击的一种有效手段(参见图5-13)。防火墙主要由服务访问策略、验证工具、包过滤和应用网关4个部分组成。

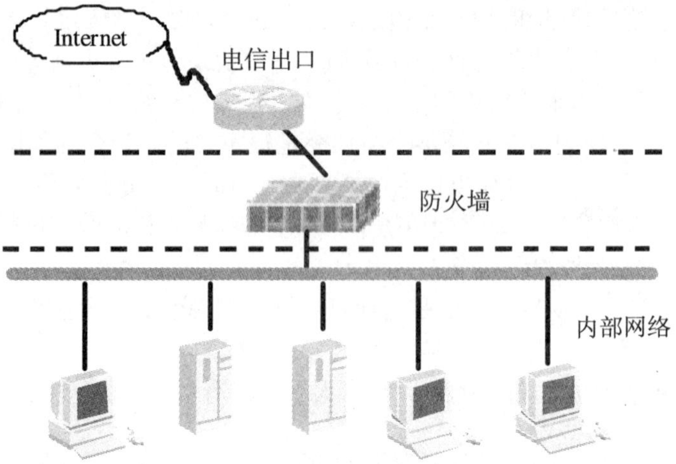

图5-13　防火墙为网络建一道安全的屏障

简单地讲，防火墙的作用就是在可信网络(用户的内部网络)和非可信网络(国际互联网、外部网)之间建立和实施特定的访问控制策略，所有进出的信息包都必须通过这层屏障检测，而只有授权的信息包(由网络的访问控制策略决定)才能通过。防火墙对流经它的网络通信进行扫描，这样能够过滤掉一些攻击，以免其在目标计算机上被执行。防火墙还可以关闭不使用的端口，禁止特定端口的流出通信，封锁木马。最后，它可以禁止来自特殊站点的访问，从而防止来自不明入侵者的所有通信。

虽然防火墙技术是国际互联网安全技术的一个重要手段，但也不是万能的。对一些重要的网络，还应根据需要采用其他加密技术、网络安全检测技术和防病毒技术等手段来保障网络安全。

5.7　Internet和万维网

Internet(也称因特网或互联网)是人类历史发展中的一个伟大的里程碑，人类正由此进入一个前所未有的信息化社会。Internet是如此的普及和流行，即使是从来没有用过的人，也可以通过看新闻、阅读杂志等各种方式了解很多Internet的知识。Internet已成为我们生活中的一部分，我们通过Internet了解世界各地的新闻、搜索所需要的信息、在网络商店购物、发送电子邮件、在线聊天等。

但是Internet是如何组成和发展的？Internet和万维网是一个概念吗？在这一节中，我们将讨论这些问题。

5.7.1 Internet 的历史和发展

20 世纪 60 年代末，正处于冷战时期。当时美国军方为了使自己的计算机网络在受到袭击时，即使部分网络被摧毁，其余部分仍能保持通信，便由美国国防部高级研究计划管理局(Advanced Research Projects Agency，ARPA)架设了一个军用网——ARPAnet(也称阿帕网)。ARPAnet 于 1969 年正式启用，当时仅连接了加州大学洛杉矶分校、斯坦福研究所、犹他州立大学和加州大学圣巴巴拉分校等四个地方的计算机，供科学家们进行计算机联网实验用。位于各个节点的大型计算机采用分组交换技术，通过专门的通信交换机(IMP)和专门的通信线路相互连接。ARPAnet 网就是 Internet 最早的雏形。

到 20 世纪 70 年代，ARPAnet 网上的网点数已经达到 40 个，但是每个网络只能在网络内部的计算机之间互连通信，彼此之间可以发送小文本文件(当时称这种文件为电子邮件，也就是我们现在的 E-mail)和利用文件传输协议发送大文本文件，包括数据文件(即现在 Internet 中的 FTP)，但不同计算机网络之间仍然不能互通。为此，ARPA 又设立了新的研究项目，支持学术界和工业界进行有关的研究。研究的主要内容就是想用一种新的方法将不同的计算机局域网互连，形成“互联网”。研究人员称之为“internetwork”，简称“Internet”。这个名词就一直沿用到现在。

在研究实现互连的过程中，计算机软件起了主要的作用。1972 年，全世界计算机业和通信业的专家学者在美国华盛顿举行了第一届国际计算机通信会议，就在不同的计算机网络之间进行通信达成协议，建立一种能保证计算机之间进行通信的标准规范(即“通信协议”)。1974 年，TCP(传输控制协议)和 IP(Internet 协议)问世，合称 TCP/IP 协议。这两个协议相互配合，其中，IP 是基本的通信协议，TCP 是帮助 IP 实现可靠传输的协议。

TCP/IP 有一个非常重要的特点，就是开放性，即 TCP/IP 的规范和 Internet 的技术都是公开的，目的就是使任何厂家生产的计算机都能相互通信，使 Internet 成为一个开放的系统。这正是后来 Internet 得到飞速发展的重要原因。

到 1980 年，世界上既有使用 TCP/IP 协议的美国军方的 ARPAnet，也有很多使用其他通信协议的各种网络。为了将这些网络连接起来，美国人温顿 • 瑟夫(Vinton Cerf)提出一个想法：在每个网络内部各自使用自己的通信协议，在和其他网络通信时使用 TCP/IP 协议。这个设想最终导致了 Internet 的诞生，并确立了 TCP/IP 协议在网络互联方面不可动摇的地位。

1986 年，美国国家科学基金组织(NSF)将分布在美国各地的 5 个为科研教育服务的超级计算机中心互连，并支持地区网络，形成 NSFnet。1988 年，NSFnet 替代 ARPAnet 成为 Internet 的主干网。NSFnet 主干网利用了在 ARPAnet 中已证明是非常成功的 TCP/IP 技术，准许各大学、政府或私人科研机构的网络加入。1989 年，ARPAnet 解散，Internet 从军用转向民用。

Internet 的发展引起了商家的极大兴趣。1992 年，美国 IBM、MCI、MERIT 三家公司联合组建了一个高级网络服务公司(ANS)，建立了一个新的网络，叫做 ANSnet，成为 Internet 的另一个主干网。它与 NSFnet 不同，NSFnet 是由国家出资建立的，而 ANSnet 则是 ANS 公司所有，从而使 Internet 开始走向商业化。

20 世纪 90 年代以前，因特网的使用一直仅限于研究与学术领域。但今天的 Internet 已不再是计算机人员和军事部门进行科研的领域，而变成了一个开发和使用信息资源的覆盖全球的信息海洋。在 Internet 上，按从事的业务分类，包括了广告公司、航空公司、农业生产公司、艺术、导航设备、书店、化工、通信、计算机、咨询、娱乐、财贸、各类商店、旅馆等 100 多类，覆盖了社会生活的方方面面，构成了一个信息社会的缩影。

Internet 在我国的发展经历了两个阶段：第一阶段是 1987 年至 1993 年，这一阶段实际上只是少数高等院校、研究机构提供了 Internet 的电子邮件服务，还谈不上真正的 Internet；第二阶段从 1994 年开始，实现了和 Internet 的 TCP/IP 连接，从而开通了 Internet 的全功能服务，目前我国的网络建设已初具规模。

今天的 Internet 是庞大的，估计有 2 亿个节点和 5 亿个用户，已成为目前规模最大的国际性计算机网络，覆盖了 156 个国家和地区。

Internet 机构是由世界各地的个人、公司和许多组织组成的(参见图 5-14)。实际上任何个人只要拥有具有信息交流能力的计算机，无论是作为用户还是作为信息的提供者或是服务的提供者，都是 Internet 中的一部分。

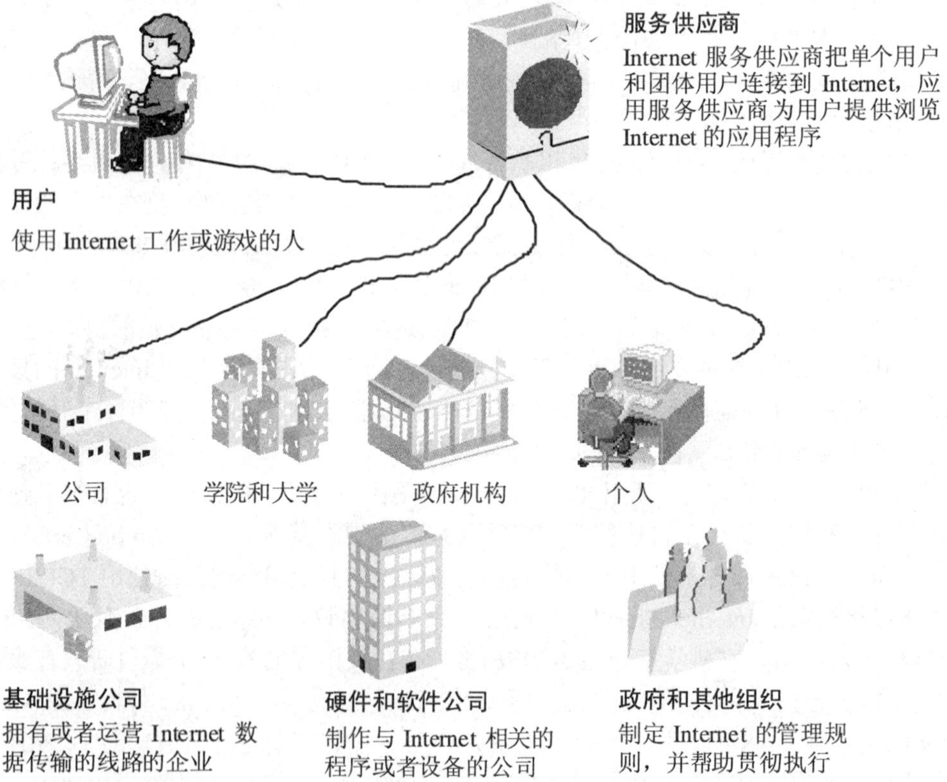

图 5-14　Internet 机构的组成

5.7.2　Internet 的组成

因特网是一个由本地、地区、国家和国际区域内的计算机网络组成的集合，可以看成是由相互连接的通信线路组成的网络，它们连接在一起完成交换数据和分布处理任务。

Internet 的主要通信链路被称为因特网主干。这些通信链路由大型的电信公司建造和维护，能够以惊人的速度传输大量的数据。除了主干外，因特网还包含复杂的地区和本地的通信链路，包括本地电话系统、电缆电视线路、手机系统和个人卫星接收器。

从组成因特网的物理设备来看，因特网包括工作站、服务器和外围设备。

1．工作站

工作站是连接到网络中的各个计算机。

2．服务器

服务器(见图 5-15)是对其他机器提供某些服务的计算机系统。从广义上讲，服务器是指网络中能对其他机器提供某些服务的计算机系统(如果一个 PC 对外提供 ftp 服务，也可以叫服务器)。从狭义上讲，服务器是专指某些高性能计算机，能通过网络对外提供服务。相对于普通计算机来说，服务器的稳定性、安全性、性能等方面都要求更高，因此在 CPU、芯组、内存、磁盘系统、网络等硬件上和普通计算机有所不同。

图 5-15　因特网中的服务器

3．外围设备

外围设备主要指用于连接服务器与工作站的一些连线或连接设备。计算机要想和网络连接，必须采用特殊的设备，否则就不能通过通信介质传输数据。所需设备的类型与传输介质有关，有一些计算机和网络之间的接口也是必需的。

(1) 网络适配器(见图 5-16)。网络适配器又称网卡或网络接口卡(Network Interface Card，NIC)，它是使计算机连网的设备。它的基本功能为：从并行到串行的数据转换、包的装配和拆装、网络存取控制、数据缓存和网络信号。目前主要有 8 位和 16 位网卡。

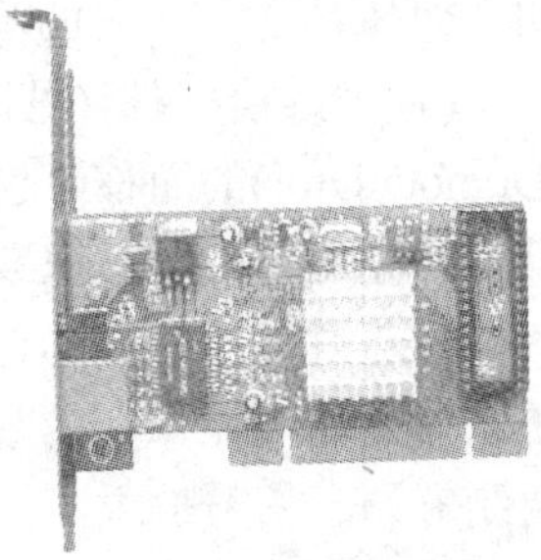

图 5-16　网络适配器

(2) 网络集线器(见图 5-17)。集线器可以为网络提供一个和一组设备同时相连的连接点。集线器的主要功能是对接收到的信号进行再生整形放大，以扩大网络的传输距离，同时把所有节点集中在以它为中心的节点上。集线器属于纯硬件网络底层设备，它发送数据时都是没有针对性的，而是采用广播方式发送。集线器与网卡、网线等传输介质一样，属于局域网中的基础设备。

图5-17　集线器

(3) 交换机和路由器(见图 5-18)。

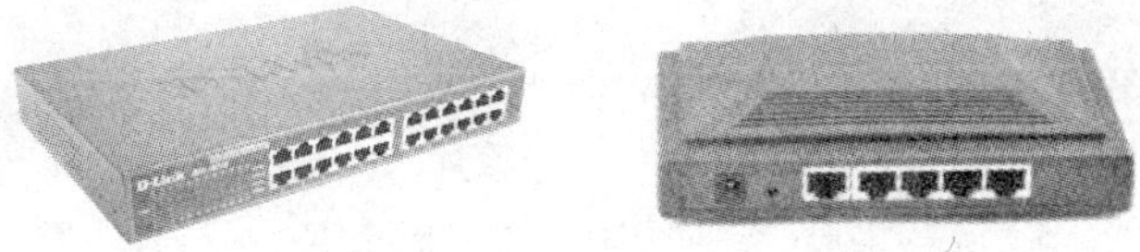

交换机　　　　路由器

图 5-18　交换机和路由器

广义地讲，交换机是一种在通信系统中完成信息交换功能的设备。交换机在网络上传送数据包，但并不像网络集线器那样把这些数据包分送到与之相连的所有网络节点，而是挑选出一部分数据包，然后把它们传送到适当的节点。这就允许网络上的任何一个节点可以充分利用网络通道的整个传送容量。交换机分为广域网交换机和局域网交换机。

路由器(Router)是互联网的主要节点设备。所谓路由，是指通过相互连接的网络把信息从源地点移动到目标地点的活动。一般来说，在路由过程中，信息至少会经过一个或多个中间节点。路由和交换是不同的，它们之间的主要区别就是交换发生在 OSI(Open Systems Interconnection Reference Model，开放系统互联模型)的第二层(数据链路层)，而路由发生在第三层，即网络层。这一区别决定了路由和交换在移动信息的过程中需要使用不同的控制信息，所以两者实现各自功能的方式是不同的。

路由器的一个作用是连通不同的网络，另一个作用是选择信息传送的线路。选择通畅快捷的近路，能大大提高通信速度，减轻网络系统通信负荷，节约网络系统资源，提高网络系统畅通率，从而让网络系统发挥出更大的效益来。路由器通过路由决定数据的转发。转发策略称为路由选择。

作为不同网络之间相互连接的枢纽，路由器系统构成了基于 TCP/IP 的国际互联网络 Internet 的主体脉络，也可以说，路由器构成了 Internet 的骨架。它的处理速度是网络通信的主要瓶颈之一，它的可靠性则直接影响着网络互连的质量。

(4) 调制解调器(见图 5-19)。调制解调器(Modem)其实是调制器(Modulator)与解调器(Demodulator)的简称，也有人根据 Modem 的谐音，亲昵地称之为“猫”。计算机在发送数据时，先由 Modem 把数字信号转换为相应的模拟信号，这个过程称为“调制”。经过调制的信号通过电话载波传送到另一台计算机之前，也要经由接收方的 Modem 负责把模拟信号还原为计算机能识别的数字信号，这个过程我们称为“解调”。调制解调器一般由基带处理、调制解调、信号放大和滤波、均衡等几部分组成。

调制解调器一般分为外置式、内置式和 PC 卡式三种。外置式调制解调器通过电话线或专用电缆，与计算机串行连接；内置式调制解调器直接插在计算机扩展槽中；PC 卡式是笔记本计算机采用的，直接插在标准的 PCMCIA 插槽中。调制解调器的性能及速率直接关系到连网以后传输信息的速度。调制解调器的速率有 14.4 k/b、19.2 k/b、28.8 k/b、33.6 k/b 和 56 k/b 等，目前 56 k/b 使用得较为普遍。

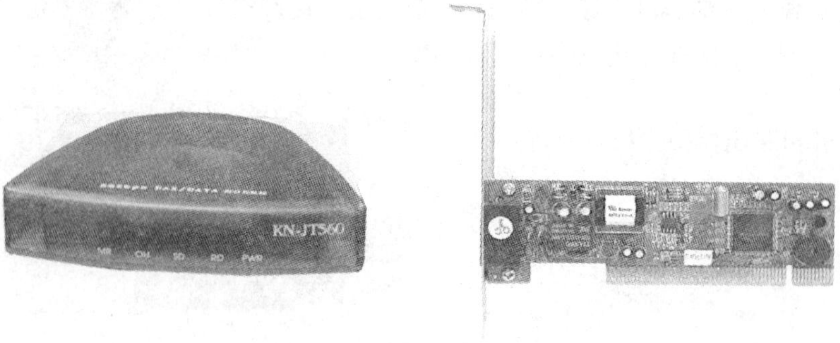

图 5-19　外置式和内置式调制解调器

(5) 中继器。中继器(Repeater，RP)是连接网络线路的一种装置，常用于两个网络节点之间物理信号的双向转发工作，如图 5-20 所示。中继器是最简单的网络互连设备，主要完成物理层的功能，负责在两个节点的物理层上按位传递信息，完成信号的复制、调整和放大功能，以此来延长网络的长度。由于存在损耗，在线路上传输的信号功率会逐渐衰减，衰减到一定程度时将造成信号失真，因此会导致接收错误。中继器就是为解决这一问题而设计的。它完成物理线路的连接，对衰减的信号进行放大，保持与原数据相同。

图 5-20　中继器

(6) 传输介质。传输介质用来在网络上传递信息。传输介质可以是有线的，也可以是无线的。最常见的有线传输介质是双绞线、同轴电缆(见图 5-21)和光缆。光缆是近几年在传输介质方面最成功的发现，其优势在于速度、尺寸、重量、安全性、可靠性、使用寿命和带宽等方面，常用作网络的高速中枢线。

图 5-21　双绞线和同轴电缆

在物理导线不方便使用的情况下，可以利用无线传输支持通信。通过空气传播的无线电信号是多种类型的无线介质的中心类型，除此以外，微波、蜂窝、卫星传输介质也可以使用无线电信号来传送数据。

5.7.3　通信协议

通信协议是指一套从一个网络节点到另一个节点有效地传输数据的规则，就是设备之间建立、维护和终止传输的规则和过程的集合。协议指定了设备如何物理连接到网络、数据如何打包以便传输、接收设备如何应答发送设备的信号(称做握手过程)、如何处理错误等。

通信协议能够完成一些重要的网络功能：将信息分成包、在包上附加地址、启动传输、控制数据流、检查传输错误、对已传输的数据进行收到确认。

1．数据包

用户在发送消息(文件)时，消息被分割成了很多称为包的小块。包也称为分组，每个包都包括发送者地址、目的地地址、序列号以及一些数据。当这些数据包到达目的地时，再根据序列号重新组合成原始的消息。

之所以将消息分割成大小相等的包，是因为通信中采取了包交换技术。它是将用户传送的数据划分成一定的长度，在每个分组的前面加上一个分组头，用以指明该分组发往何地址，然后由交换机根据每个分组的地址标志，将它们转发至目的地，这一过程称为分组交换。这样不同消息的包可以共用一个通信信道。包在线路上的传输基于“先来先服务”的原则。如果无法获得某个消息的一些包，系统仍可发送其他消息的包。因此分组交换比电路交换的电路利用率高，比报文交换的传输时延小，交互性好。

2．启动传输

当消息被分成包，并且每个包都有了地址时，就可以准备传输包了。为了协调每个包的传输和接收，可以用协议来处理数据传输。

- 同步协议：使用时钟信号协调发送和接收设备。
- 异步协议：要求发送方发送一个开始位来表明一个包的开始，当收到接收设备发送的确认信号后，双方“协商”传输速度和协议。这个过程也称为“握手”。

3．差错控制

计算机可以使用检错协议来确保数据被准确地传送。例如因特网协议使用了一个简单的校验和——一个表示总共发出比特位数的数。这个数被追加到每个包上。当数据到达时，计算出的第二个校验和与原来的校验和进行比较。如果两个校验和不一样，则接收设备会要求重新发送。

4．TCP/IP 协议

TCP/IP 协议(Transmission Control Protocol/Internet Protocol)是由传输控制协议(TCP)和 Internet 协议(IP)组成的。TCP/IP 协议的开发工作始于 20 世纪 70 年代，是用于互联网的第一套协议，它提供了一个易于实现、通用并且扩展性好的标准。

IP 协议是关键的底层协议，负责按地址在计算机之间传输信息。IP 协议规定了通信双方在通信中所应共同遵守的约定，例如，每台计算机发送的信息格式和含义，在什么情况下应发送规定的特殊信息，以及接收方的计算机应做出哪些应答等。

尽管 IP 协议提供了能适应各种网络硬件的灵活性，对底层网络硬件也几乎没有任何要求，任何一个网络只要可以从一个地点向另一个地点传送二进制数据，就可以使用 IP 协议加入 Internet 了，但 IP 协议还不能解决分组在传输过程中可能出现的问题。因此，若要解决可能出现的问题，连上 Internet 的计算机还需要安装 TCP 协议来提供可靠的并且无差错的通信服务。

TCP 协议被称做一种端对端协议，这是因为它为两台计算机之间的连接起了重要作用。当一台计算机需要与另一台远程计算机通信时，TCP 协议会让它们建立一个连接、发送和接收信息以及终止连接。TCP 协议利用重发技术和拥塞控制机制，向应用程序提供可靠的通信连接，使它能够自动适应网上的各种变化。即使在 Internet 暂时出现堵塞的情况下，TCP 也能够保证通信的可靠。

5.7.4　IP 地址与域名

1．IP 地址

IP 地址唯一确定节点在因特网中的位置。连接在因特网上的每一台计算机都有一个 IP 地址，这个 IP 地址在世界范围内必须是唯一的。TCP/IP 中的 IP 协议定义了能够标识因特网上计算机的地址格式。

IP 地址是 32 位二进制数字，为了方便人们记忆和输入，每 8 位二进制数字转换成一个十进制数字，并用小数点隔开，例如 203.127.129.1。IP 地址由网络号和主机号两部分组成，网络号用来表示计算机所在的网络，必须是唯一的，主机号表示特定网络中的计算机。Internet 的网络地址可分为 A、B、C 三类。每类网络中 IP 地址的结构，即网络标识长度和主机标识长度都不一样。

从理论上说，IP 编址方案提供了大约 43 亿个唯一地址，考虑到现今因特网用户不断增长的需求，这个数字也许不够用。为了充分利用 IP 资源，一台计算机可以有一个固定分配的静态 IP 地址或者一个临时分配的动态 IP 地址。一般来说，在因特网上作为服务器的计算机需要使用静态地址，通常 ISP(Internet Server Provider，互联网服务提供商)、网站、虚拟主机服务器和电子邮件服务器等需要一直连接因特网并且需要静态地址，而一般客户端用户每次上网所分配到的 IP 地址都不相同，这就是动态 IP 地址。因为一般客户端用户并不总是连在网上，他们进行网上冲浪、发送和接收电子邮件等活动时，一个“临时的”动态 IP 地址对这些活动是完全够用的。

因特网的 IP 地址由 InterNIC(Internet Network Information Center，国际互联网信息中心)统一负责全球地址的规划、管理分配，一个国家或地区可以申请一个或几个 IP 地址段，然后分配给本国家或地区的单位。通常每个国家需成立一个组织，统一向有关国际组织申请 IP 地址，然后再分配给客户。

2．域名

IP 地址是一种数字形式的网络和主机标识，这对于使用网络的人来说有不便记忆的缺点，因而提出了字符型的域名标识。这个与网络上的数字型 IP 地址相对应的字符型地址，就被称为域名。

目前使用的域名是一种层次型命名法，它与 Internet 的层次结构相对应。入网的每台主机都可以有一个类似下面的域名：主机名.机构名.顶级域名，如www.xidian.edu.cn。顶级域名一般是国家代码，国家代码由两个字符的国别码构成。由于 Internet 起源于美国，所以美国通常不使用国家代码作为第一级域名，其他国家一般采用国家代码作为第一级域名，如 cn 代表中国，au 代表澳大利亚。除国家代码外，顶级域名还有 edu、com、org 等，如www.xidian.edu.cn表示中国教育部门西安电子科技大学的一台主机，而www.sina.com表示一个商业机构——新浪网站。

那么域名又是如何与 IP 地址联系的呢？每个域名都可以有一个唯一的 IP 地址，这种对应关系被输入到一个称为域名系统(Domain Name System，DSN)的庞大的数据库中。装有数据库的计算机称为域名服务器(Domain Name Server)。一个域名必须被转换成 IP 地址才能使包经路由找到它。当用户在浏览器中输入域名后，域名服务器会将它自动转换成相应的 IP 地址。需要说明的是，域名系统是基于分布式数据库的，即数据库能够以很多部分散布在整个因特网上。域名系统的服务器是很高效的，通常会以毫秒数量级返回 IP 地址。

5.7.5 Internet 接入方式

接入因特网的方式多种多样，一般都是通过提供因特网接入服务的 ISP(Internet Service Provider，因特网服务提供商)接入因特网。主要的接入方式有以下几种。

1．拨号连接

拨号连接通常通过普通的电话线就能够进行连接。拨号入网主要适用于传输量较小的单位和个人，以公共电话网为基础，连入设备比较简单，只需要一台调制解调器(或一块调制解调卡)和一根电话线。此类连接费用较低，但是连接速率很慢，通常为 14.4～56 kb/s。

图 5-22 展示了拨号连接方式，用户需要到电信服务商营业厅办理相关手续，取得一个账号和密码，连接前要输入自己的账号和密码。

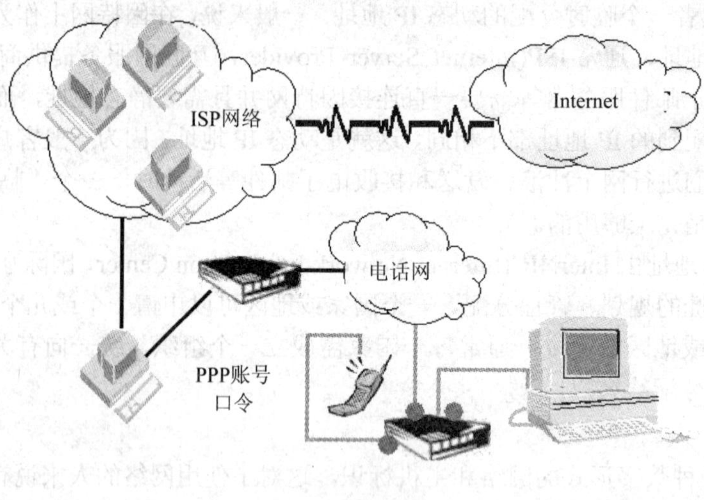

图 5-22 拨号连接入网

2. ISDN 入网

ISDN(Integrated Service Digital Network，综合业务数字网)提供数字、语音、视频等多种数字、综合业务，中国电信将其俗称为“一线通”。ISDN 是以电话综合数字网为基础发展而成的通信网，允许通过普通电话线进行数据的数字化传输，通过提供端到端的数字连接，可承载话音和非话音业务，用户能够通过多用途用户——网络接口接入网络，如图 5-23 所示。

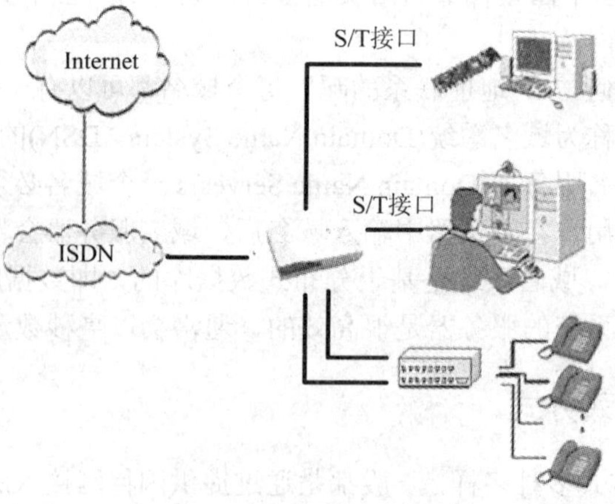

图 5-23 ISDN 入网

3. ADSL 接入

ADSL(Asymmetric Digital Subscriber Line，非对称数字用户线路)是一种新兴的宽带接入技术，其上行(指从用户计算机端向网络传送信息)速率最高可达 1 Mb/s，下行(指浏览 WWW 网页、下载文件)速率最高可达 8 Mb/s，被欧美等发达国家誉为“现代信息高速公路上的快车”。上网同时可以打电话，互不影响，而且上网时不需要另交电话费。安装 ADSL 也极其方便快捷，只需在现有电话线上安装 ADSL Modem，而用户现有线路不需改动(改动只在交换机房内进行)即可使用(参见图 5-24)。

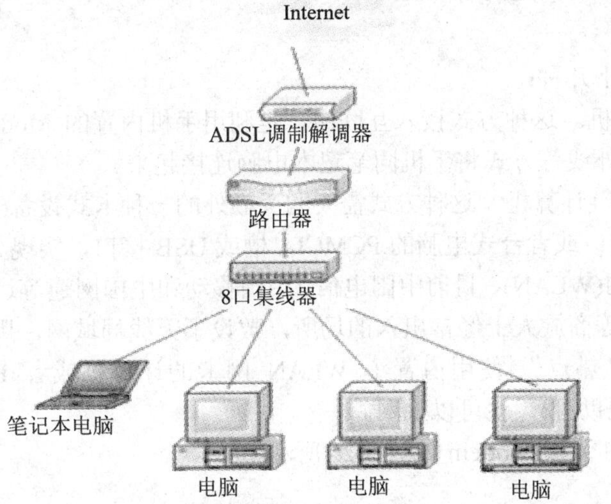

图 5-24　ADSL 接入

4．局域网接入

大多数学校或者办公室的局域网都已接入 Internet，它们往往从电信公司或者 Internet 服务提供商处租借专门的高速线路(例如ISDN或者T1线路)。采用这种连接方式接入Internet的速度取决于学校或办公室与 Internet 服务提供商之间的连接速度，同时还取决于局域网本身的速度。这样局域网用户即可通过局域网接入 Internet。局域网接入传输容量较大，可提供高速、高效、安全、稳定的网络连接。现在许多住宅小区也可以利用局域网提供宽带接入。

5．光纤接入

光纤接入一般分两种：光纤直接入户和 LAN。

(1) 光纤直接入户：是最先进的方法，速度快，掉线少，但成本要高一些。

(2) LAN：就是光纤到一个小区或者到一座楼(参见图 5-25)，然后，运营商在那里经过光电转换，用 LAN 线(一种六芯线)连到各用户，在本小区或一座楼内形成一个小的局域网。这种方法较为稳定，网速也快。

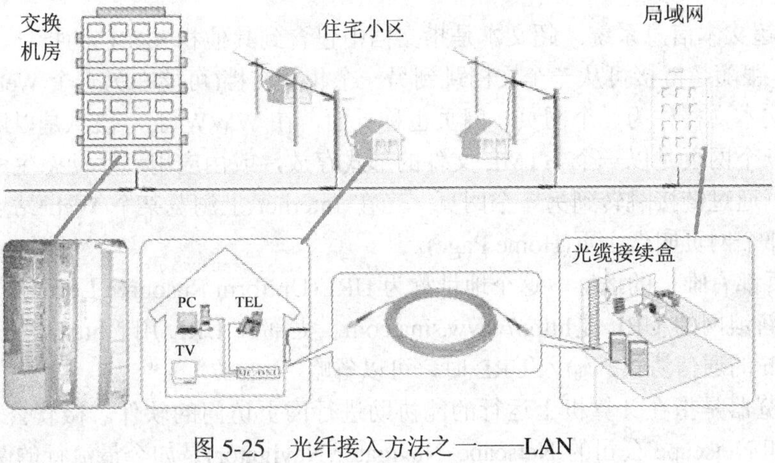

图 5-25　光纤接入方法之一——LAN

以上两种方法都有固定的 IP 地址。

6. 无线上网

无线上网有以下几种：

(1) 手机+计算机。这种方式接入互联网，是利用手机内置的 Modem(调制解调器)，通过数据传输线、红外线等方式将手机同笔记本电脑连接起来。

(2) 无线上网卡+计算机。这种方式需要购买额外的一种卡式设备(PC 卡)，将其直接插在笔记本的 USB 接口或者台式电脑的 PCMCIA 槽或 USB 接口，实现无线上网。

(3) 无线局域网(WLAN)。目前中国电信、中国移动和中国网通等运营商均在机场酒店、会议中心和展览馆等商旅人士经常出入的场所，敷设了无线局域网，用户只需要在 WLAN 覆盖的地方(俗称“热点”)使用内置了 WLAN 网卡的计算机或者 PDA(Personal Digital Assistant，个人数码助理)，就可以上网。

各种无线网卡和无线 Modem 如图 5-26 所示。

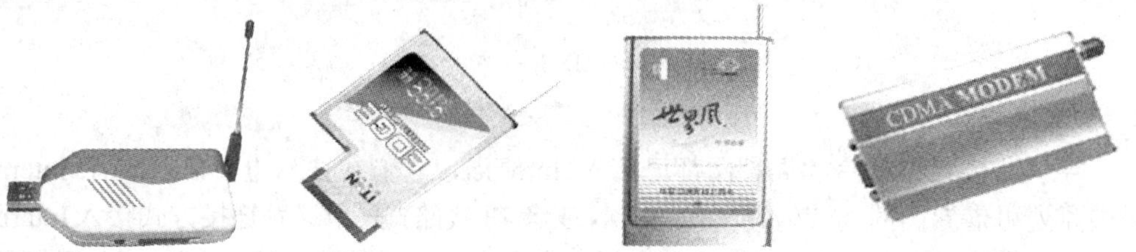

图 5-26 各种无线网卡和无线 Modem

5.7.6 因特网提供的服务

1. 万维网

万维网(World Wide Web，WWW 或 Web)是 Internet 上的能通过 HTTP 连接和访问的文件集合，是因特网中应用最广泛的资源。HTTP(Hyper Text Transfer Protocol，超文本传输协议)是指使得 Web 文档能在因特网上传输的通信标准。Internet 上有许多主机向 Web 提供信息，称 Web 站点，其上运行 Web 服务器进程。用户使用 Web 浏览器检索、阅读和下载 Web 信息。

Web 是超文本信息系统。超文本是指文档中包含到其他相关文档的指针，称为超链接(Hyperlink)，跟随超链接可从一个文档跳到另一个相关文档(可能在另一个 Web 站点)。

一个超文本文档称为一个网页，网页也称页面，在 WWW 上，信息是以网页的形式呈现的。通常一个网页是以一个 HTML 文件的形式存放，或由应用程序动态生成的，用户可以从一个网页通过链接跳转到另一个网页。当在 Internet 上浏览某个 Web 站点时，浏览器首先显示的那个网页叫做主页(Home Page)。

每个网页都有唯一的地址，这个地址称为 URL(Uniform Resource Locator，统一资源定位符)。例如新浪网的 URL 是http://www.sina.com。大部分 URL 用“http://”开头，以表明使用的是 Web 的通信协议。输入 URL 时，可以省略“http://”。

Web 浏览器是指在计算机上运行的能协助进行网页访问的软件。微软公司的 Internet Explorer(IE)和 Netscape 公司的 Netscape Navigator(Navigator)是如今最流行的两款浏览器。

浏览器能获取并显示网页，如图 5-27 所示。大部分浏览器都能提供 Copy 命令，用于复制网页上的一段文字，并粘贴到自己的文档中。

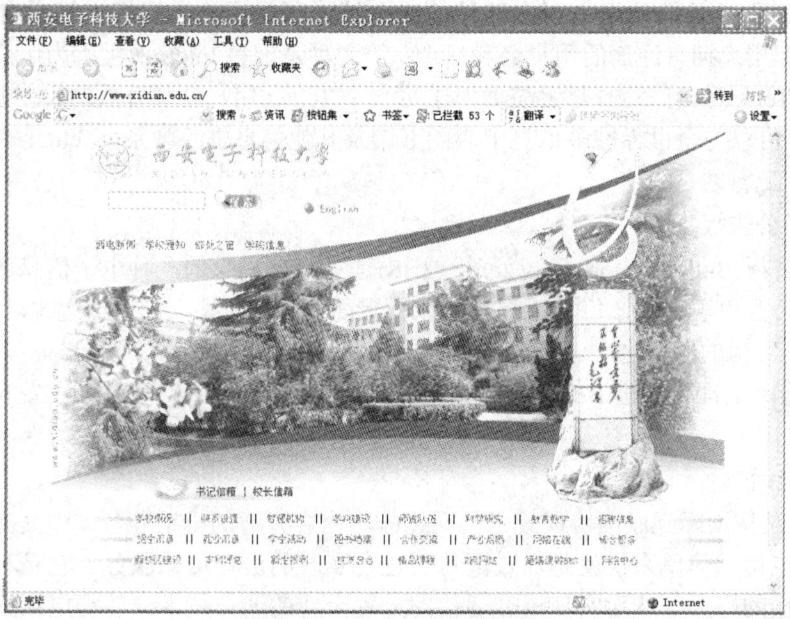

图 5-27　IE 浏览器访问网页

2. 电子邮件

电子邮件(Electronic mail，E-mail)是指在计算机上编写、保存并能够传送到另一台计算机上的文档。在 Internet 中有很多的主机担当着邮件服务器的角色，用户的邮件放在邮件服务器中，邮件服务器之间通过因特网相连，为用户传递邮件。

每个电子邮件都包括消息头和消息正文。消息头包括收件人的电子邮件地址、消息主题以及附件的文件名称。消息的正文则指邮件的内容。Internet 上 E-mail 地址的形式是：用户名@主机域名，用户名一般是向邮件服务器注册后得到的。

3. 文件传输

文件传输(File Transfer Protocol，FTP)是一种实时的联机服务，提供从一台主机到另一台主机之间的文件传输服务。在进行工作时用户首先要登录到对方的计算机上，登录后就可以进行与文件搜索和文件传送有关的操作。使用 FTP 传输文件要求在远程主机上有一个账号。一般公共的 FTP 服务器提供匿名服务，有一个公共的 anonymous 登录账号，此账号只允许用户下载文件。如果需要向服务器主机传送文件，就必须向服务器注册，获得账号和密码后才有权从自己的主机上传文件到 FTP 服务器。

使用 FTP 几乎可以传送任何类型的文件，如文本文件、二进制文件、图像文件、声音文件、数据压缩文件等。FTP 服务是由 TCP/IP 的文件传送协议支持的。无论两台加入 Internet 的计算机在地理位置上相距多远，只要二者都支持 FTP 协议，网上的用户就能将一台计算机上的文件传送到另一台上。

4. 远程登录

远程登录(Telnet)允许用户主机作为终端登录到网上的其他主机。Telnet 为用户提供了在本地计算机上完成在远程主机上工作的能力。Telnet 可以使网络管理员坐在办公室或家里远程登录到服务器主机进行网络管理等工作。

Telnet 远程登录的使用主要有两种情况。第一种是用户在远程主机上有自己的账号(Account)，即用户拥有注册的用户名和口令；第二种是许多 Internet 主机为用户提供了某种形式的公共 Telnet 信息资源，这种资源对于每一个 Telnet 用户都是开放的。通过使用 Telnet，Internet 用户可以与全世界许多信息中心图书馆及其他信息资源联系。Telnet 是使用最为简单的 Internet 工具之一。

5. 电子公告板

电子公告板(Bulletin Board System，BBS)是 Internet 上的一种电子信息服务系统，它提供了一块公共电子白板，每个用户都可以在上面书写，可发布信息或提出看法。BBS 是 Internet 上最常用的服务之一。只要用户通过某种连接手段(如远程登录)与提供电子公告板服务的主机相连，即可阅读 BBS 上公布的任何信息，用户也可以在 BBS 上发布自己的信息供别人阅读。

6. IP 电话

IP 电话是按国际互联网协议规定的网络技术内容开通的电话业务，中文翻译为网络电话或互联网电话，简单来说就是通过因特网进行实时的语音传输服务。它是利用国际互联网为语音传输的媒介，从而实现语音通信的一种全新的通信技术，使得电话通信成本大大降低。

IP 电话的原理是将普通电话的模拟信号进行压缩打包处理，通过 Internet 传输，到达对方后再进行解压，还原成模拟信号，对方用普通电话机等设备就可以接听。

目前，IP 电话已经通过网关把因特网与传统电话网联系起来，用户可以和普通电话用户一样，只要有电话机就能打因特网的国际长途电话，但系统必须安装 IP 电话软件，如常用的 Microsoft 的 NetMeeting。IP 通话费用远远低于国际长途电话的费用，但在通话过程中产生了一定的“时延”。

习题

一、填空题

1. 多媒体是数据、文字、________、________ 和________等多种信息资源的集成。

2. 多媒体技术是一种以数字技术为基础，并结合________技术和________技术的信息技术。

3. 在.GIF、.BMP、.JPEG 格式的图形图像文件中，________格式可实现动画。

4. 对音频媒体进行数字化处理的核心是对音频信息________和 ________。

5. 声音的数字化质量是通过采样________和样本________来衡量的。

6. 数字音频采样和量化过程所用的主要硬件是________。

7. 计算机网络的目标是实现__________和信息传输。

8. 计算机病毒是一种________________________________。

9．文件型病毒往往附着在 .com 和________文件中，当运行这些文件时，会激活病毒并常驻内存。

10．WWW 是___________的简称。

11．目前网络有线传输介质中传输速率最高的是________。

12．TCP/IP 协议的全称是 ______________________。TCP 协议负责__________，IP 协议负责_______________。

13．在 Internet 上访问 Web 信息时用的工具是_____，最常使用的是_____和_____。

14．与 Web 站点和 Web 页面密切相关的一个概念称为“统一资源定位器”，它的英文缩写是___。

15．通过 Internet 发送或接收电子邮件(E-mail)的首要条件是应该有一个 E-mail 地址，它的正确形式是___________。

16．为了能在 Internet 上正确通信，每台网络设备和主机都分配了唯一的地址，该地址由数字并用小数点分隔开，它称为______。

二、简答题

1．简述多媒体系统的关键技术主要有哪些。

2．为什么对多媒体数据必须采取数据压缩技术？数据压缩的可行性体现在什么地方？衡量数据压缩的指标有哪些？

3．目前流行的图形图像文件格式有哪些？各有什么特点？

4．常见的多媒体制作工具有哪些？各有什么特点？

5．常用的网络拓扑结构有哪些？

6．什么是万维网？

7．为保证网络安全，防止非授权访问，可以采取哪些手段？

8．就你所了解的 Internet，你知道它能提供哪些服务？

9．用户接入因特网的方式多种多样，简述几种主要的接入方式。

10．防火墙的主要功能是什么？

11．什么是计算机病毒？计算机病毒有哪些特征，如何分类？

第 6 章　计算机编程和程序设计语言

专业的计算机程序设计人员常常会根据需要开发各种新的应用程序。从前面章节的讨论中我们知道，程序(Program)是一组指令的集合，它告诉计算机如何对数据进行处理以获得需要的信息，这也是计算机在完成某项任务时必须严格遵循的。而指令则是由编程语言，如 C、C++、Java 等计算机程序设计语言的语句构成的。编程人员要根据应用要求，选择相应的程序设计语言来完成开发工作。

在这一章中，我们将讨论程序设计的主要环节和程序设计的方法，并介绍一些常用的程序设计语言。

6.1　编程基础知识

计算机程序有时也被称为代码，编写程序就是遵循某种程序设计语言的语法，根据设计要求，写出一组指令集，这组指令集告诉计算机如何解决问题。计算机程序通常存储成文件，并在需要时传送到 RAM 中。

不同计算机程序的大小差别很大。通常“小型”程序指的是少于 10 万行代码的程序，“中型”程序包含 10 万至 100 万行代码，而“大型”程序则有超过 100 万行的代码。大多数商用应用软件的规模都较大，可能需要由编程团队花费几个月甚至几年时间来完成。

6.1.1　编程语言

编程语言(或称计算机语言)是由一组关键字和语法规则构成的、计算机最终可以处理并执行的指令。

我们知道，计算机语言可以分为低级语言和高级语言两大类。低级语言包括机器语言和汇编语言，它依赖于硬件，通常只能用于特定的 CPU 或一个微处理器系列。而高级语言则不依赖于硬件环境，使用的是基于人类语言的命令字和语法，它使编程过程变得简单。

现在已经存在的编程语言有几百种，每一种都具有其独特的优点和缺点，因此很难说哪一种编程语言是最好的，但程序设计人员可以根据每种语言的特点，为某个特定的项目选择一种最合适的语言。

表 6-1 简单描述了目前常用的一些编程语言。

表 6-1 多种计算机程序设计语言

名称	发布日期	特 点
BASIC	20 世纪 60 年代	简单交互性编程语言，初学者学习程序设计的首选语言
Pascal	20 世纪 60 年代	结构化程序设计语言，常被用作学习数据结构与算法的教学语言
LISP	20 世纪 50 年代	表处理语言，用于人工智能程序的开发
C	20 世纪 70 年代	面向过程的程序设计语言，适用于操作系统和应用程序的编写，至今仍广泛应用于商用软件的开发
C++	20 世纪 80 年代	由 C 衍生出的面向对象程序设计语言，广泛用于计算机编程
C#	2000 年	微软发布，继承于 C 和 C++
COBOL	20 世纪 60 年代	过程化设计语言，广泛应用于大型机商用软件
FORTRAN	20 世纪 60 年代	最早的高级语言，广泛应用于科学和工程计算领域
SmallTalk	1980 年	施乐公司开发，经典的面向对象语言
MATLAB	1982 年	MathWorks 公司推出，高性能的数值计算、图形显示的科学和工程计算软件
Visual Basic	1991 年	微软公司开发，具有强大的可视化编程能力，包含协助开发环境的事件驱动编程语言
Java	1995 年	Sun Microsystems 公司推出，是 C++衍生语言，广泛用于基础网络编程
html	1993 年	超文本标记语言，是目前网络上应用最为广泛的语言，也是构成网页文档的主要语言

6.1.2 算法

1976 年 Niklaus Wirth(瑞士苏黎世联邦大学的计算机科学家，Pascal 语言的发明者，见图 6-1)在专著《Algorithms +Data Structures = Programs(算法+数据结构=程序》中提出的程序设计的关键在于程序的算法及数据结构的思想，在计算机软件开发行业中产生了极为深远的影响，从而推动了软件开发技术和方法步入正轨。他所提出的结构化程序设计这一革命性概念，在程序设计领域引发了一场革命，成为其中的一种标准。

图 6-1 科学家 Niklaus Wirth

1. 算法

算法是为解决一个问题而采取的方法和步骤。对同一个问题，可以有不同的解题方法和步骤，也就有不同的算法。例如求 $\int_a^b f(x)\,dx$ 可采用矩形法、梯形法、辛普生法(即抛物线法)等。计算机程序的算法是一组描述怎样从问题陈述中的已知信息开始，一步步操作这些信息来获得结果的步骤。算法的描述方式并不针对任何一种编程语言，这样，程序员能够专注于产生正确的算法，而不受计算机编程语言的语法细节的影响。在软件开发过程的后期阶段，算法用某一种编程语言编码成指令，就能使计算机运行。

设计算法时，可以考虑以下几个问题：如果要运行编写的程序，那么计算机要求用户输入什么样的信息？算法如何指定操作这些信息？算法指定计算机显示什么作为答案？

2. 算法的特点

正是基于以上几个方面，算法具有以下几个特点：

(1) 输入性：算法有适当的输入，即有确定的条件。

(2) 确定性：算法中的每一步操作都应当是确定的，即无“二义性”。

(3) 有穷性：算法应包含有限的操作步骤。

(4) 可行性：算法中的每一步骤都应能有效执行。

(5) 输出性：算法有输出的结果。

3. 程序指令的执行顺序

算法指定了程序中指令的执行顺序。任何一个算法都能用三种基本结构来控制指令的执行，即顺序、选择和循环结构。

顺序结构是程序执行的正常方式。计算机按照指令显示的顺序来执行每一条指令——首先执行最前面的指令，然后执行第二条，直至程序中的最后一条指令。

选择结构也称分支结构，它根据条件的判断结果确定下一步该执行什么操作。一个简单的选择结构的例子是 IF…THEN…ELSE 命令。图 6-2 中的 BASIC 程序使用这个命令来决定输入的数字是否大于 0，如果大于 0，计算机将打印“The number is greater than 0”。如果小于 0，程序会执行 ELSE 指令并打印“The number is smaller than 0”。

循环结构可以控制计算机重复执行一条或多条指令，直至达到一定的条件。重复的那部分编码通常被称为循环。图 6-3 中的这个简单的 BASIC 语言程序使用了 FOR…NEXT 命令来将同一信息打印 3 次。

```
Input " Enter a number:"; number
If number>10
    Then Print "The number is greater than 0"
    Else Print "The number is smaller than 0"
End
```

图 6-2 选择结构的指令

```
For N=1 to 3
    Print "This is an apple."
Next N
End
```

图 6-3 循环结构的指令

无论多么复杂的计算机程序，都能用这三种结构来进行控制。

3. 常用的算法表示方法

(1) 自然语言。自然语言可以是中文、英文、数学表达式等。虽然自然语言通俗易懂，但文字冗长，不太严格，表达选择和循环结构很不方便。

(2) 流程图。流程图用一些图框和流程线来表示各种类型的操作，各图框符号如图 6-4 所示。流程图法直观、形象，易于理解，但不易修改。

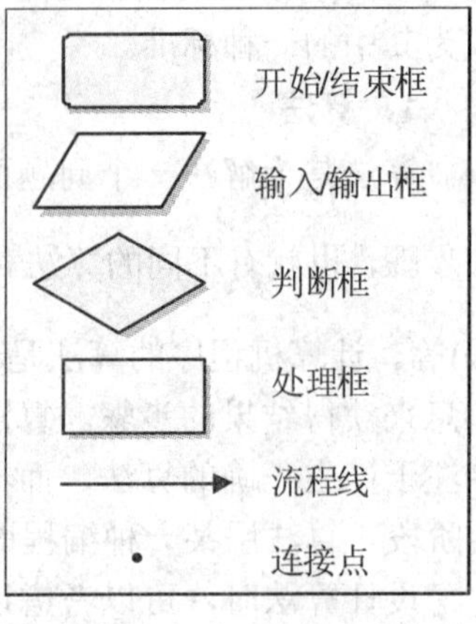

图 6-4 流程图中的图框符号

(3) 伪代码。伪代码用介于自然语言和计算机语言之间的文字和符号来描述算法，它包含类英语部分和结构化代码部分。类英语部分提供部分通俗易懂的、不太严格的语法表示；结构化代码部分提供各种扩展的算法结构，如顺序、选择、循环等。

(4) N-S 流程图。1973 年美国学者 I.Nassi 和 B.Schneiderman 提出了无流程线的 N-S 流程图。在这种流程图中，全部算法写在一个矩形框内，框内可以包含三种基本结构。图 6-5 是表示三种基本结构的 N-S 图。

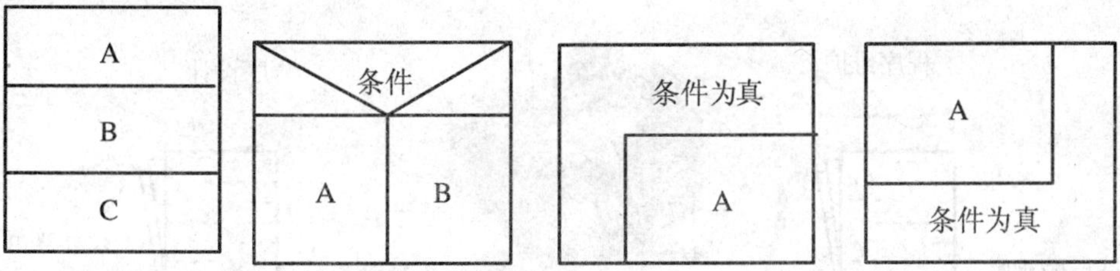

(a) 顺序结构　(b) 选择结构　(c) 当型循环结构　(d) 直到型循环结构

图 6-5　三种基本结构的 N-S 图

图 6-6 和图 6-7 给出了算法示例。

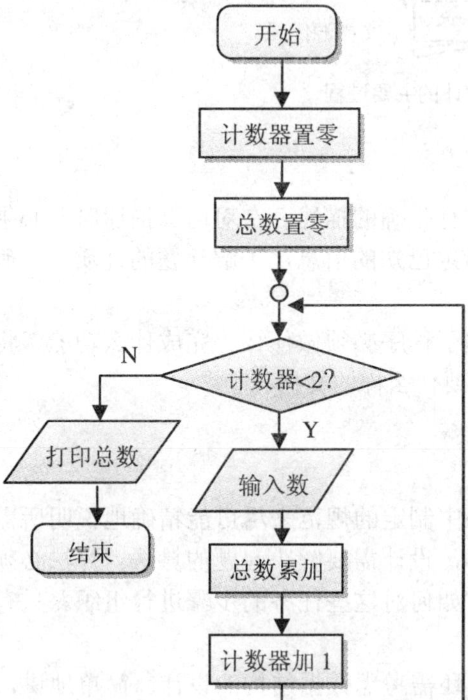

图 6-6　流程图示例：计算两个数的和

```
Start
Counter=0
sum=0
Loop (there are two numbers to be processed)
If Counter<2
    Input a number
    sum = sum +number
    Counter=Counter+1
End If
End Loop
Print sum
Stop
```

图 6-7　伪代码示例：计算两个数的和

6.2　程序设计的主要过程

程序设计主要有以下几个步骤：问题分析、程序设计、程序编码、程序的调试与测试以及程序的维护，如图 6-8 所示。

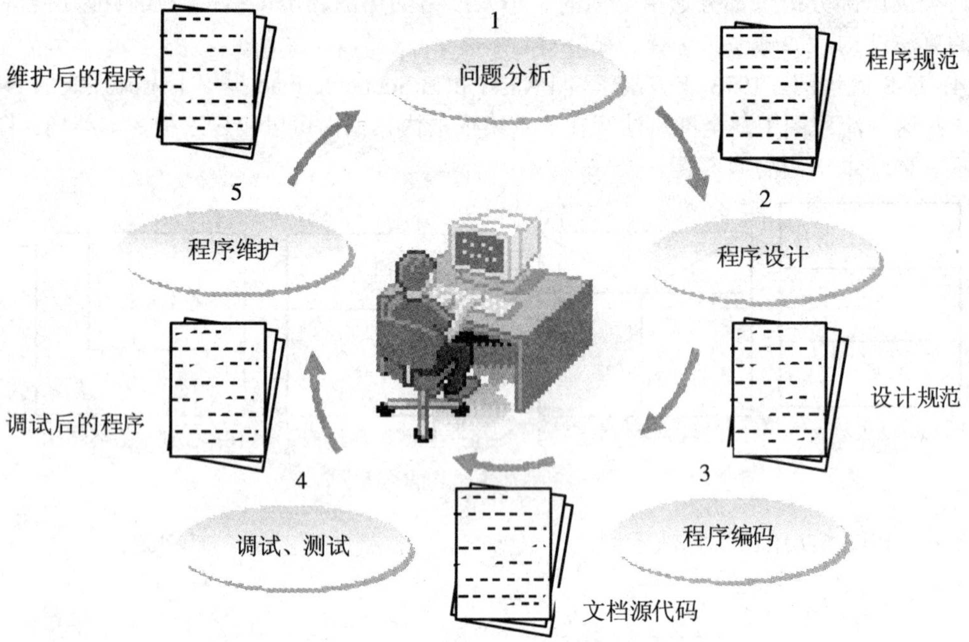

图 6-8 程序设计的主要过程

6.2.1 问题分析

在编写程序之前，首先要对解决的问题进行正确的描述。在对问题描述时，必须指定所有能够定义问题范围的假设，必须清楚地指定已知的信息，了解问题的性质，明确问题要达到的目标。

这一步的最终结果是一组程序规范，概述了程序必须做什么、完成什么功能、将使用哪一种程序设计语言、程序将如何测试以及需要什么样的文档。

6.2.2 程序设计

在程序的设计阶段，使用在问题分析步骤中制定的规范来尽可能精确地说明所需要程序的性质，从这些规范构造出解决问题的轮廓，设计需要解决问题的算法。算法必须提出程序将完成的所有任务以及在编写程序代码时如何对这些任务的步骤进行组织。只有设计完算法后，才能进行下一阶段——程序编码。

需要说明的是，大多数实际问题的求解，还需考虑数据结构的设计。简单地讲，数据结构是对程序中数据的描述及组织，算法实质上就是要对这些数据实施相关的操作。要编写一个好的程序，就必须设计出一个高效的算法和一个合适的数据结构。无论是算法还是数据结构，都必须为应用服务，即开发人员必须根据应用的需求，寻找或设计与实际应用相匹配的数据结构与算法。

好的程序设计是至关重要的。如果程序在编码过程开始之前没有很好地进行规划，通常会造成更多的时间消耗，而且很可能导致程序质量比正确完成设计过程的要差。因此，花费在设计阶段的时间是非常值得的。

6.2.3 程序编码

一旦完成了程序设计，就可以选择要使用的编程语言，然后编写程序代码。编码是用程序设计语言创建程序的实际过程。在编码过程中，程序设计人员常常利用许多专门的技术来帮助提高他们的工作效率，这些技术旨在保证程序员在开发既易于维护又尽可能没有错误的程序时更快地创建代码。例如选择最合适的程序设计语言并使用一致的编码标准、使用数据字典等。

在选择程序设计语言时，可以从下面的几个因素进行考虑：

(1) 适合性。这应该是最重要的选择标准。不同的语言有各自不同的特点，例如，FORTRAN 语言适用于科学和工程计算领域，Java 是创建基于 Web 的程序的自然选择。对应用程序来讲，最好的选择应该就是最合适的语言。

(2) 完整性。如果所编写的程序将用来与某一个已用某种语言编码的程序相结合来使用，那么选用相同的语言进行编码或许就是首选了。

(3) 程序员可用性。语言的选择还需考虑程序员对该语言的熟练程度，选择广泛应用的语言意味着能够容易地挑选程序员而不需对他们进行专门的培训。

(4) 可移植性。如果应用程序将在不同的计算机或操作系统上运行，比如 Windows、Macintosh 和 UNIX 系统，那么编程语言对平台的适应性就成了关键因素。

(5) 速度。编写应用程序代码的速度越快，就可以越早地将其投入使用以产生效益。重复使用大量的已有的代码或者使用更易于编码和测试的语言可以更快地创建程序。

6.2.4 程序的调试和测试

所编写的程序可能或多或少都会存在这样或那样的错误，完全没有错误的程序是很少见的。调试就是修改程序以确保程序中没有错误或一些未被发现的缺陷及问题(也称 bug)的过程。

在调试其间发现的错误有两类：语法错误和逻辑错误。

语法错误是指程序员没有遵循编程语言的语法规则，以至于计算机不能理解所编写的代码。这类错误可以由语言解释器或编译器指出，程序员可根据错误提示信息去修改。图 6-9 中的程序是在 Visual C++6.0 的环境下编译的，窗口的下半部指出了程序的语法错误是第 5 行代码中未对所使用的变量 c 进行声明。

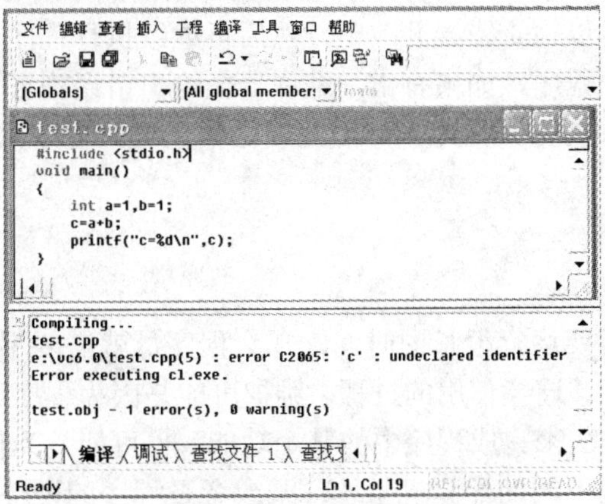

图 6-9 编译器指出程序中的语法错误

逻辑错误是指程序在运行时未能正确达到期望目标，这类错误源于程序设计中的逻辑问题，这种错误往往难以察觉，因此错误的修正也更困难。

程序的测试是选择测试数据来执行程序，其目的在于发现尽可能多的缺陷，一个成功的测试在于发现了至今未发现的错误。理解测试目的是个很重要的问题。如果说测试的目的是为了说明程序没有缺陷，那么测试人员就会向这个目标靠拢，因而下意识地选用一些不易暴露错误的测试数据。因此测试数据的选择是保证测试过程能够最大限度地发现错误的关键。

程序可能需要经过多次的测试和修改，才能达到设计要求(参见图 6-10)。

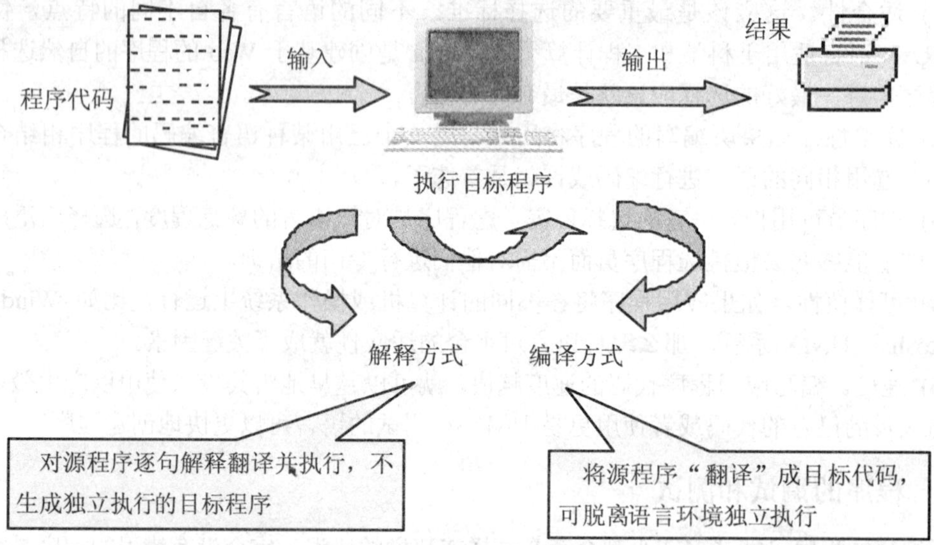

图 6-10 程序的执行过程

那么在程序的运行过程中，编译方式和解释方式有什么差异呢？

与编译程序相比，解释程序运行要慢得多，并且需要在用户的计算机上安装解释软件。例如，用户想运行以字节码形式提供的 Java 程序，就必须在计算机上安装 Java 虚拟机，这样程序运行的时候字节码才可以被转换成机器语言。但解释器的好处是它可以简化测试和调试的过程。每一行代码都会被解释，因而也会被查错。如果一行代码中有错，程序会停止执行，这时程序员就可以检查错误并改正，然后再继续执行程序。

编译器能够编译整个程序，如果有错，编译器会给出错误列表(参见图 6-9)。程序员要根据这个列表找出程序中的错误并改正，因此调试编译过的程序比调试以解释方式运行的程序要复杂一些。

6.2.5 程序的维护

如果所编写的程序将要运行很长的时间，那么程序员就需要不断地对程序进行维护。维护是更新程序以使其能够连续使用的过程。维护可能是因为程序还存在一个细小的缺陷；或者有一种更好的解决方法来完成程序中的某个功能；也可能是为程序添加一个新的功能；或者是需要把程序移植到不同的计算机系统；又或者是程序的硬件环境发生了变化。正因为以上这些原因，需要程序员对程序进行更新修改，这个更新修改的过程就是维护。

程序维护的成本是相当高的。据统计，许多编程团队花费了多于一半的程序设计时间来维护现有的应用程序。像编码标准、面向对象程序设计、可复用代码和数据字典这样的工具如此流行，其主要原因是因为它们可以使维护成本降低。

需要强调的是，所有的维护工作，如果是在程序有非常清晰、完整的文档资料的情况下，而且是在遵循合理的设计原则下进行的，那么实现起来将会简单得多。

6.3　程序设计方法

在程序设计的最初阶段，所编写的程序简单、规模小，多数情况都是供个人使用的，程序员在编程时追求程序的高效率，过分依赖编程技巧，忽视程序的清晰性及程序的结构，程序的编写完全是一种个人行为，很少考虑程序的规范化问题，而程序的易读性、可重用性及可维护性也根本不在考虑范围之内。虽然这种编程方法存在很多问题，但由于当时受计算机硬件的限制，如机器运行速度慢、内存容量小、硬件价格昂贵等因素，这些方法还是经常被采用。

6.3.1　结构化程序设计

随着计算机硬件成本的急剧下降，人们对软件的需求也不断增长，软件需要处理的复杂问题越来越多。而软件的开发也遇到了一系列的问题，如软件的质量不可靠，用户对“已完成”软件不满意的现象经常发生，软件没有完整的文档资料，极难维护，软件开发的速度远远跟不上对软件的需求……。这一系列的问题，使得程序员开始思考程序设计中一系列根本性问题：程序质量的标准是什么？程序的基本结构是什么？程序设计是否有规范化的方法？即开始强调程序的规划和设计以及将设计过程与编码分开的优点。

1969 年荷兰科学家 E.W.dijkstra 提出结构化程序设计(Structured Programming)的思想，在程序设计领域引发了一场革命，成为程序开发的一个标准方法，尤其是在后来发展起来的软件工程中获得广泛应用。

结构化程序设计强调从程序的结构和风格上来研究程序设计方法，提倡利用顺序、选择、循环三种基本结构进行程序设计，使程序设计规范化，程序结构具有模块化特征。结构化程序设计的基本特点是：

(1) 自顶向下：将复杂的、大规模的问题划分为小问题，找出问题的关键、重点所在，然后用精确的思维定性、定量地去描述问题。

(2) 逐步求精：将现实世界的问题经抽象转化为逻辑空间或求解空间的问题。复杂问题经抽象化处理变为相对比较简单的问题，经步步深入、逐层细分，最后到求解域中的问题可以简单地编程解决。

(3) 模块化设计：将待开发的软件系统划分为若干个相互独立的模块，整个程序由分层次的功能模块组成，模块之间通过接口传递信息，使得功能模块具有良好的独立性和层次性，有利于系统的开发和维护，也为设计一些较大的软件打下了良好的基础。

(4) 结构化编码：任何程序都可以用三种基本控制结构实现，再复杂的程序也可以通过基本结构的组合和嵌套完成，这样的程序一定是一个单入口单出口的程序，避免使用无条件转向 GOTO 语句而引起程序结构的混乱。

结构化程序设计方法使得程序层次分明、逻辑清晰，程序易于阅读、理解和维护。程序员采用结构化的编程方法，将一个复杂的程序分解成若干个子结构，便于控制、降低程序的复杂性，因此容易编写程序，同时便于验证程序，也提高了编程工作的效率，降低了软件开发成本。

6.3.2　面向对象程序设计

面向对象程序设计(Object-Oriented-Programming，OOP)方法出现在 20 世纪 80 年代中后期。随着计算机硬件技术的高速发展，计算机的性能越来越强，用途也更加广泛。软件产业所面临的问题是用户需求不断扩大，程序也随之越来越庞大且复杂。

传统的结构化设计方法是面向过程的，程序设计是围绕功能进行的，它要求现实系统的业务管理规范、处理数据齐全、用户能全面完整地描述其业务需求。由于它是以过程为中心进行功能组合的，往往功能的变化就意味着程序的重新设计。这种基于功能的设计方法难以适应系统中的变动，因此软件的扩充和复用能力很差。同时，结构化程序设计中，虽然数据和数据处理的过程分离为相互独立的实体，但它只是封装了各个功能模块，而每个功能模块可以随意修改未加封装的数据，这使得数据的可靠性、安全性难以得到保障。这一系列的问题说明结构化的程序设计已难以适应软件业的更高要求。

面向对象程序设计是相对于结构化程序设计而言的，它不再是从功能入手，而是强调在软件开发过程中面向客观世界(问题域)中的事物，采用人类在认识世界的过程中普遍运用的思维方法。它将现实世界中客观存在的事物(如人、车、房屋等)视为对象(object)，每个对象都通过属性(attribute)和行为(behavior)来描述，并将对象作为程序代码整个结构的基础和组成元素。对象既具有共同性，也具有特殊性。运用抽象的原则舍弃对象的特殊性，抽取其共同性，就得到一个适应一批对象的类(class)。

面向对象的系统都具有三个特性：封装、继承和多态。

(1) 封装是指将对象的内部细节及方法隐藏的过程。对象编码完成后，它变成一个“黑盒子”，向别的对象隐藏了所有细节，并允许通过方法访问它的数据。被封装的对象可以很容易地被复用、修改和重定向。封装是面向对象方法的一个原则，也是面向对象技术必须提供的一种机制。这种机制保证了数据的安全性，提高了系统的可维护性和可移植性。

(2) 继承所表达的就是一种对象类之间的相互关系。它使得某类对象可以继承另外一类对象的特征和能力。继承对于软件复用和扩充有着极其重要的意义，利用代码重用技术，能够降低开发投入，加快软件开发速度，提高软件质量和减少维护成本。例如将已开发好的类作为构件存放在构件库中，当开发新的系统时便可直接使用或继承使用。

(3) 多态性是指在一般类中定义的属性和行为被特殊类继承后，可以具有不同的数据类型或表现出不同的行为。这使得同一个属性和行为名在一般类及其各个特殊类中具有不同的意义。多态性是面向对象程序设计的一个重要特征，能增加程序的灵活性。

在面向对象程序设计中，程序设计者的任务包括两个方面：一是设计所需要的类和对象，即决定把哪些数据和操作封装在一起；二是考虑怎样向有关对象发送消息，以完成所需的任务。对一个大型任务来说，面向对象程序设计方法是十分有效的，它大大降低了程序设计人员的工作难度，减少了出错机会。

6.4　流行的程序设计语言

6.4.1　FORTRAN

FORTRAN(FORmula TRANlsating，公式翻译器)是世界上最早出现的计算机高级程序设计语言，广泛应用于科学和工程计算领域。FORTRAN 语言以其特有的功能在数值、科学和工程计算领域发挥着重要的作用。

早在 1951 年，美国 IBM 公司的 John Backus(1977 年图灵奖的获得者，见图 6-11)针对汇编语言的缺点着手研究开发 FORTRAN 语言，并于 1954 年在纽约正式对外发布。之后，FORTRAN 语言发展迅速，多种版本相继在其他计算机上实现。

图 6-11　FORTRAN 之父 John Backus

FORTRAN 语言的特点如下：

(1) 最大特点是接近数学公式的自然描述，在计算机里具有很高的执行效率。

(2) 易学，语法严谨。

(3) 可以直接对矩阵和复数进行运算，这一点类似 MATLAB 语言。

(4) 自诞生以来广泛地应用于数值计算领域，积累了大量高效而可靠的源程序。

(5) 很多专用的大型数值运算计算机针对 FORTRAN 做了优化，使之广泛地应用于并行计算和高性能计算领域。

(6) FORTRAN 90、FORTRAN 95、FORTRAN 2003 的相继推出使 FORTRAN 语言具备了现代高级编程语言的一些特性。

6.4.2　Pascal

Pascal 是最早出现的结构化编程语言，它由瑞士的 Niklaus Wirth 教授(1984 年图灵奖的获得者)于 20 世纪 60 年代末设计并创立。Pascal 语言的语法严谨，数据类型丰富，操作语句简洁灵活，具有严格的结构化形式，运行效率高，查错能力强。

Pascal 语言可以被方便地用于描述各种算法与数据结构，尤其是对于程序设计的初学者，有益于培养良好的程序设计风格和习惯。IOI(国际奥林匹克信息学竞赛)把 Pascal 语言作为三种程序设计语言之一。

在 Pascal 问世以来的三十余年间，先后产生了适合于不同机型的各种版本，其中影响最大的莫过于 Turbo Pascal 系列软件。它是由美国 Borland 公司设计、研制的一种适用于微机的 Pascal 编译系统。该编译系统由 1983 年推出 1.0 版本发展到 1992 年推出的 7.0 版本，其版本不断更新，而功能更趋完善。Turbo Pascal 语言是编译型程序语言，它提供了一个集成环境的工作系统，集编辑、编译、运行、调试等多功能于一体。

在 20 世纪 70 年代中期之前，大学的计算机程序设计课程通常都是采用 Pascal、FORTRAN 或 ALGOL 语言作为教学语言，Pascal 语言也常常被用作学习数据结构与算法的教学语言。直到 20 世纪 90 年代末 C 语言出现后，Pascal 语言才慢慢从大学的程序设计课程中退出。虽然 Pascal 语言在商用领域存在缺憾，但它在结构化程序设计教学过程中曾经发挥了极其重要的作用。

6.4.3 BASIC 和 Visual Basic

1964 年，两位美国计算机科学家 G.Kemeny 和 Thomas E. Kurtz 在 FORTRAN 语言的基础上创造了一种新的语言——BASIC(Beginners' All-purpose Symbolic Instruction Code，初学者的全方位符号式指令代码)，这是一种适用于初学者的人机交互式语言。

尽管初期的 BASIC 仅有几十条语句，但由于 BASIC 在当时比较容易学习，因此很快从校园走向社会，成为初学者学习计算机程序设计的首选语言。许多中、小学以至于大学都开设 BASIC 语言。

随着计算机科学技术的迅速发展，特别是微型计算机的广泛使用，计算机厂商不断地在原有的 BASIC 基础上进行功能扩充，出现了多种 BASIC 版本。

四十多年来，BASIC 语言一直是初学计算机语言者使用最广泛的一种高级语言。它能进行数值计算、画图、演奏音乐，功能十分强大，而学起来又非常容易。

BASIC 语言的主要特点是：

(1) 构成简单。BASIC 语言的最基本语句只有 17 种，而且它们都是常见的英文单词或其变形，如 READ、END 等，很容易学习和掌握。

(2) BASIC 语言是一种“人机会话”式的语言。通过键盘操作，用 BASIC 语言编写完的程序，可以在计算机上边编写、边修改、边运行。而且还可以在运行中向人们提示信息错误，要求人去改正，即实现了人和机器的交互。

Visual Basic(也称 VB)是一种由微软公司开发的包含协助开发环境的事件驱动编程语言，它是BASIC的第四代版本，用来设计在 Microsoft Windows 操作系统下运行的复杂应用程序(参见图 6-12)。在前端，VB 有拖放工具，使程序员能够快速开发图形用户界面(GUI)；在后端，它有代码生成器，可以提供基础程序设计代码。

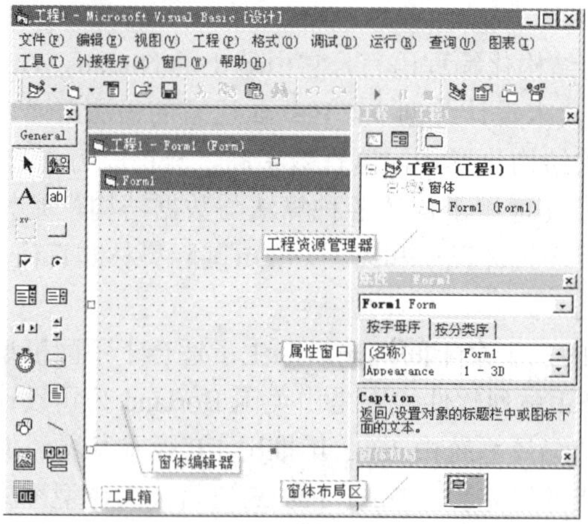

图 6-12　Visual Basic 6.0 的窗口界面

通过几年的发展，VB 已成为一种专业化的开发语言和环境。用户可用 Visual Basic 快速创建 Windows 程序，还可以编写企业水平的客户端/服务器程序及强大的数据库应用程序。

6.4.4 MATLAB

MATLAB(Math Laboratory)是 MathWorks 公司于 1982 年推出的一套高性能的数值计算和可视化软件，它集数值分析、矩阵运算、信号处理和图形显示于一体，构成了一个方便的、界面友好的用户环境。在这个环境下，对所要求解的问题，用户只需简单地列出数学表达式，其结果便以数值或图形方式显示出来。

MATLAB 的主要特点是：

(1) MATLAB 中矩阵无需定义即可采用，并可随时改变矩阵的大小，对矩阵的操作如同其他高级语言中的变量操作一样方便。

(2) MATLAB 功能强大，一条语句往往相当于其他高级语言中的几十条，甚至几百条。例如用 MATLAB 求解 FFT 问题时仅需几条语句，若用 C 语言实现，则需几十条语句。

(3) MATLAB 具有丰富的图形功能。MATLAB 系统本身是 Windows 下的一个具有良好用户界面的系统，而且提供了丰富的图形界面设计函数，如提供了专门用于绘制二维曲线的 plot 函数和用于绘制三维曲线的 plot3 函数(参见图 6-13)。

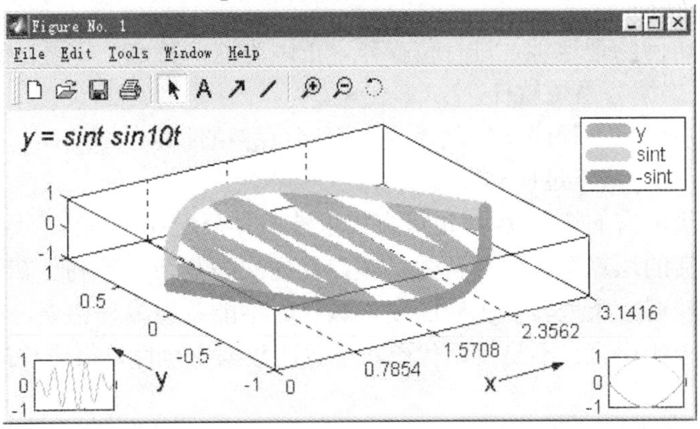

图 6-13　MATLAB 的图形窗及二维图形编辑

(4) MATLAB 提供了许多面向应用问题求解的工具箱函数，从而大大方便了各个领域用户的使用。MATLAB 的工具箱提供了在特别应用领域所需之函数，涵盖了信号处理、图像处理、控制系统、非线性控制设计、最优化、模糊逻辑、化学计量分析、神经网络等多个应用领域。

6.4.5 C 语言

1972 年，美国贝尔实验室的 Kenneth Lane Thompson 和 Dennis MacAlistair Ritchier(见图 6-14，两人获得 1983 年图灵奖)为了重新改写 UNIX 操作系统，共同设计、开发了 C 语言。C 是由 BCPL 语言继承而来的，故起名为 C 语言，这既反映了 C 语言的继承关系，也反映出开发者一贯追求的简洁明了的风格。

图 6-14　Thompson 和 Ritchier

为了使 UNIX 操作系统得到推广，1977 年 Dennis M.Ritchie 发表了不依赖于具体机器系统的 C 语言编译文本《可移植的 C 语言编译程序》，即著名的 ANSI C。随着 UNIX 系统的日益广泛使用，C 语言也迅速得到推广。C 语言和 UNIX 可以说是“一对孪生兄弟”，在发展过程中相辅相成。可以说在计算机的发展历史上，大概没有哪种程序设计语言像 C 语言那样得到如此广泛的流行，也没有哪个操作系统像 UNIX 那样获得计算机厂家和用户的普遍青睐和厚爱，它们对整个软件技术和软件业都产生了深远的影响。

C 语言具有以下优点：

(1) 语言简洁紧凑，使用灵活方便。C 语言一共只有 32 个关键字，9 种控制语句，它们构成了 C 语言的全部指令。

(2) 运算符丰富。C 语言有 34 种运算符，表达式类型多样化，可实现其他高级语言难以实现的运算。

(3) 结构化控制语句。C 语言使用顺序、选择、循环三种基本结构，是结构化设计的理想语言。

(4) 语法限制不严格，程序设计自由度大。C 语言程序书写形式自由，类型使用灵活，允许几乎所有类型转换。

(5) 允许直接访问物理地址，进行位操作。正因为这一特点，C 语言能实现汇编语言的大部分功能，可用来编写系统软件。

(6) 目标代码质量高，程序执行效率高，程序可移植性好。

但 C 语言仍存在一些不足：

(1) 有许多低级语言的特征(程序员可直接干涉内存分配和干预内存地址)。

(2) 有极为灵活的运算符，运算符数目多，优先次序复杂，不利于初学者。

(3) 类型检验较弱，类型转换也较随便，编译时不能发现编程错误，不安全。

(4) 是面向过程的语言，不易复用代码，不保证数据安全性，很难控制大规模程序的复杂性。

但是从软件开发的角度看，有些缺点也可以说是 C 语言的优点，对于经验丰富的程序员来说，可以利用这些灵活的编程手段，编写出高效、精致的软件。也正因如此，直到现在 C 语言依然广泛地被运用于各种领域中。

6.4.6　C++语言

C++是由 AT&T Bell 实验室的 Bjarne Stroustrup 博士(见图 6-15)及其同事于 20 世纪 80 年代初在 C 语言的基础上开发出来的。C++保留了 C 语言原有的所有优点，增加了面向对象机制。由于 C++对 C 的改进主要体现在增加了适用于面向对象程序设计的“类(class)”，因此最初它被 Bjarne Stroustrup 称为“带类的 C”。后来为了强调它是 C 的增强版，用了 C 语言中的自加运算“++”，改称为 C++。1985 年推出了 C++的第一个版本 C++1.0。1990 年推出 C++3.0。1998 年国际标准组织(ISO)颁布了 C++的国际标准 ISO/IEC 14882-1998。

C++是由 C 语言发展而来的，与 C 兼容，是 C 的超集。用 C 语言写的程序基本上可以不加修改地用于 C++。C++很好地支持了面向对象思想，具有如下特点：

图 6-15　Bjarne Stroustrup 博士

(1) 数据抽象和抽象数据类型。用户可以定义符合的数据类型，且这种抽象的数据类型的使用和它的实现可显示分离，便于开发和修改。

(2) 数据隐蔽。程序模块有可控的可见性，因而块中局部数据对外是隐蔽的。

(3) 支持重用的类属机制，类型、变量、函数均可参数化。

(4) 支持并发程序设计。

(5) 支持重用的继承机制，便于大规模软件开发。

(6) 支持重用的重载、多态性和动态绑定，以利于软件系统在开发和维护期间更易于扩展。

6.4.7 Java

Java(其标志见图 6-16)最初被计划用作消费类电子产品的编程语言，如互动式有线电视，后来 Java 语言演化成开发 Web 应用程序用的面向对象编程平台。Java 语言在 1995 年由 Sun Microsystems 公司正式发布，它拥有很多 C 语言的特性，并从 C++中继承了很多语法。和 C++一样，Java 语言也可以当作过程化语言使用，因此它有时也被归类为混合语言。

图 6-16　Java 标志

通常我们以 JDK(Sun 开发的一套 Java 开发工具)的版本来定义 Java 的版本，目前最新的版本是 6.0。

Java 是一种简单的、面向对象的、分布式的、解释型的、健壮的、安全的、体系结构中立的、可移植的、高效的、多线程的、动态的程序设计语言，特别适合在网络环境下编程使用。

Java 的特点主要体现在以下几个方面。

1. Java 是简单的

与流行的 C++相比，Java 要简单一些。在 Java 之前，C++是主要的软件开发语言，Java 部分地模仿了 C++，但进行了极大的简化和改进。

2. Java 是面向对象的

Java 是真正的面向对象程序设计语言。它吸取了 C++面向对象的概念，将数据封装于类中，利用类的优点，实现了程序的简洁性和易维护性。类的封装性、继承性和多态性，使程序员只需将主要精力用在类和接口的设计和应用上。

3. Java 是分布式的

Java 建立在扩展的 TCP/IP 网络平台上，库函数提供了用 HTTP 和 FTP 协议传送和接收信息的方法，这使得程序员使用网络上的文件就像使用本机文件一样容易。

4．Java是解释型的

运行Java程序需要一个解释器。Java程序编译成Java字节码(bytecode)，字节码独立于计算机，可以运行在任何平台上，如Windows、UNIX、Mac OS和Web浏览器。字节码的平台无关性明显不同于传统程序设计语言生成的特定平台的目标代码。

5．Java是健壮的

Java非常重视及早检查错误，Java编译器可以查出许多其他语言运行时才能发现的错误。Java具有实时异常(Exception)处理的功能，Java强制程序员编写异常处理的代码，能够捕获并响应意外情况。

6．Java是安全的

Java丢弃了其他语言中容易引起错误的某些东西，例如它不支持指针，从而避免了对内存直接操作而造成数据破坏的可能性。Java执行多层安全机制用来保护系统不受恶意程序的攻击和破坏，例如当下载并运行一个Java Applet(Java小应用程序，嵌入在网页中)时，不允许Java Applet读写浏览器所在计算机上的任何文件，防止破坏文件、传播病毒等。

7．Java是多线程的

Java具备内建多线程功能，可将一个程序的不同程序段设置为不同的线程，使各线程并发、独立执行，从而提高系统的运行效率。

6.4.8　其他语言

除了程序设计语言之外，还有一些语言可以用在应用程序开发中，这些语言大部分是与Web相关的，如标记语言和脚本语言。

1．标记语言

(1) HTML。HTML(Hypertext Markup Language，即超文本标记语言)是WWW(World Wide Web)的描述语言，用于描述网页的格式设计和它与互联网上其他网页的连接信息。HTML用标记(也称标签)定义Web页面的结构和布局，告诉浏览器应该如何显示文字和图形。HTML编写的超文本文档(文件)称为HTML文档(网页)，它能独立于各种操作系统平台，如UNIX、WINDOWS等。

HTML不需要编译，可以直接由浏览器执行(属于浏览器解释型语言)。HTML由Netscape、Microsoft和W3C(World Wide Web Consortium，万维网联盟)组织在实践中共同开发，HTML的第一版于1993年发布，新的HTML标准HTML 4已经由W3C提出。

HTML标记可以用来描述文字、图形、动画、表格、链接等信息。例如，<b>表示开始对文本连续加粗，直到</b>出现为止。<i>开始对文本连续斜体，直到</i>出现为止。因此，下面的HTML语句的显示结果为：

<b> 粗体用b表示。</b>　　显示成：　**粗体用b表示**

<i> 斜体用i表示。</i>　　显示成：　*斜体用i表示。*

(2) 动态HTML。动态HTML(Dynamic HTML，简称DHTML)将某些动态功能添加到HTML Web页面，比如对象根据用户的鼠标动作移动、变大、变小、出现、消失或改变颜色。它使Web开发人员能够创建布局和内容有变化的页面，从而使页面更加生动。

(3) XML。XML(Extensible Markup Language，可扩展标记语言)是一种简单的数据存储语言，使用一系列简单的标记描述数据，而这些标记可以用方便的方式建立。XML 最初设计的目的是弥补 HTML 的不足，以强大的扩展性满足网络信息发布的需要，后来逐渐用于网络数据的转换和描述。

(4) XHTML。XHTML(eXtensible Hypertext Markup Language，可扩展超文本标记语言)是 XML 的特殊应用，用于表示 Web 页面，有时被看做是 HTML 和 XML 的混合。2000 年底，W3C 组织发行了 XHTML 1.0 版本。XHTML 1.0 是一种在 HTML 4.0 基础上优化和改进的新语言，目的是基于 XML 应用。XHTML 的可扩展性和灵活性将适应未来网络更多的应用需求。

2. 脚本语言

JavaScript 是 WWW 上的一种功能强大的编程语言，是 Netscape 公司为了扩展 Navigator 浏览器的功能而开发的，用于开发交互式的 Web 页面。它集成在 Navigator 浏览器中，可嵌入 Web 页面中，是一种基于对象和时间驱动的解释性语言。它不仅可以直接应用于 HTML 文档以获得交互式效果或其他动态效果，而且可以运行于服务器端。JavaScript 最典型的应用就是开发客户端的 Web 应用程序。它具有最广泛的兼容性，可以运行于多个浏览器平台。

习题

一、填空题

1. 程序设计的主要步骤有______、______、______、______和______。
2. 程序中的语法错误可以由______软件检查出。
3. 程序测试的目的是____________。
4. 结构化程序设计的主要特点是______和 ______。
5. 在程序的调试过程中，可能会发现两类错误，分别是______错误和______错误。
6. 面向对象的系统的三个特性是______、______和______。
7. Java 是一种______程序设计语言，适用于________。
8. C++是由______语言发展而来的，与 ______兼容。

二、简答题

1. 什么是算法？算法的特征是什么？
2. 算法的描述方法有哪些？它们各自的特点是什么？
3. 分别用不同的描述方法描述结构化程序的三种基本结构。
4. 简述程序在计算机中的执行过程。
5. 什么是程序的维护？
6. 什么是结构化程序设计？为何要采用结构化程序设计？
7. 什么是面向对象程序设计？为何要采用面向对象程序设计？
8. 简述你所了解的几种高级程序设计语言，并说明其各自的特点。

第7章 数据库和数据库管理系统

数据库技术是随着计算机软、硬件技术的发展及数据管理任务的需要而产生的。数据库系统的出现是计算机应用的一个里程牌，它使得计算机应用从以科学计算为主转向以数据处理为主。在它之前的文件系统虽然也能处理数据，但是文件系统不提供对任意部分数据的快速访问，而这对数据量不断增大的应用来说是至关重要的。数据库系统的出现使得普通用户能够方便地将日常数据存入计算机并在需要的时候快速访问它们，从而使计算机走出科研机构而进入各行各业。

在本章中，我们将介绍数据库系统中的一些基本概念、数据库系统的设计方法、SQL语言及常用的关系数据库软件。

7.1 数据库概述

数据管理是指对数据进行分类、组织、编码、存储、检索和维护，它是数据处理的中心问题。随着计算机硬件和软件的发展，数据管理经历了人工管理、文件系统和数据库系统三个发展阶段。

在计算机发展的初期，数据都是由人工管理的，数据不能在计算机中长期保存，系统中也没有对数据进行管理的软件。

20世纪60年代前期，随着计算机软/硬件的发展，尤其是操作系统和外存储器的出现，数据可以以文件的形式长期保留在外存上并可以多次存取、重复使用，数据和程序也有了一定的独立性。尽管操作系统中的文件系统可以对数据进行专门的管理，但数据冗余度大，既浪费存储空间，又造成数据的不一致。文件系统从本质上说还是一个无结构的数据集合，不能反映客观世界事物之间的内在联系。

20世纪60年代后期，计算机管理的数据量剧增，数据关系复杂，共享性要求高，同时硬件价格下降，出现了大容量的存储设备，数据的管理进入了数据库系统管理阶段。

7.1.1 数据库

数据库(DataBase，DB)是按一定方式存储和组织的相关数据的集合，需要时能够在数据库中进行数据检索。数据库中的数据是按一定的数据模型组织、存储和描述的，具有较小的冗余度、较高的数据独立性和易扩充性，并可为多个用户共享。

在管理的日常工作中，常常需要把某些相关的数据放进这样的“集合”，并根据管理的需要进行相应的处理。例如，企业或事业单位的人事部门常常要把本单位职工的基本情况(职工号、姓名、年龄、性别、籍贯、工资、简历等)存放在表中，这张表就可以看成是一个数据库。有了这个“数据仓库”，我们就可以根据需要随时查询某职工的基本情况，也可以查询工资在某个范围内的职工人数等。这些工作如果都能在计算机上自动进行，那我们的人事管理就可以达到极高的水平。此外，在财务管理、仓库管理、生产管理中也需要建立众多的这种“数据库”，使其可以利用计算机实现财务、仓库、生产的自动化管理。

7.1.2　数据库管理系统

数据库管理系统(DataBase Management System，DBMS)是一种操纵和管理数据库的软件，用于建立、使用和维护数据库。数据库管理系统使用户能方便地定义和操纵数据，维护数据库的安全性和完整性，可使多个应用程序和用户用不同的方法在相同或不同时刻去建立、修改和询问数据库。

目前常见的数据库管理系统有 Oracle、SQL Server、DB2 和 Access。Oracle 公司是全球最大的信息管理软件及服务供应商，推出的 Oracle 功能强大，应用广泛，具有客户/服务器架构，常用于超大型管理系统软件的建立。SQL Server 是微软公司开发的数据库产品，SQL Server 2000 被广泛使用，很多电子商务网站、企业内部信息化平台等都是基于 SQL Server。DB2 是 IBM 公司研制的一种关系型数据库系统，它主要应用于大型应用系统，具有较好的可伸缩性，可支持从大型机到单用户的环境，应用于 OS/2、Windows 等平台下。Access 是 Microsoft 公司于 1994 年推出的微机数据库管理系统，它具有界面友好、易学易用、开发简单、接口灵活等特点，是典型的新一代桌面数据库管理系统。

7.1.3　数据库系统

数据库系统(DataBase System，DBS)是引进数据库技术后的计算机系统，由硬件系统、数据库、数据库管理系统及用户组成。数据库管理系统是数据库系统的核心。

数据库系统的基本特征是：

(1) 数据的独立性。数据和程序相互独立有利于加快软件开发速度，节省开发费用。

(2) 冗余数据少，数据共享程度高。

(3) 系统的用户接口简单，用户容易掌握，使用方便。

(4) 能够确保系统运行可靠，出现故障时能迅速排除；能够保护数据不受非授权者访问或破坏；能够防止错误数据的产生，一旦产生也能及时发现。

(5) 有重新组织数据的能力，能改变数据的存储结构或数据的存储位置，以适应用户操作特性的变化，改善由于频繁插入、删除操作造成的数据组织零乱和时空性能变坏的状况。

(6) 具有可修改性和可扩充性。

7.1.4　数据库系统的分类

数据库系统可以分成以下几类。

1．单用户数据库系统

单用户数据库安装在一台个人计算机上并且设计由单个用户进行访问。单用户系统广泛应用于个人或非常小的企业。在这类系统中，不同机器之间不能共享数据。

2．多用户数据库系统

允许多个用户同时访问数据库(参见图 7-1)。由于可能有多个用户同时修改相同的数据，例如，某个程序正在计算数据库中银行系统的一系列账户余额，当它还没有彻底完成时，另一个用户的程序将 15 000 元从 002 账户(第一个程序已经对其进行了更新)转移到 100 账户(还未更新)，这将产生错误的账户余额，因此多用户系统必须解决的一个重要问题是控制对数据的访问，以保证数据的安全性。

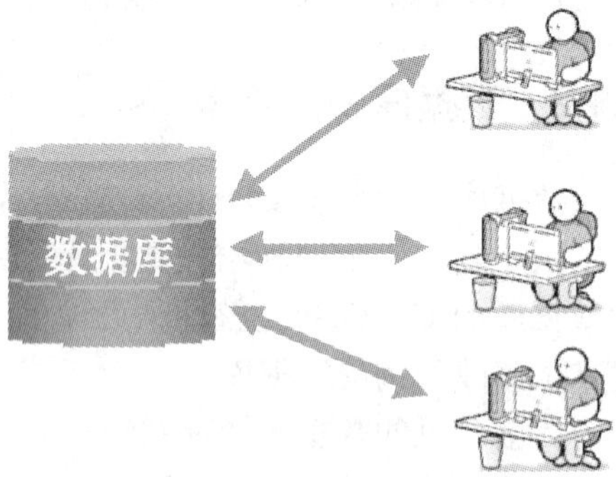

图 7-1 多个用户可以同时访问数据库

为解决这个问题，数据库系统允许用户对正在访问的数据设置“临时锁”，以确保在处理过程中没有其他用户对这些数据进行修改。

3．集中式数据库系统

在集中式数据库系统中，数据库安装在一台计算机主机中，该主机通过局域网或区域网可以连接多个用户终端，用户终端没有数据处理能力，处理任务全部在主机上进行。

由于集中式系统的所有功能都集成到了主机上，这样对主机要求很高，性能也不好，而且由于数据集中存储，大量的通信都要通过主机，从而造成拥挤。但其优点是便于维护。

4．分布式数据库系统

分布式数据库在通过网络连接的多个计算机中分配数据，这些数据被认为属于一个数据库，并且可以由任何被授权的用户通过网络进行访问。分布式结构的数据库系统通常使用较小的计算机系统，每台计算机可以分布在不同的地理位置。在分布式系统中，数据的分配可以按性能指标(如通信费用、响应时间、存储费用和安全性等)的最优化原则进行。访问数据库的用户一般不知道数据物理上来自何处。

分布式系统克服了集中式的缺点，降低了数据传送代价，提高了系统的可靠性，便于系统的扩充，但缺点是数据的分布存放给数据的处理、管理与维护带来了困难。

5．客户机/服务器系统

在客户机/服务器系统(Client/Server system，C/S 系统)中，客户端的用户请求发送到数据库服务器，数据库服务器处理后，只将结果返回给用户，从而减少了网络上的数据传输量，提高了系统的性能、吞吐量和负载能力。典型的客户机/服务器系统如图 7-2 所示。

客户机/服务器系统最突出的特点可能要数更低的硬件成本和满足未来需要的可伸缩性。个人计算机更易于使用并且比大型计算机要便宜得多——可以将网络与主机成本的零头作比；同时，当需要特别的功能时，可以添加新的服务器或增强现有的服务器的功能。

C/S 系统已广泛用于中小型工商企业、机关等部门，由于通信技术的发展，C/S 系统在地域上也可有较大的跨度。

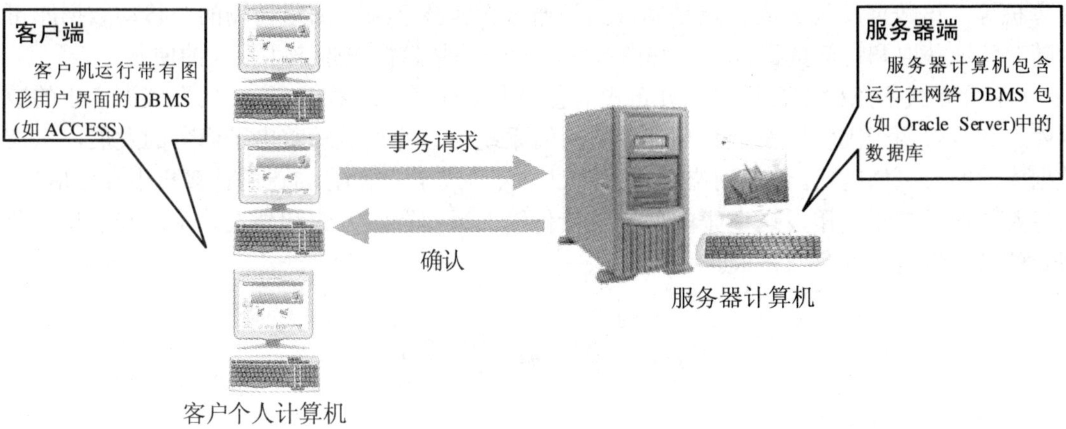

图 7-2　客户机/服务器数据库系统

7.1.5　数据库系统的应用

数据库的应用领域非常广泛，不管是家庭、公司或大型企业，还是政府部门，都需要使用数据库来存储数据信息。传统数据库中的很大一部分用于商务领域，如证券行业、银行、销售部门、医院、公司或企业单位，以及国家政府部门、国防军工领域、科技发展领域等。

随着信息时代的发展，数据库也相应产生了一些新的应用领域，主要表现在以下几个方面：

(1) 多媒体数据库。多媒体数据库包括文本、图形、图像、动画、声音、视频图像等多种媒体信息的数据库，是数据库技术与多媒体技术结合的产物。近年来，大容量光盘、高速中央处理器、高速数字信号处理器以及宽带网络等硬件技术的发展，为多媒体数据库从研究到应用的发展提供了良好的物理基础，商品化的多媒体数据库系统已开始出现。

多媒体数据库的研究除了数据存储管理、数据共享、并发控制、事务处理等内容之外，还要解决三个难题：① 信息媒体的多样化，不仅仅是数值数据和字符数据，要扩大到多媒体数据的存储、组织、使用和管理；② 要解决多媒体数据集成或表现集成，实现多媒体数据之间的交叉调用和融合；③ 多媒体数据与人之间的交互性，要改变传统数据库查询的被动性，能以多媒体方式主动表现。

(2) 空间数据库。空间数据库是按照一定的数据结构和数据模型组织的相关的空间数据和属性数据的集合。其中，空间数据表征空间实体的位置、形状、大小和分布特征等信息；属性数据描述空间实体的性质，用于对空间实体进行语义定义。这类数据库目前发展比较迅速。空间数据库是为了满足地理信息系统(GIS)的需要而发展起来的，它是 GIS 的核心。在 GIS 中，通常使用关系数据模型和网状数据模型建立空间数据库。地理信息是一种空间信息，包含了位置数据、属性数据和空间关系信息。任何一个地理实体在平面上的图形都可以用点、线、面和它们的组合来描述，因此空间数据的查询，主要是指根据空间实体的属性和位置并通过空间拓扑关系来获取空间实体的信息。空间数据库可以与人工智能、专家系统相互结合，推动空间知识库在军事领域应用的研究和发展。

(3) 移动数据库。移动数据库是在移动计算机系统上发展起来的，如笔记本电脑、掌上计算机等。该数据库最大的特点是其数据是通过无线数字通信网络传输的。移动数据库可以随时随地获取和访问数据，为一些商务应用和一些紧急情况带来了很大的便利。

(4) 分布式信息检索数据库。分布式信息检索数据库是随着 Internet 的发展而产生的数据库。它一般用于因特网及远距离计算机网络系统中。特别是随着电子商务的发展，这类数据库发展得更加迅猛。许多网络用户(如个人、公司或企业等)在自己的计算机中存储信息，同时希望通过网络使用发送电子邮件、文件传输、远程登录方式和别人共享这些信息。分布式信息检索满足了这一要求。

7.2 数据模型

数据库中的数据是有结构的，这种结构反映出事物和事物之间的联系，是按照某种数据模型来组织数据的。数据模型形式化地描述了数据和数据之间的联系，是数据库的结构框架，也是数据库的基础。

7.2.1 层次模型

最简单的数据库模型是层次模型。在层次模型中，记录类型排列为层次结构，层次结构的顶点被称为根节点。节点在层次结构中被排列成一种倒置的树状。父节点可以拥有一个以上的子节点，但每个子节点只能有一个父节点。层次结构中父节点和子节点之间的关系常常是一对多的关系。如图 7-3 所示给出了一个一对多关系的例子，它描述了顾客、订单、CD 和音乐之间的关系。

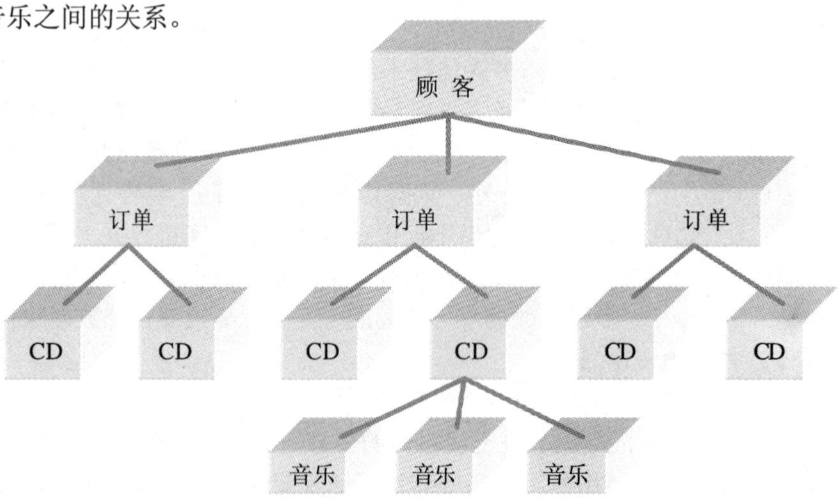

图 7-3　层次结构中的一对多关系

层次模型可自然地表达数据间具有的层次规律，结构简单，但有一定的局限性。

7.2.2 网状模型

网状模型比层次模型更具普遍性，除了支持一对多关系外，也支持多对多的关系，可以更直接地描述现实世界。图 7-4 给出了一个实例。

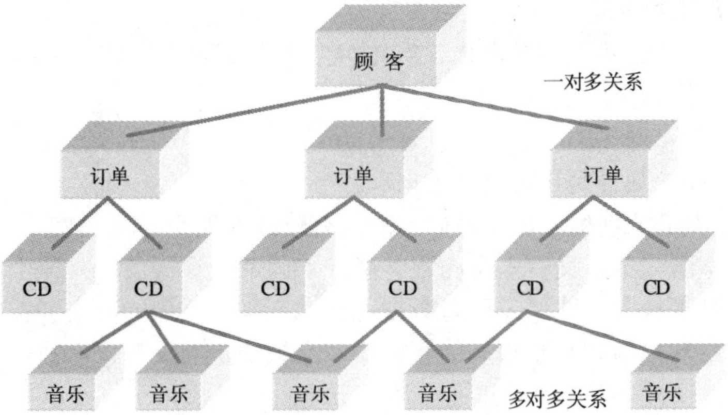

图 7-4　网状结构中的一对多和多对多的关系

层次模型实际上是网状模型的一个特例，但层次模型和网状模型从本质上是一样的，在插入数据时涉及大量链接关系的调整，实现比较复杂。

7.2.3　关系模型

关系模型是目前应用最广泛的一种数据模型。1970 年 IBM 的高级研究员 Edgar Frank Codd(1981 年获得图灵奖)发表了《大型共享数据库数据的关系模型》一文。文中首次明确而清晰地为数据库系统提出了一种崭新的模型，即关系模型。

关系(Relation)是数学中的一个基本概念，由集合中的任意元素所组成的若干有序偶对表示，用以反映客观事物间的一定关系，如数之间的大小关系、人之间的亲属关系、商品流通中的购销关系等。在自然界和社会中，关系无处不在；在计算机科学中，关系的概念也具有十分重要的意义。计算机的逻辑设计、编译程序设计、算法分析与程序结构、信息检索等，都应用了关系的概念。

关系模型的数据结构是一个“二维表格”组成的集合，每个二维表格又可称为关系。每个表格都是一组记录或记录的列表，表格里的所有记录都具有同一种记录类型。表格的每一行等同于一个记录，它们有时被称为元组。表格的每一列等同于一个字段，有时也称为属性。图 7-5 给出了教师关系、课程关系及教师—课程之间关系的数据模型。

教 师	部 门
王 丽	IA
刘 军	IA
赵晓平	IC
李 虹	IE

教师关系

课程	教 师
IS012	王 丽
IS120	王 丽
IS301	刘 军
IS128	赵晓平
IS215	赵晓平
IS234	赵晓平
IS327	李 虹

教师—课程关系

课程	教 室
IS012	B-103
IS120	B-129
IS301	B-136
IS128	B-230
IS215	B-334
IS234	E-012
IS327	E-112

课程关系

图 7-5　关系数据模型

关系数据模型的特征是：

(1) 描述的一致性，不仅用关系描述实体(现实世界客观存在的并可相互区分的事物)本身，而且也用关系描述实体之间的联系。

(2) 可直接表示多对多的关系。

(3) 关系中的每个属性是不可分的数据项。

(4) 关系模型是建立在数学概念基础上的，有较强的理论基础。

由于关系模型既简单、又有坚实的数学基础，因此一经提出，立即引起学术界和产业界的广泛重视，从理论与实践两方面对数据库技术产生了强烈的冲击。在关系模型提出之后，以前的基于层次模型和网状模型的数据库产品很快走向衰败以至消亡，一大批商品化关系数据库系统很快被开发出来并迅速占领了市场。

7.3 SQL 语 言

增加记录、查找信息以及更新数据都是数据库使用的重要方面。虽然人们通常都是通过非常简单的交互界面、以方便的方式来访问数据库的，但实际上对数据库的查询和操作是通过查询语言完成的，只不过这些用户界面将用户与复杂的查询语言屏蔽开来了(参见图 7-6)。

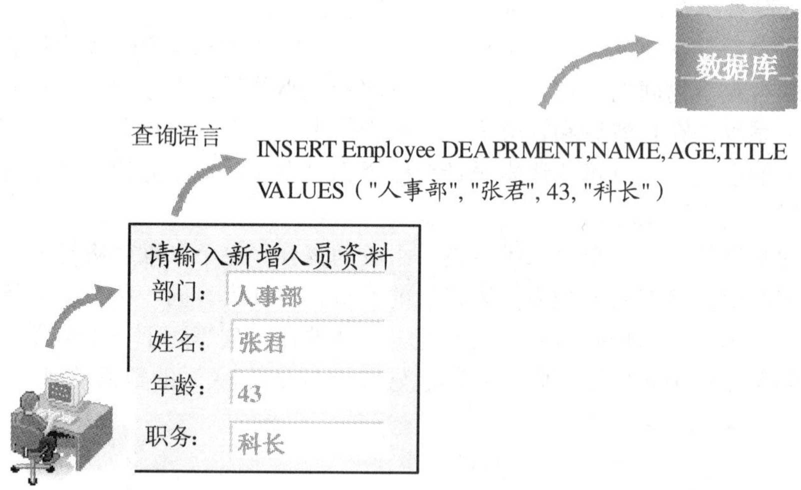

图 7-6 基于表单的用户界面

SQL(Structured Query Language，结构化查询语言)就是一种查询语言。SQL 最早是IBM 为其关系数据库管理系统 SYSTEMR 开发的一种查询语言，其前身是 SQUARE 语言。SQL 语言结构简洁，功能强大，简单易学，所以自从 IBM 公司 1981 年推出以来，得到了广泛的应用。如今无论是像Oracle、Sybase、Informix、SQL server 这些大型的数据库管理系统，还是像 ACCESS、PowerBuilder 这些微机上常用的数据库开发系统，都支持 SQL 语言作为查询语言。SQL 后来被许多数据库软件公司接受而成为了业内的一个标准。

SQL 集数据查询语言(DQL)、数据操纵语言(DML)、数据定义语言(DDL)和数据控制语言(DCL)为一体，是一种描述性的非过程化语言。它功能强、效率高、简单易学、易维护。

然而 SQL 语言由于具有以上优点，同时也出现了这样一个问题：由于它是非过程性语言，即大多数语句都是独立执行的，与上下文无关，而绝大部分应用都是一个完整的过程，因此用 SQL 完全实现这些功能是很困难的。所以大多数数据库公司为了解决此问题，作了如下两方面的工作：① 扩充 SQL，在 SQL 中引入过程性结构；② 把 SQL 嵌入到高级语言中，以便一起完成一个完整的应用。

7.3.1　SQL 的关键字

建立数据库的目的就是要查询数据，因此可以说数据库查询是数据库的核心操作。SQL 查询语言提供了一组专用的命令字作为 SQL 关键字，如 SELECT、FROM、INSERT、WHERE 等。这些关键字能够向数据库发出命令。尽管所给例子中的关键字都使用大写字母，但大多数 SQL 执行时既能接受大写关键字，又能接受小写关键字。

大多数 SQL 查询可以分为三部分，它们分别规定了行为、数据库表的名称以及一组参数。

1．行为

SQL 查询通常以一个指定操作的关键字或命令开始。例如，关键字 DELETE 表示从表中移除记录。表 7-1 列出了一些最常用的 SQL 关键字。

表 7-1　SQL 常用关键字

关键字	描　述	示　　例
CREATE	创建数据库或表	CREATE TABLE Student
DELETE	从表中移除记录	DELETE FROM Student WHERE 学号="999"
INSERT	添加记录	INSERT INTO　Student　VALUES("999", "王丽","女")
SELECT	查找记录	SELECT FROM Student WHERE 姓名="王丽"
UPDATE	更改字段中的数据	UPDATE Student SET 姓名="王霞" WHERE 学号="999"

2．数据库表的名称

SQL 命令字(如 USE、FROM 或 INTO)可以指定要访问的表的名称。例如 FROM Student 说明想要使用的是 Student 表，而 DELETE FROM Student 则表明要在表 Student 中删除某些内容。

3．参数

参数指的是命令的详细说明规范。WHERE 等关键字通常用在 SQL 从句的开头，这个从句中包含有命令的参数。例如 DELETE FROM Student WHERE 学号="999"，表明要从 Student 表中移除学号为 "999" 的记录。

7.3.2　SQL 查询

查询是对已建立的数据库表的数据进行检索的操作。如果我们已建立了以下的学生信息表(如表 7-2 所示)，那么就可以对这张表进行各种查询操作了。

表 7-2 学生信息表(Student)

学号	姓名	性别	年龄	班级
107	曾华	男	09/01/90	08011
106	刘虹	女	08/23/90	08011
109	赵君锋	男	11/09/89	08012
112	王芳	女	02/16/90	08011
124	孙晓刚	男	03/12/90	08013
116	郭冰	男	05/26/89	08012

数据库客户端软件可以使用如下的查询：

```
SELECT 姓名，年龄，班级 FROM Student
WHERE 性别="男"
```

这个查询的结果是列出所有男生的姓名、年龄和班级。而下面的查询的结果则是找出0811班的所有女生：

```
SELECT 姓名，年龄 FROM Student
WHERE 性别="女" and 班级="0811"
```

7.3.3 SQL 更新

SQL 中的数据更新包括插入数据、修改数据和删除数据。

如果要在数据库表 Student 中增加一个同学的记录，那么可以使用如下 SQL 命令：

```
INSERT Student
VALUES ("134","程功","男","07/11/90","0813")
```

可以利用 UPDATE 关键字更新表中的记录。例如：

```
UPDATE Student SET 班级="0812"
WHERE 姓名="刘虹"
```

其中，UPDATE 子句指出进行记录修改的表的名称，SET 字句指出将被更新的字段及新值。

SQL 查询语言不仅能对某一个数据库表进行查询操作，还可以完成复杂的连接查询(涉及多个表)和嵌套查询。

7.4 数据库设计

在一个设计良好的数据库中，数据可以被灵活地使用，来为决策执行生成及时的、有意义的和准确的信息，否则会导致数据库杂乱无章、记录丢失以及数据不准确。

好的数据库设计的目标是存储的信息易于访问和维护，同时尽可能占用较少的存储空间。

目前数据库系统主要采取的是以逻辑数据库设计为核心的规范化设计方法。其中逻辑数据库设计是根据用户要求和特定数据库管理系统的具体特点，以数据库设计理论为依据，设计数据库的全局逻辑结构和每个用户的局部逻辑结构的。物理数据库是在逻辑结构确定之后设计的，它包括数据库的存储结构及其他实现细节。

在本节中，我们只是简单讨论关系数据库设计中的几个关键的设计原则。

7.4.1　定义字段

构建关系数据库的第一步是要确定应收集和存储什么样的数据。为了做到这一点，设计者必须进行需求分析，要充分调查、收集与分析用户在数据管理中的信息要求、处理要求、安全性与完整性要求。例如可以去咨询数据库的使用者，了解并汇集目前可获取的数据，以及最终生成屏幕输出或打印报表所需要的数据。

数据库的设计者确定了需要存储什么数据之后，下一步就要确定数据库结构。数据库结构指的是数据库中的字段、表及关系的组织，即要考虑所要存储的数据将组织成哪些字段，这些字段将存放在几个表中，表与表之间的关系是什么。

选取哪些字段来描述数据，要考虑两方面的问题：一方面要根据常识及考虑用户将会如何访问这些数据；另一方面就是要考虑将对数据库中的哪些数据进行查询、分类和计算，这些数据都应是字段中的数据。例如在建立学生基本信息数据库时，学生的姓名、性别、年龄等可作为关系表中的字段，如果数据库还将处理学生的成绩，那么根据具体的应用要求，还需选择相关的课程成绩作为数据库中的字段。

在各字段中能够唯一标识一个记录数据的字段称为主关键字。设计者通过主关键字使数据库中的每个记录都是唯一的。例如通常将学生的学号、银行客户的账号等字段作为主关键字。

那么字段中的数据用什么数据类型来描述呢？从技术角度看，数据类型指定了数据在磁盘和 RAM 中的描述方式；从使用者角度看，数据类型确定了数据的操作方式。在设计数据库时，每个字段都指定了一种数据类型。表 7-3 列出了几种常用的数据类型。

表 7-3　常用的数据类型

数据类型	描　述	数据示例
整数	整数	120
实数	含小数位的数字	12.25
日期	月、日、年	8/08/2008
文本	字母或数字	Number 1234
逻辑	真/假	Y
备注	不定长的文本	2008 北京奥运
超链接	Internet 上网页和其他资源的地址	www.sina.com

整数类型用于描述数字字段，如数量、人数、重复次数等；实数类型用于需要小数位的情况，如价格、百分比等；日期类型用于存储日期；文本类型通常指定给存储字符数据

的定长字段，如人名、地名、标题等；备注类型能够提供用户输入注释的不定长字段；逻辑类型(也称布尔型)用最少的存储空间存储真/假或是/非，如一本图书已借出时，这个字段为 Y，没有借出时字段为 N；超链接类型存储了能从数据库直接链接到网页的 URL，如某个唱片公司数据库的超链接字段中存储的数据可能会提供一家音乐网站的链接。

7.4.2 规范化

数据库设计者使用一种称为规范化的过程来创建可以节省存储空间、提高处理效率的数据库结构。规范化就是对数据库数据进行有效组织的过程。规范化过程的两个主要目的是：消除冗余数据(如把相同的数据存储在超过一个表里)和确保数据的依赖性处于有效状态(相关数据只存储在一个表里)。这两个目标的实现很有意义，因为能够减少数据库和表的空间消耗，并确保数据存储的一致性和逻辑性。

国际数据库界制定了一系列构建数据库必须遵循的特殊规则，以确保数据库的规范化。在关系数据库里，这种规则就是范式。在数据库的世界里用数字来定义不同级别的范式，由低到高共分为五种：第一范式(简称 1NF)、第二范式(2NF)、第三范式(3NF)、第四范式(4NF)和第五范式(5NF)。第一范式需要满足的要求最低，第二范式在第一范式的基础上增加了更多的要求，以此类推。在实际应用当中，最常见的是第一范式、第二范式和第三范式。下面我们通过一个具体的例子来说明关系数据库的规范化。

例如，某个考试招生单位有关考生、考点情况的汇总表包括考生号码、考生姓名、考生地址、考点代号、考点负责人姓名、考试课程代号、考试课程名称、考试成绩等内容，如表 7-4 所示。

表 7-4　考生、考点情况汇总

考生号码	考生姓名	考生地址	考场代号	考场负责人姓名	考试课程代号	考试课程名称	考试成绩
080001	张平	西安市	001	鲁进	001	英语	85
					002	数学	76
					003	政治	92
080105	刘凯	宝鸡市	003	关兴中	001	英语	83
					004	历史	68
					005	地理	95
080308	王湘	铜川市	015	文建军	006	日语	94
					004	历史	86
					005	地理	79

表 7-4 中的课程代号、课程名称和考试成绩构成了重复组，这样在存取某一考生的某门考试课成绩时，需要检索该记录及识别所需的重复组。这样的一张表就是一个非规范化的关系，或者说不能用作关系数据模型的表。

如果对上面的汇总表消除重复组，如表 7-5 所示，这样的表就成为符合第一范式的关系模式。

表 7-5　满足第一范式的关系模式

考生号码	考生姓名	考生地址	考场代号	考场负责人姓名	考试课程代号	考试课程名称	考试成绩
080001	张平	西安市	001	鲁进	001	英语	85
080001	张平	西安市	001	鲁进	002	数学	76
080001	张平	西安市	001	鲁进	003	政治	92
080105	刘凯	宝鸡市	003	关兴中	001	英语	83
080105	刘凯	宝鸡市	003	关兴中	004	历史	68
080105	刘凯	宝鸡市	003	关兴中	005	地理	95
080308	王湘	铜川市	015	文建军	006	日语	94
080308	王湘	铜川市	015	文建军	004	历史	86
080308	王湘	铜川市	015	文建军	005	地理	79

但是在表 7-5 中仍然存在一些问题：

(1) 数据有较大的冗余度。考生号码、考生姓名、考生地址、考点代号、考点负责人姓名等数据重复存储。这样一方面多占用了存储空间，另一方面也为数据库的修改带来了困难。例如要更改一个考点的负责人的姓名，就要逐一修改多个不同的记录。

(2) 如果某门课程已设立，但暂无学生选考这门课，则无法将该课程的信息存入数据库中。

(3) 在删除一个考点的所有考生信息时，考点的信息也将被去掉。

为了克服以上缺点，必须对上述的关系模式进行进一步的规范化，即将表 7-5 分解为三个关系模式，如图 7-7 所示，使之满足第二范式。

考生号码	考生姓名	考生地址	考场代号	考场负责人姓名
080001	张平	西安市	001	鲁　进
080105	刘凯	宝鸡市	003	关兴中
080308	王湘	铜川市	015	文建军

(a) 考生与考点关系模式

考试课程代号	考试课程名称
001	英语
002	数学
003	政治
004	历史
005	地理
006	日语

(b) 考试课程关系模式

考试课程代号	考生号码	考试成绩
001	080001	85
001	080105	83
002	080001	76
003	080001	92
004	080105	68
004	080308	86
005	080105	95
005	080308	79
006	080308	94

(c) 考生与课程关系模式

图 7-7　满足第二范式的关系模式

满足第二范式的关系模式解决了第一范式中的部分问题，但仍存在以下问题：

(1) 如果考点已建立，但还没有启用，则无法将考点信息插入。

(2) 仍存在数据冗余，当改变某考点负责人姓名时，要对该考点的所有考生记录逐一修改，不仅麻烦而且容易破坏数据的完整性，同时也浪费了存储空间。

因此，可以对以上的关系表格再进行规范化，形成如图 7-8 所示的满足第三范式的关系表格。

考生号码	考生姓名	考生地址	考场代号
080001	张平	西安市	001
080105	刘凯	宝鸡市	003
080308	王湘	铜川市	015

(a) 考生关系模式

考场代号	考场负责人姓名
001	鲁进
003	关兴中
015	文建军

(b) 考点关系模式

考试课程代号	考试课程名称
001	英语
002	数学
003	政治
004	历史
005	地理
006	日语

(c) 考试课程关系模式

考试课程代号	考生号码	考试成绩
001	080001	85
001	080105	83
002	080001	76
003	080001	92
004	080105	68
004	080308	86
005	080105	95
005	080308	79
006	080308	94

(d) 考生与课程关系模式

图 7-8　第三范式关系模式

第三范式的关系模式可以消除前面所存在的插入、删除异常及数据冗余问题，这样的关系模式已基本能满足一般应用的要求。

7.4.3　组织记录

数据库中的记录可以按照不同的方式组织起来，但没有一种组织方式能够满足所有人的需求，因此数据表可以根据具体应用以多种方式进行分类。

表的排序次序是记录在磁盘上的存储顺序。排序表通常能够生成快速的查询和更新，因为它们利用了能够快速定位记录的算法。在排序表中，新记录插入后表中记录依旧维持原来的次序。如果没有指定排序次序，新记录被插入文件的末尾，这样做的结果是文件没有任何特定的顺序。在未排序数据库内查询和更新都很慢，因为查询一个未排序表的唯一算法是顺序查看每个记录。

大部分 DBMS 都使用排序键来确定记录的存储顺序。表的排序键是用来决定表中记录的排列顺序的一个或几个字段。一个表一次只能有一个排序键，但是排序键是可以更改的，只是更改排序键会花费较长的时间，因为这意味着要对磁盘上的记录进行物理重排序。

7.5　常见的数据库管理软件

7.5.1　Microsoft Access 2007 数据库

Microsoft Access 是 Office 办公套件中一个极为重要的组成部分。刚开始时微软公司是将 Access 单独作为一个产品进行销售的，后来微软发现如果将 Access 捆绑在 Office 中一起发售，将带来更加可观的利润，于是第一次将 Access 捆绑到 Office 97 中，成为 Office 套件中的一个重要成员。现在它已经成为 Office 办公套件中不可缺少的部件了。自从 1992 年开始销售以来，Access 已经卖出了超过 6000 万份，现在它已经成为世界上最流行的桌面数据库管理系统。

微软公司通过大量的改进，将 Access 的新版本功能变得更加强大。Access 的版本有 Access 2000、Access 2002、Access 2003，目前最新的是 Access 2007(参见图 7-9 与图 7-10)。不论是客户订单数据、个人通讯录，还是大量科研数据，都可以用 Access 来进行管理。

图 7-9　Microsoft Office Access 2007 界面

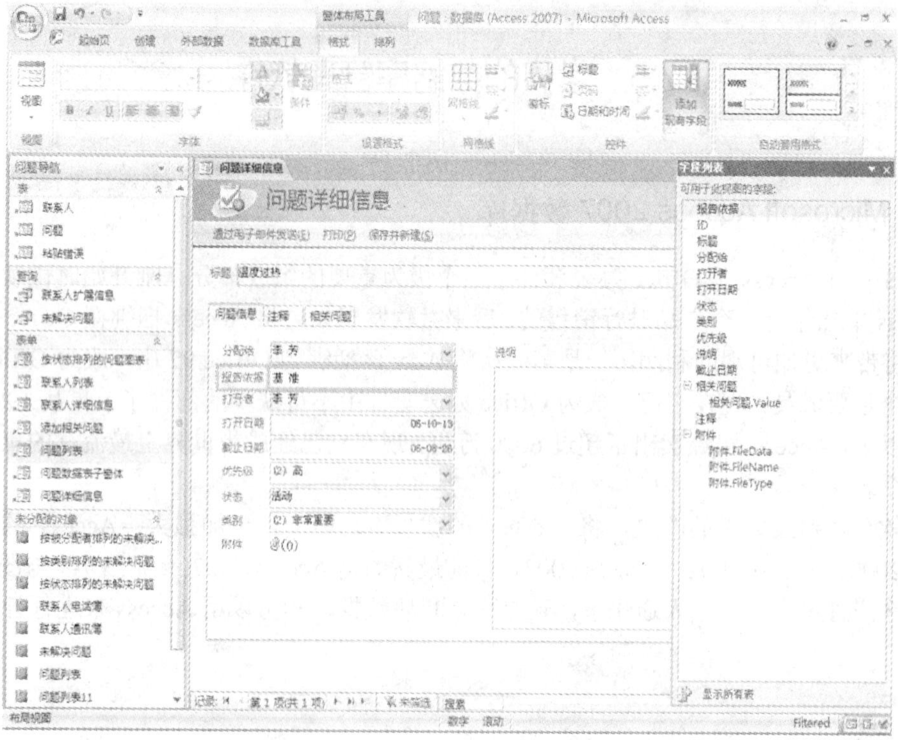

图 7-10　交互式设计模式在 Access 2007 中的编辑窗体是一种所见即所得的体验

Access 2007 凭借其 Microsoft Office Fluent 用户界面和无需深厚的数据库知识即可使用的交互式设计功能，可帮助用户轻松地跟踪和报告信息，快速掌握预建的应用程序，修改或改编这些应用程序以满足不断变化的业务需求。用户可通过电子邮件中的窗体收集信息或从外部程序导入数据。用户可创建和编辑详细报表，以便显示经过排序、筛选和分组的信息，这将有助于用户了解数据含义从而做出明智的决策。通过将 Office Access 2007 文件移动到 Windows SharePoint Services 网站，用户可与他人共享信息，审核修订历史记录，恢复删除的信息，设置数据访问权限和定期备份信息。

7.5.2　Microsoft SQL Server 数据库

Microsoft SQL Server 是一套完整的数据库和分析产品，可迅速提供下一代可扩展电子商务、各种业务和数据仓库解决方案。它完全支持 Web，通过 Web 可以查询、分析和处理数据。在 SQL Server 2000 中使用可扩展标记语言(XML)可以在松散耦合系统之间交换数据；从浏览器通过防火墙可方便而安全地访问数据，并可对有格式文档执行快速全文检索；分析和链接联机分析处理(OLAP)多维数据集，即使在 Web 上也是如此。

目前 SQL Server 的最新版本是 SQL Server 2005，这是一个全面的数据库平台，它使用集成的商业智能(BI)工具，提供了企业级的数据管理。SQL Server 2005 数据库引擎为关系型数据和结构化数据提供了更安全可靠的存储功能，使用户可以构建和管理用于业务的高可用和高性能的数据应用程序。此外 SQL Server 2005 结合了分析、报表、集成和通知功能，这使得用户的企业可以构建和部署经济有效的 BI 解决方案，帮助用户通过记分卡、

Dashboard、Web Services 和移动设备将数据应用推向业务的各个领域。表 7-6 列出了 SQL Server 2005 在企业数据管理方面的增强特性。

表 7-6　SQL Server 2005 在企业数据管理方面的增强特性

技　术	性　能
高可用性	SQL Server 2005 的失败转移集群和数据库镜像技术可确保企业向员工、客户和合作伙伴提交高度可靠的可用的应用系统
管理工具	SQL Server 2005 引进了一套集成的管理工具和管理应用编程接口(APIs)，以提供易用性及对大型 SQL Server 配置的支持
安全性增强	SQL Server 2005 旨在通过数据库加密、更加安全的默认设置、加强的密码政策和细化许可证控制以及加强的安全模型等特性，为企业数据提供最高级别的安全性
可伸缩性	SQL Server 2005 可伸缩性的先进性包括表格分区、复制能力的增强和 64 位支持

7.5.3　Oracle 数据库

Oracle 是在数据库领域一直处于领先地位的甲骨文公司(Oracle 公司，见图 7-11)的产品，是一个面向 Internet 计算环境的数据库。Oracle 关系数据库系统是目前世界上流行的关系数据库管理系统，其可移植性好，使用方便，功能强，是一种效率高、可靠性好的适应高吞吐量的数据库解决方案。Oracle 数据库一般用于中大型企业，如电信、移动、联通、医疗保险、邮政部门等。

图 7-11　美国 Oracle 公司总部一瞥

Oracle 的特点如下：

(1) 自 Oracle 7.X 以来引入了共享 SQL 和多线索服务器体系结构，减少了 Oracle 的资源占用，并增强了 Oracle 的能力，使之在低档软/硬件平台上用较少的资源就可以支持更多的用户，而在高档平台上可以支持成百上千个用户。

(2) 提供了基于角色(role)分工的安全保密管理。在数据库管理功能、完整性检查、安全性、一致性方面都有良好的表现。

(3) 支持大量多媒体数据，如二进制图形、声音、动画以及多维数据结构等。

(4) 提供了与第三代高级语言的接口软件，能在 C、C++等主语言中嵌入 SQL 语句及过程化语句，对数据库中的数据进行操纵。加上它有许多优秀的前台开发工具如 Power Build 等，可以快速开发生成基于客户端 PC 平台的应用程序，并具有良好的可移植性。

(5) 提供了新的分布式数据库能力，可通过网络较方便地读/写远端数据库里的数据，并具有对称复制的技术。

Oracle 10g 是业界第一个完整的、智能化的新一代 Internet 基础架构，是业界首个为网格计算而设计的数据库。较低的入门级定价使得 Oracle 成为大型企业、中小型企业和部门级的最佳选择，它有企业版、标准版、个人版、移动版等多种版本供用户选择。

2007 年 7 月 12 日，甲骨文公司在美国纽约宣布推出数据库 Oracle 11g，这是 Oracle 数据库的最新版本。据甲骨文公司介绍说，Oracle 11g 有 400 多项功能，经过了 1500 万个小时的测试，开发工作量达到了 3.6 万人/月。

习题

一、填空题

1．数据管理技术经历了________、________和________ 三个阶段。

2．数据库是长期存储在计算机内的、有组织的、可______的数据集合。

3. 数据库系统由________、________、________及________组成，其中__________是数据库系统的核心。

4．__________是数据库的结构框架。

5．层次模型不能表示____________的关系。

6．DBMS 的全称是__________________。

7．在各字段中能够唯一标识一个记录数据的字段称为 _________。

8．规范化过程的一个目标是将数据_________降低到最小。

9．为了对数据库中的记录快速查找，可将数据库中的记录进行 ________。

10．SQL 是为_______数据库开发的结构化查询语言。

11．SQL 语言集数据定义、数据操作、数据控制和 _________功能于一体。

12．关系数据模型是用_________来表示模型的数据结构。

13．若有关系表：图书(图书编号，书名，作者，出版社，出版日期，内容摘要)，其主关键字是____________。

二、简答题

1．什么是数据库？

2．数据库系统有什么特征？使用数据库系统有什么好处？

3．数据库系统可以分成哪几类？

4．层次模型、网状模型和关系模型各有什么特点？

5．你如何理解数据库设计中的规范化？

6．简述数据库系统在社会生活中的应用。

第三部分

计算机的实际应用

第 8 章 操作系统应用

8.1 微软视窗操作系统的发展历程

8.1.1 单调的黑白世界(MS-DOS)

1975 年 4 月 4 日美国微软(Microsoft)公司成立，1981 年 8 月 12 日，IBM 推出内含 Microsoft 的 16 位操作系统 MS-DOS 1.0 的个人电脑。MS-DOS 是 Microsoft Disk Operating System 的简称，即由微软开发的磁盘操作系统。在 Windows 95 以前，DOS 是兼容 PC 电脑的标准配置，而 MS-DOS 则是使用最为普遍的 DOS。MS-DOS 界面如图 8-1 所示。

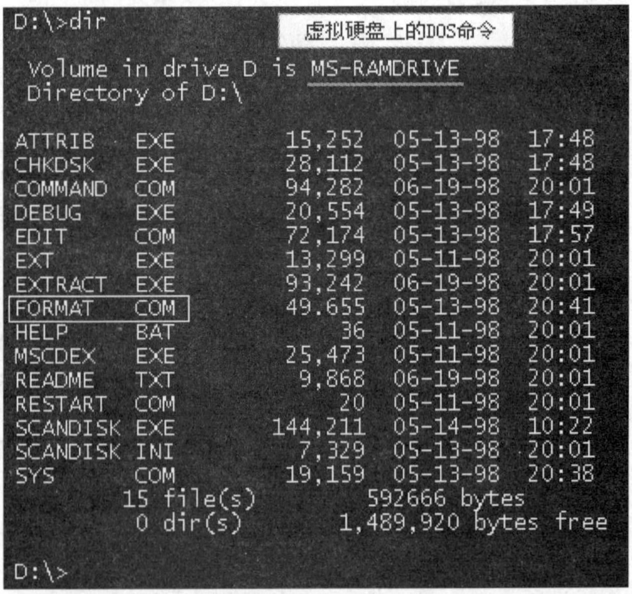

图 8-1 MS-DOS 界面

1983 年 11 月，Microsoft 发布其新产品——基于图形用户界面(GUI)的 Windows 视窗操作系统，宣告了 MS-DOS 时代将逐渐终结。而微软之所以青睐 GUI 系统，是因为 Apple (苹果)公司的第一个 GUI 操作系统 Apple Lisa 在该年诞生。虽然当时的 GUI 系统相当不完善，但商业触觉敏锐的微软公司准确地预测到 GUI 将成为未来操作系统的潮流，所以开始把目光从当时如日中天的 MS-DOS 系统转向了 Windows 系统，Windows 王朝正式拉开了序幕。

8.1.2　从黑暗到光明(Windows 1.0～3.x)

Microsoft Windows 1.0 是 Windows 系列的第一款产品，于 1985 年 11 月开始发行，最初售价 100 美元，但用户的反响并不好。当时最好的 GUI 操作系统是 Digital Research 公司的 GEM(Graphical Environment Manager，图形环境管理器)和 Quarterdeck 的 Desqview/X。

1987 年 12 月 9 日，Windows 2.0 发布，最初售价为 100 美元。该版本的 Windows 图形界面借鉴了同期的 Mac OS 中的一些设计理念，但这个版本依然没有获得用户的认同。之后又推出了 Windows 286 和 Windows 386 两个版本，性能有所改进，并为日后的 Windows 3.0 的成功作好了技术铺垫。

1990 年 5 月 22 日，Windows 3.0 正式发布(见图 8-2)，由于在人机界面、内存管理等多方面做了巨大改进，终于赢得用户的认可。微软公司再接再厉，于 1991 年 10 月发布了 Windows 3.0 的多语种版本，为 Windows 在全球的推广起到了重要作用。1992 年 4 月，Windows 3.1 发布，在 2 个月内销量就超过了一百万份，至此，微软走上了快速发展的道路。

图 8-2　Windows 3.0

8.1.3　色彩斑斓的年代(Windows 95/98/ME/2000/XP/2003/Vista)

1. Windows 95

Windows 95(见图 8-3)是 16/32 位混合的 Windows 系统，版本号为 4.0，于 1995 年 8 月 24 日发行。Windows 95 中的“开始”按钮和桌面上的工具条，一直保留到 Windows 后来所有的产品中。

图 8-3　Windows 95

Windows 95 的主要特点有：

(1) 带有更加友好的、面向对象的图形用户界面。

(2) 支持全 32 位高性能的多任务和多线程，内置了对 Internet 的支持。

(3) 更加高级的多媒体支持(声音、图形、影像等)。

(4) 即插即用，简化用户配置硬件操作，并避免了硬件上的冲突。

(5) 32 位线性寻址的内存管理。

(6) 良好的向下兼容性。

2. Windows 98

图 8-4 Windows 98

Windows 98(见图 8-4)是微软发行于 1998 年 6 月 25 日的 16/32 位混合的 Windows 操作系统，版本号为 4.1，开发代号为 Memphis。这个新的系统是基于 Windows 95 编写的，它改进了对硬件标准的支持，例如多媒体扩展(MMX)和加速图形接口(AGP)。其他特性包括对 FAT32 文件系统、多显示器、Web TV 的支持和整合了 Windows 图形用户界面的 Internet Explorer，这些称为活动桌面(Active Desktop)。1999 年 6 月 10 日，Windows 98 SE 发布，提供了 Internet Explorer 5、Windows Net Meeting 3、Internet Connection Sharing 以及对 DVD-ROM 和 USB 的支持。微软敏锐地把握住了即将到来的互联网络大潮，捆绑的 IE 浏览器最终在几年后敲响了网景公司的丧钟，同期也因为触及垄断和非法竞争等敏感区域而官司不断。Windows 98 是如此出色，以至在 10 年后的今天还有很多用户依然钟情于它。

微软对 Windows 98、Windows 98 SE 和 Windows ME 的支持已经在 2006 年 7 月 11 日停止。

Windows 98 的主要特点有：

(1) 添加了网页浏览器 Internet Explorer。

(2) 包含用于 Internet 通信的套装工具，包括电子邮件的 Outlook Express、网络视频会议 NetMeeting、网上信息发布 Netshow、网页制作 FrontPage 和个人 Web 服务器 Personal Web Server 等软件。

(3) 提供了 FAT 文件系统的改进版本 FAT32。

(4) 实现了完整的用户注册功能，可以支持更全面的多用户访问体系及提供用户级安全保证等。

Windows 98 系统要求：

(1) 486DX/66 MHz 或更高的 CPU。

(2) 16 MB RAM，150～295 MB 磁盘空间。

(3) CD-ROM 或 DVD-ROW 驱动器。

(4) 88.9 mm(3.5 英寸)软盘驱动器。

(5) VGA 或更高级的显示器。

(6) Windows 兼容的鼠标或类似设备。

3. Windows ME

图 8-5 Windows ME

Windows ME(Windows Millennium Edition，见图 8-5)是一个 16 位/32 位混合的 Windows 系统，由微软于 2000 年 9 月 14 日发行。其主要的修改是去除了 DOS，取而代之的是系统还原。Windows ME 是在 Windows 95 和 Windows 98 的基础上开发的。它还包括相关的小的改善，例如 Internet Explorer 5.5，与流行的媒体播放软件 RealPlayer 竞争的 Windows Media Player 7、Movie Maker 等。

4．Windows 2000

Microsoft Windows 2000(起初称为 Windows NT 5.0，见图 8-6)发行于 2000 年 12 月 19 日，是 Windows NT 系列的纯 32 位的视窗操作系统。Windows 2000 是主要面向商业的操作系统。

图 8-6　Windows 2000

Windows 2000 的主要特点有：

(1) 软件易用性和以前 Windows 98 等类似，系统界面更加美观。

(2) 在稳定性、安全性等方面取得了长足的进步，摆脱了 Windows 95/98 频繁死机的困扰。

(3) 作为 Windows NT 的升级版，网络管理功能大大增强。

(4) 硬件支持得到增强，Windows 2000 Professional 最多支持达 4 GB 的 RAM 和两路对称多处理器。

Windows 2000 Professional 的最低配置要求：

(1) 166 MHz Pentium 或以上级别微处理器(或同级别的兼容处理器)。

(2) 32 MB 内存(推荐 64 MB 内存，最高 4 GB)。

(3) 2 GB 硬盘，650 MB 的剩余空间。

(4) VGA 或更高分辨率的显示器。

(5) 键盘。

(6) Microsoft 鼠标或兼容的定点设置。

5．Windows XP

Windows XP(见图 8-7)是微软把所有用户要求集成为一个操作系统的尝试，和以前的 Windows 系统相比，其稳定性有所提高，而为此付出的代价是丧失了对基于 DOS 程序的支持。由于微软把很多以前是由第三方提供的软件整合到操作系统中，XP 受到了猛烈的批评。这些软件包括防火墙、媒体播放器(Windows Media Player)、即时通讯软件(Windows Messenger)以及它与 Microsoft Passport 网络服务的紧密结合，这被很多计算机专家认为是安全风险以及对个人隐私的潜在威胁。

图 8-7　Windows XP

Windows XP RTM(Release to Manufacturing)版于 2001 年 8 月 24 日正式发布，零售版于 2001 年 10 月 25 日上市。Windows XP 原来的代号是 Whistler，字母 XP 表示英文单词的“体验”(experience)。Windows XP 的外部版本是 2002，内部版本是 5.1(即 Windows NT 5.1)，正式版的 Build 是 5.1.2600。微软最初发行了两个版本：专业版(Windows XP Professional)和家庭版(Windows XP Home Edition)，后来又发行了媒体中心版(Media Center Edition)和平板电脑版(Tablet PC Editon)等。

专业版除了包含家庭版的一切功能外，还添加了新的为面向商业用户设计的网络认证、双处理器支持等特性，最高支持 2 GB 的内存，主要用于工作站、高端个人电脑以及笔记本电脑。家庭版的消费对象是家庭用户，用于一般个人电脑以及笔记本电脑，只支持单处理器，最低支持 64 MB 的内存(在 64 MB 的内存条件下会丧失某些功能)，最高支持 1 GB 的内存。

Windows XP 的主要特点有：

(1) 用户界面比以往的视窗系统更加友好。

(2) 充分考虑到了家庭联网方面的要求。

(3) 充分考虑了数码多媒体应用方面的要求。

(4) 硬件上又一次升级，使得运行速度再次加快。

(5) 充分考虑电脑的安全需要，内建了极其严格的安全机制，每个用户都可以拥有高度保密的个人特别区域。

Windows XP 的配置要求：

(1) 300 MHz 或更高的处理器，至少需要 233 MHz (单个或双处理器系统)，推荐使用 Intel Pentium/Celeron 系列、AMD K6/Athlon/Duron 系列或兼容的处理器。

(2) 128 MB RAM 或更高(最低支持 64 MB，可能会影响性能和某些功能)。

(3) 1.5 GB 可用硬盘空间。

(4) CD-ROM 或 DVD 驱动器，键盘和 Microsoft 鼠标或兼容的指针设备。

Windows XP 还陆续推出了两个补丁：

(1) Windows XP SP2。SP2 增设了众多安全保障功能。首先，增设了 Windows 防火墙，以增强对 PC 的保护，抵御病毒以及那些尝试通过 Internet 访问 PC 的入侵者。此外，未经用户的同意，大多数由 Web 站点弹出的浏览器窗口将被关闭。Outlook Express 支持新的附件管理器，它能够在用户打开附件时对其进行隔离，从而避免接收到不请自来的电子邮件消息。SP2 提供了增强无线支持特性，可以简化无线网络的搜索与连接。SP2 还包含了最新的 DirectX9.0C。

(2) Windows XP SP3。SP3 包含以前发布的所有 Windows XP 更新，包括安全更新和修补程序。其中还包括选择带外版本，以及少量新的增强功能，它们不会显著更改客户对操作系统的体验。

SP3 的主要新功能包括：黑洞路由侦测；网络访问保护；安全选项界面更详尽；增强的管理员安全和服务策略入口；内核模式加密模块；Windows 产品激活模式的改变。

6. Windows Server 2003

2003 年 4 月，Windows Server 2003 发布，在活动目录、组策略操作和管理、磁盘管理等方面，它针对服务器的功能作了较大改进，对.net 技术的完善支持进一步扩展了服务器的应用范围。一开始，该产品叫做“Windows .NET Server”，后改称“Windows .NET Server 2003”，最终改为“Windows Server 2003”，见图 8-8。

图 8-8　Windows Server 2003

7. Windows Vista

图 8-9 Windows Vista

Windows Vista(见图 8-9)是微软公司开发的代号为 Longhorn 的下一代视窗操作系统的正式名称，它是继 Windows XP 和 Windows Server 2003 之后的又一重要的操作系统。该系统具有许多新的特性和技术。2005 年 7 月 22 日，微软正式公布了 Windows Vista。

Windows Vista 的主要特点有：

(1) 使用 NGSCB(新一代安全运算基础) Initiative 的技术，彻底改进了安全性能。

(2) 全新的基于数据库技术的文件系统 WinFS，但同时 NTFS 文件系统也将保留。

(3) GDI 界面将会被放弃，推出基于 DirectX(也许将来不称为 DirectX，而是 My Game)技术的全新用户界面技术。操作系统的每个窗口都支持 32 位色深、Z-Buffered、3D 界面。

(4) 基于 XAML(扩展应用标记语言)的全新演示和 UI 设计子系统，开发代码为“Avalon”。

(5) 开发代码为“Indigo”的全新通信架构，这是增强和集成版本的 Microsoft.NET Framework。

Windows Vista 的基本配置要求：

(1) 吉赫兹 32 位(x86)或 64 位(x64)处理器。

(2) 1 GB 系统内存。

(3) DirectX 9 图形支持，WDDM 驱动程序，至少 128 MB 图形内存，Pixel Shader 2.0，32 位/像素。

(4) 40 GB 硬盘容量，15 GB 可用空间。

(5) DVD-ROM 驱动器。

(6) 音频输出能力。

(7) Internet 访问能力。

8. Windows 7

图 8-10 Windows 7

按照 Microsoft-watch.com 的报道，Windows Vista 之后的下一代操作系统代号为“Fiji(斐济)”，不过后来改称“Vienna(维也纳)”。然而从最新的消息来看，Vista 之后的操作系统将更名为“Windows 7”，见图 8-10。新操作系统采用了类似于 iPhone 的多点触摸技术。根据目前的设计，Windows 7 的风格与苹果的 Mac OS X 操作系统比较类似。Windows 7 预计在 2009 年面世，将会为用户提供更多全新而便捷的服务。

8.2 Windows XP 操作系统的介绍与设置

8.2.1 中文版 Windows XP 的安装

中文版 Windows XP 的安装过程非常简单，它使用高度自动化的安装程序向导，用户不需要做太多的工作，就可以完成整个安装工作，如图 8-11 所示。首先插入光盘，设置所需文件的正确路径，找到相应的安装文件，双击打开。其安装过程可分为收集信息、动态更新、准备安装、安装 Windows、完成安装五个步骤。

图 8-11　“欢迎使用 Windows 安装程序”对话框

接下来按照提示逐步进行操作，经过接受许可协议、输入序列号、复制文件等步骤，安装完成，系统会自动重新启动，然后用户就可以进入中文版 Windows XP 的界面了。

8.2.2　认识与操作 Windows XP

1．桌面与图标

“桌面”就是在用户启动计算机登录到系统后看到的整个屏幕界面，它是用户和计算机交流的窗口。通过桌面，用户可以有效地管理自己的计算机。中文版 Windows XP 桌面有着更加漂亮的画面、更富个性的设置和更为强大的管理功能。

“图标”是指在桌面上排列的小图像，它包含图形、说明文字两部分，如果用户把鼠标放在图标上停留片刻，桌面上会出现对图标所表示内容的说明或者是文件存放的路径，双击图标就可以打开相应的内容。

右键单击桌面上的空白处，在弹出的快捷菜单中可以选择排列图标、新建和查看桌面属性等命令，如图 8-12 所示。

右键单击图标，在弹出的快捷菜单中可以选择重命名、删除和查看属性等操作，如图 8-13 所示。

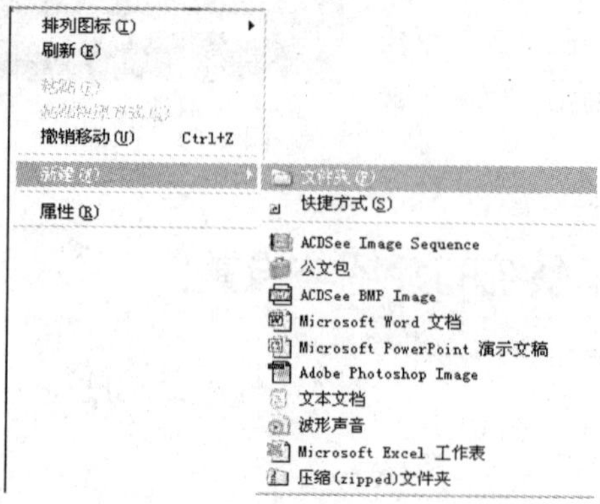

图 8-12　右击桌面弹出的快捷菜单

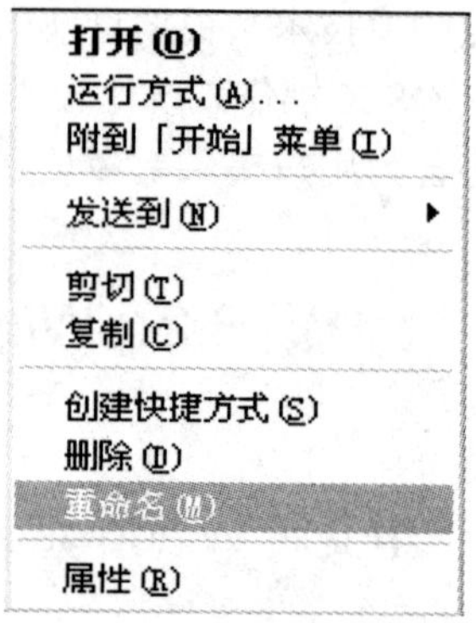

图 8-13　右击图标弹出的快捷菜单

2. 任务栏

任务栏是位于桌面最下方的一个狭长的矩形条，能够显示系统正在运行的程序和打开的窗口、当前时间等内容，用户通过任务栏可以完成许多操作，而且也可以对它进行设置。

1) 任务栏的组成

任务栏可分为“开始”菜单按钮、快速启动工具栏、窗口按钮栏和通知区域等几部分，如图 8-14 所示。

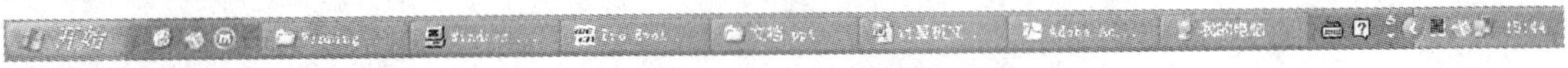

图 8-14　任务栏

(1) “开始”菜单按钮：单击此按钮，可以打开“开始”菜单。

(2) 快速启动工具栏：由一些程序的图标组成，单击可以快速启动该程序。

(3) 窗口按钮栏：当用户启动某项应用程序而打开一个窗口后，在任务栏上会出现相应的有立体感的按钮，表明当前程序正在被使用。

(4) 语言栏：在此用户可以选择各种输入法。语言栏可以最小化，以按钮的形式在任务栏显示；单击右上角的还原按钮，它也可以独立于任务栏，悬浮在桌面上。

(5) 隐藏和显示按钮：按钮“<”的作用是隐藏不活动的图标和显示隐藏的图标。如果用户在任务栏属性中选择“隐藏不活动的图标”，系统会把最近没有使用过的图标隐藏起来。

(6) 音量控制器：通知区域小喇叭形状的按钮，单击它后会出现一个音量控制对话框，用户可以通过拖动上面的小滑块来调整扬声器的音量。

(7) 日期指示器：在任务栏的最右侧，显示了当前的时间，把鼠标在上面停留片刻，会出现当前的日期，双击后可打开“日期和时间属性”对话框，用户可以设置系统的时间和日期。

2) 自定义任务栏

用户在任务栏上的非按钮区域右击，在弹出的快捷菜单中选择“属性”命令，打开“任务栏和「开始」菜单属性”对话框，如图 8-15 所示。

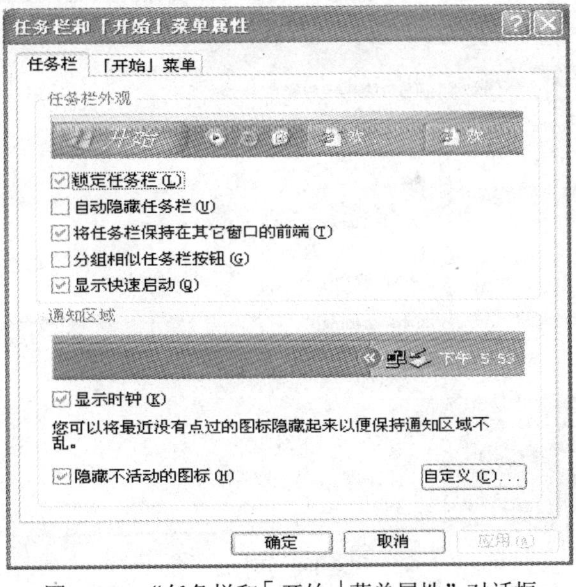

图 8-15　“任务栏和「开始」菜单属性”对话框

(1) 锁定任务栏：被锁定后，任务栏不能随意移动或改变大小。

(2) 自动隐藏任务栏：当用户不对任务栏进行操作时，它将自动消失；把鼠标放在任务栏位置，它会自动出现。

(3) 将任务栏保持在其他窗口的前端：如果用户打开很多的窗口，任务栏总是在最前端。

(4) 分组相似任务栏按钮：把相同的程序或相似的文件归类分组使用同一个按钮。这样避免在打开很多窗口时，按钮变得很小而不容易被辨认。使用时，只要找到相应的按钮组就可以找到要操作的窗口名称。

(5) 显示快速启动：选择后将显示快速启动工具栏。

(6) 显示时钟：选中后通知区域会显示系统时钟；否则不予显示。

8.2.3 窗口

当用户打开一个文件或者是应用程序时，都会出现一个窗口，窗口是用户进行操作时的重要组成部分。

1. 窗口的组成

在中文版 Windows XP 中有许多种窗口，其中大部分都包括了相同的组件，图 8-16 是一个标准的窗口，它由标题栏、菜单栏、工具栏等几部分组成。

(1) 标题栏：位于窗口的最上部，它标明了当前窗口的名称，右侧有最小化、最大化或还原以及关闭三个按钮。

(2) 菜单栏：在标题栏的下面，它提供了用户在操作过程中要用到的各种访问途径。

(3) 工具栏：包括一些常用的功能按钮，用户可以直接从上面选择各种工具。

(4) 状态栏：它在窗口的最下方，显示了当前有关操作对象的一些基本情况。

(5) 工作区域：它显示了应用程序界面或文件中的全部内容。在中文版 Windows XP 系统中，窗口左侧新增加了链接区域，它以超链接的形式为用户提供了各种操作的便利途径。

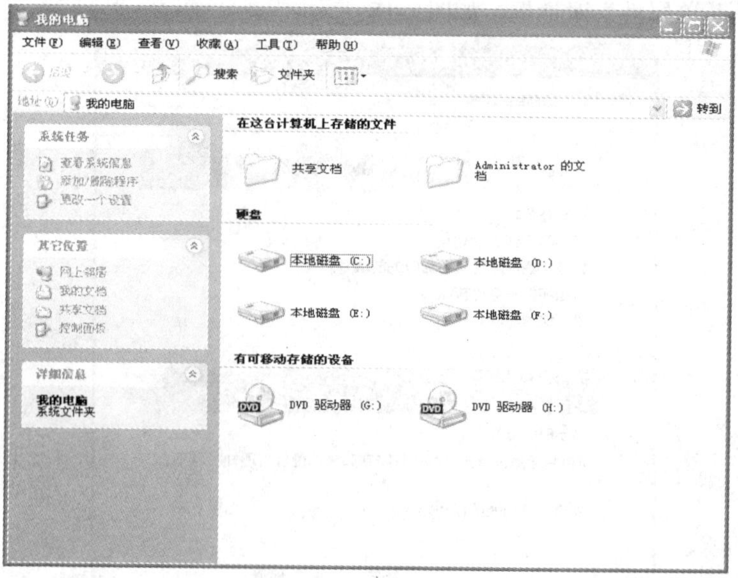

图 8-16　窗口

(6) “系统任务”选项：为用户提供常用的操作命令，其名称和内容随打开窗口的内容而变化。当选择一个对象后，在该选项下会出现可能用到的各种操作命令，可以在此直接进行操作，而不必在菜单栏或工具栏中进行，这样会提高工作效率，其类型有“文件和文件夹任务”、“系统任务”等。

(7) “其它位置”选项：以链接的形式为用户提供了计算机上其他的位置，在需要使用时，可以快速转到有用的位置，打开所需要的其他文件，例如“我的电脑”、“我的文档”等。

(8) “详细信息”选项：该选项中显示了所选对象的大小、类型和其他信息。

2．窗口的操作和排列

窗口操作在 Windows 操作系统中是很重要的，用户可以通过鼠标使用窗口上的各种命令来进行操作，还可以通过键盘来使用快捷键操作。窗口基本的操作包括打开、缩放、移动等。

若用户在对窗口进行操作时打开了多个窗口，而且需要全部处于全显示状态，这就涉及到排列的问题。在任务栏上的非按钮区右击，弹出一个快捷菜单，有三种排列方案可供选择，分别是层叠窗口、横向平铺窗口和纵向平铺窗口。图 8-17 所示为纵向平铺窗口。

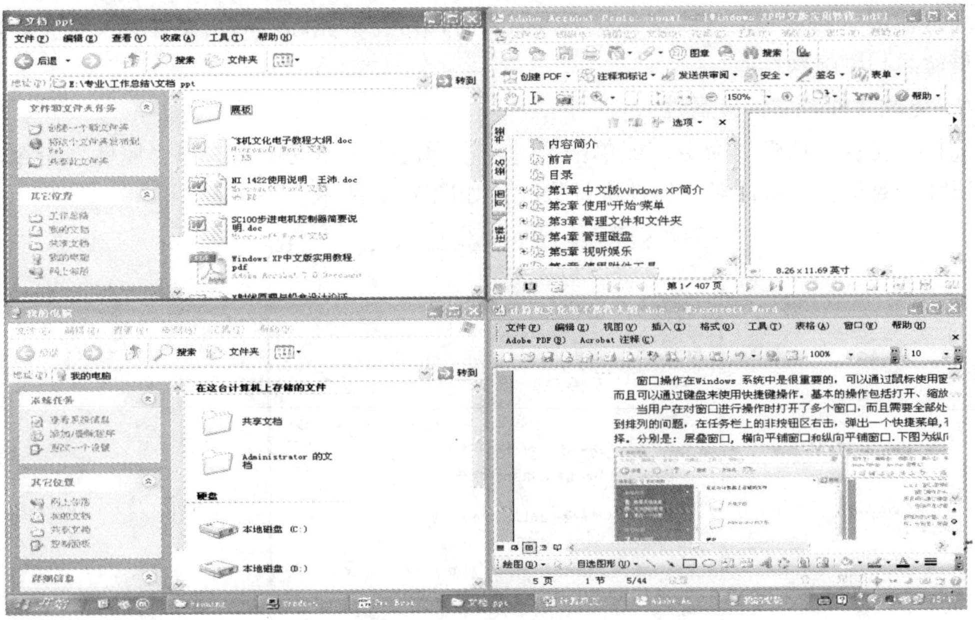

图 8-17　纵向平铺窗口

8.2.4　文件和文件夹

文件是用户赋予了名字并存储在磁盘上的信息的集合，既可以是用户创建的文档，也可以是可执行的应用程序或一张图片、一段声音等。文件夹是系统组织和管理文件的一种形式，是为方便用户查找、维护和存储而设置的。

1．创建新文件夹

创建新文件夹可执行下列操作步骤：选择“文件｜新建｜文件夹”命令；或单击右键，

在弹出的快捷菜单中选择“新建 | 文件夹”命令即可新建一个文件夹。在新建的文件夹名称文本框中输入文件夹的名称，回车(按 Enter 键)或用鼠标单击其他地方即可。

2. 移动和复制文件或文件夹

有时用户需要将某个文件或文件夹移动或复制到其他地方以方便使用，这时就需要用到移动或复制命令。移动文件或文件夹就是将文件或文件夹放到其他地方，执行移动命令后，原位置的文件或文件夹消失，出现在目标位置；复制文件或文件夹就是将文件或文件夹复制一份，放到其他地方，执行复制命令后，原位置和目标位置均有该文件或文件夹。

移动和复制文件或文件夹的操作步骤如下：

(1) 选择要进行移动或复制的文件或文件夹。

(2) 单击“编辑 | 剪切 | 复制”命令，或单击右键，在弹出的快捷菜单中选择“剪切 | 复制”命令。

(3) 选择目标位置。

(4) 选择“编辑 | 粘贴”命令，或单击右键，在弹出的快捷菜单中选择“粘贴”命令。

3. 重命名和删除文件或文件夹

重命名文件或文件夹就是给文件或文件夹重新命名一个新的名称，使其可以更便于用户管理与使用。当有的文件或文件夹不再需要时，可将其删除。右击文件或文件夹，可以进行重命名和删除操作。

4. 更改文件或文件夹属性

选择“文件 | 属性”命令，或单击右键，在弹出的快捷菜单中选择“属性”命令，打开“属性”对话框，可以对其属性进行修改，如图 8-18 所示。

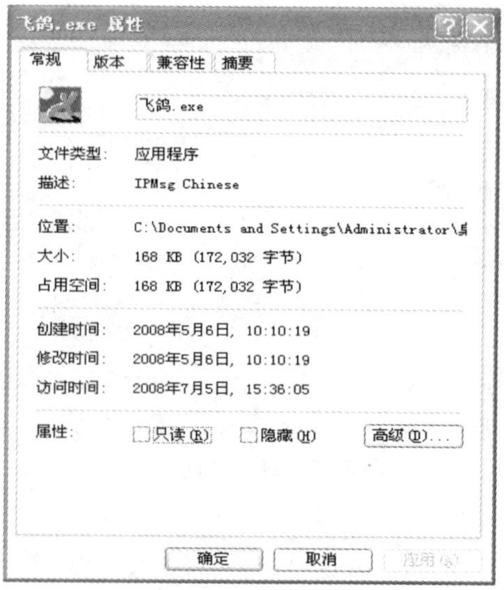

图 8-18　“属性”选项卡

5. 搜索文件和文件夹

有时候用户需要查看某个文件或文件夹的内容，却忘记了该文件或文件夹存放的具体位置或具体名称，这时用户可以使用 Windows XP 提供的搜索文件或文件夹功能查找该文件或文件夹，如图 8-19 所示。

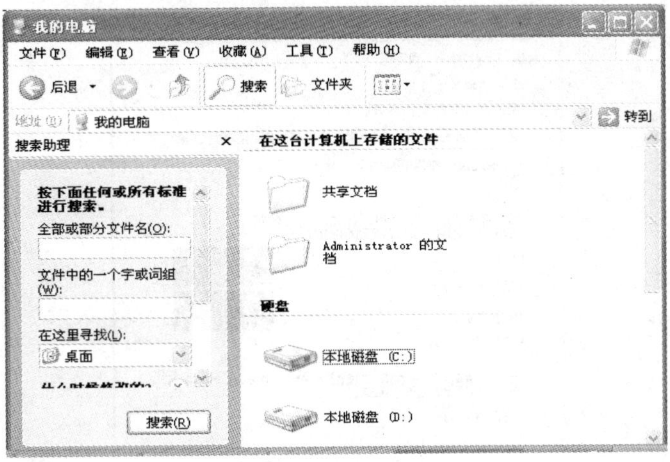

图 8-19　“搜索”功能窗口

6．设置共享文件夹

Windows XP 网络方面的功能设置更加强大，用户不仅可以使用系统提供的共享文件夹，也可以设置自己的共享文件夹，与其他用户共享自己的文件夹。系统提供的共享文件夹被命名为“Shared Documents”。双击“我的电脑”图标，在“我的电脑”对话框中可看到该共享文件夹。若用户想将某个文件或文件夹设置为共享，可选定该文件或文件夹，将其拖到“Shared Documents”共享文件夹中即可。

如果还想和网络邻居一起共享，在文件夹上单击右键，从弹出的菜单中选择“共享和安全(H)…”，然后在文件夹属性对话框的共享选项中，选中“在网络上共享这个文件夹”，如图 8-20 所示。共享后的文件夹图标会发生变化，见图 8-21。

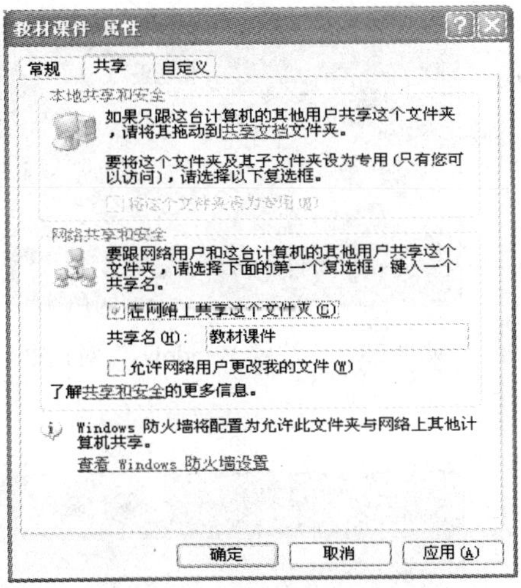

图 8-20　文件夹属性对话框

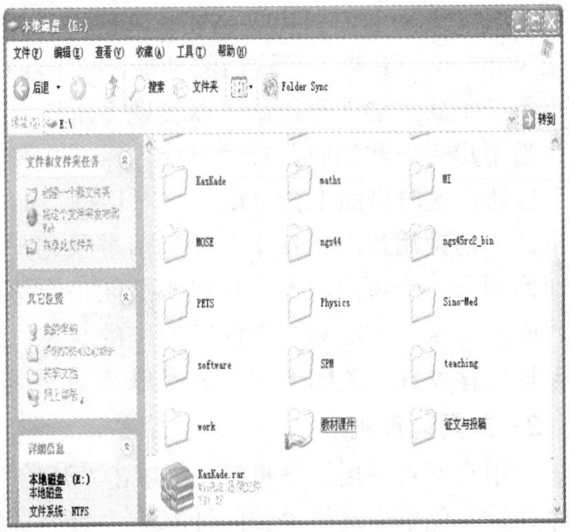

图 8-21　共享文件夹的图标

7．自定义文件夹

在 Windows XP 中提供了自定义文件夹功能，用户可以将文件夹定义成模板，或在文件夹上添加一个图片来说明该文件夹的内容，或者更改文件夹的图标以区分不同类型的文件，如图 8-22 所示。

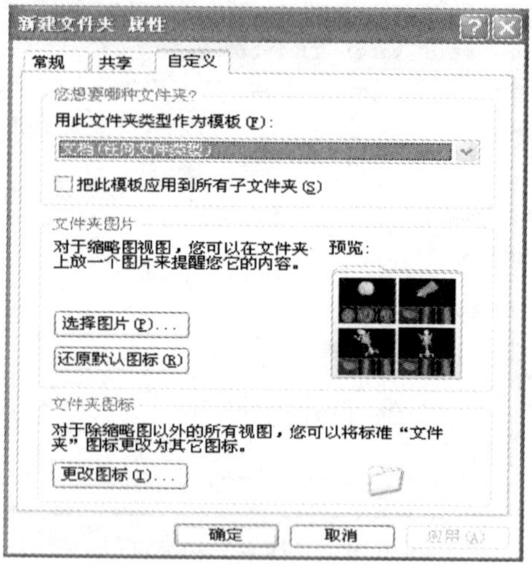

图 8-22 “自定义”选项卡

在文件夹属性对话框的自定义选项卡中有“您想要哪种文件夹”、“文件夹图片”和“文件夹图标”三个选项组，用户可以根据个人喜好进行设置。

8.2.5 Windows XP 的退出

当用户结束对计算机的操作时，一定要先退出 Windows XP 系统，然后再关闭电源，否则会丢失文件或破坏程序。如果用户在没有退出 Windows 系统的情况下就关机，系统将认为是非法关机，当下次再开机时，系统会自动执行自检程序。

1. Windows XP 的注销

为了便于不同的用户快速登录来使用计算机，中文版 Windows XP 提供了注销的功能，应用注销功能，用户不必重新启动计算机就可以实现多用户登录。

当用户需要注销时，在“开始”菜单中单击“注销”按钮，这时桌面上会出现一个对话框，如图 8-23 所示。“切换用户”指在不关闭当前登录用户的情况下切换到另一个用户，用户可以不关闭正在运行的程序，而当再次返回时系统会保留原来的状态。而“注销”将保存设置，关闭当前登录用户。

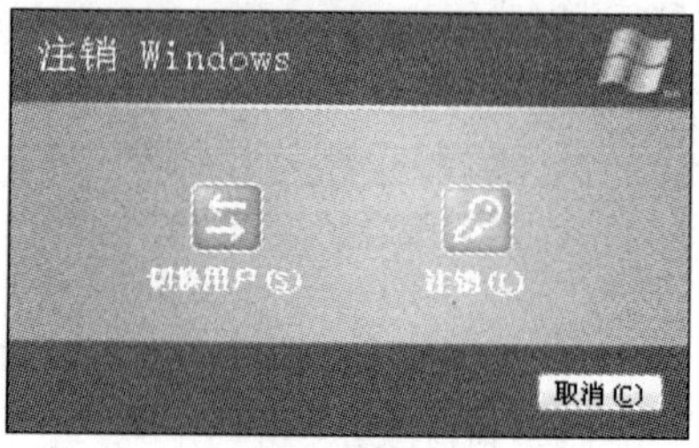

图 8-23 “注销 Windows”对话框

2. 关闭计算机

当用户不再使用计算机时，可单击“开始”按钮，在“开始”菜单中选择“关闭计算机”命令按钮，这时系统会弹出一个“关闭计算机”对话框，如图 8-24 所示。

(1) 待机：选择“待机”选项后，系统将保持当前的运行，计算机转入低功耗状态。当用户再次使用计算机时，在桌面上移动鼠标即可以恢复原来的状态。

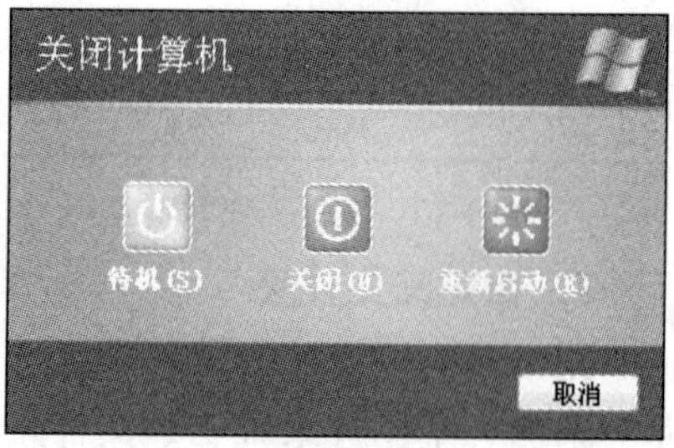

图 8-24 “关闭计算机”对话框

(2) 关闭：选择此项后，系统将停止运行，保存设置退出，并且会自动关闭电源。

(3) 重新启动：选择此项后将关闭并重新启动计算机。

可以看出 Windows XP 系统具有多窗口/多任务、直观、高效、界面友好等特点。

8.2.6　用户帐户管理

在实际应用中，多个用户共同使用一台计算机的情况经常出现，而每个用户的个人设置和配置文件等均会有所不同，这时用户可进行多用户使用环境的设置。这样，各用户以不同身份登录时，系统就会应用该用户身份的设置，而不会影响到其他用户。

单击“开始”按钮，选择“控制面板”命令，打开“控制面板”对话框。双击“用户帐户”图标，打开“用户帐户”之一对话框，如图 8-25 所示。

在该对话框中的选项组中可选择“更改用户”、“创建一个新用户”或“更改用户登录或注销的方式”三种选项。例如，若用户要进行用户帐户的更改，先要选择要更改的账户，比如“受限的帐户”，打开“用户帐户”之二对话框，如图 8-26 所示。

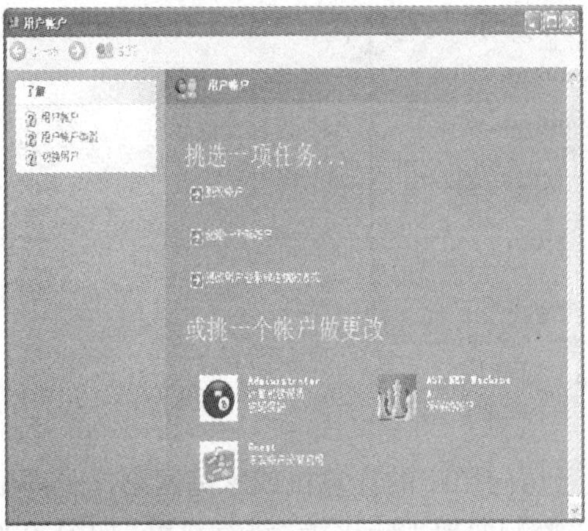

图 8-25　“用户帐户”之一对话框

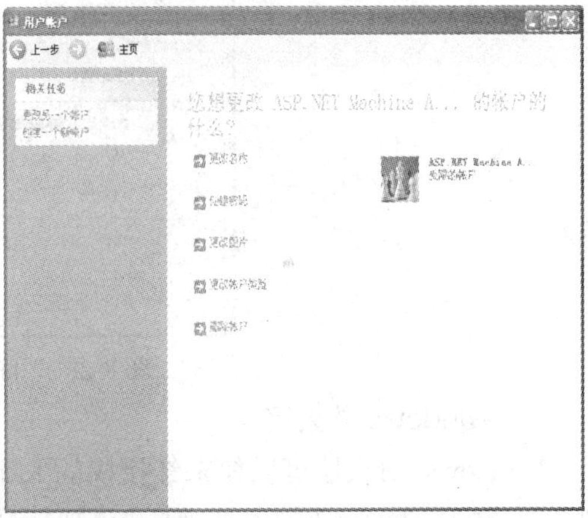

图 8-26　“用户帐户”之二对话框

用户可选择“创建密码”，之后会弹出“用户帐户”之三对话框，如图 8-27 所示。

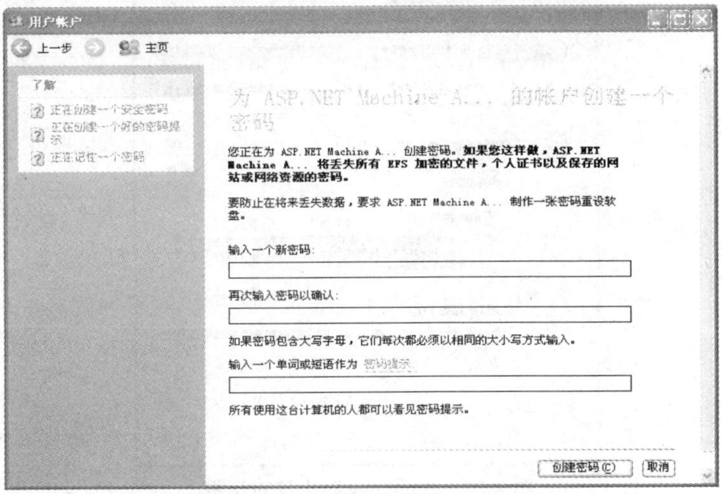

图 8-27　“用户帐户”之三对话框

在该对话框中输入密码及密码提示，单击“创建密码”按钮，即可创建登录该用户帐户的密码。

8.2.7 自动更新与防火墙

1. 自动更新

Windows 可以定期检查重要更新，并为用户安装它们。右击“我的电脑”，选择“属性”，点击“自动更新”选项，出现如图 8-28 所示的对话框。用户可选择开启或关闭“自动更新”功能。

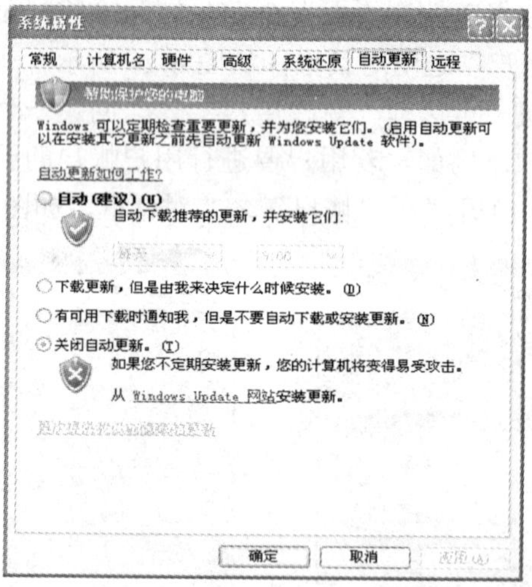

图 8-28 “自动更新”对话框

2. Windows 防火墙

Windows 防火墙可以使未经授权的人无法随意访问用户的计算机或家庭网络，从而限制或阻止来自 Internet 的各种破坏。该功能可通过“控制面板｜防火墙”进行设置，如图 8-29 所示。

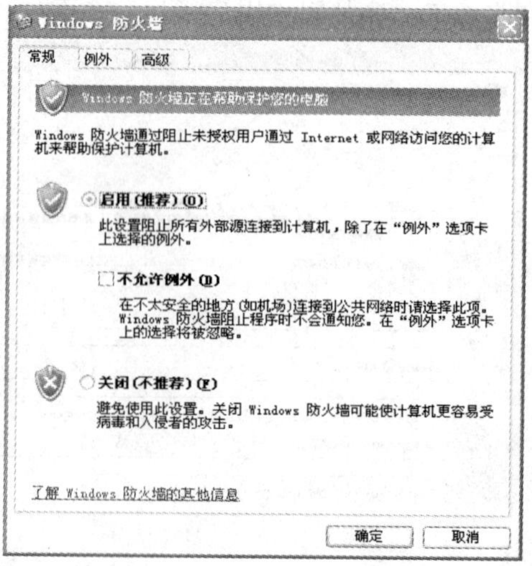

图 8-29 Windows 防火墙对话框

8.2.8　虚拟内存

虚拟内存是指把硬盘空间用作内存来弥补计算机物理内存 RAM 空间的缺乏。当物理内存用完后，虚拟内存管理器选择最近没有用过的、低优先级的内存部分写到交换文件上。这个过程对应用程序是隐藏的，应用程序把虚拟内存和实际内存看做是一样的。

在系统属性对话框内，选择“高级”选项卡，如图 8-30 所示。在此对话框中按下“性能”的“设置”按钮，将出现如图 8-31 所示对话框，对性能进行设置。选择“更改”按钮，对虚拟内存进行设置。虚拟内存设置的大小一般不超过物理内存的大小，再大的话，没什么实际意义。

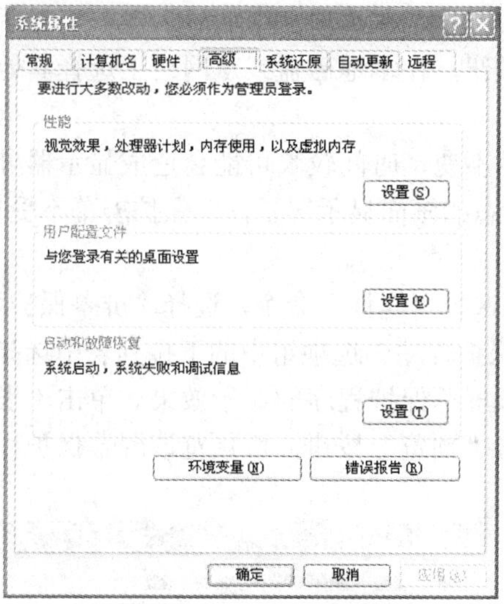

图 8-30　“高级”对话框之一

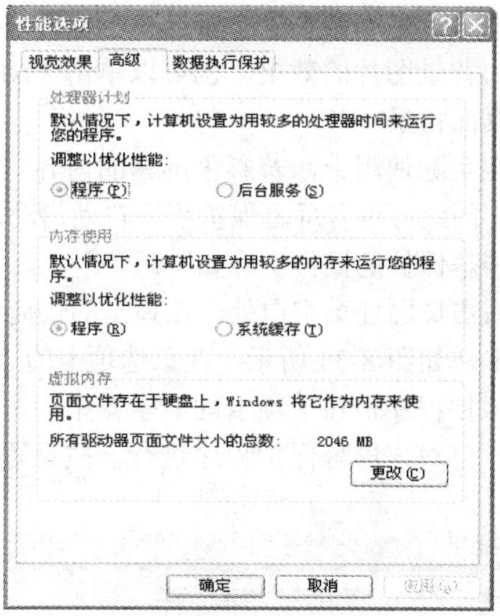

图 8-31　“高级”对话框之二

8.2.9　开机自动运行

用户若需要程序在开机时自动运行或取消某些程序在开机时运行，可以按如下步骤进行：选择“开始 | 运行”，输入“msconfig”回车，打开如图 8-32 所示的对话框，用户可根据需要进行设置。

图 8-32　“开机自动运行”对话框

8.2.10　系统视觉效果

1. 设置桌面背景及屏幕保护

桌面背景就是用户打开计算机进入 Windows XP 操作系统后，所出现的桌面背景颜色或图片。屏幕保护是指若在一段时间内不用计算机，系统会自动启动屏幕保护程序，起到保护显示器的作用。用户可以选择单一的颜色作为桌面的背景，也可以选择类型为 BMP、JPG、HTML 等的位图文件作为桌面的背景图片。设置桌面背景的操作步骤如下：

右击桌面任意空白处，在弹出的快捷菜单中选择“属性”命令，选择“桌面”选项卡，如图 8-33 所示。

在“背景”列表框中可选择一幅喜欢的背景图片，在选项卡中的显示器中将显示该图片作为背景图片的效果，也可以单击“浏览”按钮，在本地磁盘或从网络上选择其他图片作为桌面背景。

在实际使用中，若彩色屏幕的内容一直固定不变，时间较长可能会造成显示器屏幕的损坏，因此可设置屏幕保护程序自动启动，以动态的画面显示屏幕，以保护屏幕不受损坏。设置屏幕保护的操作步骤如下：

右击桌面任意空白处，在弹出的快捷菜单中选择“属性”命令，选择“屏幕保护程序”选项卡，如图 8-34 所示。在该选项卡的“屏幕保护程序”选项组中的下拉列表中选择一种屏幕保护程序，在选项卡的显示器中即可看到该屏幕保护程序的显示效果。单击“设置”按钮，可对该屏幕保护程序进行一些设置；单击“预览”按钮，可预览该屏幕保护程序的效果。

图 8-33　“桌面”选项卡

图 8-34　“屏幕保护程序”选项卡

2. 更改显示外观

更改显示外观就是更改桌面、消息框、活动窗口和非活动窗口等的颜色、大小、字体等。在默认状态下，系统使用的是“Windows 标准”的颜色、大小、字体等设置。用户也可以根据自己的喜好设计这些项目的颜色、大小和字体等显示方案。

更改显示外观的操作步骤如下：

(1) 右击桌面任意空白处，在弹出的快捷菜单中选择“属性”命令，或单击“开始”按钮，选择“控制面板”命令，在弹出的“控制面板”对话框中双击“显示”图标。

(2) 打开“显示 属性”对话框，选择“外观”选项卡，如图 8-35 所示。

(3) 在该选项卡中选择“Windows 经典”选项，则“色彩方案”和“字体大小”下拉列表中提供有多种选项供用户选择。单击“高级”按钮，将弹出“高级外观”对话框，如图 8-36 所示。

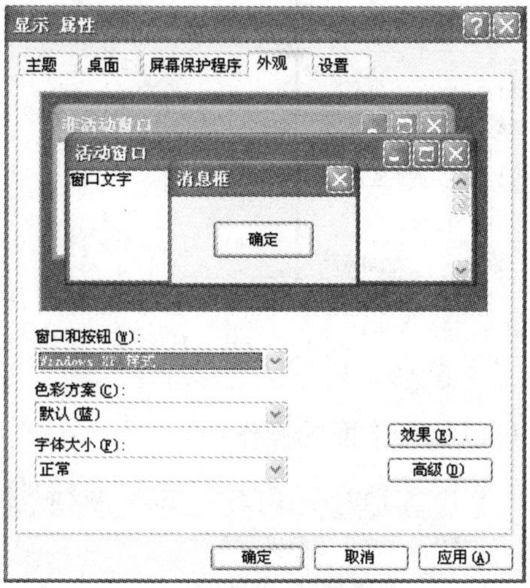

图 8-35　“外观”选项卡

图 8-36　“高级外观”对话框

(4) 在该对话框中的“项目”下拉列表中提供了所有可进行更改设置的选项，用户可以直接在“项目”下拉列表中进行选择，然后更改其大小和颜色等。若所选项目中包含字体，则“字体”下拉列表变为可用状态，用户可对其进行设置。

(5) 单击“效果”按钮，打开“效果”对话框，如图 8-37 所示。

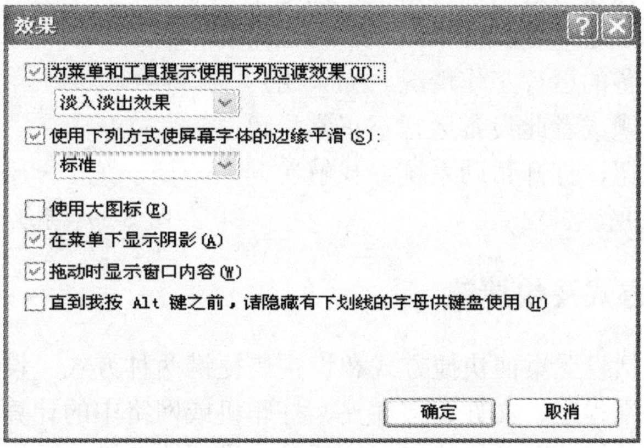

图 8-37　“效果”对话框

(6) 在该对话框中可进行显示效果的设置，单击“确定”按钮回到“外观”选项卡中。

3. 更改颜色与分辨率

打开“显示 属性”对话框，选择“设置”选项卡，如图 8-38 所示，用户可以对屏幕的分辨率及颜色质量进行设置。

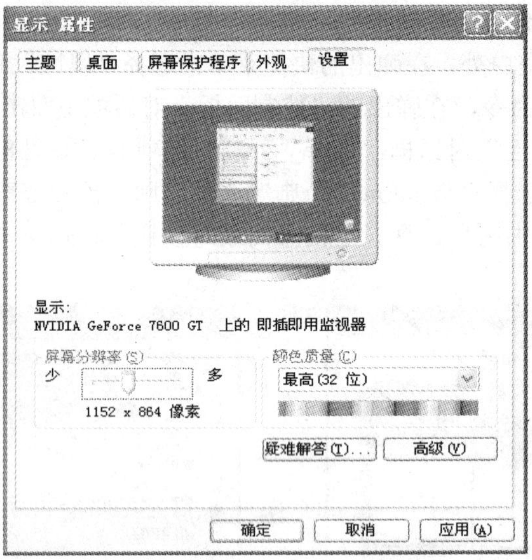

图 8-38　“设置”选项卡

4. 查看系统设备

如果用户需要了解有关系统设备的详细信息，可以执行下面的操作：

(1) 单击“开始”按钮，选择“控制面板”命令，在“控制面板”窗口中选择“管理工具”图标，在打开的窗口中双击“计算机管理”图标，这时在“计算机管理”窗口中选择“设备管理器”选项。

(2) 如果要对已设置好的某设备进行改动，可在该选项上(一定要在展开的选项上)右击，在弹出的快捷菜单中选择“停用”或者“卸载”。当用户选择“属性”命令会出现该设备的属性对话框，在这个对话框中显示了此设备的详细信息，在“设备状态”列表框中显示了该设备的运行工作情况。如果用户在操作过程中碰到问题或者此设备运行不正常，可单击“疑难解答”按钮，打开帮助系统寻找解决问题的方法，如图 8-39 所示。

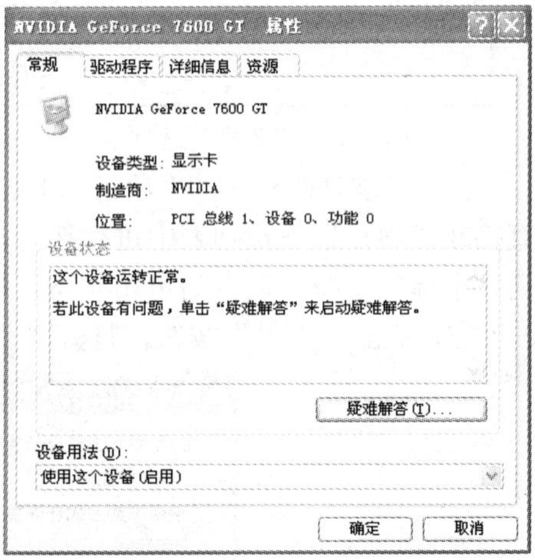

图 8-39　系统设备“属性”对话框

8.2.11　设置快捷方式及快捷键

设置快捷方式包括设置桌面快捷方式和设置快捷键两种方式。设置桌面快捷方式就是在桌面上建立各种应用程序、文件、文件夹、打印机或网络中的计算机等快捷方式图标，通过双击该快捷方式图标，即可快速打开该项目。设置快捷键就是设置各种应用程序、文件、文件夹、打印机等快捷键，通过按该快捷键，即可快速打开该项目。

1. 创建桌面快捷方式

用户可以为一些经常使用的应用程序、文件、文件夹、打印机或网络中的计算机等创建桌面快捷方式，这样在需要打开这些项目时，通过双击桌面快捷方式就可以快速打开了。

设置桌面快捷方式的具体操作如下：

(1) 单击“开始”按钮，选择“所有程序 | 附件 | Windows 资源管理器”，打开“Windows 资源管理器”对话框。

(2) 选定要创建快捷方式的应用程序、文件、文件夹、打印机或计算机等。

(3) 选择“文件 | 创建快捷方式”命令，或单击右键，在打开的快捷菜单中选择“创建快捷方式”命令，即可创建该项目的快捷方式。

(4) 将该项目的快捷方式拖到桌面上即可。

若单击“开始”按钮，在“所有程序”子菜单中有用户要创建桌面快捷方式的应用程序，也可以用右键单击该应用程序，在弹出的快捷菜单中选择“创建快捷方式”命令，系统会将创建的快捷方式添加到“所有程序”子菜单中，将该快捷方式拖到桌面上也可为该应用程序创建桌面快捷方式。

2. 设置快捷键

在创建了桌面快捷方式后，用户还可以为其设置快捷键。用户在打开这些项目时只需要直接按快捷键就可以快速打开了。设置快捷键的具体操作如下：

(1) 右击要设置快捷键的项目，在弹出的快捷菜单中选择“属性”命令，打开“属性”对话框。

(2) 选择“快捷方式”选项卡，如图 8-40 所示。

(3) 在该选项卡中的快捷键文本框中直接按所要设定的快捷键即可。例如，要设定快捷键为 Alt+Num4，可先单击该文本框，然后直接按 Alt 键和数字键盘区中的 4 键即可。

(4) 设置完毕后，单击“应用”或“确定”按钮即可。

另外，在 Windows XP 中利用快捷键可以代替鼠标。可以利用键盘快捷键打开、关闭和导航“开始”菜单、桌面、菜单、对话框以及网页。键盘还可以更简便地与计算机交互。常用的快捷键有：“Ctrl+A”全选、“Ctrl+B”整理收藏夹、“Ctrl+C”复制、“Ctrl+D”删除、“Ctrl+R”刷新、“Ctrl+S”保存、“Ctrl+V”粘贴、“Ctrl+W”关闭当前窗口、“Ctrl+X”剪切、“Ctrl+Z”撤消等。

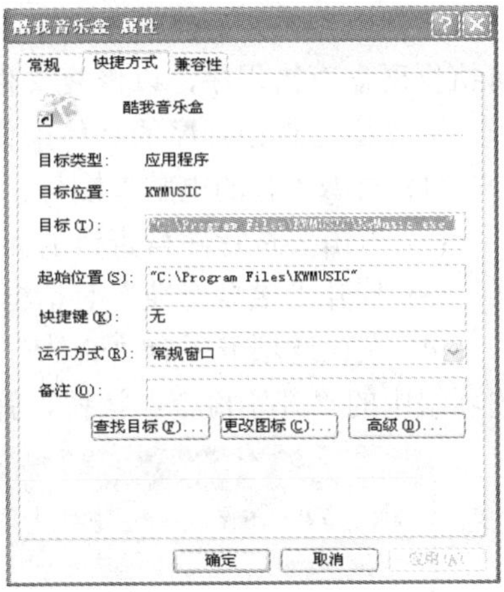

图 8-40　“快捷方式”选项卡

8.2.12　磁盘管理

在计算机的日常使用过程中，用户可能会非常频繁地进行应用程序的安装、卸载，文件的移动、复制、删除或在 Internet 上下载程序文件等多种操作，日积月累，将会在硬盘上产生很多磁盘碎片或大量的临时文件，致使运行空间不足，造成程序运行和文件打开变慢，计算机的系统性能下降。因此，用户需要定期对磁盘进行维护与管理，以使计算机保持较好的运行状态。

1. 磁盘属性

磁盘的属性通常包括磁盘类型、文件系统、空间大小、卷标信息等常规信息，以及磁盘的查错、碎片整理等处理程序和磁盘的硬件信息等。

查看磁盘的常规属性可执行以下操作：

(1) 双击“我的电脑”图标，打开“我的电脑”对话框。

(2) 右击要查看属性的磁盘图标，在弹出的快捷菜单中选择“属性”命令。

(3) 打开“磁盘属性”对话框，选择“常规”选项卡，如图8-41所示。

(4) 在该选项卡中，用户可以在最上面的文本框中键入该磁盘的卷标；在该选项卡的中部显示了该磁盘的类型、文件系统、已用空间及可用空间等信息；在该选项卡的下部显示了该磁盘的容量，并用饼图的形式显示了已用空间和可用空间的比例信息。单击“磁盘清理”按钮，可启动磁盘清理程序，进行磁盘清理。

(5) 单击“应用”按钮，即可应用在该选项卡中更改的设置。

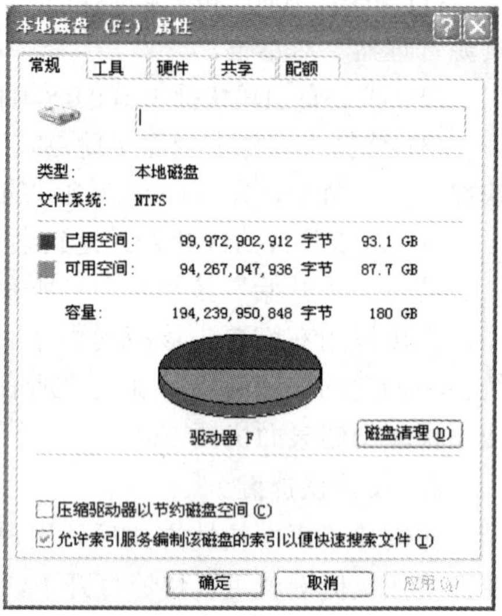

图8-41　磁盘属性“常规”选项卡

用户在经常进行文件的移动、复制、删除等操作后，可能会出现坏的磁盘扇区，这时可执行磁盘查错程序，以修复文件系统的错误，恢复坏扇区等。

启动磁盘查错程序的具体操作如下：

(1) 双击“我的电脑”图标，打开“我的电脑”对话框。

(2) 右击要进行磁盘查错的磁盘图标，在弹出的快捷菜单中选择“属性”命令。

(3) 打开“磁盘属性”对话框，选择“工具”选项卡，如图8-42所示。

(4) 在该选项卡中有“查错”、“碎片整理”和“备份”这三个选项组。单击“查错”选项组中的“开始检查”按钮，弹出“检查磁盘”对话框，如图8-43所示。

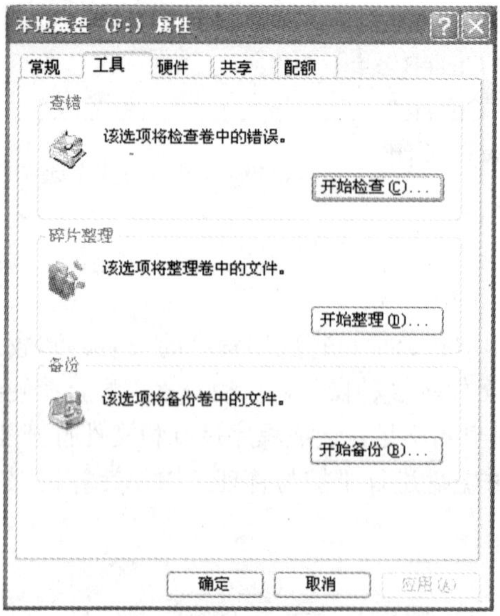

图8-42　磁盘属性的“工具”选项卡

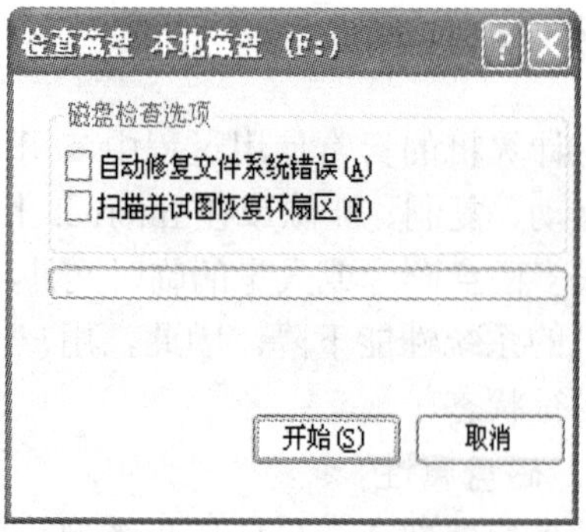

图8-43　“检查磁盘”对话框

(5) 在该对话框中用户可选择“自动修复文件系统错误”和“扫描并试图恢复坏扇区”选项，单击“开始”按钮，即可开始进行磁盘查错，在进度条中可看到磁盘查错的进度。

若用户要查看磁盘的硬件信息或要更新驱动程序，可执行下列操作：

(1) 双击“我的电脑”图标，打开“我的电脑”对话框。

(2) 右击要进行磁盘查错的磁盘图标，在弹出的快捷菜单中选择“属性”命令。

(3) 打开“磁盘属性”对话框，选择“硬件”选项卡，如图 8-44 所示。

(4) 在该选项卡中的“所有磁盘驱动器”列表框中显示了计算机中的所有磁盘驱动器。单击其中一个磁盘驱动器，在“设备属性”选项组中即可看到关于该设备的信息。

(5) 单击“属性”按钮，可打开设备属性对话框，如图 8-45 所示。

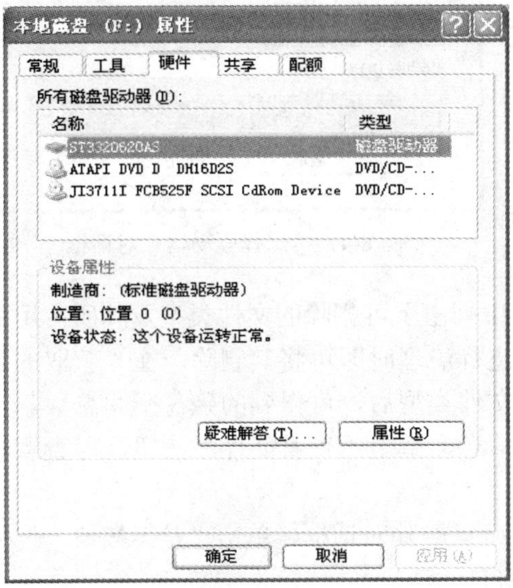

图 8-44　磁盘属性的“硬件”选项卡

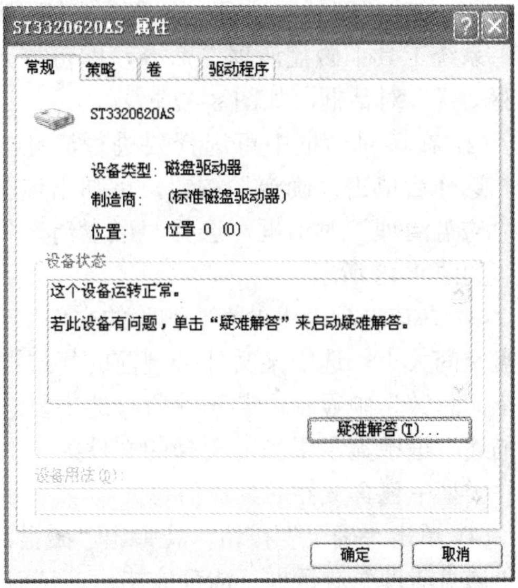

图 8-45　设备属性对话框

(6) 若用户要更新驱动程序，可选择“驱动程序”选项卡，如图 8-46 所示。

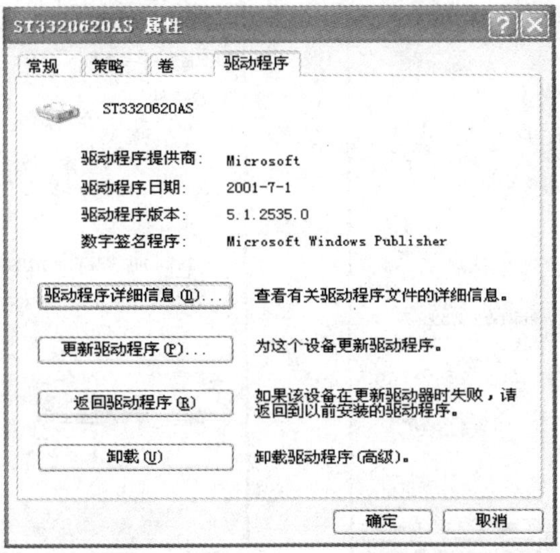

图 8-46　“驱动程序”选项卡

(7) 单击“更新驱动程序”按钮，即可在弹出的“硬件升级向导”对话框中更新驱动程序。单击“驱动程序详细信息”按钮，可查看驱动程序文件的详细信息。单击“返回驱动程序”按钮，可在更新失败后，将备份的驱动程序返回到原来安装的驱动程序。单击“卸载”按钮，可卸载该驱动程序。

(8) 单击“确定”或“取消”按钮，可关闭该对话框。

2. 清理磁盘

磁盘清理程序可以帮助用户释放硬盘驱动器空间，删除临时文件、Internet 缓存文件和不需要的文件，腾出它们占用的系统资源，以提高系统性能。

执行磁盘清理程序的具体操作如下：

(1) 单击“开始”按钮，选择“所有程序｜附件｜系统工具｜磁盘清理”命令，即可打开“选择驱动器”对话框，如图 8-47 所示。

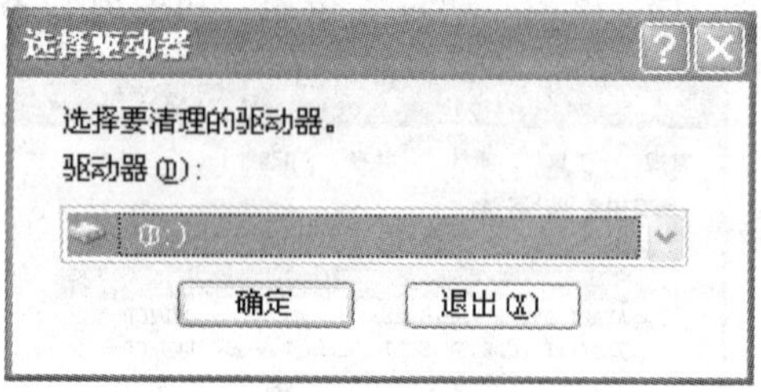

图 8-47　“选择驱动器”对话框

(2) 在该对话框中可选择要进行清理的驱动器。选择后单击“确定”按钮，可弹出该驱动器的“磁盘清理”对话框，选择“磁盘清理”选项卡，如图 8-48 所示。

(3) 在该选项卡中的“要删除的文件”列表框中列出了可删除的文件类型及其所占用的磁盘空间大小，选中某文件类型前的复选框，在进行清理时即可将其删除。在“获取的磁盘空间总数”中显示了若删除所有选中复选框的文件类型后，可得到的磁盘空间总数。在“描述”框中显示了当前选择的文件类型的描述信息，单击“查看文件”按钮，可查看该文件类型中包含文件的具体信息。

(4) 单击“确定”按钮，将弹出“磁盘清理”确认删除对话框，单击“是”按钮，将弹出“磁盘清理”对话框。清理完毕后，该对话框将自动消失。

(5) 若要删除不用的可选 Windows 组件或卸载不用的安装程序，可选择“其他选项”选项卡，如图 8-49 所示。

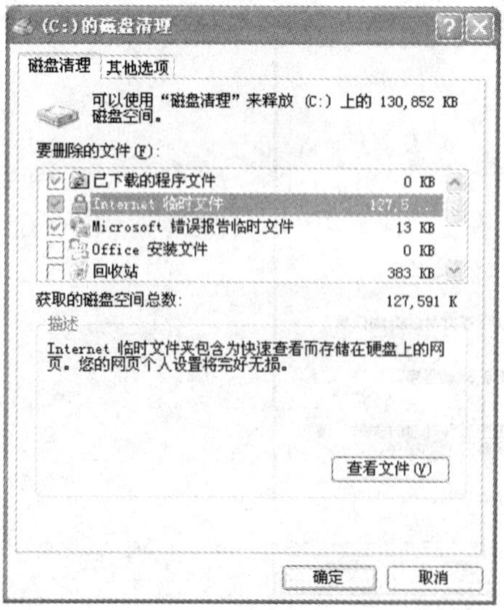

图 8-48　磁盘清理的“磁盘清理”选项卡

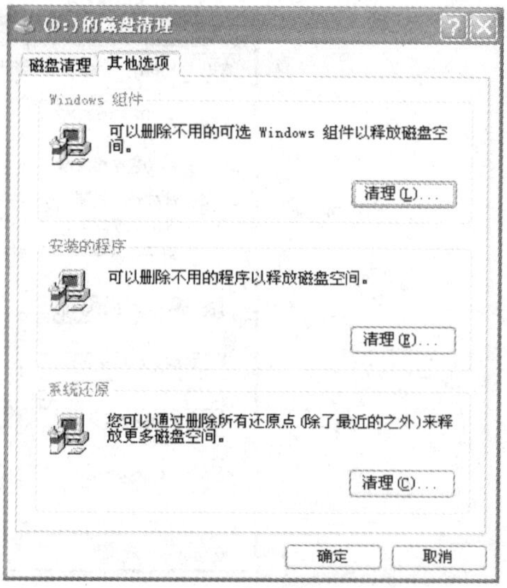

图 8-49　磁盘清理的“其他选项”选项卡

(6) 在该选项卡中单击“Windows 组件”或“安装的程序”选项组中的“清理”按钮，即可删除不用的可选 Windows 组件或卸载不用的安装程序。

3．整理磁盘碎片

磁盘(尤其是硬盘)经过长时间的使用后，难免会出现很多零散分布的空间和磁盘碎片，一个文件可能会被分别存放在不同的磁盘空间中，这样在访问该文件时系统就需要到不同的磁盘空间中去寻找该文件的不同部分，从而影响了运行的速度。同时由于磁盘中的可用空间也是零散的，创建新文件或文件夹的速度也会降低。使用磁盘碎片整理程序可以重新安排文件在磁盘中的存储位置，将文件的存储位置整理到一起，同时合并可用空间，达到提高运行速度的目的。运行磁盘碎片整理程序的具体操作如下：

(1) 单击“开始”按钮，选择“所有程序｜附件｜系统工具｜磁盘碎片整理程序”，打开“磁盘碎片整理程序”之一对话框，如图 8-50 所示。

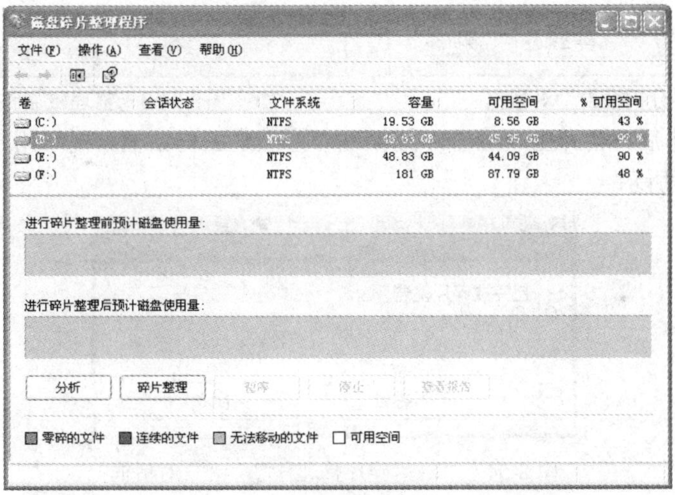

图 8-50　“磁盘碎片整理程序”之一对话框

(2) 在该对话框中显示了磁盘的一些状态和系统信息。选择一个磁盘，单击“分析”按钮，系统即可分析该磁盘是否需要进行磁盘整理，并弹出是否需要进行磁盘碎片整理的“磁盘碎片整理程序”之二对话框，如图 8-51 所示。

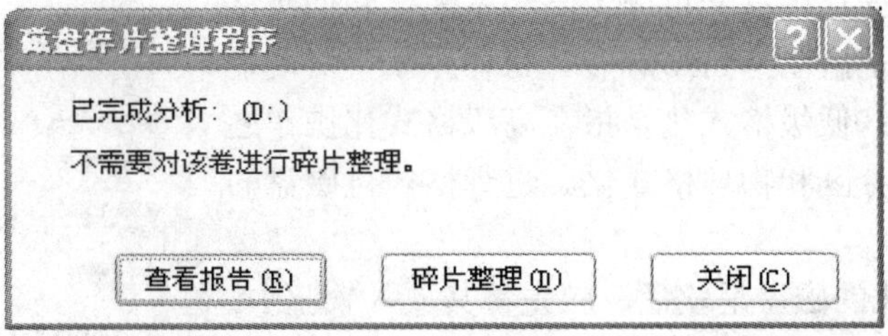

图 8-51　“磁盘碎片整理程序”之二对话框

(3) 在该对话框中单击“查看报告”按钮，可弹出“分析报告”对话框，如图 8-52 所示。

(4) “分析报告”对话框中显示了该磁盘的卷标信息及最零碎的文件信息。单击“碎片整理”按钮，即可开始磁盘碎片整理程序。系统会以不同的颜色条来显示文件的零碎程度及碎片整理的进度，如图 8-53 所示。

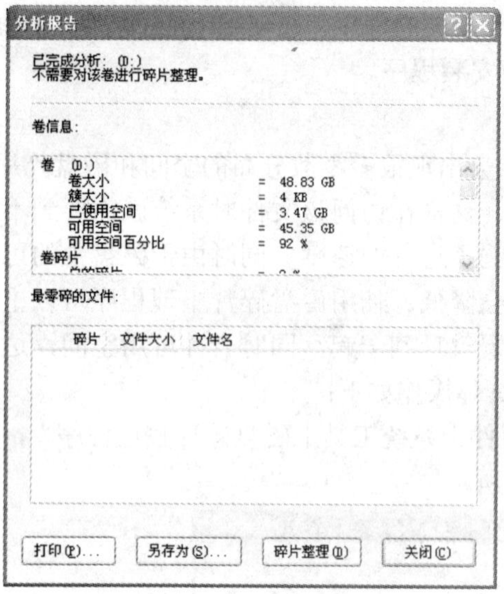

图 8-52 “分析报告”对话框

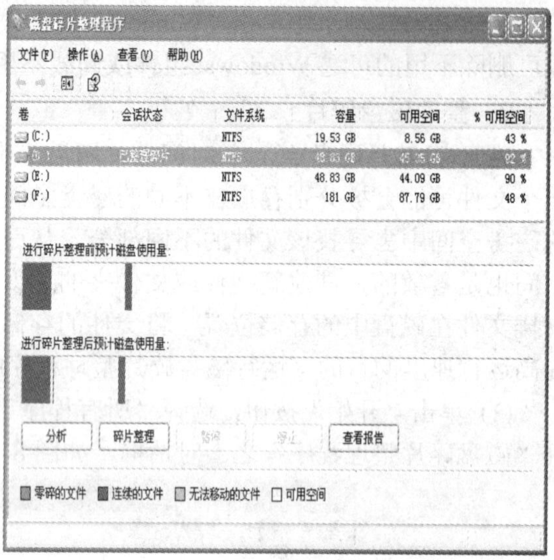

图 8-53　整理磁盘碎片

(5) 整理完毕后，会弹出“磁盘碎片整理程序”之三对话框，提示用户磁盘整理程序已完成，如图 8-54 所示。

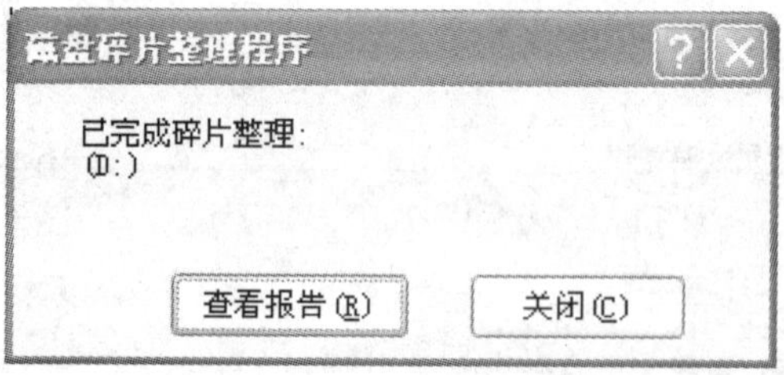

图 8-54　“磁盘碎片整理程序”之三对话框

(6) 单击“关闭”按钮即可结束磁盘碎片整理程序。

4．格式化磁盘

格式化磁盘就是在磁盘内进行分割磁区以及作内部磁区标示，以方便存取。格式化磁盘可分为格式化硬盘和格式化软盘两种。格式化硬盘又可分为高级格式化和低级格式化。高级格式化是指在 Windows XP 操作系统下对硬盘进行的格式化操作；低级格式化是指在高级格式化操作之前，对硬盘进行的分区和物理格式化。进行格式化磁盘的具体操作如下：

(1) 若要格式化的磁盘是软盘，应先将其放入软驱中；若要格式化的磁盘是硬盘，可直接执行第(2)步。

(2) 单击“我的电脑”图标，打开“我的电脑”对话框。

(3) 选择要进行格式化操作的磁盘，单击“文件 | 格式化”命令，或右击要进行格式化操作的磁盘，在打开的快捷菜单中选择“格式化”命令。

(4) 打开“格式化”对话框，如图 8-55 所示。

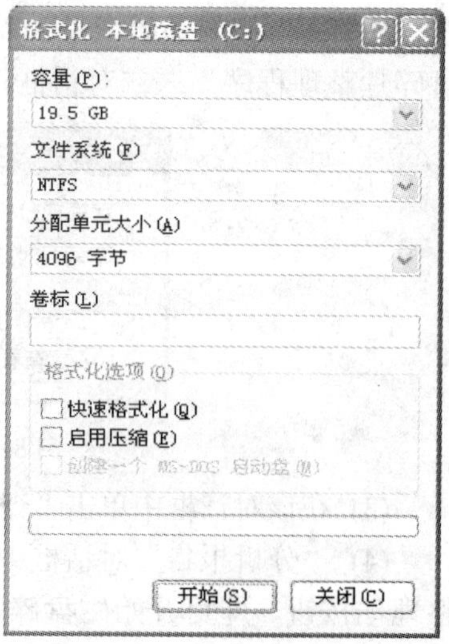

图 8-55　磁盘“格式化”对话框

(5) 若格式化的是软盘，可在“容量”下拉列表中选择要将其格式化为何种容量，“文件系统”为 FAT，“分配单元大小”为默认配置大小，在“卷标”文本框中可输入该磁盘的卷标；若格式化的是硬盘，在“文件系统”下拉列表中可选择 NTFS 或 FAT32，在“分配单元大小”下拉列表中可选择要分配的单元大小。若需要快速格式化，可选中“快速格式化”复选框。

(6) 单击“开始”按钮，将弹出“格式化警告”对话框，若确认要进行格式化，单击“确定”按钮即可开始进行格式化操作，这时在“格式化”对话框中的“进程”框中可看到格式化的进程。

(7) 格式化完毕后，将出现“格式化完毕”对话框，单击“确定”按钮即可。

8.2.13　硬件驱动的安装

Windows XP 操作系统自身包含有许多常见硬件设备的驱动，如声卡驱动、网卡驱动、摄像头驱动等。但对于一些较新的计算机外部设备，还需要安装设备自带的驱动程序，以便使设备达到最佳的工作状态。下面以安装 Intel 无线网卡为例，介绍硬件驱动程序的安装。

首先在桌面上右键单击“我的电脑”图标，选择“属性”，打开“系统属性”对话框，如图 8-56 所示。

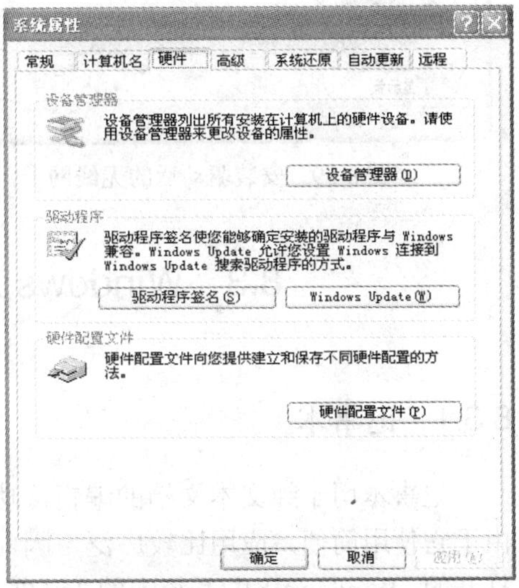

图 8-56 “系统属性”对话框

然后选择“硬件”选项卡，单击“设备管理器”按钮，进入如图 8-57 所示的“设备管理器”窗口。其中前面带黄色问号的项，就是工作不正常的设备。我们在其中一个设备上单击鼠标右键，选择“更新驱动程序”项，会弹出“硬件更新向导”对话框，如图 8-58 所示。

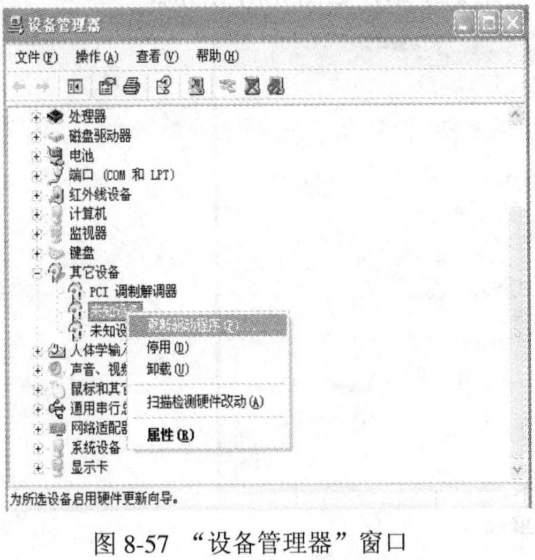

图 8-57 “设备管理器”窗口

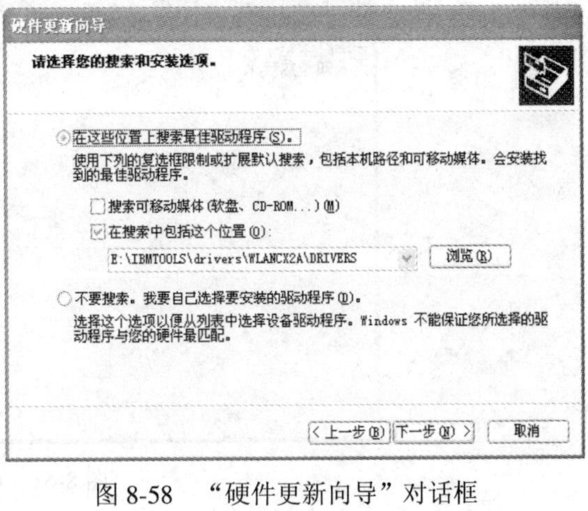

图 8-58 “硬件更新向导”对话框

根据提示安装驱动后，在“设备管理器”窗口中就可以看到 Intel 的无线网卡了，如图 8-59 所示。图 8-60 显示，该无线网卡已经可以启用了。

图 8-59　安装驱动后的无线网卡

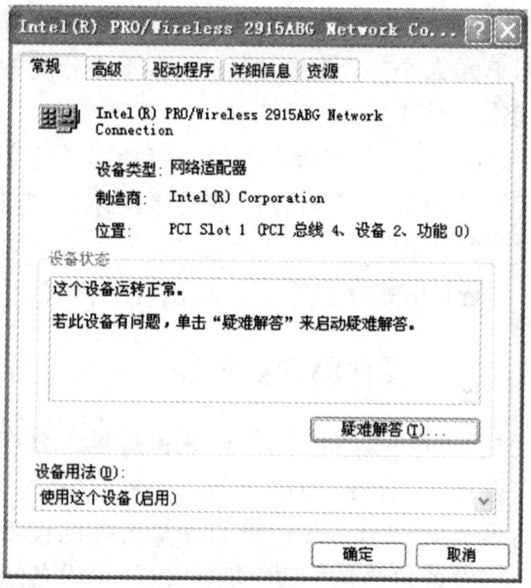

图 8-60　无线网卡属性

8.3　Windows XP 附件与辅助工具的使用

8.3.1　记事本

记事本用于纯文本文档的编辑，功能没有写字板强大，适于编写一些篇幅短小的文件。由于它使用简便，应用比较广泛，因此一些程序的 READ ME 文件通常是以记事本的形式打开的。Windows XP 系统中的“记事本”新增了一些功能，比如可以改变文档的阅读顺序，可以使用不同的语言格式来创建文档，能以若干不同的格式打开文件。单击“开始”按钮，选择“所有程序｜附件｜记事本”命令，就可以启动记事本，如图 8-61 所示。

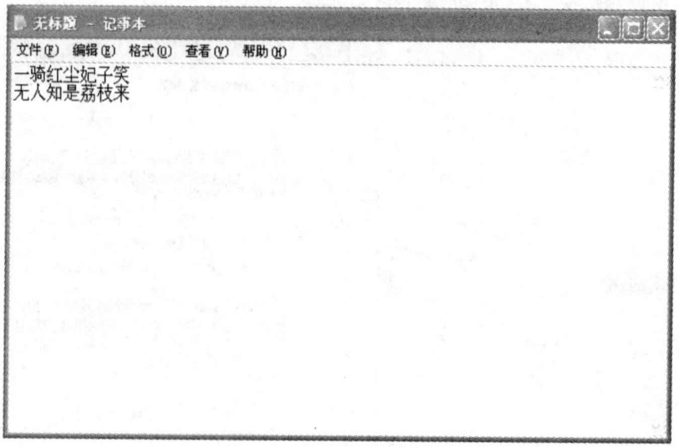

图 8-61　记事本

8.3.2　画图

“画图”程序是一个绘图工具和图片编辑器，可以对多种常见格式的图画进行编辑，如 BMP、JPG、TIFF 等。用户可以自己绘制图画，也可以对现有的图片进行编辑修改。在编辑完成后，可以以 BMP、JPG、GIF 等格式存档，还可以发送到桌面和其他文本文档中。

当用户要使用画图工具时，可单击“开始”按钮，选择“所有程序｜附件｜画图”，这时用户可以进入“画图”界面，如图 8-62 所示。

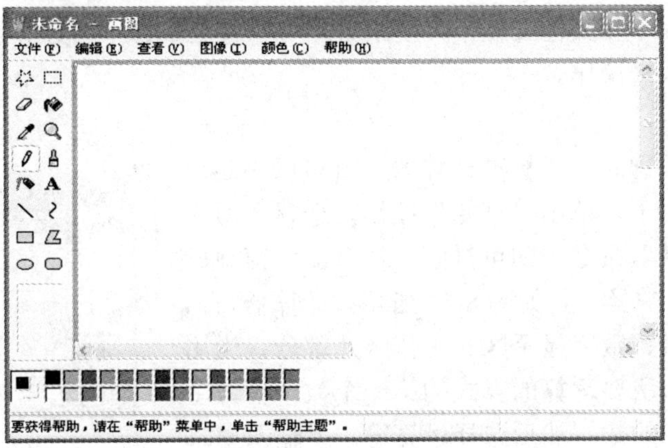

图 8-62　画图

画图界面的构成如下：

(1) 标题栏：在这里标明了用户正在使用的程序和正在编辑的文件。

(2) 菜单栏：该区域提供了用户在操作时要用到的各种命令。

(3) 工具箱：包含有 16 种常用的绘图工具和 1 个辅助选择框，能为用户提供多种选择。

(4) 颜料盒：它由多个不同颜色的小色块组成，用户可以随意改变绘图颜色。

(5) 状态栏：它的内容随光标的移动而改变，显示当前鼠标所处位置的信息。

(6) 绘图区：处于整个界面的中间，为用户提供画布。

现实生活中的颜色是多种多样的，颜料盒中提供的色彩也许远远不能满足用户的需要，但“颜色”菜单中为用户提供了选择的空间。执行“颜色｜编辑颜色”命令，弹出“编辑颜色”对话框，如图 8-63 所示，用户可在“基本颜色”选项组中进行色彩的选择，也可以在右下角直接输入色彩的参数，完成颜色的自定义。

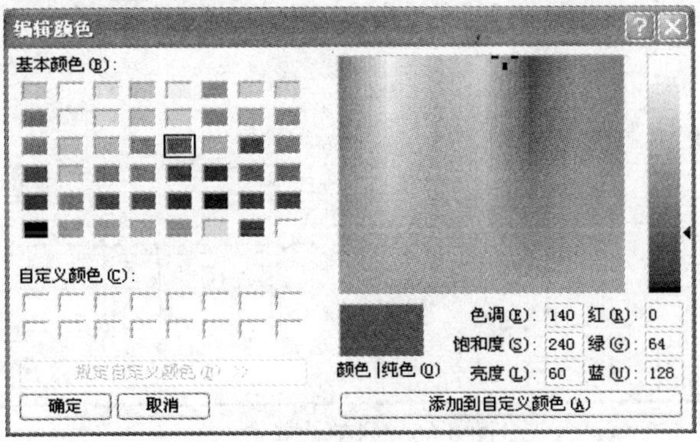

图 8-63　“编辑颜色”对话框

当用户的一幅作品完成后，可以设置为墙纸，还可以打印输出，具体的操作都是在“文件”菜单中实现的。

8.3.3　计算器

计算器可以帮助用户完成数据的运算，它包括“标准计算器”和“科学计算器”两种。“标准计算器”可以完成日常工作中简单的算术运算，“科学计算器”可以完成较为复杂的科学运算，比如函数运算等。运算的结果不能直接保存，而是将结果存储在内存中，以供粘贴到别的应用程序和其他文档中，使用时，可以通过鼠标单击计算器上的按钮来取值，也可以通过键盘输入来操作。

1. 标准计算器

在处理一般的数据时，“标准计算器”就可以满足日常工作和生活的需要了。单击“开始”按钮，选择“所有程序｜附件｜计算器”命令，即可打开“计算器”窗口，系统默认为“标准计算器”，如图 8-64 所示。计算器窗口包括标题栏、菜单栏、数字显示区和工作区几部分。当用户使用时可以先输入所要运算的算式的第一个数，在数字显示区内会显示相应的数，然后选择运算符，再输入第二个数，最后选择“=”按钮，即可得到运算后的数值。在键盘上输入时，也是按照同样的方法，到最后按回车键即可得到运算结果。

图 8-64　标准计算器

当用户在进行数值输入过程中出现错误时，可以单击“Backspace(回格)”键逐个进行删除，当需要全部清除时，可以单击“CE”按钮；完成一次运算后，单击“C”按钮即可清除当前的运算结果，再次输入时可开始新的运算。计算器的运算结果可以导入到别的应用程序中，用户可以选择“编辑｜复制”命令把运算结果粘贴到别处，也可以从别的地方复制好运算算式后，选择“编辑｜粘贴”命令，在计算器中进行运算。

2. 科学计算器

当用户从事非常专业的科研工作时，要经常进行较为复杂的科学运算，可以选择“查看｜科学型”命令，弹出“科学计算器”窗口，如图 8-65 所示。

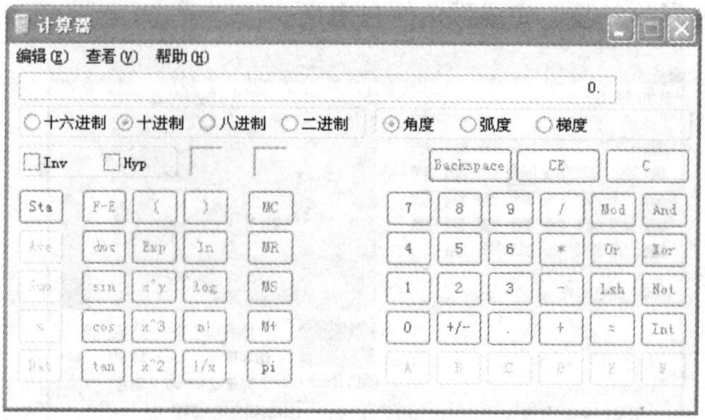

图 8-65　科学计算器

“科学计算器”窗口增加了数基数制选项、单位选项及一些函数运算符号。系统默认的是十进制，当用户改变其数制时，单位选项、数字区、运算符区的可选项将发生相应的改变。用户在工作过程中，也许需要进行数制的转换，这时可以直接在数字显示区输入所要转换的数值，也可以利用运算结果进行转换，选择所需要的数制，在数字显示区会出现转换后的结果。另外，科学计算器还可以进行一些函数的运算，使用时要先确定运算的单位，在数字区输入数值，然后选择函数运算符，再单击“=”按钮，即可得到结果。

8.3.4 Windows Media Player

使用 Windows Media Player 可以播放、编辑和嵌入多种多媒体文件，包括视频、音频和动画文件。Windows Media Player 不仅可以播放本地的多媒体文件，还可以播放来自 Internet 的流媒体文件。

1. 播放多媒体文件、CD 唱片

使用 Windows Media Player 播放多媒体文件、CD 唱片的操作步骤如下：

(1) 单击“开始”按钮，选择“所有程序｜附件｜娱乐｜Windows Media Player”命令，打开“Windows Media Player”窗口，如图 8-66 所示。

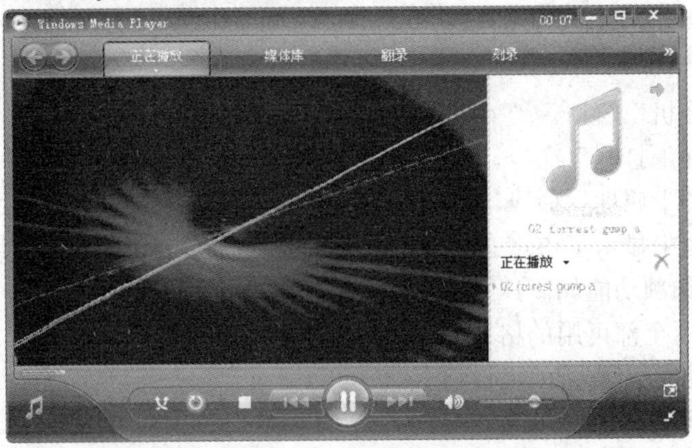

图 8-66　“Windows Media Player”窗口

(2) 若要播放本地磁盘上的多媒体文件，可选择“文件｜打开”命令，选中该文件，单击“打开”按钮或双击即可播放。

(3) 若要播放 CD 唱片，可先将 CD 唱片放入 CD-ROM/DVD-ROM 驱动器中，单击“CD 音频”按钮，再单击“播放”按钮即可。

2. 复制 CD 音乐到媒体库中

利用 Windows Media Player 复制 CD 音乐到本地磁盘中，可执行以下操作：

(1) 打开 Windows Media Player。

(2) 将要复制的音乐 CD 盘放入 CD-ROM /DVD-ROM 中。

(3) 单击“CD 音频”按钮，打开该 CD 的曲目库。

(4) 去掉不需要复制的曲目库的复选标记。

(5) 单击“复制音乐”按钮，即可开始进行复制。

(6) 复制完毕后，单击“媒体库”按钮，可以查看所复制的曲目及其详细信息。

8.3.5 录音机

“录音机”可以录制、混合、播放和编辑声音文件(.wav 文件)，也可以将声音文件链接或插入到其他文档中。

1. 使用“录音机”进行录音

使用“录音机”进行录音的操作如下：

(1) 单击“开始”按钮，选择“所有程序 | 附件 | 娱乐 | 录音机”命令，打开“声音—录音机”窗口，如图 8-67 所示。

(2) 单击“录音”按钮，即可开始录音。最多录音长度为 60 s。

(3) 录制完毕后，单击“停止”按钮即可。

(4) 单击“播放”按钮，可以播放试听所录制的声音文件。

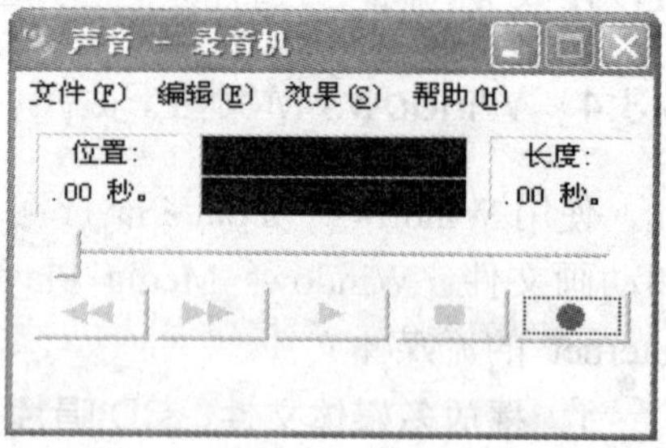

图 8-67 “声音—录音机”窗口

2. 调整声音文件的质量

对于“录音机”所录制下来的声音文件，用户还可以调整其声音文件的质量。具体的操作如下：

(1) 打开“录音机”窗口。

(2) 选择“文件 | 打开”命令，双击要进行调整的声音文件。

(3) 单击“文件 | 属性”命令，打开声音文件“属性”对话框，如图 8-68 所示。

(4) 在该对话框中显示了该声音文件的具体信息，在“格式转换”选项组中单击“选自”下拉列表，其中各选项功能如下：

全部格式：显示全部可用的格式。

播放格式：显示声卡支持的播放格式。

录音格式：显示声卡支持的录音格式。

(5) 选择所需格式，单击“立即转换”按钮，打开“声音选定”对话框，如图 8-69 所示。

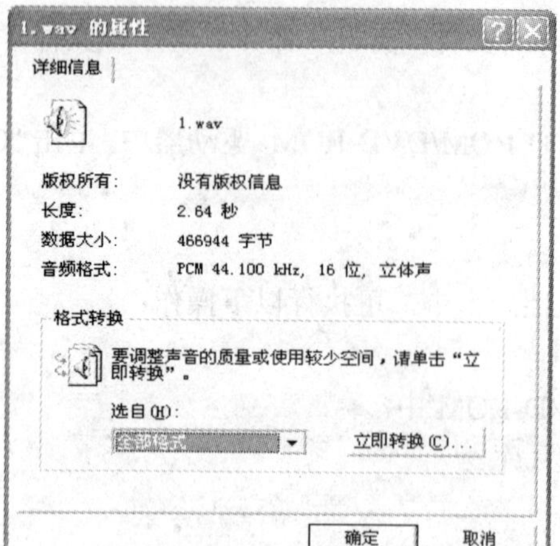

图 8-68 声音文件“属性”对话框

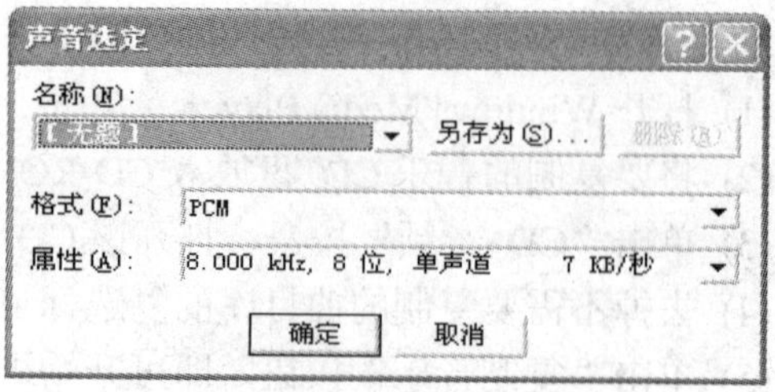

图 8-69 “声音选定”对话框

(6) 在该对话框中的“名称”下拉列表中有“无题”、“CD 质量”、“电话质量”和“收音质量”选项。在“格式”和“属性”下拉列表中可选择该声音文件的格式和属性。

8.3.6　放大镜

放大镜是帮助视力不好的用户阅读屏幕显示内容的实用工具。“放大镜”创建了一个独立的窗口，在其中显示放大了的部分屏幕。也可更改放大镜窗口的颜色方案以增加可视性。可以移动或重新设置“放大镜”窗口，或拖动它到屏幕边缘并锁定它的位置。单击“开始”按钮，选择“所有程序 | 附件 | 辅助工具 | 放大镜”后，就会弹出图 8-70 的“放大镜设置”对话框。

“放大镜”可以设置的功能有：

(1) 更改放大的倍数。

(2) 更改放大窗口的大小。

(3) 更改放大窗口在桌面上的位置。

(4) 使屏幕反色。

放大程序还有许多跟踪选项，包括：

(1) 跟随在屏幕上移动的鼠标指针。

(2) 跟随位于光标中心的键盘焦点。

(3) 跟随文本编辑。

打开“放大镜”时，可以右键单击放大窗口来设置“放大镜”选项，进行隐藏或退出“放大镜”。“放大镜”的效果见图 8-71。

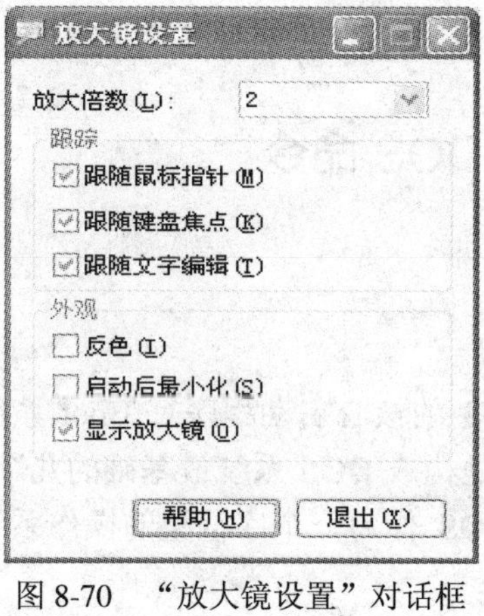

图 8-70　“放大镜设置”对话框

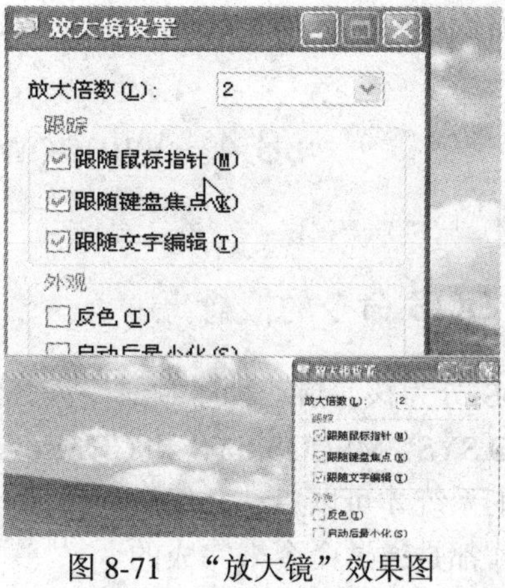

图 8-71　“放大镜”效果图

8.3.7　屏幕键盘

屏幕键盘是为一些行动有障碍的用户而设计的。通过屏幕键盘，用户可以利用鼠标或游戏杆选择屏幕键盘中的相应键实现对计算机的操作。使用屏幕键盘的具体操作如下：

(1) 单击“开始”按钮，选择“所有程序 | 附件 | 辅助工具 | 屏幕键盘”命令，打开“屏幕键盘”对话框，如图 8-72 所示。在该对话框中单击相应的键可达到与单击键盘上相应键的相同效果。

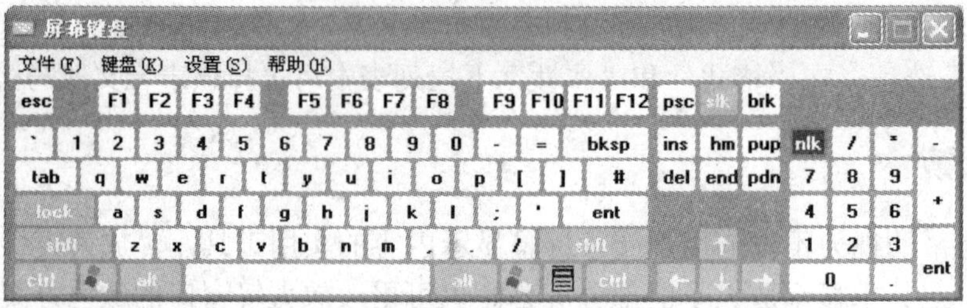

图 8-72 屏幕键盘

(2) 若用户要对键盘进行一些调整，可选择“键盘“菜单，在其弹出的下拉菜单中可选择增强型键盘或标准键盘、常用布局或块状布局、101 键、102 键或 106 键。

(3) 若要对屏幕键盘进行设置，可单击“设置”菜单，在其下拉菜单中有“前端显示”、“使用单击声响”、“击键模式”和“字体”四种设置命令。若选中“前端显示”命令，则“屏幕键盘”对话框始终显示在所有对话框或应用程序的最前面；若选中“使用单击声响”命令，则可添加选择键时的单击声；若选中“击键模式”命令，可打开“击键模式”对话框，如图 8-73 所示。

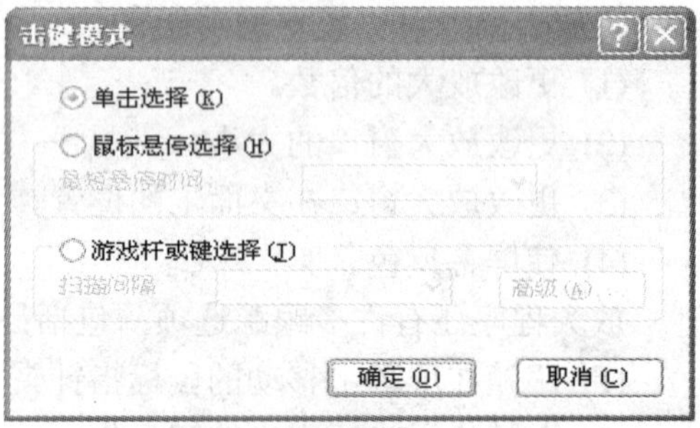

图 8-73 “击键模式”对话框

在该对话框中选择“单击选择”选项，可单击屏幕键盘上的键实现操作；选择“鼠标悬停选择”选项，可设定鼠标在屏幕键盘的某字符上悬停多长时间即为选中并键入该字符；选择“游戏杆或键选择”选项，则屏幕键盘通过自上而下突出显示每行键进行扫描。

8.4 Windows XP 常用 DOS 命令

8.4.1 DOS 命令的概念

DOS 分为核心启动程序和命令程序两个部分。DOS 的核心启动程序有 Boot 系统引导程序、IO.SYS、MSDOS.SYS 和 COMMAND.COM，这是构成 DOS 系统最基础的几个部分，有了它们系统才可以启动。仅有启动程序是不够的，DOS 作为一个字符型的操作系统，一般的操作都是通过命令来完成的。

DOS 命令分为内部命令和外部命令。内部命令是一些常用而所占空间不大的命令程序，如 dir、cd 等，它们存在于 COMMAND.COM 文件中，在系统启动时加载到内存中，以方便调用。而其他的一些外部命令则以单独的可执行文件存在，在使用时才被调入内存。

虽然我们现在使用电脑时，都是图形用户界面，通过点击鼠标或者键盘就可以完成操作，但在有些场合，如查杀病毒、系统恢复、查看网络时还是需要用到 DOS 命令。在 Windows XP 中，打开 DOS 命令窗口有两种方法：

(1) 单击“开始”按钮，选择“所有程序｜附件｜命令提示符”命令，打开“命令提示符”窗口，如图 8-74 所示。

(2) 单击“开始”按钮，选择“运行”，在“运行”对话框中输入 cmd，回车即可打开 cmd.exe 窗口，如图 8-75 所示。

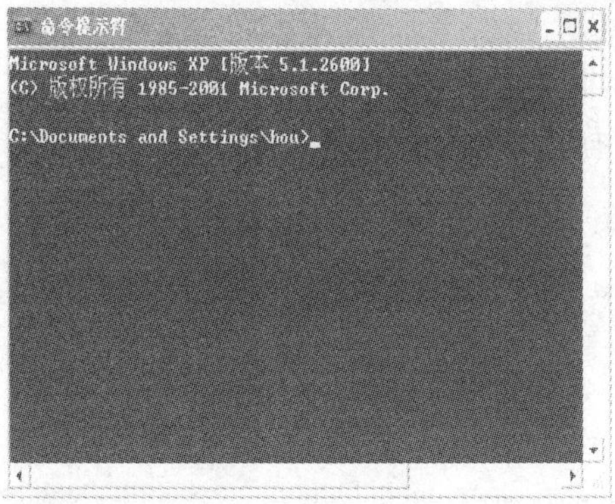

图 8-74　“命令提示符”窗口

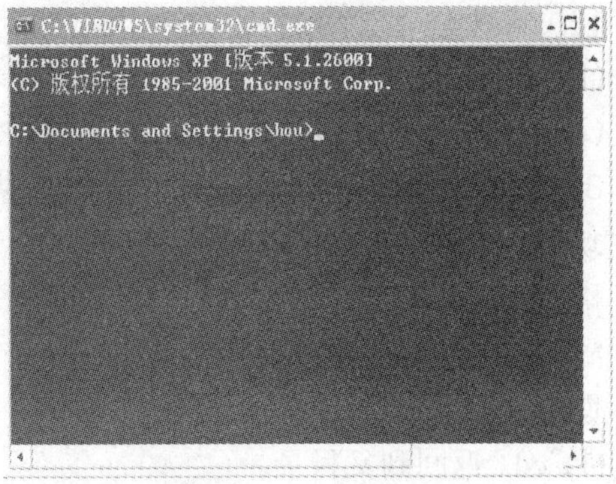

图 8-75　“cmd.exe”窗口

需要指出的是，虽然两种方法打开的 DOS 命令窗口的标题不同，但功能完全一样。在命令提示符“>”后键入 DOS 命令，按回车键后，所使用的 DOS 命令会显示在标题栏中，输出结果显示在 DOS 命令窗口中，如图 8-76 所示。DOS 命令不区分大小写。

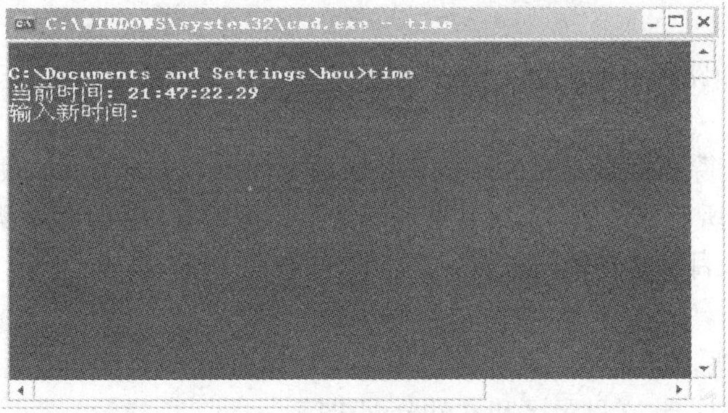

图 8-76　DOS 命令窗口

8.4.2　常用 DOS 命令

1．dir

功能：显示磁盘目录的内容。

格式：

dir [盘符:]\路径/P 或/W

使用说明：

(1) /P 的使用：当查看的目录太多，无法在一屏显示完时，屏幕会一直往上卷，不容易看清，加上/P 参数后，屏幕上会分屏显示文件信息，即显示一屏然后暂停，并提示“Press any key to continue”，即按任意键后切换到下一屏。

(2) /W 的使用：加上/W 只显示文件名，文件大小及建立的日期和时间等信息则都省略。

2．md

功能：创建新的子目录。

格式：

md[盘符：][路径名]〈子目录名〉

使用说明：

(1) 盘符：指定要建立子目录的磁盘驱动器字母，若省略，则为当前驱动器。

(2) 路径名：要建立的子目录的上级目录名，若缺省则建在当前目录下。

3．cd

功能：改变驱动器和目录路径。

格式：

cd[盘符：][路径名]〈子目录名〉

使用说明：

(1) cd ..返回到父目录。

(2) cd ..\..返回到上级目录的父目录。

(3) cd　A:\ 将 A 盘的当前目录改为根目录。

4．rd

功能：从指定的磁盘删除子目录。

格式：

rd[盘符：][路径名][子目录名]

使用说明：

(1) 子目录在删除前必须是空的，也就是说需要先进入该子目录，使用 del(删除文件的命令)将子目录下的所有文件删除，然后再退回到上一级目录，用 rd 命令删除该子目录本身。

(2) 不能删除根目录和当前目录。

5．format

功能：对磁盘进行格式化，划分磁道和扇区；同时检查出整个磁盘上有无带缺陷的磁道，对坏道加注标记；建立目录区和文件分配表等。

格式：

format [盘符：][/S][/4][/Q][/U]

使用说明：

(1) 命令后的盘符不可缺省，若对硬盘进行格式化，则会有如下提示：

WARNING:ALL DATA ON NON——REMOVABLE DISK DRIVE C:WILL BE LOST!

Proceed with format (Y/N)?

(警告：所有数据在 C 盘上，将会丢失，确实要继续格式化吗？)

(2) 若是对软盘进行格式化，则会有如下提示：

Insert mew diskette for drive A; and press ENTER when ready…

(在 A 驱中插入新盘，准备好后按回车键)

(3) 选用[/S]参数，将把 DOS 系统文件 IO.SYS 、MSDOS.SYS 及 COMMAND.COM 复制到磁盘上，使该磁盘可以作为 DOS 启动盘。若不选用/S 参数，则格式化后的磁盘只能读/写信息，而不能作为启动盘。

(4) 选用[/4]参数，在 1.2 MB 的高密度软驱中格式化 360 KB 的低密度盘。

(5) 选用[/Q]参数，快速格式化，这个参数并不会重新划分磁盘的磁道和扇区，只能将磁盘根目录、文件分配表以及引导扇区清成空白，因此，格式化的速度较快。

(6) 选用[/U]参数，表示无条件格式化，即破坏原来磁盘上的所有数据。不加/U，则为安全格式化，这时先建立一个镜像文件保存原来的 FAT 表和根目录，必要时可用 UNFORMAT 恢复原来的数据。

6．cls

功能：清理屏幕的内容。

7．date

功能：查看或设置系统的日期，日期格式为年月日。

8．time

功能：查看或设置系统的时间，时间格式为时分秒。

9．ipconfig

功能：显示所有当前的 TCP/IP 网络配置值。该命令在运行 DHCP 的系统上有特殊用途，允许用户决定 DHCP 配置的 TCP/IP 配置值。

格式：

```
ipconfig [/all /renew [adapter] /release [adapter]]
```

使用说明：

(1) 如果没有参数，那么 ipconfig 实用程序将向用户提供所有当前的 TCP/IP 配置值，包括 IP 地址和子网掩码。该程序在运行 DHCP 的系统上特别有用，允许用户决定由 DHCP 配置的值。

(2) /all：进行完整显示。

(3) /renew [adapter]：更新 DHCP 配置参数。该选项只在运行 DHCP 客户端服务的系统上可用。要指定适配器名称，请键入使用不带参数的 ipconfig 命令显示的适配器名称。

(4) /release [adapter]：发布当前的 DHCP 配置。该选项禁用本地系统上的 TCP/IP，并只在 DHCP 客户端上可用。要指定适配器名称，请键入使用不带参数的 ipconfig 命令显示的适配器名称。

10．ftp

功能：访问 FTP 服务器。

格式：

```
ftp -v -d -i -n -g [主机名]
```

使用说明：

(1) -v：显示远程服务器的所有响应信息。

(2) -n：限制 ftp 的自动登录，即不使用.netrc 文件。

(3) -d：使用调试方式。

(4) -g：取消全局文件名。

ftp 常用的内部命令如下：

(1) account[password]：提供登录远程系统成功后访问系统资源所需的补充口令。

(2) ascii：使用 ascii 类型传输方式。

(3) bin：使用二进制文件传输方式。

(4) bell：每个命令执行完毕后计算机响铃一次。

(5) hash：每传输 1024 字节，显示一个 hash 符号(#)。

(6) mdelete[remote-file]：删除远程主机文件。

(7) put local-file[remote-file]：将本地文件上传至远程 ftp 服务器上。

(8) get remote-file[local-file]：将远程 ftp 服务器上的文件下载到本地硬盘上。

(9) bye：退出 ftp 会话过程。

以上仅介绍了部分常用的 DOS 命令，其他一些命令可以在 DOS 窗口中输入 help 进行查找帮助或者上网查询。

8.5　Windows XP 网络设置与应用

8.5.1　互联网介绍

互联网(Internet)是目前世界上规模最大的计算机网络。Internet 的原意为互联的网络，其前身是美国的 ARPANET 网，该网是美国国防部为使在地域上相互分离的军事研究机构和大学之间能够共享数据而建立的。1985 年美国国家科学基金会建立了 NSFNET 网，并与 ARPANET 网合并，Internet 才真正发展起来。现在 NSFNET 网已经连接了美国上百万台计算机，成为 Internet 的重要组成部分。Internet 的名称就是从那时开始使用的。从 20 世纪 80 年代开始，Internet 已逐渐发展成为全球性的超大规模的网际网络。

互联网的接入方式有以下几种：

(1) 拨号上网——以公共电话网为基础，通过电话线和调制解调器接入互联网，连接简单，但速率很慢，介于 14.4～56 kb/s，适用于数据传输量较小的单位和个人，现在基本已被淘汰。

(2) ISDN——Integrated Service Digital Network，综合业务数字网，是以电话综合数字网为基础发展而成的通信网，采用数字传输和数字交换技术，将电话、传真、数据、图像等多种业务综合在一个统一的数字网络进行传输和处理，提供基本速率(2B+D，144 kb/s)和一次群速率(30B+D，2 Mb/s)两种接口。其中 B 信道一般用来传输话音、数据和图像，D 信道用来传输信令或分组信息。

(3) ADSL——Asymmetric Digital Subscriber Line，非对称数字用户线路，具有速率高、频带宽等优点，被誉为“现代信息高速公路上的快车”。ADSL 在一对铜线上支持上行速率 512 kb/s～1 Mb/s，下行速率 1～8 Mb/s，有效传输距离 3～5 km，特别适合传输多媒体信息业务，如视频点播(VOD)、多媒体信息检索和其他交互式业务，是继 Modem、ISDN 之后的一种全新的更快捷、更高效的接入方式。

(4) 光纤接入。它又可分为两种：

① 光纤直接入户，速度快，掉线少，但成本较高。

② LAN，就是光纤到一个小区或者一栋楼内，然后经光电转换，用 LAN 线缆连接到各用户，在本小区或一座楼内形成一个小的局域网。LAN 也很稳定，网速快。以上两种方式都有固定的 IP 地址。

(5) 无线上网。它又可分为以下几种：

① 手机+电脑。利用手机内置的 Modem(调制解调器)，通过数据传输线、红外线等方式将手机同笔记本电脑连接起来。

② 无线上网卡+电脑。需要购买额外的一种卡式设备，将其直接插在笔记本或者台式电脑的 PCMCIA 槽或 USB 接口，实现无线上网。

③ 无线局域网(WLAN)。中国电信、中国移动和中国网通等运营商在机场酒店、会议中心和展览馆等商旅人士经常出入的场所，铺设了无线局域网，用户只需要使用内置了 WLAN 网卡的电脑或者 PDA，就可以上网。

(6) 校园网。校园网接入有两种方式，一种是直接连接校园网的光纤；另外一种是同时接入电信或者网通的光纤，可以达到类似校园网光纤的速度，然后学校机房通过服务器来进行分配和链接其他学校的电脑。

8.5.2　网络设置

通过校园网接入互联网，只需设置本地连接即可。可以通过以下三种方法打开图 8-77 所示的“本地连接 属性”对话框。

(1) 单击“开始”按钮，在“开始”菜单中选择“控制面板”。在“控制面板”的经典视图中双击“网络连接”图标，然后右键单击“本地连接”图标，选择属性，就可以打开“本地连接 属性”对话框。

(2) 在桌面上右键单击“网上邻居”图标，选择属性，然后右键单击“本地连接”图标，选择属性，就可打开“本地连接 属性”对话框。

(3) 右键单击任务栏通知区域的“本地连接”图标，打开“网络连接”，然后右键单击“本地连接”图标，选择属性，就可打开“本地连接 属性”对话框。

在“本地连接属性”对话框中，选中“常规”选项卡中的“Internet 协议(TCP/IP)”，点击“属性”按钮，弹出“Internet 协议(TCP/IP)属性”对话框，如图 8-78 所示。如果计算机所在的网络可以自动分配 IP 地址，则选中“自动获取 IP 地址”；否则需要用户自己设置 IP 地址、网关和 DNS 服务器的 IP 地址。

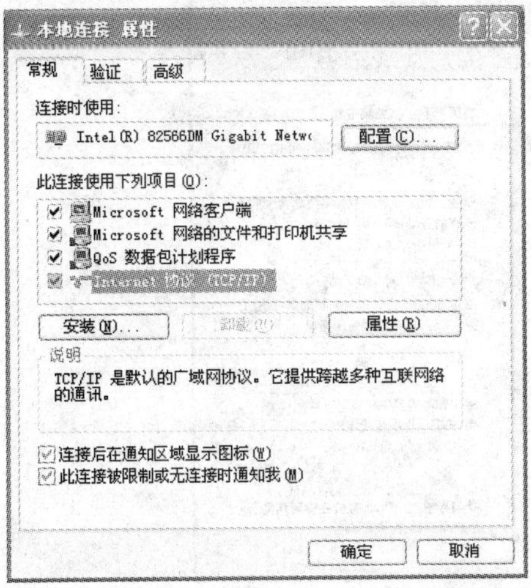

图 8-77　“本地连接 属性”对话框

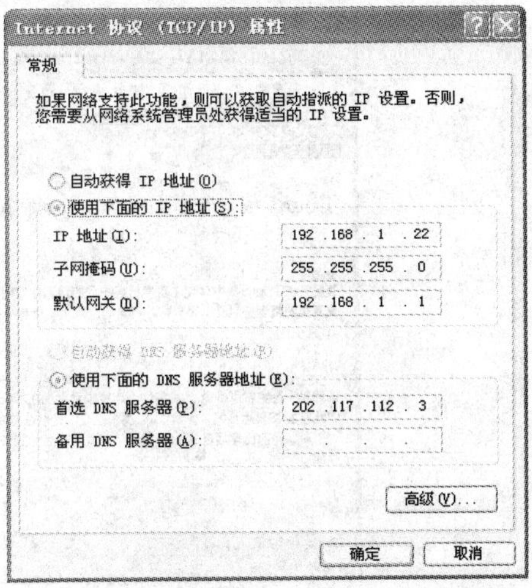

图 8-78　Internet 协议属性对话框

8.5.3 互联网的典型应用

网络连接设置完毕，我们就可以尽情享受网上冲浪的乐趣了。以下简单介绍一下日常生活常用的互联网服务。

1. 信息查询和资料下载

有许多搜索引擎如百度、雅虎、谷歌等可以帮助我们从众多纷繁芜杂的网页中迅速检索出我们需要的信息。这些信息既可以是文档，也可以是图片，还可以是影音文件，用户既可以在线浏览，也可以下载保存到自己的计算机中。此外，像百度这些综合搜索引擎，不仅提供网页的搜索和链接，还有自己的一套工具，如百度百科、百度知道、百度贴吧、Google 地图、Google 翻译等，如图 8-79 所示。

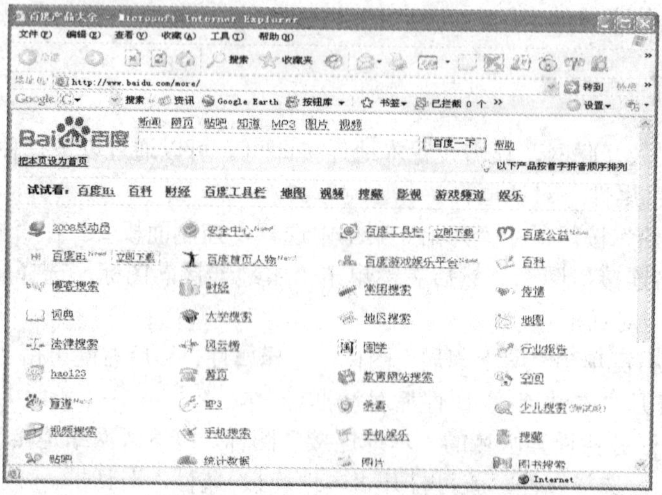

图 8-79 百度产品大全

查找资料时，在搜索栏中输入关键词，回车或单击“百度一下”按钮，就会得到相关的网页链接。比如我们输入“北京奥运会”，会找到两千多万个相关的网页，见图 8-80。

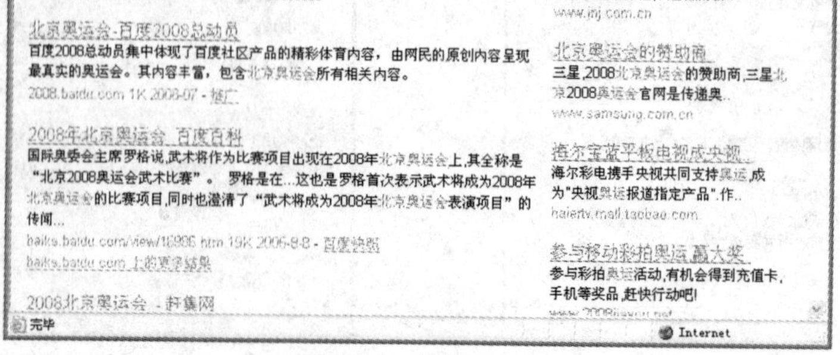

图 8-80 搜索结果

2. 电子邮件

电子邮件的出现，极大方便和彻底改变了人们的书信交往。以往寄信需要花费很长的时间和邮资，尤其是不同国家之间的国际信函。现在只需轻点几下鼠标，邮件在数秒内就可以发至对方，而且很快就可以收到对方的回复。而这一切，都得益于电子邮件的普及。发送电子邮件的步骤是：

(1) 登录邮箱，如图 8-81 所示。如果你还没有，请先注册一个。

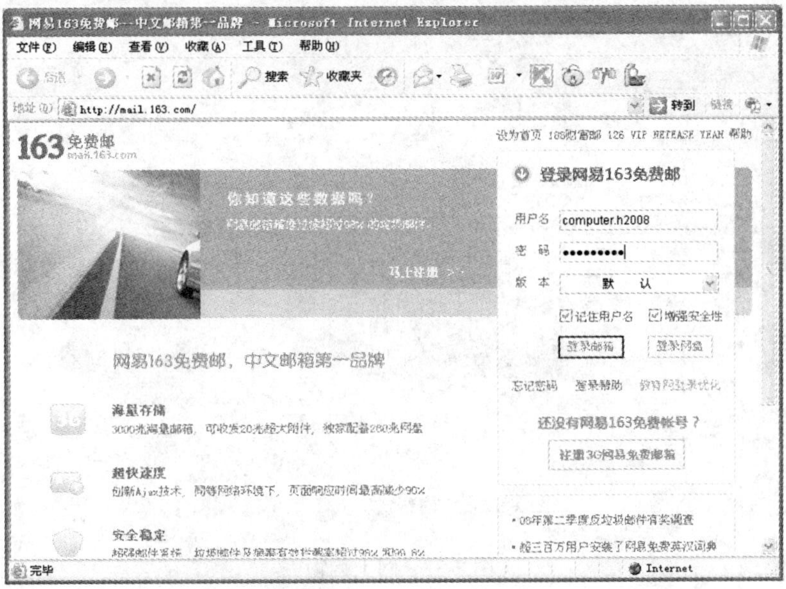

图 8-81　登录电子邮箱

(2) 撰写邮件后，点击“发送”按钮即可，如图 8-82 所示。

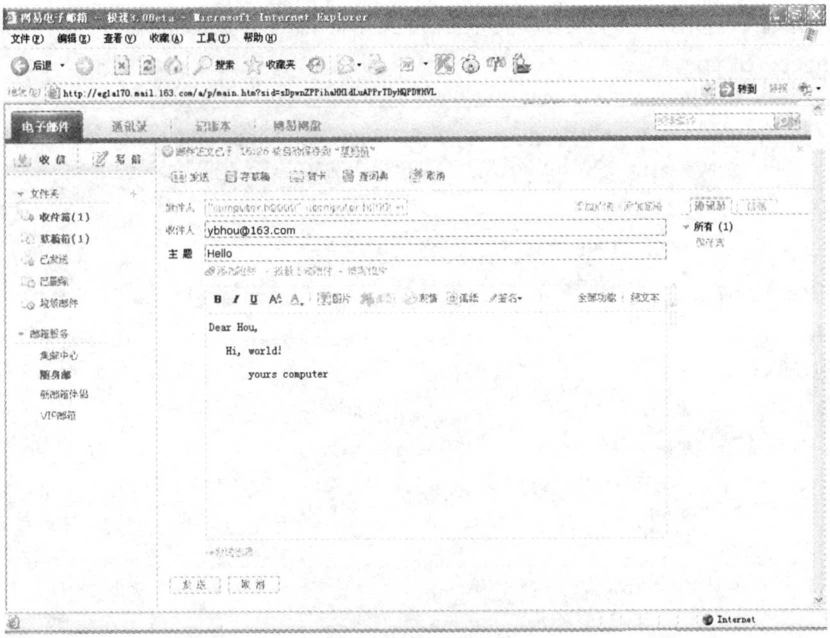

图 8-82　撰写电子邮件

3．网上购物

有许多网上商城，出售的商品涉及到我们生活的方方面面，如图 8-83 所示。用户在线浏览商品的相关信息，填写订单后，就可以安坐家中，等着商品送货上门了。可以选择网上银行、支付宝等支付方式，也可以货到后再付款，省去了消费者的奔波之苦。而且许多图书、数码产品和服饰，价格比商城和卖场的要优惠许多。网上购物时，为了最大限度地保护自己的利益，应尽可能选择信誉较好的商家并选择货到后再付款的方式。

图 8-83　网上购物

4．视频聊天和视频会议

腾讯公司推出的 QQ 聊天工具，使我们可以随时随地与近在咫尺或者远隔万里的朋友进行面对面的交流，如图 8-84 所示。QQ 支持文字、语音和视频的即时传输，类似的工具还有 Messenger、Skype。

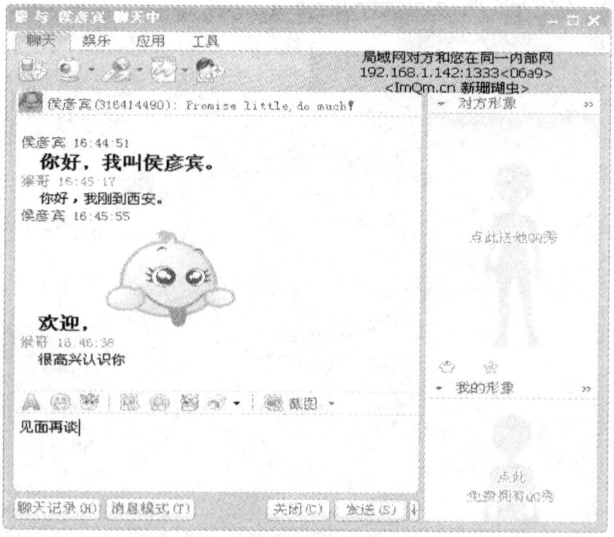

图 8-84　腾讯 QQ

其他的应用还有许多，而且随着技术的不断更新，新服务层出不穷，这些互联网服务在不断地改变着我们的生活方式，使得我们的交流、学习、工作越来越便捷。

8.6 Windows XP 应用软件的安装与卸载

众所周知，计算机的正常工作离不开硬件和软件。相对于硬件而言，软件的更新升级更为频繁，我们经常需要安装和卸载应用软件。本节以 Office 2003 为例，介绍应用软件的安装与卸载。

8.6.1 Office 2003 的安装

Office 2003 的安装包括以下几个步骤：

(1) 双击安装文件，弹出安装向导，如图 8-85 所示。

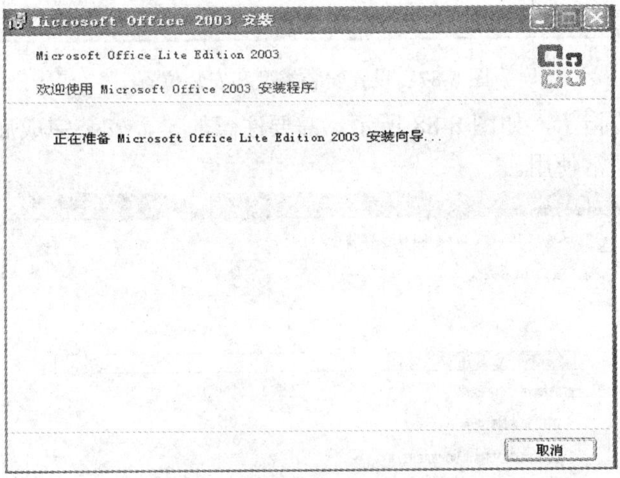

图 8-85　应用软件安装向导

(2) 填写用户信息，有些软件还需要输入软件的序列号，如图 8-86 所示。

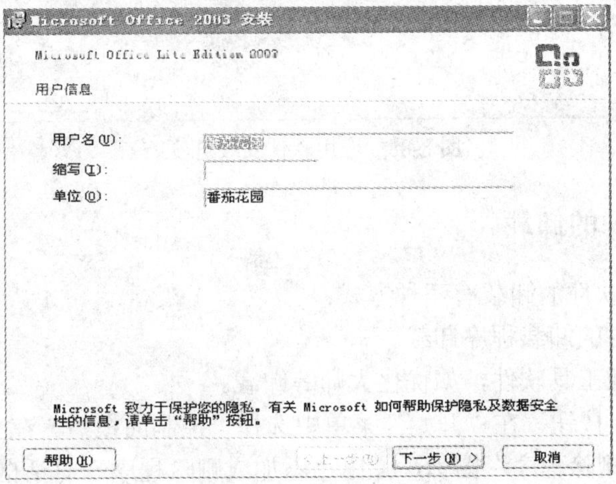

图 8-86　填写用户信息

(3) 设置安装类型和安装位置，如图 8-87 所示。

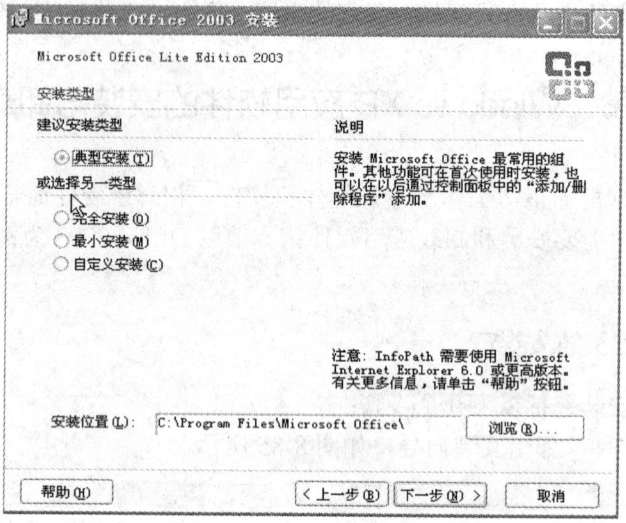

图 8-87 设置安装类型和安装位置

安装过程有进度指示，如图 8-88 所示。需要注意的是，安装完成后，有些软件需要重启计算机后才可以正常使用。

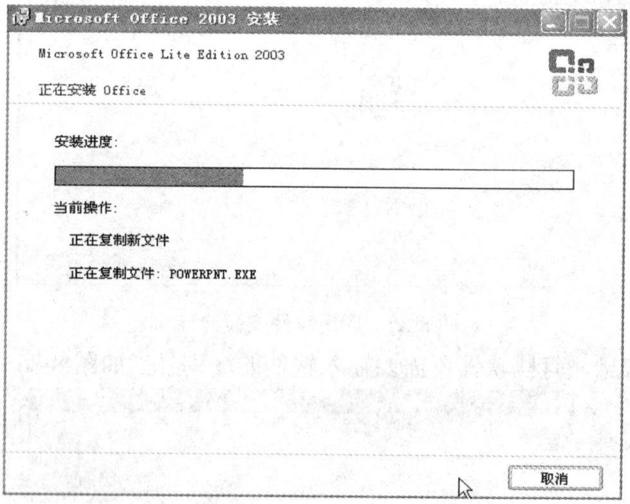

图 8-88 应用软件安装进度

8.6.2 Office 2003 的卸载

一般来讲，应用软件的卸载有三种方式：

(1) 通过软件自身的卸载程序卸载。

(2) 借助系统管理工具软件，如优化大师等卸载。

(3) 单击“开始”按钮，在“开始”菜单中选择“控制面板”。在“控制面板”的经典视图中双击“添加或删除程序”图标，弹出“添加或删除程序”对话框，如图 8-89 所示。在“当前安装的程序”列表中选择需要卸载的软件，单击“删除”按钮。

图 8-89　"添加或删除程序"对话框

其他软件的卸载与此类似，操作时可以优先考虑第一种和第三种方法。

习题

一、填空题

1. 用 WinZip 软件进行文件压缩后生成的压缩文件的扩展名为______。
2. KVW 3000 软件是基于______平台上的纯 32 位反病毒软件。
3. "扫描记录"记录着 KVW 3000 的扫描过程以及______。
4. HyperSnap-DX 是一个专门的______软件。

二、选择题

1. WinZip 是运行在(　　)。

A) DOS 操作系统下的解压缩软件　　B) UNIX 操作系统下的解压缩软件

C) Windows 操作系统下的解压缩软件　　D) 所有操作系统下的解压缩软件

2. 用 WinZip 软件进行文件压缩时，下列(　　)是不正确的。

A) 选中要压缩的文件，单击鼠标右键，选择"Add to zip"选项，进行压缩处理

B) 选中要压缩的文件，在"我的电脑 | 文件 | Add to zip"命令项，进行压缩处理

C) 双击 WinZip 应用软件图标，进行相应的文件压缩处理

D) 单击鼠标右键，选择"Add to zip"选项，再选中要压缩的文件，进行文件压缩

3. 安装应用软件时，一般执行(　　)将 KVW3000 设定为暂停实时监控。

A) "文件"菜单中的"暂停实时监视"命令

B) "扫描"菜单中的"清空记录窗口"命令

C) "文件"菜单中的"显示在最上面"

D) "文件"菜单中的"运行扫描程序"

4．Winamp 是(　　)软件。

A) 解压缩软件　　B) 截图　　C) 音乐播放软件　　D) 图片浏览

三、简答题

1．在安装应用软件之前，应做哪些准备工作？

2．文件压缩软件的主要功能是什么？

3．WinZip 压缩软件可处理哪些格式的文件？

4．KVW 3000 的特点和使用时应注意的问题是什么？

5．请列举出目前除微软视窗操作系统之外，应用比较广泛的其他个人电脑操作系统。

四、实训练习题

1．使用 WinZip 压缩软件，将\TEMP 下的所有文件压缩到文件压缩包 XXX.zip 中，然后删除压缩包 XXX.zip 中的*.exe 文件，并将此压缩包转换成自解包文件。

2．使用 KVW 3000 查杀\TEMP 下的文件病毒。

3．请利用 Windows XP 帮助和支持系统，查找并完成“显示隐藏的文件和文件夹”的设置。

4．请查看你所使用的电脑的物理内存容量，并设置合适大小的虚拟内存。

5．利用控制面板，在“开始”菜单中添加“画图”应用程序的启动菜单项；为“EPSOIlLQ-1600KE”打印机添加打印机驱动程序。

6．给屏幕设置“三维管道”的屏幕保护程序并加口令；将菜单的颜色设置为绿色；练习调整屏幕的分辨率。

7．将鼠标指针形状改为“三维青铜色”形状，并设置“在打字时隐藏指针”效果。

8．请通过 DOS 命令在 D 盘根目录下创建一个名称为“my folder”的文件夹；然后在 Windows 下，在 my folder 文件夹中新建一个记事本文件——test.txt，并把该记事本文件的属性设为只读；最后把文件夹设置成共享文件夹，从其他的电脑上访问并复制 test.txt。

9．请为附件工具中的“画图”创建桌面快捷方式，并添加到快速启动工具栏中。

10．请练习 ipconfig 命令的使用，用通过它查看电脑的物理地址和 IP 地址。

11．请为自己申请注册一个电子邮箱，撰写发送一封电子邮件。

12．请从华军软件园网站上下载一款影音播放软件，并进行安装和卸载操作的练习。

第 9 章　Word 字处理软件

从结绳记事到文字的雏形，从竹帛到纸的发明，文字是人类文明发展的特征之一。而长期以来，人们都是依靠笔和纸来完成文字处理工作的。随着人类文明的发展，文字处理越来越繁杂，应用范围越来越广泛。字处理是指对文字信息进行加工处理的过程，计算机字处理是指利用计算机在某种软件中创建文档并将文档信息以文件的形式保存在磁盘上，再经过编排按特定的格式打印输出的过程。微软公司(Microsoft)的 Word 便是目前非常流行的文字处理软件之一。

9.1　概　论

9.1.1　Word 的历史和发展

Word 作为一个优秀的字处理软件，与以往一些字处理软件比较有许多独到之处。它使图形和文字不再壁垒分明，各种图形可以任意穿插于字里行间，使得文章的表达更加清晰明了，生动诱人。Word 是微软公司的 Microsoft Office 套装软件中的一员。Microsoft Office 办公自动化软件包含了 Word、Excel、PowerPoint、Access 和 Outlook 等几个主要的工具，它们都是基于图形界面的应用程序，运行于图形界面的操作系统之下。

9.1.2　Word 的历史版本

(1) MS-DOS 版。随着 Windows 操作系统的大力推广，用于 DOS 系统下的 Word 版本也渐渐地退出了历史舞台。

(2) Apple Macintosh 版本。苹果公司出产的 PC 机(也称苹果机)与 IBM 标准 PC 机比较来看，往往配置较好，多用于图形领域。此外，苹果机代表了潮流和时尚，代表了高端与精美的工业设计。但苹果机并不使用 Windows操作系统，而是使用 Mac OS X 操作系统，且不兼容 Windows 软件，因此针对该操作系统也推出了一系列的 Word 版本。

(3) Microsoft Windows 版本。

(4) SCO UNIX 版本，即 Microsoft Word for UNIX Systems Release 5.1。

(5) OS/2 版本，即 1992 年 Microsoft Word for OS/2 版本 1.1B。

(6) WPS。WPS 是由金山电脑公司开发的 Word Processing System，是我国最早推出的 DOS 版字处理软件。自 1989 年推出以来，由于操作方便、功能强大，备受用户的欢迎。

9.1.3 Word 的运行环境

由于字处理软件是在不同的系统环境下开发的，因此不同的字处理软件运行的环境也是不同的。西文 Word 是指该软件的工作环境是西文平台，它在西文 Windows 环境下运行，但也可以运行在 Windows 的中文环境下。前者只能处理西文字符，后者具有中/西文处理能力。中文 Word 是在西文 Word 的基础上汉化而来的，其工作环境是中文平台，它只能运行在中文 Windows 环境下，其窗口、菜单及系统提示信息等都是由汉字表示的。Word 6.0 是在 Windows 3.x 环境下运行的，Word 97/2000 是在 Windows 98/2000 环境下运行的，Word 2003/2007 的运行环境为 Windows 9x/2000/XP/2003/Vista。

9.1.4 Word 的优点

Word 之所以能在众多的字处理软件中独树一帜，成为最受欢迎的字处理软件并被广泛应用，是由于它具有以下众多的优点：

- 直观式操作；
- 所见即所得(WYSIWYG，What You See Is What You Get)；
- 快速排版功能；
- 高效率的自动图文集；
- 高度的图文集成能力；
- 快速图标制作；
- 编辑数学方程式；
- 书签、标注、索引与目录；
- 英文拼写与语法检查；
- 多页预览；
- 邮件合并；
- 宏命令；
- 高度兼容性；
- 动态的联机帮助系统；
- 预定样式与图样；
- Web 工具。

9.1.5 Word 2003 的优点

Word 2003 适用于制作各种文档。比起以前的各种版本，Word 2003 做了很大的变动。与先前版本的最大不同之处就是，使用 Word 2003 时与他人交流更加方便，能够很好地进行协同工作，具体表现在以下几方面：

(1) 可以更加方便地开始工作。

(2) 全新的文档保护。

(3) 使用共享文档。

(4) 使用 XML 文档。

9.2　Word 2003 的工作环境

9.2.1　Word 2003 的启动与退出

1．Word 的启动

启动 Word 的方法，主要有以下几种：

(1) 利用“开始”菜单。单击“开始”按钮，执行“所有程序”，找到“Microsoft Office”，单击“Microsoft Office Word 2003”。

(2) 利用桌面上的快捷方式。在装 Microsoft Office 软件时，如果选择在桌面显示快捷方式的话，就会在桌面上看到图标，双击该图标即可启动 Word。

(3) 利用鼠标右键。在桌面上或某个文件夹内，单击右键，选择“新建”，在出现的菜单中有一项是“Microsoft Word 文档”，单击即可。

2．Word 的退出

退出 Word 的方法一般有以下几种：

(1) 单击 Word 工作窗口右上角的关闭按钮。值得注意的是，关闭按钮下面也有一个的按钮，这个按钮功能是关闭当前的文档，而不是关闭整个 Word。

(2) 单击 Word 工作窗口中菜单栏的“文件”菜单，选择“退出”命令。

(3) 双击 Word 工作窗口左上角的控制菜单图标。

(4) 按组合键 Alt + F4。

(5) 在最底端任务栏上点右键，选择“关闭”。

无论使用哪种退出 Word 的方法，如果在退出之前，文档还未存盘，系统会出现一个对话框，询问是否保存该文档，单击“是”按钮，则保存(如果是新文档，则需要确定保存的位置和文件名)；单击“否”按钮，则本次修改文档结果不存盘直接退出 Word；单击“取消”，则此次点击“关闭”按钮的操作无效，继续返回 Word 编辑状态。另外，如果在退出前，在剪切板尚有先前的文档或图片，系统会出现另一个对话框，询问关闭 Word 之后，剪切板的内容是否仍可以用于别的应用程序中，单击“是”，可以用于别的应用程序中；单击“否”，则剪切板的内容失效；单击“取消”，则恢复 Word 未完全关闭状态。

9.2.2　Word 2003 的操作界面

新建一个 Word 文档，就会出现如图 9-1 所示的 Word 2003 操作界面。它由标题栏、菜单栏、工具栏、标尺、文本区、视图按钮、浏览按钮、滚动条以及状态栏组成。

1．标题栏

标题栏位于窗口的最上方，激活时呈现蓝色，未激活时呈现灰色。标题栏包含了控制菜单按钮、所要编辑的文档名、程序名称、最小化按钮、还原按钮和关闭按钮。

从 Word 控制菜单中选择“最大化”命令或单击标题栏右端的“最大化”按钮，可以使 Word 窗口充满整个屏幕；单击“还原”按钮，可以将 Word 恢复成普通的窗口，此时将鼠标移到 Word 窗口的边框或四角，看到鼠标变成了箭头符号后，拖动鼠标就可以任意改变窗口的大小；单击标题栏中的“最小化”按钮 或选择控制菜单中的“最小化”命令，Word 窗口则缩小为显示在任务栏中的图标，单击该图标，又可以恢复为原窗口的大小；选择控制菜单的“关闭”命令或单击标题栏中的“关闭”按钮，可以退出 Word。退出 Word 时，若编辑的文本没有进行保存，则会弹出提示是否保存当前文档的对话框。

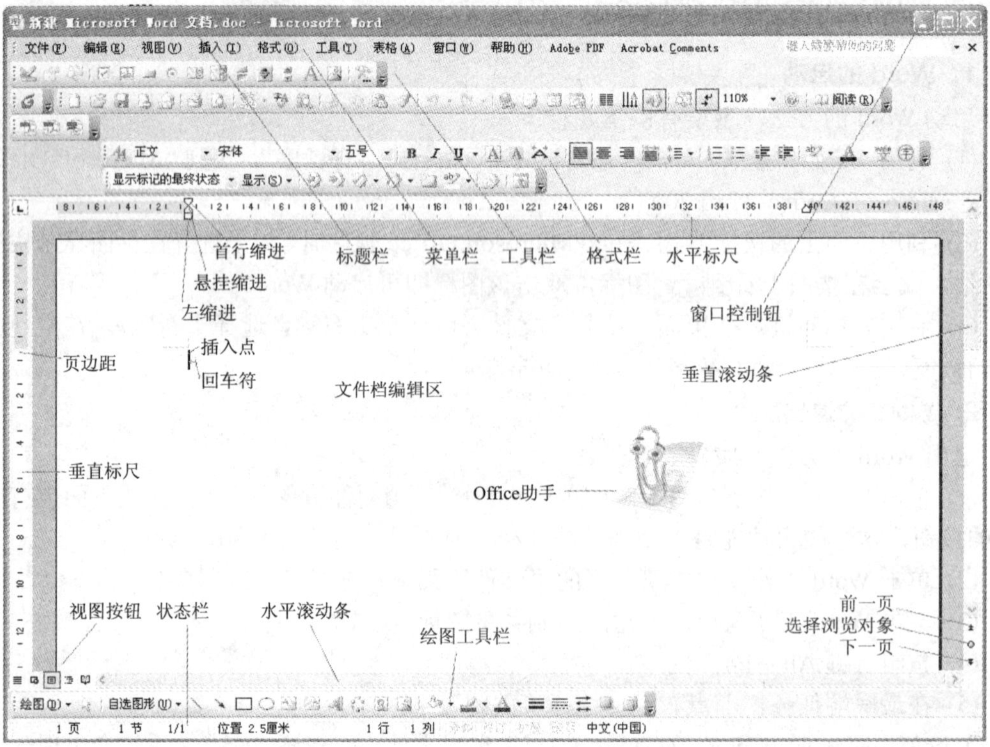

图 9-1　Word 2003 操作界面

2. 菜单栏

标题栏的下面是菜单栏，它包含文件、编辑、视图、插入、格式、工具、表格、窗口、帮助等菜单。如果计算机上装了 Adobe PDF Professional，Word 的菜单栏还会出现 Adobe PDF，可以实现 Word 到 PDF 格式的转变。

点击菜单栏上的任意一项，就会出现一个相对应的下拉菜单。Word 2003 的菜单有自动记录功能，一些命令在一段时间内不使用，就会自动隐藏。在菜单底端有一个箭头按钮 ，单击这个按钮或在菜单栏停留一会，就会显示全部的菜单命令。

在下拉菜单中，某些菜单命令后有箭头符号 ▶，这表明还有下一级的子菜单，鼠标在此停留片刻会显示下一级的子菜单。

如果在菜单上的命令前有一个 ✔，表明该命令已经被激活；如果去掉这个对号，则该命令就没有被激活。另外，如果有的命令颜色是浅灰色，表明这个命令当前状态不能使用；如果一些命令前有图标显示，表明这些命令可以添加到工具栏中。

用户在使用鼠标选择命令时，直接点击想要的命令即可。如果我们看到某个命令后带有(...)，说明在使用该命令时会出现一个对话框；否则，直接出现想要的结果。

此外，Word 2003 还添加了直接帮助的功能，在菜单栏最右边有一个对话框 键入需要帮助的问题 ▾ ×，可以直接输入需要帮助的问题。

3. 工具栏

在菜单栏的下方便是工具栏，工具栏是由一些带有图标的按钮组成的。将鼠标短暂地停留在该按钮上，系统就会显示出该按钮的名称。使用时，直接选择这样的按钮即可。

一般来说，最常用的就是“常用”和“格式”两种工具栏，分两层放置，上面一层是“常用”工具栏，下面一层是“格式”工具栏。用户也可以根据自己的需要来显示或隐藏工具栏，方法是执行“视图”里的“工具栏”命令，弹出“工具栏”子菜单，单击子菜单中相应的名称，只要前面有✓，则该工具栏就会显示在操作界面中；反之，如果要在操作界面上隐藏某个工具栏，则取消其前面的✓即可。

在每行工具栏的右边都有一个下三角▾，单击该下三角，选择“在一行内显示按钮”，会将该行按钮和其他行的按钮并排显示；点击“添加或删除按钮”，会显示当前工具栏中所有的按钮，在按钮前有✓的表示该按钮已经显示在当前的工具栏中，没有✓的表示该按钮还未显示在当前工具栏中，用户可以根据自己的需求来选择显示或隐藏该工具栏中的按钮。

另外，用户也可以自定义自己需要的工具栏，选择“自定义”即可。

4. 标尺

标尺由两部分组成，即水平标尺和垂直标尺。在 Word 2003 默认的情况下，水平标尺位于工具栏的下方。标尺的功能在于缩进段落、调整页边距、改变栏宽和设置制表位等。如果选择页面视图，那么编辑区的左侧还会出现垂直标尺。标尺显示了所编辑文档的度量。

如果视图菜单中的标尺命令前有✓，则标尺就会出现在操作界面上；反之，则隐藏标尺。在 Word 2003 中，当把鼠标指针移动到标尺的制表符、缩进、分栏等标记上时，会出现相应的屏幕提示，让用户知道每个标记所代表的功能。

标尺的度量单位是可以改变的，用户可以根据编辑文档的需要来设置标尺的单位。

5. 文本区

文本区也称为编辑区，就是在水平标尺下方的面积很大的空白区域，是 Word 2003 窗口的主要部分。该区除了可以输入文本外，还可以插入表格和图形，编辑和排版也都在此区进行。文本区中闪烁的“|↵”称为插入点，表示当前输入文字或是插入的表格图片将要出现的位置；|↵后面那个弯曲的箭头是回车键符，表示一个段落的结束。

6. 视图按钮

从图 9-1 中可以看到视图按钮 在整个操作界面的位置，这五个按钮从左到右分别是普通视图、Web 版式视图、页面视图、大纲视图和阅读版式视图。除了显示在操作界面上之外，选择菜单栏里的“视图”下拉菜单中也有这五个视图转换的命令。用户可以根据自己的需要来选择合适的视图。其中，页面视图是最常用的工作视图。

7. 浏览按钮

通过位于垂直滚动条下方的就是浏览按钮，可以快速查看文档内容。在默认情况下，点击最上面的双向上箭头 是到前一页；点击最下面的双向下箭头 是到后一页；点击中间的小圆点 可以选择浏览对象，可以按照“标题”、“图形”、“表格”、“域”、“尾注”、

“脚注”、“批注”、“节”或“页”等对象进行查看，然后配合上下两个跳转的按钮进行相应的浏览。

8. 滚动条

滚动条包括两种：水平滚动条和垂直滚动条，分别位于 Word 操作界面的右部和下部，见图 9-1，用来显示文档的不同部分。

滚动条也可以方便地隐藏。用户可以通过点击菜单栏中“工具”，选择“选项”，在对话框的“视图”标签下，通过是否保留“水平滚动条”和“垂直滚动条”前的对号，来决定是否在操作界面上显示滚动条。

9. 状态栏

在操作界面最下面的是状态栏，其中包括页数、节、当前页数/总页数、插入点所在位置、行数和列数等。录制、修订、扩展、改写是工作方式按钮，颜色发黑表明在工作状态，发灰则表明在非工作状态，双击按钮可以进入或者退出这种工作方式。语言框用来说明当前文字所使用的语言，如中文、英文等。

9.3 Word 的基本操作

9.3.1 鼠标的使用

Windows 操作环境下，鼠标是必不可少的，它既可以控制指针动作，还可以下达命令、选择对象等。Word 中随着鼠标指针的移动，鼠标在屏幕画面的不同位置可以出现多种不同的形状。常用的三种鼠标形状包括：

(1) ：在文本区，可键入、选定文本或者重新设置插入点。

(2) ：在工具栏、菜单栏、滚动条、标尺，可选择命令、单击按钮或者拖动。

(3) ：在窗口左边缘的选定栏、表格选定栏、样式区，可选定行、段落或整个文档。

鼠标的基本操作包括：① 移动鼠标，将鼠标指针移至屏幕某选项上；② 单击，在选项上按鼠标左键选取菜单或命令、在工作区内插入光标选取图形；③ 右击，按鼠标右键，显示快捷菜单；④ 双击，在选项上按鼠标左键两次，可选取对象或打开对话框；⑤ 拖动，可选取多项文本内容或进行移动。

注：若需要修改鼠标属性，可以选择“开始 | 控制面板”命令，在“控制面板”窗口中选择“鼠标”，在“鼠标属性”对话框中根据需要设置鼠标属性。比如习惯左手操作的人，可以将左右键的功能对调。

9.3.2 菜单的使用

下拉式菜单是当前视窗的功能列表，Word 还提供了一个快捷菜单，在所需地方右击或按 Shift+F10 就可出现。

菜单的使用在 Word 里非常便捷，将功能相近的命令都集成在同一个下拉式菜单下，便于查找。同时，在屏幕显现的一般是较常用的命令，不常用的命令会隐藏起来。这些在

Word 2003 工作环境一节中已经有较详细的介绍，这里不再赘述。

9.3.3　工具栏的使用

工具栏位于标题栏和菜单栏的下方，常用的工具栏会出现在操作界面中。同时，用户也可以根据自身需要设置工具栏，自定义工具栏。自定义工具栏的步骤如下：

(1) 在菜单栏选择“视图 | 工具栏 | 自定义”项，出现“自定义”对话框。

(2) 在“工具栏”选项卡下单击“新建”按钮，出现“新建工具栏”对话框，可自己设置工具栏名称；在“工具栏可用于”栏可选择已经存在的模板或文档，如果只在一个文档中使用，可以选择一个文档的名字；如果用于所有的文档，一般情况下选择“Normal”。

(3) 点击“确定”按钮，会出现空白的工具栏。

(4) 点击“自定义”对话框中的“命令”选项卡，左边是菜单栏类别，右边是对应菜单栏的命令。用鼠标将选中的命令可直接拖到空白工具栏中；也可点击“重排命令”按钮，在显示的对话框中点击“工具栏”，并通过左边的下拉菜单选中要添加的工具选项，然后点击“添加”即可。添加完毕后点击“关闭”按钮可完成操作。

设置好的自定义工具栏如图 9-2 所示。

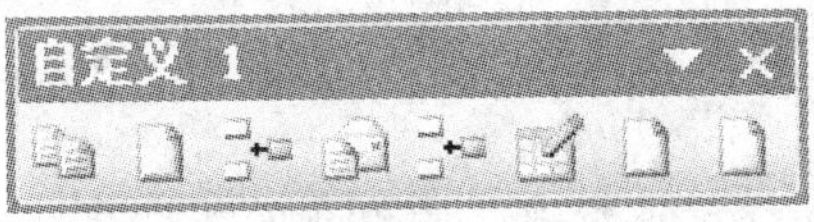

图 9-2　设置好的自定义工具栏

9.3.4　快捷键的使用

Word 2003 提供了常用功能的快捷键，用户使用键盘可实现许多操作。如：按下 Alt+F 可打开“文件”的下拉菜单；按下 Alt+E 可打开“编辑”的下拉菜单。菜单栏每个菜单右边的括号里都有一个字母，用 Alt+对应字母，就可以打开该菜单。同时在下拉菜单中也可看到有的命令右边对应 Ctrl+字母，如 Ctrl+S，这是对应该命令的快捷键，如 Ctrl+S 是保存，Ctrl+P 是打印。大多数情况下，快捷键比鼠标选择菜单更有效率。

9.3.5　获取帮助的途径

使用 Word 过程中遇到问题的话，可直接求助于 Word 自带的“帮助”，它位于菜单栏。单击“Microsoft Office Word 帮助”项，用户可获得一个内容详尽的电子手册，从中可查阅有关 Word 的各种帮助信息，或点击“常用”工具栏的  按钮来获得帮助。

Word 提供了多种帮助途径，还提供了 Office 助手，单击助手出现一个对话框。同时，用户可根据自身需要点击“选项”，对 Office 助手进行各种设置。

点击帮助后的操作界面，其右边是“帮助”任务窗格，用户可在“搜索”里寻找待解决问题的答案。如果计算机没有连网，系统会在自带的脱机文件中寻找主题内容，并在任务窗格中显示搜索到的信息；如果计算机连网，通过点击“Office Online”，可以到互联网上寻找信息。

9.4　文档的创建与管理

9.4.1　新建文档

1. 建立普通文档的方法

一般来说，在启动 Word 2003 后，系统会自动新建一个空白文档，默认名为“文档 1.doc”。另外，如果当前正在编辑一个文档，新建文档时，可以单击常用工具栏的“新建”按钮，或选择“文件”菜单中的“新建”命令，打开新建对话框，选择“常用”模板中的“空文档”，然后单击“确定”即可。也可以利用快捷键 Ctrl+N 新建文档。

2. 使用文档模板建立专用文档的方法

在“文件”中选择“新建”命令，在右边出现的“新建文档”对话框中，用户可以根据自己的需要选择新建的是空白文档、XML 文档、网页、电子邮件等。同时，也可以选择自己需要的模板，一般默认的是 Normal。

9.4.2　打开文档

要继续编辑或查看一个已存在的文档，首先要把它打开。打开文档的常用方法有：

(1) 选择“文件”菜单中的“打开”命令或常用工具栏的“打开”按钮，或者使用快捷键 Ctrl+O，屏幕上将出现“打开”对话框，用户可以在该对话框中寻找想要打开的文档。

(2) Word 可以记住最近使用过的多个文档，将它们排列在“文件”菜单下方，用户可以根据需要直接选取。

(3) 通过“我的电脑”或“资源管理器”或“搜索”命令找到要编辑的文档，然后双击该文档即可将其打开。

★小技巧：如何同时打开多个文档？

在使用 Word 时，为了便于集中编辑或浏览，可以同时打开多个文档，下面就介绍几种打开多个文档的方法：

(1) 在资源管理器中，选中要打开的多个 Word 文档，按下回车键，系统会自动启动 Word，并将所选文档全部打开。在选择文档时，如果是要选中多个连续文档，可以按下 Shift 键再用鼠标单击相应的文件名；如果要选中多个不连续文档，就按下 Ctrl 键再用鼠标单击相应的文件名。

(2) 如果 Word 已经启动了，可以单击工具栏上的“打开”按钮，在弹出的“打开”对话框中，找到文件所在目录，然后选择要打开的文件，单击“打开”按钮，就可以把选中的文件依次打开了。文件的选择方法与第(1)种方法是一致的。

(3) 如果文件在不同的目录中，可以在资源管理器中的相应目录中选中要打开的文档按下鼠标左键，将文档拖到任务栏中的 Word 图标上(注意：此时的 Word 中没有打开的文档)，所选文档就被打开了；再找到其他目录，用同样方法将所选文档拖到 Word 图标上。

那么又如何快速关闭多个文档呢？要想将所有打开文档一次关闭，并且不退出 Word，可以按下 Shift 键，再单击“文件”菜单，从中选择“全部关闭”命令即可。

如果只想关闭其中的几个文档，可以按下 Ctrl 键再单击任务栏上要关闭的文档的图标，图标都呈凹下状态。在图标上单击鼠标右键，选择“关闭”命令，可将所选的文档全部关闭。用这种方法也可以将所选文档最小化、还原或最大化。

9.4.3　保存文档

保存文档的方式有几种：单击“文件”菜单下的“保存”命令或工具栏上的“保存”按钮，或者用快捷键 Ctrl+S。在关闭文档时，如果所做修改未保存，系统会自动提示是否要保存文档。

当对一个新建的文档进行保存时，会出现一个“另存为”对话框，用户可以选择要保存文档的位置，且输入文档的名称。通过“另存为”命令还可将文件换名保存或以其他格式保存。

同时，Word 对用户文档的保护提供了一些设置，例如自动保存、使用口令、建立备份及快速保存等，可以避免突然断电或另外一些突发事件来不及保存文档，或保护文档不被他人修改。用户可以选择“工具”菜单中的“选项”命令，单击对话框中的“保存”，进行各项设置。

9.4.4　文档视图

所谓视图，是指文档在屏幕上的文档窗体中的显示方式。Word 提供了几种不同的文档显示方式，称为“文档视图”。单击水平滚动条左侧的五个按钮，可以在普通视图、页面视图、Web 版式视图、大纲视图、阅读版式视图之间切换。

(1) 普通视图 普通(N)。普通视图是具有多种用途的视图，适用于文字录入、编辑、格式编排以及在文档中移动等操作。该视图方式下只有水平标尺，没有垂直标尺。在普通视图方式中文本的显示是经过简化的。

(2) Web 版式视图 Web 版式(W)。Web 版式视图用于显示文档在 Web 浏览器中的外观。在此视图中可以创建能在屏幕上显示的 Web 页或文档，可看到背景和为适应窗口而换行显示的文本，其图形位置与在 Web 浏览器中的位置一致。

(3) 页面视图 页面(P)。页面视图是最常用的一种视图方式，也是 Word 2003 默认的方法。采用这种视图方式时，文档在屏幕上的显示与实际的打印结果更为接近，从中可看到文本和其他文档元素在纸张上是如何放置的，并且可以看到代表纸张边缘的图式，即代表实际打印纸张的显示形式。页眉、页脚、图形都将出现在合适的位置上。

(4) 大纲视图 大纲(O)。大纲视图将所有的标题分级显示，层次分明，便于看清整个文章的结构和每部分在文章中的位置，但如果需要设置段落格式，则需要切换到普通视图或页面视图方式。

在大纲视图下的主要操作集中在“大纲”工具栏：

“提升”、“降低”按钮功能为把选定的标题级别提升或降低，“降为正文文字”按钮功能为将所选标题降级为正文。单击“上移”、“下移”按钮，可以把选择的标题上下移动。“展开”、“折叠”按钮用来展开或折叠标题下的文字。

(5) 阅读版式视图 阅读版式(R)。在阅读版式视图下不显示文档的格式、水平和垂直标尺、状态栏，适合于用户阅读文档内容，便于差错校正。要退出该模式，只需点击工具栏上的“关闭”命令，页面就会切换到转入阅读版式视图前的那种视图方式。

在阅读版式视图方式中的操作，可以利用“阅读版式”工具栏进行：

单击工具栏上的“增大文本字号”按钮，可以增大阅读版式的字号；单击“减小文本”按钮，可以减小阅读版式的字号；单击“实际页数”按钮，可以在阅读版式窗口中以实际的页面显示文档，再次单击“实际页数”按钮，则可以返回逐屏显示的阅读版式；单击“允许多页”按钮，则可以在显示单屏和显示多屏之间转换。

9.4.5　打印预览及打印

通常在打印之前，我们需要对文档进行设置。Word 提供了“打印预览”，可以先预览文档的打印效果。选取“文件”菜单下的“打印预览”命令或点击工具栏上的放大镜图标，会出现预览窗口。在预览工具栏中，可以选择“单页预览”或“多页预览”。选择工具栏上的“关闭”按钮可以退出预览模式，进入编辑环境。

如果预览通过，便可以打印输出。用户可以选择“文件”菜单的“打印”命令，或点击工具栏上的打印机图标，也可以使用快捷键 Ctrl+P，这时会出现打印对话框。用户可以在这个对话框中选择打印机的类型，指定文件的打印范围，如全部文档、当前页或设置打印页数，设置打印份数，选择是否缩放，每页打印的版数等。同时，用户还可以点击在打印机名称右边显示的“属性”按钮，设置打印纸张的样式、方向等。

如果用户不需要将文档打印出来，而需要转换成别的格式，比如 pdf 格式的文件，也可以通过“打印”命令来实现。

★小技巧：如何方便地进行 Word 文档的双面打印呢？

用 Word 打印多页的文档时出于格式要求或为了节省纸张，可能需进行双面打印。

我们一般常用的操作方法是：选择“打印”对话框底部的“打印”下拉列表框中的“打印奇数页”或“打印偶数页”，来实现双面打印。我们设定为先打印奇数页，等奇数页打印结束后，将原先已打印好的纸反过来重新放到打印机上，选择该设置的“打印偶数页”，单击“确定”按钮。这样通过两次打印命令就可以实现双面打印。

我们也可以利用另一种更灵活的双面打印方式：打开“打印”对话框，选中“人工双面打印”，确定后就会出现一个“请将出纸器中已打印好的一面的纸取出并将其放回到送纸器中，然后按‘确定’按键，继续打印”的对话框并开始打印奇数页，打印完后将原先已打印好的纸反过来重新放到打印机上，然后按下该对话框的“确定”按键，Word 就会自动再打印偶数页，这样只用一次打印命令就可以了。

两种方法对比，后者较前者更为方便。

9.5 文 本 编 辑

本节主要介绍文本的编辑、字符输入、文本复制、查找等内容，主要针对菜单栏“编辑”这一项。

9.5.1　中英文和标点输入

安装好的 Mircosoft Office 2003 如果是已汉化的版本，那么在打开 Word 文档时，默认的输入方式就是“微软拼音输入法”，输入状态是中文输入状态。这个状态出现在 Windows 屏幕下端的任务栏中。用户可以在此切换不同的输入法，也可以选择英文输入。同时，用户也可以安装各种输入法软件。在这些中文输入法的状态下也可以进行中英文切换，比如对于“微软拼音输入法”，用户可以点击 Shift 键或直接点击“中”切换到英文，将显示；在此状态下，点击 Shift 键或点击“英”则会切换回中文输入状态。若状态栏只显示一个键盘标记，则此时只能输入英文。

中英文输入方式下除了输入字符不同之外，输入的标点也是不同的。

9.5.2　特殊符号的输入

用户在输入文档时，有些符号是不能从键盘上直接输入的。用户可以选择菜单栏中的“插入|符号”命令，会出现一定的对话框，用户可以通过拖动右边的滚动条寻找自己需要的符号，也可以在“字体”处选择。如果有子集的话，可以通过细化来简化寻找步骤。选好需要的符号后，点击最下面的“插入”，然后点击“关闭”，这样需要插入到文档内的符号就会出现在文档中。

9.5.3　汉字信息的数字化

所谓汉字信息的数字化，是指汉字信息输入计算机成为文档中显示出的汉字。我们面对汉字信息化还是有许多的困难，汉字输入效率低下，仍是让人头疼的一个问题。我国的研究者们研究出类似于笔画的“五笔字型输入法”，风靡一时。

最常用的汉字信息数字化工具是“拼音输入法”。人们一般对汉字的发音比较敏感，加上近年来汉字输入软件的迅速发展，智能型的输入软件日益增加。

9.5.4　文字的增、删

在输入文档时，有错误的地方需要对文档进行修正，缺失地方需要补充内容，这就涉及到文字的增、删。

(1) 文字的增。前面提到过文档输入点是一个不停闪动的光标 |，可在此输入内容。增加文字时，用户可以找到需要增加文字的地方，单击鼠标左键，这样光标就会出现在需要的地方，然后输入增加内容即可。如果要增加一个段落，可将光标落在上一段落结尾处

回车符号↵前，然后按下 Enter 键，这样光标就另起一段了。

(2) 文字的删。文字的删除有几种方法：如果要删除光标前的文字，可以按键盘上的 Backspace(退格)键，按一下删除一个字符；如果要删除光标后的文字，可以按键盘上的 Delete(删除)键，按一下删除一个字符；如果要删除一大段文字，可以点击鼠标左键，一直到选中所有要删除的文字，再放开鼠标按键，选中部分会显示成黑色背景，然后按 Backspace 键或 Delete 键都可以删除被选中的内容。

9.5.5　插入与改写状态

当“改写”是灰色 改写 且输入状态是插入时，在光标闪动的位置可以插入文字。通过按下键盘上的 Insert 键可以切换插入和改写状态。如果“改写”不是灰色 改写 ，表示此时激活了“改写”模式，在光标闪动处输入的文字不再插入到文档中，而是会代替后面的文字。

9.5.6　插入时间与日期

Word 里提供了插入时间和日期的功能。用户选择“插入 | 日期和时间”命令，将出现“日期和时间”对话框。该对话框左边是 Word 中给出的日期和时间的一些格式，右边是“语言”组合框，选择不同的语言对应着不同的日期表示方式。在右下方有“自动更新”复选框，如果选中该项，那么插入文档的日期和时间会根据 Windows 系统时间的改变而改变。对话框设置好之后，点击“确定”按钮，设置就会生效，在文档中闪动光标处会插入日期和时间。

9.5.7　文本的剪切、复制及粘贴

一般涉及到剪贴板的操作有三个：剪切、复制和粘贴。

(1) 剪切。用户想要完成剪切操作，需要先选取被剪切的部分，之后点击“编辑”菜单中的“剪切”命令；也可以单击工具栏中的  图标；或在选中文档上点击鼠标右键，在快捷菜单中选择“剪切”命令；还可以通过快捷键 Ctrl+X 来完成。

(2) 复制。该操作的实现方法与“剪切”类似，不同之处是其快捷键是 Ctrl+C。

(3) 粘贴。执行这个操作的前提是已经执行过“剪切”或“复制”操作，其使用方法类似于“剪切”和“复制”，不同之处是，其快捷键是 Ctrl+V。

9.5.8　文本的查找及替换

“编辑”菜单下包含有“查找”、“替换”、“定位”三个命令。选择“查找”命令，用户可以在“查找内容”组合框内输入想要查找的内容。点击“查找下一处”，系统会自动从光标所在处开始查找与“查找内容”相关的内容。如果需要用“AA”来代替文档中出现的“BB”，那么在对话框中首先要点击“替换”选项卡，输入“查找内容”和“替换为”，之后点击“替换”按钮，系统会在光标所在处开始查找并将第一个“BB”替换成“AA”。如果点击“全部替换”按钮，系统会将文档中所有出现“BB”的地方都替换成“AA”。如果点击“查找下一处”，则只会从光标所在处开始，查找下一个出现“BB”的地方。

9.5.9 撤消键入和恢复键入

在“编辑”菜单下选择“撤消”命令，或者在工具栏上点击图标，都可以完成对前一次操作的撤消。同时 Word 还有多级撤消的功能，可以通过多次点击撤消图标或多次选择“撤消”命令，以及点击“撤消”图标旁边的倒三角，来完成多级撤消操作。

当认为某次“撤消”命令不应该执行时，可以选择“编辑”菜单下的“恢复”命令或单击工具栏中的图标，取消前面的“撤消”；同样，多次选择该命令或点击恢复图标旁边的倒三角，可完成多级恢复。

9.5.10 自动更正

Word 提供了“自动更正”功能，用户可以利用此功能更正一些常见的键入错误、拼写错误和语法错误等。

选择“工具”菜单的“自动更正选项”，会出现对话框，用户可在该对话框中进行设置。在“替换”框中输入需要更正的内容，在文档编辑的过程中，系统会自动地将其更正为设置好的内容。比如在“替换”框中输入“HIS”，在“替换为”框中输入“HIS”，并点击“添加”按钮，则在文档编辑时，如果输入了“HIS”，系统会自动更正为“HIS”。把鼠标移动到修正过的“HIS”处，会出现一个小菜单，询问“是否改回 HIS”以及“撤消对 HIS 的自动更正”。

9.5.11 中英文文本的拼写检查

Word 2003 相较于前面的版本，增加了对中英文的校对功能。虽然它对中文校对的作用不是很大，但对英文校对还是很有用的。当在文档中出现输入错误或者不识别的单词时，Word 会在该单词下面用红色的波浪线标记，对有语法错误的用绿色波浪线标记，用户可以通过这些标记来进行选择性的修改。同时，用户也可以选择“工具”栏中的“拼写与语法”按钮来挑出系统认为错误的地方。

9.5.12 字数统计

另外，Word 中为了方便用户，提供了“字数统计”功能。点击“工具”菜单栏，会看到“字数统计”命令，点击后，会自动出现一个对话框，显示当前文档的页数、字数、字符数、段落、行数等信息。

9.6 文 档 排 版

9.6.1 页面设置

在制作文档时，用户应该先考虑页面如何设置，比如页边距。用户可以选取“文件”菜单下的“页面设置”命令，在“页边距”选项卡下选择参数。

当文档准备打印输出时，需要考虑打印纸张的大小，这时点击“纸张”选项卡，用户可以在“纸张大小”处的组合框中选取。一般常用的就是A4大小的纸，宽度和高度是相对应的。

点击“版式”选项卡可以给整篇文档分节，设置页眉与页脚的距离、页眉和页脚的内容是否奇偶页不同、首页不同。

在“文档网络”选项卡中可以设置文档中文字的排列方向(水平或是垂直)、是否分栏、有没有网格等。

9.6.2 字符格式设置

字符的格式设置是指对英文字母、汉字、数字以及各种符号进行的一系列设置，大部分都可以通过选择“格式”工具栏的“字体”命令实现。

1．字体、字形和字号

所谓“字体”，就是宋体、黑体、楷体、行书、隶书等汉字的形状；所谓“字形”，是指常规、加粗、倾斜等汉字状态；所谓“字号”，是指一号、小一、二号等汉字的大小。

用户在使用字号时会发现字号有两种表现形式，中文字号从八号至初号，英文磅值从5～72，它们之间的对应关系见表9-1。

表9-1　中文字号与英文磅值的对应关系

字号	初号	一号	二号	三号	四号	五号	六号	七号	八号
磅值	42	26	22	16	14	10.5	7.5	5.5	5

2．间距与效果

“字符间距”用来设置字符的缩放、间距及位置。缩放有：缩放%；间距有：标准、加宽、紧缩；位置有：标准、提升、下降。

“动态效果”用来产生字符的动画效果，如“赤水情深”、“七彩霓虹”等。

所有的设置选定之后点击“确定”按钮即可。

3．首字下沉

首字下沉是指为了显示更加醒目，对段落开头的第一个字符增大字号，在版面上形成下沉的效果。用户在“格式”菜单中选“首字下沉”，可以选定首字的位置，也可在“选项”中自行设置，完成后只需点击“确定”即可。

4．中文版式

用户可以通过“格式”菜单栏找到“中文版式”命令，其后面的三角会引出子菜单。

拼音指南：此功能可以对选定的文字加拼音。

带圈字符：该功能可以对选定的一个字符加圈。在其对话框内，可以直接输入欲加圈的字符，可选择不同的圈号和样式，选好点击“确定”即可。

纵横混排：对选定的字符旋转90°之后与正文混排。若选中“适应行宽”选项，表示将所选文字的宽度压缩为行高的尺寸。当选定的字符较多时，为有好的效果，一般不选中此项；点击“删除”按钮表示取消原纵横混排。

合并字符：将选定的字符(最多六个文字)合并在一起。默认情况下合并后的宽度同一个汉字等宽；也可以改变字号和字体，使合并后的宽度变化，达到好的视觉效果。

双行合一：该功能将选定的文字分两行显示，两行的高度与原一行等高。该功能与“合并字符”很相似，不同的是“双行合一”不可改变字体和字号，但可以增加括号。

5．格式刷

(1) 段落格式的复制。段落格式包括制表符、项目符号、缩进、行距等。单击希望复制的段落，使光标定位在该段落内，单击“格式刷”按钮 (在“常用”工具栏上可以看到该按钮)，此时，鼠标的样式变成“刷子”形状，把这个像“刷子”的鼠标移到要应用此格式的段落上，单击即可。

(2) 字符格式的复制。字符的格式包括字体、字号和字形等。选取希望复制格式的文本，不包括段尾的“回车”标记，其余方法与段落复制类似。

(3) 多次复制格式。首先双击“格式刷”按钮，然后选取希望应用此格式的文本，松开鼠标，继续选择希望应用此格式的文本，可多次使用。退出时只需再次单击“格式刷”按钮即可。

9.6.3　项目编号和符号设置

1．自动创建项目符号或编号

当在段落的开头输入类似“1.”、“a)”、“一、”等格式的起始编号时，在输入文档之后点击“回车”，Word 自动将该段转换为列表，下一段的开始是下一个编号；如果不需要列表形式，可以删除编号；如果在段落开头输入“*”后输入文本，在结束回车后，Word 自动将该段转换为项目符号列表，“*”将转换为黑色的圆点“●”。

2．添加编号

对已有的文本，可直接点击“格式”工具栏上的“编号”按钮 添加编号；也可选择“格式”菜单栏中的“项目符号和编号”命令，在其对话框中选择想要的编号形式；同时也可以点击“自定义”按钮选择默认形式中没有的编号形式。

3．添加项目符号

项目符号与编号不同之处是，编号为连续的数字或字母，而项目符号是相同的符号形式。可直接点击“格式”工具栏上的“项目符号”按钮 添加项目符号；也可选择“格式”菜单栏中的“项目符号和编号”命令，选择想要的项目符号。如果需要选择别的样式的符号或图片来代替已有符号，可以点击“自定义”按钮。

4．多级列表

多级列表可以清晰地表明各层次之间的关系。创建多级列表必须先通过“项目符号和编号”对话框中的“多级符号”标签确定多级格式，然后通过“格式”工具栏的“减少缩进量”和“增加缩进量”来确定层次的效果。

9.6.4　段落格式设置

Word 中的一个段落是指一段文字的结束，以回车键为标志。段落格式的编排内容包括段落的对齐方式、段落缩进、行距、段间距、标尺和制表位等。

1．对齐方式

Word 里提供了四种对齐方式，包括两端对齐、居中、右对齐和分散对齐，“格式”工具栏中有四个按钮，如果这四个按钮都没有选中，则系统默认的就是左对齐方式。

2. 段落缩进

段落的缩进是指正文与页边距之间的距离，包括左缩进、右缩进、首行缩进和悬挂缩进几种缩进方式。用户可以选择“格式”菜单栏中的“段落”命令来设置精确缩进(可以选择数字或输入数字)；也可以点击“格式”工具栏上专门控制左右缩进量的按钮(“减少缩进量”按钮和“增加缩进量”按钮)来进行设置；还可以通过拖动“标尺”上的几个缩进标记来改变缩进。

3. 行距

行距是指段落中行与行之间的距离，通常默认的是单倍行距。Word 也会根据字体的大小自动调整行距。用户可以在“段落”对话框中设置行距。Word 给出的“行距”设置选项有五个：单倍行距，是 Word 默认的形式，也是系统根据文字的大小自动调整的最佳行距；1.5 倍行距、2 倍行距：是相对于单倍行距而言，即是单倍行距的 1.5 倍或 2 倍；最小值，是设置成可以自动调节到可容纳最大字体或图形的最小行距值；固定值，是将行距设置成不需要 Word 自动调节的固定行距值；多倍行距，也是相对单倍行距而言。

4. 段间距

段间距是指段落与段落之间的距离，包括段前距离和段后距离，两者之和构成段间距。排版的时候并不需要多次输入回车来增加段间距离，而是使用“段落”对话框设置段间距。距离的单位可以是“字符”也可以是“磅”，用户可以根据自己的需要设置不同的值。

5. 制表位和标尺

在 Word 窗口中有一个标尺栏，通过激活“视图”菜单下的“标尺”命令，可以让“标尺”出现在操作界面中，用户只需拖动缩进符号到想要的地方即可。

使用标尺只能粗略地设置缩进，如果想要精确缩进，需要在“段落”对话框中输入确定的数字，也可使用“制表位”对话框进行设置。用户可以选择“格式”菜单中的“制表位”命令，在“默认制表位”框中输入或选择一个数值，该数值可以代替原来默认的制表位；“制表位位置”框显示出了所有的选定段落中的制表位位置。单击“全部清除”按钮，可以删除所选定段落中所有的制表位。点击“确定”按钮完成设置。

9.6.5　页码、页眉、页脚设置

在 Word 里提供了两种设置页码的方式：一种是点击“插入”菜单中的“页码”命令；一种是在“视图”菜单中选择“页眉和页脚”命令。一般情况下都是使用第一种方法来设置页码。

页眉是每页上方的一些说明文字或页码，页脚是每页下方的一些说明文字或页码。页眉和页脚的内容可以是文字、日期、时间、页码或图形。在 Word 中还提供了奇偶页不同的设置，用户可以制作出不同的文档版面。

点击“视图”菜单栏的“页眉和页脚”，将自动切换到页眉模式。点击“页眉和页脚”工具栏的“关闭”就可以恢复到编辑区状态。

设置奇偶页不同的页眉、页脚时，首先在“页面设置”的“版式”子对话框下，在“奇偶页不同前”打对号，这时点击“页眉和页脚”命令，会出现“奇数页页眉”、“奇数页页脚”和“偶数页页眉”、“偶数页页脚”。设置首页不同的页眉和页脚时，在“首页不同”前打对号。

9.6.6　批注、题注、脚注和尾注

1．批注

批注就是为文档中的某些内容添加的注释文字。添加时，首先选定要批注的文字，将插入点光标移到要添加批注的文字后面，在“插入”菜单栏中选择“批注”命令，在光标闪烁的地方输入批注内容即可。

2．题注

Word 提供题注功能，可以自动更改项目的编号。用户可以点击“插入”菜单中的“引用”命令，选择“题注”命令，在弹出的对话框中系统自动给出了默认的项目标签和编号，在标签列表中可以选择所需的标签如图表、公式等。若系统给出的标签不能满足要求，也可点击“新建标签”按钮，建立自己的标签。在设置好以后，点击“确定”按钮便完成设置。

利用自动插入题注功能，Word 会在插入图片、表格及公式等项目的同时，在指定位置自动插入题注。

3．脚注和尾注

脚注和尾注是对文档中的文本进行的两种注释，是文档的组成部分。这一点与批注不同，批注是作者或审阅者参考的内容，一般不提供给读者。选择“插入”菜单后，点击“引用”，在出现的子菜单中选择“脚注和尾注”，即可添加脚注和尾注。

9.6.7　分页和分栏设置

在编辑区输入文档时，Word 会根据所设定的页型和页边距以及字体大小自动分页，在特殊情况下，用户可以强制分页。即选择“插入”菜单中的“分隔符”命令，再选择“分页符”，点击“确定”按钮即可。

如果要设置不同的节，选择“下一页”即在插入点设置分节符，使新的一节从下一页开始；选择“连续”即在插入点设置分节符，但不分页；选择“偶数页”即在下一个偶数页设置新的一节；选择“奇数页”即在下一个奇数页设置新的一节。如果要更改分节符的类型，可以直接在插入点删除分节符类型；或在“版式”标签中，“节的起始位置”下拉列表中选取所需的分节符类型。

分栏可以通过“格式”工具栏中的“分栏”命令设置，也可以在“页面设置”下的“文档网格”中设置。

9.6.8　文档网格

在“文件”的“页面设置”对话框中有“文档网格”选项卡，可以设置文字排列方向、栏数、有无网格、每行字符数和每页行数等参数。根据纸型的不同，每页中的行数和每行

的字符数都有一个默认值，调整这个值，可以满足用户不同的需要。用户可以选中“指定行和字符网格”，然后在下面的下拉菜单中选择不同的值来设定行数和字符数，之后点击“确定”按钮即可。

9.6.9 页面背景设置

为了使文档页面更加好看，用户可以自己设置页面背景，即点击“格式”工具栏中的“背景”一项进行设置。

9.6.10 制作水印

水印可以用来标示文档。设置好的水印可以打印出来。选择“格式|背景|水印”后，会出现“水印”对话框，用户可以选择采用“图片水印”或“文字水印”。若要去除水印，只需选择“无水印”。

9.6.11 生成和修改目录

1. 自动生成目录

在使用自动生成目录时，首先要将文档中的标题选择成“标题 1”、“标题 2”等的样式，然后将插入点光标移动到需要插入目录的地方，再选择“插入|引用|索引和目录”命令。编制目录之后，可以通过点击目录跳转到相应的标题。

2. 修改目录

正文中对应的标题或标题的位置有所改动时，需要更新生成的目录，可以直接在目录上点击鼠标右键，在出现的快捷菜单中选择“更新域”，再选择是更新页码还是更新整个目录即可。

如果用户感觉目录的文字太过单调，可以在“索引和目录”对话框的“目录”选项卡下进行修改，即点击“修改”按钮进行设置。设置好后点击“确定”按钮即可。

9.6.12 使用样式和模板

1. 样式

样式分为两种：字符样式和段落样式。字符样式保存了对字符的格式化，如文本的字体和大小、粗体或斜体、大小写以及其他效果等；段落样式保存了字符和段落的格式，如缩进、对齐方式、行距和段间距等。

应用样式可以在“格式”工具栏中选择“样式和格式”命令，在操作界面右边会出现组合框，先选择应用样式的对象，然后直接点击所需的样式名即可。

用户也可以在组合框中建立自己需要的样式，只需输入样式名称，最后回车就可以了。样式也可以更新，应用样式的文本也会随着样式的更新而更新。

若想删除某种样式，只需在组合框的某个样式上单击鼠标右键，选择“删除”命令，应用被删样式的文本会自动应用“正文”样式。

2．模板

Word 提供了几类模板：信函与传真、备忘录、简历、新闻稿、议事日程、Web 主页等，它们以 .dot 为后缀存放在 Template 文件夹下。在新建一个文档时，可以选择查看本机上的模板。用户一般新建立的空白文档使用的是 Normal.dot 模板。除了 Word 自带的模板外，用户也可以把一个已存在的文档创建成模板，即在保存文档时将保存类型设为“文档模板(.dot)”就可以了。

9.7　文档中表格的制作与使用

Word 文档经常要用到表格来组织文档中的数字和文字，或者利用表格将文字段落并行排列。Word 提供了功能强大的表格处理能力，不仅可制作表格，还可嵌入其他软件制作的表格，并对其重新编排，也可在表格中插入图像。通过表格可简洁有效地将数据组织在一起。本节主要介绍表格的创建、编辑、美化等内容。

9.7.1　创建表格

Word 表格不仅可排列数字，还提供了计算、排序等功能。表格中的小方框被称为“单元格”，可在其中填入文字、数字或者图形。在文档中插入表格时，一般有三种方法：

(1) 利用工具栏的按钮创建表格。在某行行首设置插入点，单击“常用”工具栏上的表格按钮 ，其中左边是普通表格，右边是插入 Microsoft Excel 工作表。单击普通表格按钮，会出现一个对话框，用户可以选择创建表格的大小，将鼠标定位在第一行第一列的单元格上开始拖动，随着鼠标的拖动在空白表格底部显示选定的行列数，直到满足要求为止。此时单击鼠标，在插入点处就会插入一个空白表格。插入 Microsoft Excel 工作表的方法与此类似。

(2) 使用菜单栏中的“表格”命令。选好插入点，选择“表格”菜单中的“插入”命令，在后三角的下拉菜单中选择“表格”，弹出“插入表格”对话框。在“列数”和“行数”框中选择或输入需要的列数和行数，在“固定列宽”后的框中可选择列宽值，一般默认是“自动”。还可选择“自动套用格式”按钮建立基丁模板样式的表格。Word 中给出了多种表格模板样式，用户可根据自身需要选择。选好后点击“确定”按钮，表格就会插入到文档中。

(3) 绘制表格。点击“表格”中的“绘制表格”命令，出现工具栏。用户可利用该命令建立一些复杂的或不固定的表格。“表格和边框”工具栏按钮对应此命令。

9.7.2　编辑表格文本

1．一般操作

首先用鼠标定位插入点，然后逐一插入数据。键盘上的四个方向键可用来在上下左右的单元格中移动；按“Tab”键也可移动到下一个单元格。表 9-2 给出了键盘按键与单元格定位操作的对应关系。

表 9-2　键盘按键与单元格定位操作的对应关系

键	操 作 功 能
Tab	插入点移动到下一个单元格
Shift+Tab	插入点移动到前一个单元格
Alt+Home	插入点移动到当前行的第一个单元格
Alt+End	插入点移动到当前行的最后一个单元格
Alt+Page Up	插入点移动到当前列的第一行单元格
Alt+Page Down	插入点移动到当前列的最后一行单元格
↑/↓	插入点在当前列的上/下单元格按“行”移动
←/→	插入点在当前行的左/右单元格按“列”移动

在文档中不同的单元格之间移动或复制文字、数字或图形时，可直接使用“常用”菜单栏中的“剪切”、“复制”、“粘贴”按钮或采用拖放的方法或使用快捷键来完成。

2．表格中的对齐方式

用户能对选定的一个或多个单元格、块、行或列的文档进行对齐操作。表格中除了常见的两端对齐、居中、右对齐和分散对齐以外，还提供了其他对齐方式：对水平排列的文本提供了顶端对齐、垂直居中和底端对齐三种对齐方式；对垂直排列的文本提供了左对齐、水平居中和右对齐。用户可在“表格”菜单中的“表格属性”中选择对齐方式，或将光标移动到将要改变对齐方式的某单元格上，点击右键，选择“单元格对齐方式”，再选择对齐方式即可。

3．文本与表格的相互转换

文本也可直接转化成表格，但是需要在文本中间加入制表符作为分隔符。首先，激活“常用”工具栏的“显示/隐藏编辑标记”按钮 ↵；然后，选中将要转化成表格的文本，点击菜单栏的“表格”菜单，在“转换”命令后点击“文本转换成表格”。同样，表格也可以转换成文本，步骤同上。

9.7.3　编辑表格

编辑表格是通过“表格”菜单中的命令实现的。操作前，要先选定操作的表格，然后施加命令。下面介绍常用的表格处理过程。

1．选取单元格、行和列

行、列、单元格的选定方法与选定文本的方法相似。另外还有几种快捷方式，比如当鼠标指针位于表格中时，表格左上角会出现“⊞”符号，单击此符号，可以选中整个表格。当鼠标位于表格的左边时，鼠标会变成一个向右的空心箭头⇨，可以用来选中整个一行；同样，当鼠标位于表格的上方时，会变成一个向下的黑色箭头⬇，可以用来选中整个一列。表格中的每个单元格都具有独立性，当需要选择表格中间的一块时，只需从要选定块的左上角单元格的左边界起，拖动鼠标到要选定块的右下角单元格，松开鼠标，鼠标经过的单元格即被选中。

2．插入单元格、行和列

首先在表格中选中要处理的对象，然后点击“表格 | 插入”命令，会出现一个对话框。

有多种插入方式，用户可根据自身需要来决定。

3．删除单元格、行和列

首先选中处理对象，然后选择“表格 | 删除”命令，根据自身需要进行删除。也可在要处理的对象上右击，在快捷菜单中选择“删除单元格”，会出现对话框，用户可在该对话框中选择要删除的内容。

4．调整行高和列宽

改变行高和列宽的最简方法是使用标尺，通过拖动标尺可以很方便地调整；也可使用鼠标拖动表格中的框线进行调整。如需精确改变行列的值，可通过点击“表格 | 表格属性”进行修改。

Word 还提供了自动调整功能。选择“表格 | 自动调整”命令，用户可根据自身需要来选择，可以固定列宽，也可根据内容或文档的窗口来调整，也可选择平均分布各行或各列。

5．拆分和合并单元格

所谓拆分单元格，是指将一个单元格拆分成多个单元格。操作时首先用光标激活该单元格或选中该单元格，然后选择“表格 | 拆分单元格”或直接右击，在出现的快捷菜单中选“拆分单元格”，会出现对话框，选择拆分后的单元格的列数和行数，点击“确定”按钮即可。

相反，合并单元格是将多个相邻的单元格合并成一个单元格。操作时先选择好要合并的单元格，点击“表格 | 合并单元格”命令，或右击单元格，在快捷菜单中选择“合并单元格”。

9.7.4　边框和底纹设置

为了保证表格的可视性，用户可进行一些美化表格的操作。首选就是“自动套用格式”，此方法在前面创建表格时已介绍。另外就是自定义表格外观，最常见的方法是为表格添加边框和底纹。

边框和底纹可用于表格的修饰，也可用在段落修饰里。用户可从“格式”菜单栏中选择“边框和底纹”，同时也可在表格中右击，在快捷菜单中选择“边框和底纹”。用户在“边框和底纹”对话框中可随意选择边框样式、线型、颜色、宽度，可在右边的“预览”中看到选择后的效果。利用对话框右下角的“应用于”可选择将边框与底纹应用于文字、段落、单元格或表格。一般表格或段落文档的默认格式都是无底纹的，可通过点击“底纹”命令，为表格、段落或文字选择添加各种颜色、纹理的底纹作为背景，其中颜色还可自定义添加。

9.7.5　表格的计算与排序功能

Word 是功能强大的字处理软件，同时也提供了计算和排序的功能。它可对表格中的数据进行简单的加减乘除运算，实现表格中数据的排序、求和、求平均值等功能。这些功能都可通过点击菜单栏“表格”中的“排序”与“公式”命令来实现。

1．公式

“表格”菜单中的“公式”命令用来对表中的数据进行加工处理，包括求和、求平均值、求 n 个数的最大值或最小值等。Word 中提供了多个函数，其中：“公式”文本框是数字计算的公式区，该区的内容可由用户填入；操作命令可从“粘贴函数”下拉菜单中选择；“数字格式”下拉菜单用于确定计算结果的数字表示方式。

另外，Word 规定用英文字母 A～Z 表示列坐标，用数字 0～9 表示行坐标，如公式“=SUM(A3：C2)”表示对从第一列第三行单元格到第三列第二行的单元格之间的所有单元格数据进行求和运算。

2．排序

排序是指以某个数据为依据重新排列记录的顺序，该数据称为排序关键字。此功能是通过“表格|排序”命令来实现的。

排序的依据是关键字，关键字可以有一个或多个，分别为主要关键字、次要关键字和第三关键字。排序类型是指分类的依据，如按照关键字的拼音、笔画、数值大小、日期等排序。排序方式是指按照关键字的升序或降序来排序，数字型的数据按代数值进行排序，字符型数据按 ASCII 码值进行排序，一级汉字按拼音的顺序排列，二级汉字按偏旁部首来排序。“列表”区有两个单选按钮：“有标题行”，是指以选定区域第一行的数据作为排序关键字进行排序，是系统默认的格式；“无标题行”，是指按列作为排序关键字进行排序。不同的排序方式，排序关键字列表的内容不同，排序效果也不同。选好之后，点击“确定”按钮即可。

“排序”命令的执行过程是先根据第一关键字，按照指定的方式进行排序，当第一关键字相同时，再根据第二关键字的设置进行排序，依次类推。

9.7.6 由表生成图

Word 提供了将表格的部分或全部数据生成各种统计图，如直方图、饼图、折线图等功能，从而达到图文并茂的效果。Word 默认生成直方图，用户也可根据自身需要来选择生成的图形。首先在表格中选定要生成图的数据，然后选择“插入|对象”命令，在对话框中选择“Microsoft Graph 图表”，之后点击“确定”按钮。

由于系统默认的是直方图形式，如果想要选择别的图表形式，可在生成图之后的工作页面下，点击“图表|图表选项”命令，在出现的对话框中选择想要的图表类型。

9.8 文档中图形的插入与使用

在文档中插入或处理图形时，先将光标移动到需要放置图形的位置，然后点击“插入|图片”命令，在对应的子菜单中选择要插入的内容。

9.8.1 插入图片

Word 中提供了一个剪辑库，包含了大量的剪贴画、图片，同时用户可以通过别的途径获得一些图片保存在磁盘上，比如来自于数码相机或互联网的图片以及用户自己加工生成的图片。

1. 插入剪贴画

在“插入|图片”命令对应的子菜单中选择“剪贴画”，Word 操作界面的右边就会出现“剪贴画”对话框，在该对话框中出现的图片 Microsoft 剪辑库中的图片。用户可以自己搜索想要的图片，也可以在给出的图片中进行选择。选好要插入的图片后，单击该图片就会自动插入到文字中。或在选好的图片旁边会出现一个下三角，点击下三角将出现一个子菜单，用户也可以点击子菜单中的命令对选中的图片进行操作。

2. 插入来自文件的图片

如果插入的图片来自于一个图形文件，可以在“插入|图片”命令对应的子菜单中选择“来自文件”，将会出现“插入图片”输入框，用户可以寻找并插入已经保存在磁盘中的图形文件。

3. 从扫描仪或数码相机中插入图片

用这个方法插入图片有个前提就是，用户首先要将扫描仪或数码相机与计算机相连，选择的方法也是在“插入|图片”命令对应的子菜单中选择“来自扫描仪或照相机”。

9.8.2 编辑图片

对插入到 Word 文档中的图形，可以在 Word 文档中直接编辑。当鼠标选中某一个图形，点击右键后，可以选择显示或隐藏“图片”工具栏。

使用工具栏上的命令按钮，可以实现如下功能：插入图片、调解颜色、增加对比度、降低对比度、增加亮度、降低亮度、裁剪、向左旋转 90°、设置线型、压缩图片、文字环绕、设置自选图形格式、设置透明色、重设图片。

1. 颜色、对比度的调整

对于已经插入到文档的图片，通过点击按钮即可设置图片的颜色、对比度和亮度。

2. 图片裁剪

使用图片工具栏上的“裁剪”按钮可以对图片进行裁剪。首先选中要裁剪修改的图片，然后单击图片工具栏上的“裁剪”按钮，鼠标指针变为状，将该形状的鼠标移到一个尺寸控制点，当鼠标变为形状时按住鼠标左键并拖动鼠标，到合适的位置后松开鼠标左键，被鼠标拖过的部分将被裁减掉。

如果需要精确裁减，可以用右键点击图片，在快捷菜单中选择“设置自选图形格式”，在出现的对话框中选择“图片”选项卡，设置完成精确裁减。双击图片也可进入该对话框。

3. 设置图形环绕方式

图形插入文档中的位置有两种：浮动型和嵌入型。Word 中设置了几种版式，分别有嵌入型、四周型、紧密型、浮于文字上方、衬于文字下方。设置时，可以在快捷菜单中选择“设置自选图形格式”命令，点击“版式”选项卡就可以选择环绕方式。

9.8.3 绘制图形

在 Word 中提供了“绘图”工具栏，用户可以通过该工具栏提供的一些绘图工具绘制出

一些图形。“绘图”工具栏一般在操作界面的下端，状态栏上方；或者执行“视图|工具栏|绘图”命令，弹出“绘图”工具栏。

1．绘制基本图形

使用“绘图”工具栏中的“直线”、“箭头”、“矩形”和“椭圆”按钮，可以绘制出这四种基本图形。单击这四个按钮后，文档中出现“在此创建图形”的绘图画布，在需要绘制图形的开始位置单击左键并拖动到结束位置，松开鼠标左键即可绘制出所选的基本图形。

在文档中若需要绘制对称图形，可以在拖动鼠标绘制的同时按住“Shift”键。

2．绘制自选图形

单击“绘图”工具栏中的“自选图形”按钮，可以在弹出的菜单中选择包括“线条”、“连接符”、“基本形状”、“箭头总汇”、“流程图”、“星与旗帜”和“标注”在内的多种自选图形。

3．绘制组织结构图

在“绘图”工具栏中有一个“插入组织结构图或其他图示”按钮，利用它可以轻松地绘制常用的包括“组织结构图”、“循环图”、“射线图”、“棱锥图”、“维恩图”和“目标图”的六种结构图。

9.8.4　插入艺术字

为了一些特殊效果，Word中还给出了“艺术字”效果，在文档中插入艺术字的操作步骤如下：

(1) 把插入点定位到要插入艺术字的位置。

(2) 单击“绘图”工具栏中的“插入艺术字”按钮，也可以执行“插入|图片|艺术字”命令，弹出“艺术字库”对话框。

(3) 在该对话框中选择一种艺术字样式，单击“确定”按钮，弹出“编辑‘艺术字’文字”对话框。

(4) 在“文字”文本框中输入要编辑的艺术文字，单击“确定”按钮。另外，还可以设置艺术文字的字体、字号、加粗和斜体等属性。

如果想要更改艺术字的文字，可以双击该艺术字，也可以打开“艺术字”工具栏，利用工具栏对艺术字进行修改，最后单击“确定”按钮即可。

9.8.5　插入文本框

选择“插入|文本框”命令或者直接点击“绘图”工具栏上的按钮(横排)或(竖排)后，文档中会出现一个“绘图画布”及其工具栏。在绘图画布内，鼠标将变成“+”形状。在画布内任意位置点击鼠标左键，就会出现插入的文本框，此时的文本框是初始大小，用户可以进行拖动来扩大或缩小文本框的大小。之后，在闪动的插入点输入文本框的内容即可。

对文本框进行格式设置时，可以在文本框上点击鼠标右键，在出现的快捷菜单中选择“设置文本框格式”，或者将鼠标放到文本框的框边，当鼠标变成形状时，双击鼠标左键就会出现“设置文本框格式”对话框，用户可以在这里设置文本框格式。

文本框不能随着内容的增加而自动扩展，可以通过拖动扩大文本框来查看增加的内容。但是文本框提供了文本框之间的链接，可以通过这个链接使得各文本框的文字从一个文本框排到另一个文本框。

9.9　网络功能及安全

9.9.1　Web 页创建

在 Word 中，可以有两种创建 Web 页的方法：一种是新建一个 Web 页，新建的方法和新建文档的方法是一样的，即选择网页而非文档，则出现一个空白的在 Web 版式视图下的网页；第二种方法是将一个已存在的 Word 文档文件另存为 HTML 或 HTM 格式的 Web 页或者是 MHTML、MHT 格式的单个网页。

9.9.2　创建和删除超链接

创建超链接的方法一般有两种：一种是直接点击“常用”工具栏上的超链接按钮；另一种是通过点击“插入”菜单栏的“超链接”命令。不管用什么方法，都会出现“插入超链接”对话框。其中，“要显示的文字”框内是文档或 Web 网页中的链接点，下面的列表是链接对象的列表，可以从中选择；选择好后点击“确定”按钮。

如果要删除设置好的超链接，也有几种方法：第一种是点击“撤消”命令，会撤消上一步增加的超链接操作；第二种是直接将光标放在链接点的前方，点击 Del 键或者将光标放在链接点的后面，点击 Backspace 键；还有一种方法是右击超链接，在快捷菜单中选择“编辑超链接”，则出现“编辑超链接”对话框，在该对话框选择“删除链接”按钮。

9.9.3　制作邮件合并文档

我们通过一个大学新生录取通知书的例子来详细介绍邮件合并的功能。新生入学信息如表 9-3 所示。

表 9-3　新生入学信息

姓　名	学院	专业	报到日期
张　三	通信工程学院	通信工程	8 月 26 日
赵小四	电子工程学院	电子信息工程	8 月 26 日
王　五	人文学院	英语	8 月 30 日

1. 创建主文档

创建主文档就是新建一个文档或者打开一个现有的文档，然后选择“工具 | 信函与邮件 | 邮件合并”命令。用户可以根据自己的实际需要选择信函、信封、标签、目录等文档类型。选好后，在下方会有简单的介绍。按“下一步”按钮后，选择开始文档：使用当前文档、从模板开始、从现有文档开始。选好后点击“下一步”按钮。

2．创建数据源

选定文档后，下一步就是选取收件人，也就是我们前面所说的数据源。如果已有列表，可以选择“使用现有列表”，或“从 Outlook 联系人中选择”。如果没有列表，可以选择“键入新列表”来创建一个列表。点击“创建”按钮，在出现的“新建地址列表”对话框内的“职务”、“姓名”等地址信息是 Word 中默认给出的几项内容，如果不是用户想要输入的内容，可以点击“自定义”按钮来创建自己的地址列表。用户可以在这个对话框里删除或添加一些想要的内容，并且排列这些内容的顺序。我们按照表 9-3 建立地址列表，建立好地址条目之后将表 9-3 的内容填入地址信息中，输入好了第一个条目后，点击“新建条目”，就可以输入第二个人的信息了。建立好后保存并按“下一步”按钮，撰写信函。

3．合并到新文档

这里会用到“插入合并域”。首先将光标停留到在前面撰写的信函中需要插入的部分，点击，文档中需要插入的内容是什么可以从这个对话框中选择，然后点击“插入”即可。当将数据源中所有需要插入文档的部分都插入到文档之后，就可以生成合并之后的文档了。点击工具栏上的“合并到新文档”按钮。之后系统会询问是否将数据源中所有的条目都合并，还是选择一部分，选择好后点击“确定”按钮，就会出现合并后的新文档，每个条目之间会自动用“分栏符”隔开。

9.9.4　安全性设置

我们曾在介绍 Word 2003 优点的时候，提到了全新的文档保护功能。这里我们介绍如何给文档进行加密保护，以防止他人随意阅读和修改。

1．设置打开密码

首先选择“工具 | 选项”命令，在弹出的对话框中点击“安全性”选项卡，之后按照对话框所示的内容设置密码。

设置好密码后点击“确定”，Word 会弹出一个小对话框，用户需要再次确认密码输入。输入后，点击“确定”，然后保存文档，密码就设置好了。

再打开这个文档的时候，Word 就会自动提醒用户输入密码。输入正确密码后，文档会正常地打开，如果密码错误就会出现提醒。

2．设置修改密码

第一步与设置打开文档的密码类似，即选择“工具 | 选项”，点击“安全性”选项卡，在这个对话框中便可以设置修改权限的密码。

设置好密码后点击“确定”，同样会弹出再次确定对话框，之后点击“确定”并保存文档。再次打开该文档时，Word 会自动提醒用户，是否输入正确的密码，否则以只读方式打开该文档。当用户以只读方式打开文档后，对文档的修改不会保存到原文档；当用户要保存文档时，只能对原文件另行保存，不能替换原文件；如果用户强行替换原文件，系统会弹出警告。

3．删除密码

如果想要删除密码，可以打开上面所提示的对话框。设置了密码后框内会出现“***”表示密码，将密码删除之后点击“确定”，最后保存文档即可。

9.10　其他功能

9.10.1　公式编辑器的使用

首先需要安装公式编辑器，然后点击“插入 | 对象”命令，在出现的对话框中选择“MathType 5.0 Equation”，点击“确定”。之后，系统会弹出“公式”工具栏和编辑区。“公式”工具栏中第一行按钮为符号工具栏，单击每一个都会出现一个符号列表，从中可以选择插入一些特殊符号，如希腊字母、关系符号等；第二行是模板工具栏，提供了大量的公式编辑模板，如分式、根式、上标、下标、求和符号等。

9.10.2　自动操作

1．自动图文集

要创建自动图文集，首先要在文档中编辑要创建的自动图文集，然后选中要存储成自动图文集的文本或者图形，选择“插入 | 自动图文集 | 新建”命令，在出现的对话框的输入框中输入自己创建的图文集的名字，之后点击“确定”。

下一步就是如何插入到文档中。首先将光标停留在需要插入自动图文集的位置，点击“插入 | 自动图文集 | 正文”，对应出现的就是刚刚设置保存好的图文集，点击这个命令即可。

2．自动套用格式

点击“工具 | 自动更正选项”命令后选择“自动套用格式”选项卡，这个功能是在键入内容时会根据先前的设置自动修改，当鼠标移动到修改过后的内容时，会出现一个按钮，在其下拉菜单中可以选择是否取消这次更正，或今后见到类似情况就不更正了。

如果对一些格式没有进行设置或没有设置成“自动更正格式”，可以点击“格式 | 自动套用格式”，在出现的对话框中选定“自动套用格式”选项。如果有一些格式不是默认的，而用户又需要自动套用，可以点击“选项”按钮，在出现的对话框内选择格式即可。

9.10.3　宏的使用

1．创建并运行宏

Word 2003 中，可以用宏录制器录制宏，或者使用 Visual Basic 编辑器编辑宏。宏本身是一个 Visual Basic 程序，不论利用什么方法创建一个宏，最终都将转换成 VB 代码。用户如果不熟悉 VB 语言，可以利用宏录制器录制宏。

首先点击“工具 | 宏 | 录制新宏”，之后就会出现“录制宏”对话框，用户可以自己输入一个“宏名”，设置好后点击“确定”。之后文档中会出现一个工具栏，同时，鼠标也变成了带有一个小磁带的样子。这时的操作将被录为宏。工具栏中有两个按钮，左边的是“停止”按钮，右边的是“暂停”按钮。录制完之后保存，点击“关闭”结束宏的录制。

运行宏时首先要选中需要进行宏操作的对象，其次可以将宏命令设置成按钮出现在工具栏中，操作方法同“自定义工具栏”；也可以直接点击“工具”菜单，选择“宏”里的宏命令，在出现的对话框中选中想要的宏名，点击“运行”即可。

编辑和删除宏的操作也可以在上面的宏命令对话框中完成。要注意的是，编辑宏的操作会直接转换到VB环境中，对于不熟悉VB语言的用户而言，可以删除这个宏，再次进行录制。

2. 宏的安全

宏病毒是计算机病毒中的一种，是人为编制的一段计算机程序，可以自我复制，会在文档中创建古怪的信息，占据文件空间，甚至占满磁盘空间和内存，导致磁盘访问困难，执行任务困难。

Word 2003内建立了检测宏病毒和进行保护的功能，分成非常高、高、中、低四个级别。设置安全性的方法同录制宏的途径一样，在“安全性”设置对话框中，用户可以根据自己的需要选择一种安全级别。

9.10.4 域的使用

用户在编辑文档时，也常常需要用到域，比如我们前面介绍过的自动生成的目录就是域。域与一般文档的不同之处就是域是一个变量，域代码可看做是变量名，域在文档中用来代表那些计算结果可能发生变化的数据。域可以分为编号、等式和公式、链接和引用、日期和时间等。

插入域的方法都类似，首先将插入点定位在插入域的位置，然后点击“插入|域”命令，如果要插入一个“时间与日期”，可以在域名中找到“CreateDate”，在域属性中就会出现各种日期格式，选择需要的一项，点击“确定”即可。

域与普通文字不同的地方就是域的内容是可以更新的。在域的内容上点击右键，在出现的快捷菜单中选择“更新域”可以对域的内容进行更新，点击“编辑域”可以重新打开“域”对话框，对域的内容进行修改。

9.11 Word 2003的使用技巧

除了前面介绍的内容之外，Word还有一些小技巧，这里简单介绍一下。

9.11.1 把文字替换成图片

首先将图片复制到剪贴板内，然后点击“编辑|替换”命令，在打开的对话框的“查找内容”框中输入要被替换的文字，在“替换为”框中输入“^c”(值得注意的是，字符一定是半角字符，而且c是小写的)，单击“替换”按钮，就把要替换的文字替换成刚刚复制的图片。这个方法不止可替换图片，也可替换任何可以复制到剪贴板的内容，如表格、Excel表格、公式等。

9.11.2 Word 中常用的快捷键

Word 给出了一些快捷键，利用它们可以直接使用键盘在文档中输入内容。下面总结了 Word 中常用的快捷键。

(1) Alt + Shift + D：当前日期。

(2) Alt + Shift + T：当前时间。

(3) Shift + Space(空格键)：全角/半角转换。

(4) Ctrl + 键盘按钮系列：

D："字体"对话框。

B：加粗。

I：倾斜。

U：下划线。

+/=：下标。

Shift + +/=：上标。

W：关闭命令。

Z：撤消。

A：全选。

X：剪切。

C：复制。

V：粘贴。

S：保存。

Q：左对齐。

E：居中。

R：右对齐。

]：放大字体。

Shift + >：放大字体。

[：缩小字体。

Shift + <：缩小字体。

N：新建文档。

P：打印。

O：打开文档。

K：插入超链接。

F：查找。

H：替换。

G：定位。

Shift + Enter：加入分栏符。

Alt + L：带括号的编号。

Alt + Shift + ？：¿。

Alt + Shift + !：¡。

Alt + I：打印预览。

Alt + O：大纲视图。

Alt + P：普通视图。

Alt + M：插入批注。

9.11.3　去掉页眉那条横线

在输入页眉后，页眉到正文文档之间总有一条横线，要去掉这条横线，有以下两种方法：

(1) 点击到“页眉”输入状态，点击“格式”菜单的“边框与底纹”命令，在对话框的“表格和边框”中选择“无边框”，点击“确定”；或者将边框颜色选择成“白色”，这样虽然没去掉直线，但由于背景是白色已经看不出那条线了。

(2) 点击到“页眉”输入状态，将样式中显示的“页眉”改为“正文”，这样就可以去掉下面的横线。

9.11.4　恢复 Office 的默认设置

假如用户不小心把 Word 的设置弄乱了，比如说删除了菜单栏，不知道如何恢复，此时可以查找 normal.dot 文件，然后删除该 dot 文件，下次启动 Word 2003 时会自动恢复默认值。

9.12　Word 2003 使用实例

在介绍了许多 Word 的功能之后，这里特别举几个实际例子来说明。

9.12.1　制作简历

这里通过 Word 自带的“简历向导”来介绍简历的完整制作过程。

(1) 点击“文件 | 新建”命令，在右边出现的“新建文档”框中选择“本机上的模板”，在“其他文档”中选择“简历向导”，之后会出现“简历向导”对话框，这是简历向导的开始界面。

(2) 点击“下一步”按钮，进入“样式”对话框。Word 提供了四种样式：表格型、专业型、现代型、优雅型。

(3) 选好样式后，点击“下一步”按钮进入“类型”对话框。Word 给出了四种类型的简历，分别是条目型、时间型、功能型、专业型。

(4) 选择好类型之后，点击“下一步”按钮进入“地址”对话框。

(5) 点击“下一步”进入“标准标题”的选择，上面列了几项一般简历应有的内容，用户也可以自己选择简历上的内容，选择的就在前面打对号确定。

(6) 进入的是“可选标题”，选择方法同上一步。

(7) 之后是再下一步，如果用户需要的标题 Word 并没有给出，可以在对话框中添加，并且可以排列前面已经选择好的标题的顺序，确定后点击“下一步”按钮。

(8) 点击“完成”按钮，在新建的文档中就会出现前面设置好的简历，有需要修改或添加的信息可以直接在简历中输入。随着建立好的简历的出现，还会显示一个“Office 助手”，用户可以根据需要添加封页或发送简历，如不需要，点击“取消”按钮即可。

9.12.2 制作名片

制作名片的过程与制作简历类似，不同的是第一步选择“名片制作向导”，其余步骤是：

(1) 点“下一步”开始设置名片。在“样式”对话框中设置名片样式。Word 中提供了 9 种样式，下方是预览窗口，可以看到大致的样式。

(2) 点击“下一步”按钮进入“大小”设置，这里给出的是标准名片的大小，用户也可以自己设置名片的宽度和高度。

(3) 在“生成选项”的选择窗口，选择是单独的名片还是批量的，也可选择是单面的名片还是双面的。一般不在“单面”选项打对号的话，都默认为是双面的名片。

(4) 输入名片中应该有的内容，可以把自己名片上需要有的信息都填入对话框中。

(5) 填名片背面的内容。一般默认正面是中文的名称，背面是英文的名称，但用户可以自己定义背面内容，选择“用户自定义内容”即可。

(6) 若不需要修改，点击“完成”按钮即可。

习题

一、填空题

1．针对 MS-DOS 操作系统的计算机开发的 Word 第一代于______年底发行。

2．Word 作为一个优秀的字处理软件，与以往一些字处理软件比较有许多独到之处，主要表现在______。

3．在 Word 中编辑文档时要完成修改、移动、复制、删除等操作，必须先______要编辑的区域，使该区域反向显示。

4．在特殊符号的输入过程中，用户可以选择菜单栏中的______，点击符号命令，然后选择即可。

5．Word 里提供了插入时间和日期的功能，用户可以选择______菜单的______命令，然后在 Word 提供的多种日期和时间的显示形式中选择一种即可。

6．剪切的快捷键可以使用______；复制的快捷键______。

7．要撤消键入，有以下两种途径：在“编辑”菜单下选择______命令；或者在______上点击撤消图标，都可以完成对前一次操作的撤消。

8．在一个对话框中，Word 提供两种方法来确认所作出的选择：单击______按钮或按 Enter 键。

9．在 Word 2003 窗口的文本区中，有一个闪烁的“I”形光标，称为______，其作用是______。

10．Word 2003 文档窗口的左边有一列空列，称为选定栏，其作用是选定文本，其典型的操作是：若鼠标指针位于选定栏，单击左键，则______；双击左键，则______；三击左键，则______。

11．在 Word 2003 中浏览文稿时，若要把插入点快速地移到文章头，可按______键；若要把插入点快速地移到文章尾，可按______键。

12．在 Word 2003 中的常用工具栏中有一个“格式刷”按钮，其作用是______。

13．按 Ctrl+______键，将所选字符变粗体效果。

14．要在 Word 主窗口中显示常用工具栏，应当选择______菜单的______命令。

15．保存 Word 文件的快捷键是______。

16．利用 Word 2003 制作表格的一种方法是把选定的正文转换为表格的操作，在选定正文后，应选定______菜单中的______命令，弹出该命令的对话框，再设置对话框中的相应选项。

17．若要在表格中插入一行，则插入点应放在______；若要在表格最下方插入一行，则插入点应放在______。

18．删除文档可用______快捷键；复制文档可用______快捷键；粘贴文档可用______快捷键。

19．Web 页也就是______，是在 Internet 上阅读的文档文件。

20．Web 是在 Internet 上阅读的文档文件，该类型的文件遵循______规范，网页中的首页称为______。

21．Word 中制作 Web 页的最大优点就是______。

22．插入超级链接的方法一般有两种：一种是______；另一种是______。

23．邮件合并时要先建立两个文档：一个是______，主要包括报表或信件重复共同的内容；另一个是______，包含需要变化的信息。

24．在设置文档的打开安全密码时，一般的步骤是：选择______菜单中______命令，在弹出的对话框中点击______这一项，之后按照对话框所示的内容设置密码。

二、判断

1．改变表格行高时，只能改变一整行的高度，不能单独改变某个单元格的高度。( )

2．用 Word 2003 制作的表格大小有限制，一般表格的大小不能超过一页。( )

3．删除选定的文本内容时，Delete 键和退格键的功能相同。( )

4．一个已填入数据的表格，不能再用“自动套用格式”功能来改变表格的格式。( )

5．Word 的表格只有求和计算功能。( )

6．已设置了“密码”的文件，如果忘记了口令，可以删除该口令。( )

7．利用鼠标拖动选择块时，表示进行复制。( )

三、选择

1．当插入点在表的最后一行最后一单元格时，按 Tab 键，将( )。

A) 在同一单元格里建立一个文本新行

B) 产生一个新列

C) 将插入点移到新的一行的第一个单元格

D) 将插入点多到第一行的第一个单元格

2．要在表格的右侧增加一列，首先选择表右侧的所有行结束标记，然后单击常用工具上的(　　)按钮。

A) 插入行　B) 插入列　C) 增加行　D) 增加列

3．删除表格中斜线的正确命令或操作方法是(　　)。

A) 选择表格菜单中的删除斜线命令　B) 单击表格和边框工具栏上的“擦除”按钮

C) 选择表格菜单中的删除单元格　D) 选择单元格，单击合并单元格按钮

4．下面关于表格中单元格的叙述错误的是(　　)。

A) 表格中行和列相交的格称为单元格

B) 在单元格中既可以输入文本，也可以输入图形

C) 可以以一个单元格为范围设定字符格式

D) 表格的行才是独立的格式设定范围，单元格不是独立的格式设定范围

5．在 Word 文档中选定表格的一列后按 Del 键，则(　　)。

A) 将该列单元格中的内容删除，单元格变成空白

B) 将该列删除，表格减少一列

C) 沿该栏左边把原表剪成两个表格

D) 沿该栏右边把原表剪成两个表格

6．如果将两个单元格合并，原有的单元格内容(　　)。

A) 不合并　B) 完全合并　C) 部分合并　D) 有条件地合并

7．如下表所示，要将第二季度的数值合计出来并填入合计栏中，应使用公式(　　)。

A) SUM(LEFT)　B) SUM(ABOVE)

C) SUM(C2+C3+C4)　D) SUM(　　)

销售额统计表(单位：万元)					
部门	一季度	二季度	三季度	四季度	全年合计
文具部	4.5345	42.9143			
电器部	12.8937	8.6567			
服务部	7.0789	6.8065			
食品部	15.4532	11.3231			
合计	39.9603				

8．在 Word 的编辑状态下，选择了整个表格，然后按 Delete 键，则(　　)。

A) 整个表格被删除　B) 表格中的一列被删除

C) 表格中的一行被删除　D) 表格中的字符被删除

9．在 Word 2003 中，如果要把整个文档选定，先将光标移动到文档左侧的选定栏，然后(　　)。

A) 双击鼠标左键　B) 连续击三下鼠标左键

C) 单击鼠标左键　D) 双击鼠标右键

10．定一行最方便快捷的方法是(　　)。

A) 在行首拖动鼠标至行尾　B) 在该行选定栏位置单击鼠标

C) 在行首双击鼠标　D) 在鼠标当前位置右击鼠标

三、实训练习题

1．将以下素材按要求排版。

【素材】

网络与国际互联网

广东省网络中心及前期实施单位已实现和国家科技网的互连，与公共网、其他专用网联通，与Internet连接。以省市各级政府为背景的广东信息网、广州信息网、深圳信息网、东莞信息网等相继试开通和正式开通，这些网络都采用Internet模式，方便互联和实现。信息资源共享，将成为省市的核心网络。

要求：

- 标题用华文行楷、一号、加粗、居中。正文用宋体、小四号、黑色。
- 首行缩进1 cm，1.5倍行距，分2栏，栏间距1.2 cm。
- 将正文中的“Internet”改为“因特网”、红色。
- 第一段首字下沉3行、黑体。
- 纸张16开、纵向、上下边距2.5 cm、左右边距2 cm。
- 在页眉中插入班别、学号、姓名；在页脚右边插入页码。

2．将以下素材按要求排版。

设置第一段首字下沉。

【素材】

从结绳记事到文字的雏形，从竹帛到纸的发明，文字是人类文明发展的特征之一。而长期以来，人们都是依靠笔和纸来完成文字处理工作，随着人类文明的发展，文字处理越来越繁杂，应用范围越来越广泛。

字处理是指对文字信息进行加工处理的过程，计算机字处理是指利用计算机在某种软件中创建文档并将文档信息以文件的形式保存在磁盘上，再经过编排按特定的格式打印输出的过程。微软公司(Microsoft)的Word便是目前非常流行的文字处理软件之一。

要求：

- 设置第一段首字下沉。
- 将第一段(除首字)字体设置为“宋体”，字号设置为“五号”。
- 将第二段字体设置为“方正舒体”，字号设置为“四号”，加双横线下划线。
- 将第二段的正文“左缩进”设置为“2字符”，“行距”设置为“17磅”。
- 将正文内容分成“偏左”的两栏。
- 选择一幅图片，设置为文档背景图片。

3．将以下素材按要求排版。

【素材】

文字处理工作的基本要求是快速、正确，即所谓又快又好。但用传统方式进行手工文字处理时，既耗时又费力。机械式或电动式打字机虽然速度稍快，但还有诸多不便。使用计算机进行各种文档处理能较好地完成文字的编写、修改、编辑、页面调整、保存等工作，并能按要求实现反复打印输出，目前已广泛地应用于各个领域的事务处理中，成为办公自动化的重要手段。

要求：

- 将当前文档的页面设置为 B5 纸型，方向设为横向。
- 为当前文档添加文字水印。文字为“样本”。
- 段落左右各缩进 1 厘米，首行缩进两个字符，行距为 1.5 倍行距。

4．简述在 Word 中创建表格的几种方法。按照每个方法进行操作，创建 5×8 的空白表格。制作如下统计表。

单位	上月结存	材料获入 / 公司来料	自购	调入	材料消耗 / 工程消耗	售出	调入	结余
吨	36	10	8	10	20	8	10	
立方米	27	14	6	12	19	6	12	
立方米	49	15	7	14	22	7	14	

要求：

(1) 计算：结余=上月结存+公司来料−工程消耗。

(2) 表内字符全部居中。

(3) 表外用 2.25 磅线，表内用 1 磅线。

(4) 完成后以“报表”为文件名将表保存在“D:\你姓名”的文件夹中。

5．制作下面的表格：

序号	收信人	工作单位	通信地址
1	彭莉华	湖北省劳动厅技校教研室	武昌水草湖湖北省劳动厅教研室
2	李志佳	黑龙江省职业技术培训学会	哈尔滨市南岗区文府街(新北京街)1 号
3	王恒强	浙江萧山市劳动局	浙江省萧山市城厢镇西河路 113 号
4	陈治国	空军第一技工学校	吉林市 32 信箱 36 分箱

要求：

(1) 将整个表格的文字属性设置为楷体_GB2312、小四、加粗、倾斜。

(2) 将表格的行高设置为 0.6 cm。将表格的一、二列的列宽设置为 2 cm，第三、四列的列宽设置为 5 cm。

(3) 表格文字的对齐方式为左对齐。表格设置为居中对齐。

(4) 为表格添加 20%底纹，颜色设置为红色(应用范围为表格)。

(5) 将表格的外边框线设置为 1.5 磅双实线，内边框线设置为 0.75 磅单实线。

(6) 保存文档，设置文档打开时的密码为“119119”。

6．制作下面的表格。

支 出 凭 单

年　月　日　　　　第　　号

领款部门　　　　部门经理意见

付款数额　　人民币(大写)　　　　¥

支出项目

主管会计签字　　　　出纳签字　　　对方科目编号

要求：

(1) 将表格外边框线设置为 1.5 磅红色单实线。

(2) 将表格内框线设置为 0.75 磅红色单实线。

(3) 将表格内的文字设置为仿宋_GB2312、小四号，对齐方式为左对齐。

(4) 在表格末尾另起一段插入下面的文字：莫听穿林打叶声，何妨吟啸且徐行。竹杖芒鞋轻胜马，谁怕？一蓑烟雨任平生。料峭春风吹酒醒，微冷，山头斜照却相迎。回首向来萧瑟处，归去，也无风雨也无晴。

(5) 将插入的文字全部设置为楷体_GB2312、五号，加下划线单线，阴影、空心。

7. 新建一文档，按要求制作下面所示的表格。

欧洲信息技术市场 (单位：10 亿美元)				
年 份 分 类	一九九八年	一九九九年	二〇〇〇年	二〇〇一年
硬件	34.10	48.12	54.36	66.12
软件	87.24	88.52	92.38	98.54
服务	58.64	63.38	64.38	76.18
合计				

要求：

(1) 设置表格内第一行文字为三号、黑体、粗体，其他所有字体为宋体、五号。

(2) 将所有单元格中文字居中。

(3) 将最后一行设置底纹为 10%。

(4) 表格外边框为 3/4 磅双线，内部框线为 0.75 磅单线，表格中不允许出现虚线。

(5) 利用求和函数计算各年份的合计数，并将一九九九年这一列按递增顺序排列。

(6) 将设计好的表格用 RTF 格式保存在 D 盘下新建的文件夹下，文件名为 BG1。

8. 在文档“表格”中插入下面的表格。

成 绩 表

姓名	数学	语文	英语	平均分
王明新	86	97	88	
刘庆辉	73	86	87	
刘庆昕	78	68	66	
张和静	93	82	78	

表中，自动套用格式为“竖列型 3”，表格居中对齐，各列的内容居中对齐。

要求：

(1) 利用表格计算功能计算出“成绩表”的各人平均分，然后将其按“数学”成绩的降序进行排列。

(2) 根据“成绩表”创建一个“柱形”图表。

9．对于下面的表格：

世界视听产品市场预测及亚洲所占比例

	1994－2000 年 平均增长率(%)		亚洲市场 所占比例(%)	
	全世界	亚洲	1994 年	2000 年
彩色电视机	2.5	6	22.1	27.1
磁带录像机	1.9	7.2	14.3	19.3
摄录像一体机	4.2	12.2	9.5	14.8
激光视盘机	6.8	6.4	52.9	51.7
便携式音响	2.4	5	31.3	36.4
家庭音响	-0.6	10	10.1	18.5
汽车音响	2	6.4	7.9	10.2
平均增长率				

要求：

(1) 计算出四列数据的平均值，填入“平均增长率”一行的单元格中。

(2) 设置工作表的标题行行高为 25，标题文字为宋体、16 磅、加粗。表内文字为楷体、加粗、12 磅、蓝色、水平居中、垂直居中。添加内外边框线，粗细自定，浅黄色底纹。最后一行的底纹设置为绿色。

(3) 利用表中数据创建图表(三维饼图)，显示数据标志，其格式为宋体、字号为 8，图例格式为宋体、字号为 9。

10．将以下素材按要求排版。

【素材】

纯文本文件也称非文书文件，如计算机源程序文件、原始数据文件等均属于纯文本文件，它注重的是字母符号的内在含义，一般不需要编辑排版。在文本文件内除回车符外，没有其他不可打印或显示的控制符。因此，在各种文字处理系统间可以相互通用。

带格式文本文件通称文档文件，也称文书文件，例如文章、报告、书信、通知等都属于文档文件。它注重文字表现形式，成文时需要对字符、段落和页面格式进行编辑排版。在文档文件中，由于不同的文字处理系统设计的格式控制符有所不同，因此，文档文件在不同的文字处理系统间需要格式转换，不能直接相互通用。此外，文档文件内除文本外，还可插入图形、表格，甚至声像等非文本资料。

要求：

- 插入一幅剪贴画，调整大小为“高度 4 cm、宽度 6 cm”，将环绕方式设置为“紧密型”。
- 插入艺术字，键入“文本文件”并将此艺术字作为标题插入，艺术字的“字符间距”选择“稀松”。

11．对所给素材按照要求排版。

【素材】

为了培养具备良好信息素养的新型师资，我们必须十分重视在师范院校内营造浓厚的信息氛围。要做到这一点，可以从下面的几点入手：

- 有系统地、科学地设置相关课程。
- 创造良好的实践环境，包括上机、上网。
- 使师范院校中有较大比例的教师会自觉应用以计算机为核心的现代教育技术。
- 努力将计算机文化渗入到校园文化活动中去。

其中最重要的环节是有系统、科学的课程设置。师范院校的计算机基础课程已经经历了三个阶段：计算机程序设计语言(BASIC 为主)、以 DOS 为基础的计算机应用基础、以 WINDOS 为基础的计算机应用基础(刚刚开始)。计算机应用基础的主要内容包括计算机基础知识、计算机操作系统的使用、文字处理、数据库或表处理。计算机网络与多媒体技术

只是简单介绍。很明显，仅学习好计算机应用基础课程对师范院校的学生是不够的。必须在此基础上继续学习计算机多媒体技术与计算机网络技术，而且应该让学生能够将该技术结合到本专业中去，以提高学生的信息素养。

要求：

- 设置标题文字“计算机课程的改革”为隶书、二号、加粗、蓝色。
- 将标题“计算机课程的改革”置于文本框中，框线颜色为蓝色，填充色为灰色。
- 删除文档中的图片对象。
- 在第二段前面插入剪贴画“businessmen”，适当裁剪大小，设置环绕方式为“四周型”，居中对齐。

12．对以下素材按要求排版。

【素材】

人们几乎天天都要和文字打交道，如起草各种文件、书信、辑、修改讲义、论文、专著：制作各种账目、报表；编写程序；就是指对这些文字内容进行编写、修改、编辑等工作。

文字处理工作的基本要求是快速、正确，即所谓又快又好。但传统方式进行手工文字处理时，既耗时又费力。机械式或电动式打字机虽然速度稍快，但还有诸多不便。使用计算机进行各种文档处理能较好地完成文字的编写、修改、编辑、页面调整、保存等工作，并能按要求实现反复打印输出。目前已广泛地被用于各个领域的事务处理中，成为办公自动化的重要手段。

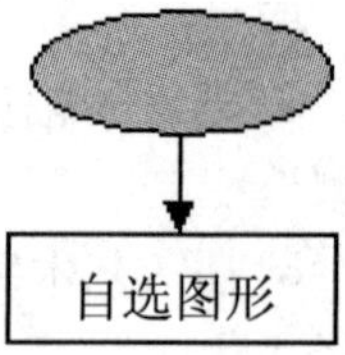

要求：

- 将第一段正文的首行设为缩进 3 字符。
- 将第二段正文的首字设为下沉 2 行，距正文 0.5 cm。

● 按所给样例插入一个自选图形，在椭圆形中填充红色，矩形中添加文字“自选图形”，文字居中，并按样例排版，设置为“四周环绕”。

13．绘制一幅“笑脸”图，然后旋转 45°，并加上边框和颜色。

14．依照下面提供的内容制作一张名片，形式可以不同。

15．制作一份典雅型简历，内容自定。

16．以下面的表格提供的基本内容为依据，制作邮件合并文档，并将最终的制作结果保留下来。

姓名	专业	学院	报到日期
赵小四	计算机科学与技术	计算机学院	8 月 26 日
王五	材料科学	航天学院	8 月 29 日
张三	英语	人文学院	9 月 1 日

第 10 章　电子表格制作软件

Excel 是微软(Microsoft)公司出品的 Office 系列办公软件中的一个组件，确切地说，它是一个电子表格软件，可以用来制作各类电子表格，完成许多复杂的数据运算，并进行分析和预测，还具有强大的制作图表的功能。

本章以 Excel 2003 为例，介绍 Excel 的主要功能与基本操作。主要内容包括 Excel 2003 的基本操作、工作簿的建立、工作表的格式化、工作表的编辑及管理、图表的使用及公式与函数的使用等。

10.1　Excel 基础知识

10.1.1　Excel 2003 的启动与退出

1．启动 Excel 2003

可以使用以下几种方法启动 Excel 2003：

- 利用开始菜单启动：单击“开始”菜单，在菜单中单击“所有程序|Microsoft Office | Microsoft Excel 2003”项。
- 利用快捷方式启动：双击桌面上的“Microsoft Excel 2003”图标。
- 利用现有电子表格文件启动：双击以“.xls”为后缀名的文件。

用前两种方法启动 Excel 2003 后，分别建立一个新的空白工作簿，用第三种方法打开已有工作簿文件，同时启动 Excel 2003。

2．退出 Excel 2003

退出 Excel 2003 的方法有以下几种：

- 利用菜单栏退出：单击菜单栏上的“文件 | 退出”命令。
- 利用窗口控制菜单图标：在 Excel 2003 窗口左上角单击窗口控制菜单图标，在弹出的控制菜单中选择“关闭”选项，或者双击该窗口菜单图标。
- 按 Alt+F4 组合键，或单击 Excel 窗口右上角的“关闭”按钮。

退出系统时，如果没有将当前工作簿保存，系统会自动弹出对话框，提示是否对文件进行保存。选择“是”，对文档进行保存；选择“否”，将直接退出 Excel 2003，不对文档进行保存。选择“取消”，则不作任何操作，返回当前 Excel 2003 工作簿窗口。

10.1.2　Excel 2003 的用户界面及基本概念

在学习使用 Excel 2003 前，首先来熟悉一下 Excel 2003 的用户界面以及一些基本概念。

1．Excel 2003的用户界面

启动Excel 2003后，打开一个空白工作簿Book1，如图10-1所示。

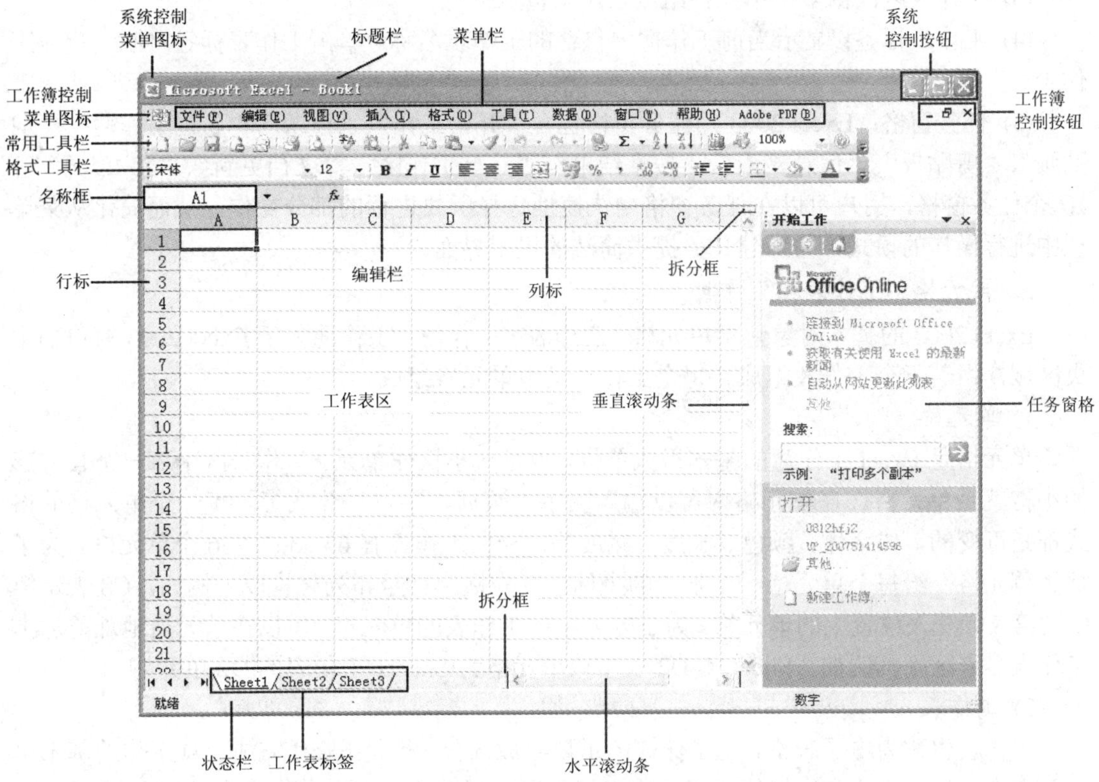

图10-1　Excel 2003的用户界面

Excel 2003的工作窗口与Word相类似的有：标题栏、菜单栏、工具栏和状态栏。

(1) 标题栏：显示应用程序名以及当前打开工作簿的名称，包含最大化、最小化和关闭按钮。

(2) 菜单栏：共有9个菜单命令，使用这9个命令可以完成Excel 2003的所有操作。

(3) 工具栏：Excel 2003将常用的命令用图标按钮表示，并将功能相近的图标集中到一起形成工具栏。如果要执行某个命令，只要单击相应的按钮即可。Excel 2003的工具栏有多种，默认情况下只有“常用”和“格式”工具栏显示在窗口中。如果需要显示其他的工具栏，可执行“视图|工具栏”命令，将弹出工具栏下拉菜单，单击相应名称的工具栏即可。如果要隐藏某个工具栏，取消该名称左侧的标记即可。

(4) 状态栏：用来显示当前有关的状态信息。例如，准备输入单元格内容时，状态栏中会显示“就绪”字样。如果在表格中选中了一些数据，在状态栏中有时会显示一栏的求和信息，这是Excel 2003的自动计算功能。

Excel 2003与Word不同的部分有：名称栏、编辑栏、工作表区、工作表标签及任务窗格。

(1) 名称栏：显示当前编辑的单元格的名称。

(2) 编辑栏：输入或显示当前活动单元格中的常数、公式或文本等。

(3) 工作表区：由多个单元格组成，用来输入信息。

(4) 工作表标签：显示当前工作簿中包含的工作表名称。单击工作表标签将激活相应工作表。

(5) 任务窗格：Excel 2003 的任务窗格包含“开始工作”、“帮助”、“新建工作簿”、“剪贴画”、“剪贴板”、“信息检索”、“搜索结果”、“共享工作区”、“文档更新”、“XML 源”等 10 个任务窗格，用户可以在任务窗格中快捷地选择所要进行的部分操作，从而简化从菜单栏中进行操作的模式，为新建任务提供简洁的提示界面。

2. 单元格、工作表和工作簿

Excel 2003 的基本对象包括单元格、工作表、工作簿。工作簿位于 Excel 2003 窗口的中央区域，由若干个工作表组成，每个工作表又由单元格组成。

1) 单元格

单元格是 Excel 工作簿的基本组成单位，也是最小操作单元。工作表区中每一个长方形的小格就是单元格。在单元格内可以输入文字、数据、字符、公式等。每一个单元格的格式都是可变的，如字体、颜色、长度、宽度等。一个工作表有 65 536×256 个单元格。为了标识单元格，给每个单元格一个唯一的坐标，其坐标由行号和列号构成。例如，C8 表示第 C 列第 8 行交叉位置上的单元格。为了区分不同工作表的单元格，可以在单元格地址前加上工作表名来区别。例如，Sheet1！D2 表示该单元格为 Sheet1 工作表的 D2 单元格。

2) 工作表

工作表也称为电子表格，是工作簿的重要组成部分，也是 Excel 完成一项工作的基本单元。它由行号、列标和网格线构成，用来组织和管理数据。每个工作表由 256 列和 65 536 行组成，每一列列标由 A，B，…，Z，AA，AB，…，AZ，…，IA，IB，…，IV 表示，每一行行号由 1，2，3，…，65 536 表示。

3) 工作簿

工作簿位于 Excel 2003 窗口的中央区域，用来处理和存储数据，由若干个工作表组成。当启动 Excel 2003 时，系统自动打开一个新的空白工作簿 Book1.xls，默认情况下，该工作簿窗口包含三张工作表：Sheet1、Sheet2 和 Sheet3。根据需要，可以随时插入新工作表。一个工作簿可以包括最多 255 张工作表和图表。工作簿的底部是工作表标签，用来表示工作表的名字。通过单击标签可以进行工作表切换。

新工作簿默认的工作表数量可以根据需要进行设置：

(1) 选择“工具|选项”命令，在弹出的“选项”对话框中选择“常规”选项卡。

(2) 在“新工作簿内的工作表数”列表框中选择设置新打开工作簿中包含的工作表数，单击“确定”按钮。

3. 鼠标指针及相关操作

对于不同的操作，鼠标指针的形状会随着操作的不同而呈现不同的形状。表 10-1 列出了 Excel 2003 使用过程中常见的鼠标指针的形状以及相关操作。

表 10-1　Excel 2003 鼠标形状及功能

鼠标形状	功　能
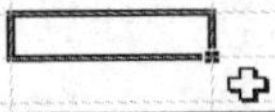	选定单元格
	填充柄，拖动完成填充数据
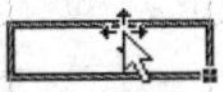	移动或复制单元格选定
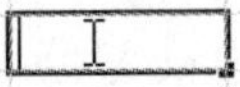	选定单元格进入编辑状态
	拆分箭头
	调整列宽箭头 (调整行高箭头类似)

10.1.3　工作簿的基本操作

当用户启动 Excel 2003 时，系统自动生成一个新的空白工作簿 Book1，新建的工作簿默认包含三个工作表 Sheet1、Sheet2、Sheet3。根据需要，可以创建其他工作簿或者同时打开多个新工作簿，Excel 2003 自动依次将它们命名为 Book1、Book2、……。下面，分别介绍一下工作簿的创建、打开、保存与关闭。

1．创建工作簿文件

在菜单栏上选择“文件 | 新建”命令，弹出“新建工作簿”任务窗格。利用该任务窗格创建一个工作簿有以下几种方法：

● 新建一个空白工作簿。在“新建工作簿”任务窗格选择“空白工作簿”选项，可以直接新建一个空白工作簿。单击常用工具栏左边的“新建”按钮  或按 Ctrl+N 快捷键也可以直接新建一个空白工作簿。

● 根据现有工作簿新建。在“新建工作簿”任务窗格选择“根据现有工作簿”选项，弹出“根据现有工作簿新建”对话框，选择已有文件后，单击“创建”按钮，即可创建一个与原工作簿完全一样的新工作簿。

● 根据模板新建。在“新建工作簿”任务窗格选择“本机上的模板”选项，弹出“模板”对话框。该对话框包括“常用”和“电子方案表格”两个选项卡。Excel 2003 提供了一些文件的应用模板，从中选择一个适当模板，单击“确定”按钮，即可建立一个新的工作簿。如果电脑与互联网连接，还可以到网络上搜索模板。

2．打开工作簿文件

启动 Excel 2003 后，可以打开一个已经建立的工作簿文件，也可以打开一些其他类型的文件。

● 利用任务窗格打开现有工作簿文件。在“开始工作”任务窗格“打开”选项下列出了最近打开过的工作簿，选择其中一个单击打开。如果要打开其他的工作簿，可以选择“其他...”选项，在弹出的“打开”对话框中选择工作簿文件打开。

● 利用菜单栏选项打开现有工作簿文件。在菜单栏“文件”下拉菜单选择“打开”选项，或单击常用工具栏上的“打开”按钮，在弹出的“打开”对话框中选择工作簿文件打开。

Excel 2003 允许用户同时打开多个工作簿，最后打开的工作簿位于最前面。用户可以在多个工作簿之间自由切换。系统允许打开工作簿的数量取决于计算机内存的大小。

★**小技巧** 在 Excel 中打开多个工作表时提示“内存不足，不能执行显示”，怎么办？

首先关闭所有的应用程序，在桌面上单击鼠标右键，从弹出的快捷菜单中选择“属性”选项，在打开的“显示属性”对话框中单击“设置”选项卡，将“颜色”下拉列表框设置为 256 色，即可解决问题。

3．保存工作簿

当完成一个工作簿文件的数据输入、编辑操作后，退出前需要将该工作簿文件存盘。下面介绍几种保存工作簿的方式：

- 直接保存工作簿文件。在菜单栏“文件”下拉菜单中选择“保存”选项，或单击常用工具栏上的“保存”按钮，当前工作簿按原命名的文件存盘。如果当前工作簿文件是未命名文件，系统将弹出“另存为”对话框，转为另存为操作。
- 另存为工作簿文件。在菜单栏“文件”下拉菜单中选择“另存为”选项，系统弹出“另存为”对话框。在“保存位置”列表选择存放位置，在“文件名”文本框输入文件名，在“保存类型”下拉列表框中选择保存类型，默认为“Microsoft Excel 工作簿”，最后单击“确定”按钮。
- 保存工作区。同时打开多个工作簿文件后，希望屏幕上的各工作簿外观在下一次重新启动时与当前外观一样，可以使用保存工作区的方法。在菜单栏“文件”下拉菜单中选择“保存工作区”选项，弹出“保存工作区”对话框。在“保存位置”列表选择存放位置，在“文件名”文本框输入文件名，在“保存类型”下拉列表框中选择保存类型，默认为“工作区”，最后单击“确定”按钮。

工作区文件并不包含各个工作簿本身，仅包含各工作簿的地址，窗口大小和屏幕位置，因此占用的空间较小。

4．关闭工作簿

关闭工作簿的方法有以下几种：

- 利用菜单栏退出。单击菜单栏上的“文件”选项，并在下拉菜单中选择“关闭”选项。
- 利用工作簿窗口控制菜单图标退出。在工作簿窗口左上角单击工作簿控制菜单图标，在弹出的控制菜单中选择“关闭”选项；或者双击该菜单图标。
- 单击工作簿窗口右上角的“关闭”按钮 × 退出。

退出系统时，如果没有将当前工作簿保存，系统会自动弹出对话框，提示是否对文件进行保存。

10.2 单元格的操作

10.2.1 单元格及单元格区域的选定

区域是一组选定的单元格，既可以是连续的，也可以是不连续的。要对单元格及单元格区域进行输入或编辑等操作，需要先选定单元格或者单元格区域，使其成为活动单元格或者活动单元格区域。根据操作需要，可以选取单个单元格、单个单元格区域、不相邻单元格区域、单行(列)、不相邻的行(列)、全部单元格等。单元格及单元格区域的选定可以使用方向键或鼠标移动单元格光标完成，也可以通过“定位”的方式完成。经过选定的单元格或单元格区域的边框变为黑色粗线条，表示该单元格或单元格区域处于活动状态。

(1) 选定单个单元格。可以使用方向键“↑”、“↓”、“←”、“→”、Tab 键或鼠标左键单击选定需要进行操作的单元格，还可以在名称框中直接输入单元格的坐标后回车选定单元格。如果需要选定当前工作簿其他工作表中的单元格，就在菜单栏“编辑”下拉菜单中选择“定位”选项，弹出“定位”对话框。在“引用位置”中输入要选择的单元格名(格式：工作表名！单元格名)。

(2) 选定单个连续单元格区域。用鼠标单击所选单元格区域的左上角单元格，拖动鼠标到选定区域的右下角单元格，松开鼠标左键，则完成连续单元格区域的选定。其中，区域左上角单元格为白色，其他单元格为蓝色。

(3) 选定多个不连续单元格区域。每一个单元格区域的选定都按照单个连续单元格区域的选定方式进行，只需要在选择不同区域的同时按住 Ctrl 键即可。

(4) 选定整行(列)。如果需要选定整行或整列，只需要单击行标或列标。

(5) 选定不相邻行(或列)。如果需要选定不相邻的行或列时，只需要在单击不同行标或列标的同时按下 Ctrl 键即可。使用这个方法还可以选择交叉的行和列区域。

(6) 选定全部区域。如果要选定全部区域，可以按照 Word 里面选择全部页面的方法，使用 Ctrl+A 组合键实现。也可以单击“全选单元格”，它是位于工作表区左上角列标和行标交叉处的空白单元格。

选定单元格或单元格区域后，若要取消当前的选择，只需要单击工作表区内选定区域之外的任意位置即可。

10.2.2　输入数据

如果要对工作表进行编辑和操作，首先要进行数据的输入。在单元格中输入数据，首先选定要输入数据的单元格，使其成为活动状态，然后再向其中输入数据，最后按 Enter 键或单击编辑栏前的“√”按钮确定完成输入。输入数据时，状态栏显示目前处于“编辑”状态，输入的数据将同时显示在编辑栏和单元格中。如果输入出现差错，可以使用 Delete 键或者单击编辑栏前的“×”按钮取消输入。

Excel 2003 提供了多种数据类型，不同类型数据在表格中的显示方式不同。在单元格中输入的数据内容包括文本、数字、日期和时间等。

1. 输入文本

在 Excel 2003 中，文本可以是字符或任何数字和字符的组合。默认状态下，单元格中的文本自动左对齐，每个单元格最多可以包含 32 000 个字符。

在单元格中输入文本时，首先选择单元格，然后再输入文本。如果输入的文本全部由数字组成，如学号、商品条形码等，输入时必须在文本前加上“’”，如’325002；或者在数字前面加上一个等号并把整个内容用双括号括起来，如(“=325002”)。单引号表示输入的文本左对齐。

当输入文本长度超过单元格显示宽度并且右边单元格没有数据时，允许在显示文本时覆盖右侧相邻的单元格，但实际上文本仍存放在原单元格内。如果右边单元格中含有数据，那么超出显示宽度的部分不会显示，但文本实际上没有被截断。单元格的宽度可以通过自动或手动调整。

★小技巧　如何在一个单元格中显示多行文本？

如果要在同一单元格中显示多行文本，选中要换行的单元格，打开菜单栏“格式”下拉菜单“单元格”，选择“对齐”选项，选中“自动换行”，然后单击“确定”按钮。这样，单元格中的文本就可以自动换行了。

2. 输入数字

输入的数字可以是货币、百分比、分数、科学计数等形式，由数字字符0～9、+、 − 、(、)、/、$、%、E、e、￥等数值型数据组成，包括整数、分数和小数。如果输入的数字位数超过了单元格宽度，系统自动采用科学记数法表示，如 3.85E+08。数值型数据在单元格中自动右对齐。

在单元格中输入数字时，用户可以使用“格式”下拉菜单“单元格”命令，在弹出的“单元格格式”对话框的“数字”选项卡中选择数据的显示类型。例如，输入数据 87.5，在对话框“分类”列表框中选择“货币”选项，设置“小数位数”为 2，在“货币符号”下拉列表框中选择 $ 选项，单元格中显示当前数字为“$87.50”。

输入负数时要在数字前面加一个负号，或将数字用圆括号括起来。输入分数时为避免系统将其识别为日期数据，需要在分数前面键入相应数字。例如，输入 3/4，需要键入“0 3/4”；输入 25.50，需要键入“25 1/2”。

3. 输入时间和日期

Excel 2003 中，当在单元格中输入系统可识别的时间和日期型数据时，单元格的格式就会自动转换为相应的“时间”或者“日期”格式，且采取右对齐方式。Excel 2003 能够识别大部分时间和日期的常用表示格式。

输入日期时，应使用“YY/MM/DD”格式，即先输入年份，再输入月份，最后输入日期。还可以使用 Ctrl+; 快捷键输入当前日期。在单元格输入一个日期后，Excel 2003 将它转换成一个数，代表从 1900 年 1 月 1 日到该日期的总天数，这个数并不显示在单元格窗口。

输入时间时，小时、分、秒之间用冒号分开。系统默认输入时间使用 24 小时制。如果要采用 12 小时制，需要在输入时间数据后加上“a”或“p”，分别表示上午和下午，显示为“AM”和“PM”。还可以使用 Ctrl+@快捷键输入当前时间。

★小技巧　如何在单元格中显示当前日期？

只要在单元格中输入“=today()”，按回车，即能自动显示当前日期。

4. 输入批注

Excel 2003 中，用户不仅可以输入文本、数字、时间和日期，还可以输入公式对工作表数据进行计算，输入批注对单元格进行注释，说明该单元格中数据的含义或强调某些信息。公式的输入将在本章第 6 节讨论。给单元格输入批注，首先选定单元格，使用菜单栏“插入”下拉菜单中的“批注”命令，弹出一个如图 10-2 所示的批注框，可在其中输入批注内容。单击框外任意工作表区域，可关闭批注框。

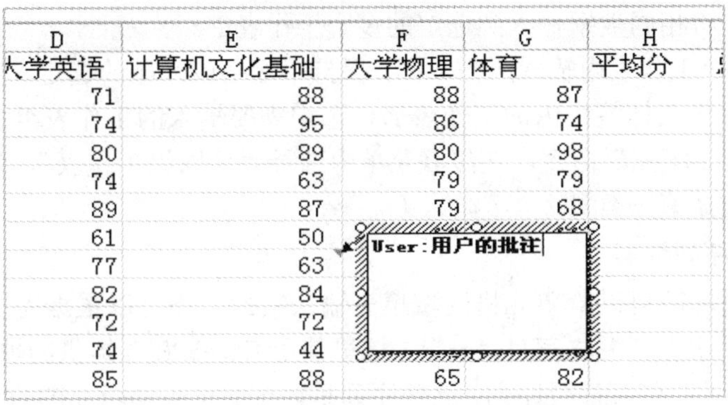

D	E	F	G	H
大学英语	计算机文化基础	大学物理	体育	平均分
71	88	88	87	
74	95	86	74	
80	89	80	98	
74	63	79	79	
89	87	79	68	
61	50			
77	63			
82	84			
72	72			
74	44			
85	88	65	82	

图 10-2　输入注释的批注框

10.2.3　填充数据

输入数据时，经常会遇到在多个单元格输入相同数据或者序列数据的情况，使用 Excel 2003 自带的自动填充功能，可以加快数据的输入速度，简化输入的操作，提高输入的效率。

1．在多个单元格中输入相同数据

如果需要操作的单元格不相邻，首先选定要输入相同数据的若干单元格，除最后选定的单元格(活动单元格)为白色外，其他单元格变为蓝色。给活动单元格输入需要输入的数据，按下 Ctrl+Enter 组合键即可完成多个单元格输入相同数据的任务。

如果需要操作的单元格相邻，可采用以下三种方法进行快速输入填充：

(1) 使用 Ctrl+Enter 组合键。选定需要输入相同数据的连续单元格区域后，区域内第一行第一列单元格(活动单元格)为白色，其他单元格变为蓝色。在活动单元格输入需要输入的数据后，使用 Ctrl+Enter 组合键可快速填充。

(2) 使用菜单选项。在第一个单元格输入需要输入的数据后，使用“编辑”下拉菜单上的“填充”命令，弹出下级菜单，选择填充方向。

(3) 使用数据填充柄。在第一个单元格输入需要输入的数据后，使用鼠标拖动活动单元格右下角十字形的数据填充柄。松开鼠标时，数据被填充到了阴影扫过的单元格内。使用数据填充柄进行填充时，在填充数据右下方会出现“自动填充选项”标志，单击该标志出现下拉列表，可选择填充方式：

- 复制单元格：填充的数据包含原单元格的数据和格式。
- 仅填充格式：只对原单元格的格式进行填充，不填充单元格的数据。
- 不带格式填充：只对原单元格的数据进行填充，不填充原单元格的格式。

2．在多个工作表中输入相同数据

每个工作簿中包含若干个工作表，在使用的时候经常需要给不同的工作表内输入相同的数据内容。例如，记录员工考勤情况的考勤工作簿，每个月的考勤情况表占一个工作表，在这些工作表上员工的基本信息以及考勤选项都是相同的。

给多个工作表输入相同数据，可以使用以下两种方法：

(1) 首先要选定需要输入的表格，按下 Ctrl 键的同时用鼠标单击选择工作表标签栏内的工作表名，经选定的工作表标签栏变为白色。然后在当前工作表选中的单元格或区域内输入数据，回车即可将相同数据输入到选定的多个工作表中。

(2) 在其中一个工作表内输入所需数据，保持单元格或区域的选定。按下 Ctrl 键的同时用鼠标单击选择工作表标签栏内的工作表名，选定需要输入的工作表组。选择菜单栏“编辑”下拉菜单中的“填充”命令，在级联菜单中选择“至同组工作表”，弹出“填充成组工作表”对话框，选择填充类型。

3. 自动填充序列数据

使用自动填充功能可以给单元格区域填充输入数据，还可以根据需要输入序列数据，如 1，2，3，…或一月，二月，三月，…等，这里使用 Excel 2003 提供的填充序列数据功能。Excel 2003 中提供了一些可扩展序列，这些序列是默认的可自动填充的数列，包括时间和日期，填充时相邻单元格的数据将按照设置，采用递增或递减的方式进行填充。

使用自动填充序列数据功能，首先需要选定首个单元格输入初始值，然后用鼠标拖动自动填充柄至所需填充区域最后一个单元格，松开鼠标后，相同的数值自动填充到扫过的区域。区域右下角出现“自动填充选项”，用鼠标单击向下键头，在下拉列表中选择“以序列方式填充”。此时，数据更新为按照递增或递减顺序自动填充的序列。

我们也可以不使用“自动填充选项”下拉列表进行序列填充。首先选定区域前几个单元格输入相应初始值序列，然后选定所有已输入值的单元格区域，用鼠标点击该区域右下角出现的自动填充柄并拖动扫过需要填充的单元格区域。松开鼠标后，数据就自动以序列方式填充了。

4. 自定义自动填充数列

有时候需要输入的序列数据不是 Excel 2003 自身提供的预定义序列，这时可以使用自定义序列的功能，将经常用到的序列自定义后供自动填充序列数据使用。

在 Excel 2003 中按以下步骤自定义序列：

(1) 选择工具栏的“工具|选项”命令，弹出“选项”对话框。

(2) 选择“自定义序列”选项卡，单击“输入序列”编辑框，在编辑框中输入自定义序列，每输完一项以 Enter 键结束。输入完成后单击“添加”按钮即可。

经过自定义序列添加操作后，用户就可以使用自动序列填充功能按照自己定义的序列进行填充了。

10.2.4 单元格的基本操作

在对一个 Excel 工作表进行单元格的输入操作时，经常使用一些简单的单元格编辑操作以减少输入数据的工作量。

1. 单元格的命名

单元格的名字在默认的情况下就是它的地址，也可以根据需要给单元格或单元格区域命名。这样做的好处在于：可以实现在工作表中的快速定位；使一些特殊的单元格更容易记忆；在编写公式时使用名字更容易理解等。

命名一个单元格或单元格区域时，首先选定需命名的区域，然后选择菜单栏“插入 | 名称”选项，在级联菜单中选择“定义”命令，弹出“定义名称”对话框，在该对话框中可

添加单元格名称。

命名时需按照命名的规则进行：名字只能由字母、数字、下划线和句点构成，第一个字符必须是字母或文字，长度不超过 255 个字符，命名不区分英文字母的大小写等。

2. 插入和删除单元格

当需要在工作表中插入数据的时候，首先应插入相应数量的单元格，然后再对空单元格进行输入。当需要删除工作表中的数据及所在单元格的时候，只需要直接进行单元格的删除操作。

(1) 插入单元格。插入单元格就是要在选定的位置插入新的单元格，而原位置的单元格将根据插入方式移动到其他位置上去。插入单元格的操作步骤如下：

● 选定需要插入单元格的位置。

● 在菜单栏“插入”下拉菜单中选择“单元格”选项，或单击右键，选择“插入”命令，弹出“插入”对话框。选择单元格的插入方式，单击“确定”按钮。

选择单元格的插入方式时有以下四种情况：

① 选择“活动单元格右移”：在活动单元格位置处插入单元格，活动单元格自身右移。

② 选择“活动单元格左移”：在活动单元格位置处插入单元格，活动单元格自身左移。

③ 选择“整行”：在活动单元格位置处插入与所选单元格区域行数相同的行，原区域所在行下移。

④ 选择“整列”：在活动单元格位置处插入与所选单元格区域列数相同的列，原区域所在列右移。

(2) 插入行或列。插入行或列的操作方法如下：

● 选择需要插入行或列位置的后面一行或右面一列。

● 在菜单栏“插入”下拉菜单中选择“行”或“列”选项，或单击右键，选择“插入”命令，在弹出的“插入”对话框中选择“整行”或“整列”插入方式，单击“确定”按钮。

(3) 删除单元格。删除单元格就是指将选定的单元格或单元格区域从工作表中删除，并根据删除方式选择用周围其他的单元格来填补留下的空白。删除操作和清除操作不一样。清除仅清除单元格中的信息，保留单元格，而删除则将选定的单元格连同其中的内容一起删除。

删除单元格的方法步骤为：

● 选定需要删除的单元格或单元格区域。

● 在菜单栏“编辑”下拉菜单中选择“删除”选项，或单击右键，选择“删除”命令，弹出“删除”对话框。选择单元格的删除方式，单击“确定”按钮。

选择单元格的删除方式时有以下四种情况：

① 选择“活动单元格左移”：被选中区域右侧的单元格向左移动填补被删除区域。

② 选择“活动单元格上移”：被选中区域下方的单元格向上移动填补被删除区域。

③ 选择“整行”：被选择单元格所在行被删除。

④ 选择“整列”：被选择单元格所在列被删除。

(4) 删除行或列。删除行或列的操作方法如下：

● 选择需要删除的行或列。

● 在菜单栏“编辑”下拉菜单中选择“删除”选项，在弹出的“删除”对话框中选择

“整行”或“整列”删除方式，单击“确定”按钮。或单击右键，选择“删除”命令，此时将不会出现对话框，直接将选中的行或列删除。

3. 复制、粘贴和移动单元格

复制单元格或单元格区域是指将某个选定的单元格或单元格区域复制到指定位置，原位置的数据仍然存在。而移动是指将选定的单元格或单元格区域中的数据移动到其他位置，原位置的数据不再存在。

如果要在文本中重复输入相同的数据，则使用复制、粘贴操作可以减少输入的工作量。这里，复制与粘贴是一个互相关联的操作，以下用复制表示。利用移动操作还可以根据需要在工作表中调整单元格数据的位置。

复制、粘贴和移动的操作可以使用菜单命令或鼠标拖动完成，具体操作分别如下：

(1) 使用剪贴板复制或移动数据。使用剪贴板复制或移动数据也就是使用菜单命令进行复制或移动操作。操作步骤如下：

- 选定需要复制或移动的单元格或单元格区域。
- 在菜单栏中选择“编辑 | 复制或剪切”命令，或单击工具栏上的“复制”或“剪切”按钮。
- 选定要粘贴或移动的目的单元格区域左上角的单元格。
- 在菜单栏中选择“编辑 | 粘贴”命令，或单击工具栏上的“粘贴”按钮。

当选择“复制”命令时，最后粘贴执行的是复制操作；当选择“剪切”命令时，最后粘贴执行的是移动操作，也就是将原来位置的区域剪切下来后移动到目标位置。

利用这种复制和移动的方法还可以完成在不同工作表中甚至不同工作簿中相应的操作。

(2) 使用鼠标复制或移动数据。这种方法比较适合短距离小范围的数据复制和移动，实现速度更快。

用鼠标拖放的方法复制或移动单元格或单元格区域的操作步骤如下：

- 选定需要复制或移动的单元格或单元格区域。
- 将鼠标指向被选区域的边框，呈现箭头状时，按住鼠标拖动至目标位置，然后释放鼠标。拖动鼠标时，一个选定区域大小的虚线框随着鼠标箭头移动。此时，便完成了移动单元格或单元格区域的操作。如果要完成复制的操作，只需要在拖动鼠标的同时按住 Ctrl 键即可。

(3) 用“选择性粘贴”复制、粘贴。除了复制选定单元格或单元格区域外，Excel 还可以通过“选择性粘贴”命令实现对所选单元格中的特定内容的移动或复制。例如，只对公式、数字、格式等进行复制。

操作步骤如下：

- 选中需要复制的数据区域，执行“复制”操作。
- 选定需要粘贴区域的左上角单元格。
- 单击菜单栏“编辑”下拉菜单中的“选择性粘贴”命令。
- 在“选择性粘贴”对话框中选择粘贴方式，单击“确定”按钮。

4. 查找与替换单元格

Excel 2003 和 Word 一样，也提供查找和替换功能，以方便在工作表中快速定位要查找的信息，并且有选择地用指定值代替。查找和替换的对象可以是文字、数字、公式等。

(1) 查找。在菜单栏“编辑”下拉菜单中选择“查找”命令，弹出“查找”对话框。在“查找内容”文本框内输入需要查找的对象，点击“选项”按钮，选择查找的范围和搜索方式。

(2) 替换。在菜单栏“编辑”下拉菜单中选择“替换”命令，弹出“替换”对话框。在“查找内容”文本框内输入需要查找的对象，点击“替换为”文本框内输入指定的替换值，点击“选项”按钮，选择查找的范围和搜索方式，单击“替换”或“全部替换”按钮，分别替换已查找到的单元格或全部符合搜索条件的单元格数据。

10.2.5　导入外部数据

Excel 2003 还可以将不同格式的外部数据文件导入到工作簿中，转换成能够被 Excel 2003 识别的数据。所谓外部数据，是指存储在 Excel 以外的财务软件系统、大型机或数据库等位置的数据。导入数据之后，就不必在 Excel 中手动键入它们了。

要导入外部的数据文件，首先单击选择用来放置文件数据的单元格，需要确保所选择的单元格右下方没有任何数据。然后选择菜单栏中的“数据 | 导入外部数据 | 导入数据”命令，弹出“选取数据源”对话框。在该对话框中选择需要导入的数据文件，单击“打开”按钮。

在弹出的“文本导入向导—3 步骤之 1”对话框中，根据原始文本选择导入的文件类型。

在弹出的“文本导入向导—3 步骤之 2”对话框中，根据原始文本选择分隔符号类型。

在弹出的“文本导入向导—3 步骤之 3”对话框中，根据原始文本选择每列数据类型。

最后在弹出的“导入数据”对话框中输入或手动选择数据存放的位置。导入的数据可以放到“现有工作表”也可以放到“新建工作表”中。单击“确定”按钮完成外部数据的导入。

10.3　工作表的格式化

创建并完成对工作表的输入以后，所有的数据都使用默认格式。为了使其中包含的数据更容易被访问和理解，还必须对工作表中的一些数据进行一定的格式化。Excel 2003 为用户提供了丰富的格式化功能，如设置单元格格式、设置行高和列宽、设置工作表边框和底纹、自动套用格式等。使用这些功能可以使工作表的内容正确显示，便于阅读，而且更加清晰、美观。

10.3.1　设置单元格格式

设置单元格格式之前，应先选择要设置格式的单元格、单元格区域、一个或多个工作表。在完成对单元格格式的设置后，单击“确定”按钮，所选中的单元格将自动套用新设置好的单元格格式。

1. 设置单元格字体

Excel 2003 中的字体格式包括字体、字号、字形、颜色和特殊效果等。设置单元格字体格式的操作步骤如下：

- 选定要设置字体格式的单元格或单元格区域。
- 选择菜单栏中的“格式|单元格格式”命令，弹出“单元格格式”对话框。
- 选择“字体”选项卡，根据选项卡提示设置字体、字形、字号、下划线、颜色、特殊效果等。

如果只是对字体、字号、字形等方面进行简单的设置，则可以使用常用工具栏中的工具按钮。

2. 设置文本对齐方式

文本默认的对齐方式是：单元格中的文本左对齐，数字右对齐。用户可以自己设置单元格对齐方式：

- 选定要设置对齐方式的单元格或单元格区域。
- 选择菜单栏中的“格式|单元格格式”命令，弹出“单元格格式”对话框。
- 选择“对齐”选项卡，可以根据需要设置文本的对齐方式，如水平对齐、垂直对齐、缩进、文本控制、文本方向等。

3. 设置单元格数字格式

在工作表的单元格中输入的数字，通常按常规格式显示，例如整数、小数、科学记数方式。但是这些格式无法满足用户所有的要求，例如，财务报表需要显示货币格式，而系统自动格式是化为整数或小数格式显示。为解决格式显示问题，Excel 2003 提供了多种数字显示格式，如货币、日期、时间、百分比、分数、自定义等。

设置单元格数字格式的步骤如下：

- 选定要设置数字格式的单元格或单元格区域。
- 选择菜单栏中的“格式|单元格格式”命令，弹出“单元格格式”对话框。
- 选择“数字”选项卡，可以根据需要设置数字格式选择分类列表中的数字分类和类型。

如果只是对数据的格式作一些比较简单的设置，可以直接通过“格式”工具栏上的设置数据格式的快捷按钮来实现。

如果 Excel 提供的数字格式不够用，还可以根据自己的需要定义数据格式。创建自定义格式时最多可以定义四种格式。创建自定义格式的步骤如下：

- 选定要设置数字格式的单元格或单元格区域。
- 选择菜单栏中的“格式|单元格格式”命令，弹出“单元格格式”对话框。
- 选择“数字”选项卡，在分类列表中选择“自定义选项”，在类型列表中选择一个最接近需要的格式并进行修改。单击“确定”按钮保存自定义格式。

创建的自定义格式有四个部分，各部分用分号分隔，每部分依次定义整数、负数、零值和文本格式。

4. 设置行高和列宽

在单元格中太长的数据内容将会延伸显示到相邻的单元格中，如果相邻的单元格中已有内容，那么该数据内容在编辑栏中内容不变，但在单元格中显示的是一串“#”，提示用户该单元格无法显示这个数据内容。因此，为了满足实际工作的需要，应适当对工作表的行高和列宽进行调整。

(1) 设置行高。工作表中每行的行高默认为 14.25，并且任意一行的所有单元格的高度总是相等的。行高会自动随着字体而发生变化，用户也可以根据需要设置适当行高。

使用菜单栏命令设置行高的步骤如下：

- 选定需要设置行高的行。
- 选择菜单栏中的“格式 | 行”命令，在级联菜单中选择“行高”命令，弹出“行高”对话框。
- 在文本框中输入要设置的行高值，单击“确定”按钮。行高值可以选择 0～409 之间的整数。
- 也可以在级联菜单中选择“最适合的行高”命令，系统自动调整所选的行高为一个最小必要值，使所选内容充分显示。

使用鼠标也可以设置行高。将鼠标移动到行号区所选行号数字的上或下边框处，鼠标变为+形，按照需要向上或向下拖动鼠标，松开鼠标完成设置。也可以在上或下边框处双击鼠标，行高自动设置为适合显示当前行的大小。

(2) 设置列宽。工作表中的列和行有所不同。工作表默认单元格的宽度为 8.38，不会根据数据的增长而自动调整列宽，但用户可以根据自己需要设置列的宽度。

使用菜单栏命令设置列宽的步骤如下：

- 选定需要设置列宽的列。
- 选择菜单栏中的“格式 | 列”命令，在下一级菜单中选择“列宽”命令，弹出“列宽”对话框。
- 在文本框中输入要设置的列宽值，单击“确定”按钮。也可以选择“最适合的列宽”命令，系统自动调整所选的列宽为一个最小必要值，使所选内容充分显示。

使用鼠标也可以设置列宽。将鼠标移动到列标区所选列标符号的左或右边框处，鼠标变为+形，按照需要向左或向右拖动鼠标，松开鼠标完成设置。也可以在左或右边框处双击鼠标，列宽自动设置为适合显示当前列数据的大小。

5. 设置单元格边框

在工作表中给单元格加上不同的边框线，可以起到美化工作表的目的，使工作表更加清晰明了。

设置单元格边框的步骤如下：

- 选定需要增加边框的单元格或单元格区域。
- 选择菜单栏中的“格式 | 单元格”命令，弹出“单元格格式”对话框。
- 选择“边框”选项卡，在“线形”列表框中为边框选择一种线形，在“颜色”下拉列表中为边框选择一种颜色，再利用“预置”框中的各种按钮为选定区域设置不同位置的边框。
- 要删除所选单元格的边框，可以单击“预置”选项区中的“无”选项。

6. 设置合并居中

设计表格时，标题名常常放在第一行和第一列，但在打印或浏览的时候，都希望标题名称放在整个数据表格的第一行中间。我们可以使用单元格合并和居中的方法，完成标题单元格的设置，步骤如下：

- 选择要居中显示的多个单元格。

● 选择菜单栏中的“格式|单元格格式”命令，弹出“单元格格式”对话框。

● 选择“对齐”选项卡，在“水平对齐”下拉菜单中选择“居中”，然后将“文本控制”选项中的“合并单元格”项前的方框打上“√”。或者直接单击“格式”工具栏中的“合并及居中”按钮。

10.3.2 设置条件格式

在工作表的应用过程中，可能需要将满足某些条件的单元格按照指定的样式进行显示。用户可以设置单元格需要满足的条件，并设置满足条件的单元格应使用的格式。系统会在选定的区域中搜索符合条件的单元格，并将设定的格式应用到符合条件的单元格上。

假设一个成绩表如图 10-3 所示，要求将平均分 70 分以上、80 分以下和 90 分以上的单元格分别以不同的格式显示。步骤如下：

● 选定要设定条件格式的单元格区域。

● 选择菜单栏中的“格式|条件格式”命令，弹出“条件格式”对话框。

● 在“条件 1”区域左侧的“条件”下拉列表框中选择“单元格数值”和“介于”选项，在后面两个文本框中依次输入“70”、“80”。

● 单击“格式”按钮，将弹出“单元格格式”对话框，在该对话框中设置单元格字体、边框以及图案格式，单击“确定”按钮，返回“条件格式”对话框。

● 单击“添加”按钮，展开“条件 2”选项，在“条件”下拉列表框分别选择“单元格数值”、“大于”，输入“90”。

● 单击“格式”按钮，将弹出“单元格格式”对话框，在该对话框中设置另一特定格式，单击“确定”按钮，返回“条件格式”对话框。

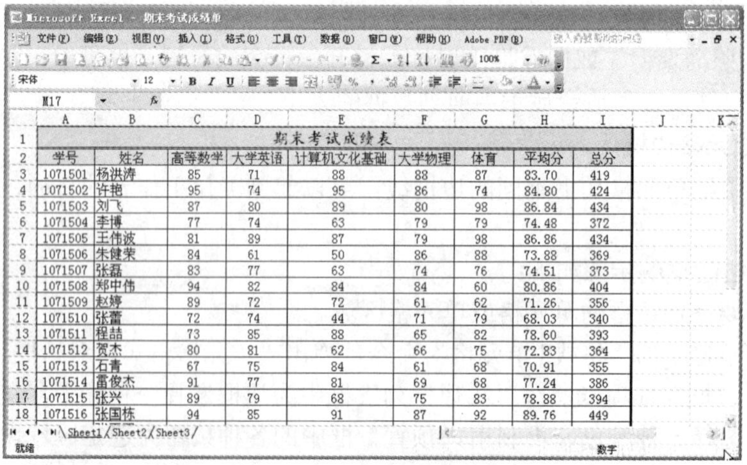

期末考试成绩表

学号	姓名	高等数学	大学英语	计算机文化基础	大学物理	体育	平均分	总分
1071501	杨洪涛	85	71	88	88	87	83.70	419
1071502	许艳	95	74	95	86	74	84.80	424
1071503	刘飞	87	80	89	80	98	86.84	434
1071504	李博	77	74	63	79	79	74.48	372
1071505	王伟波	81	89	87	79	98	86.86	434
1071506	朱健荣	84	61	50	86	88	73.88	369
1071507	张磊	83	77	63	74	76	74.51	373
1071508	郑中伟	94	82	84	84	60	80.86	404
1071509	赵婷	89	72	72	61	62	71.26	356
1071510	张蕾	72	74	44	71	79	68.03	340
1071511	程喆	73	85	88	65	82	78.60	393
1071512	贺杰	80	81	62	66	75	72.83	364
1071513	石青	67	75	84	61	68	70.91	355
1071514	雷俊杰	91	77	81	69	68	77.24	386
1071515	张兴	89	79	68	75	83	78.88	394
1071516	张国栋	94	85	91	87	92	89.76	449

图 10-3　成绩表

由图 10-4 可以看到，原来工作表中满足条件的单元格分别按照设置使用了两种特定的格式。Excel 2003 默认最多可以设置 3 个条件格式。

对于已经存在的条件格式，可以对其进行修改和删除。只需要在弹出的“条件格式”对话框中单击“删除”按钮，在新弹出的“删除条件格式”对话框中选择需要删除的条件即可。

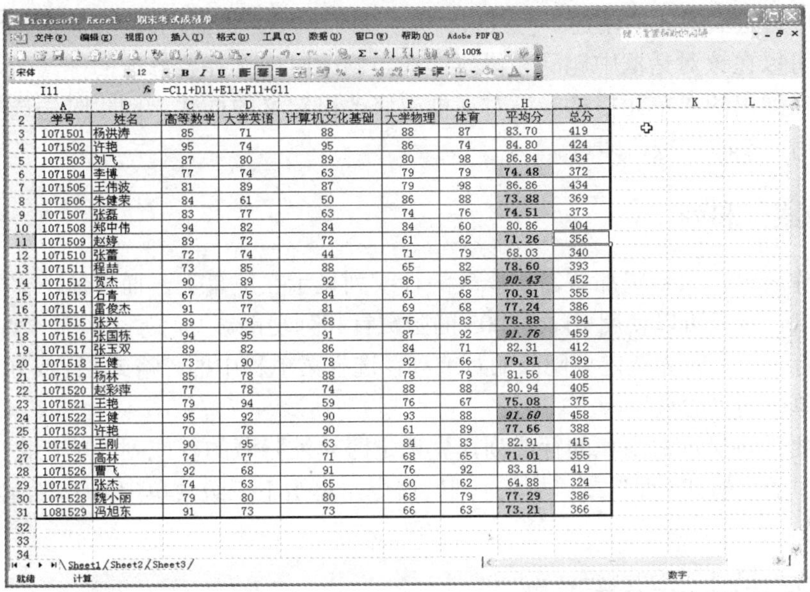

学号	姓名	高等数学	大学英语	计算机文化基础	大学物理	体育	平均分	总分
1071501	杨洪涛	85	71	88	88	87	83.70	419
1071502	许艳	95	74	95	86	74	84.80	424
1071503	刘飞	87	80	89	80	98	86.84	434
1071504	李博	77	74	63	79	79	74.48	372
1071505	王伟波	81	89	87	79	98	86.86	434
1071506	朱健荣	84	61	50	86	88	73.88	369
1071507	张磊	83	77	63	74	76	74.51	373
1071508	郑中伟	94	82	84	84	60	80.86	404
1071509	赵婷	89	72	72	61	62	71.26	356
1071510	张蕾	72	74	44	71	79	68.03	340
1071511	程喆	73	85	88	65	82	78.60	393
1071512	贺杰	90	89	92	86	95	90.43	452
1071513	石青	67	75	84	61	68	70.91	355
1071514	雷俊杰	91	77	81	69	68	77.24	386
1071515	张兴	89	79	68	75	83	78.88	394
1071516	张国栋	94	95	91	87	92	91.76	459
1071517	张玉双	89	82	86	84	71	82.31	412
1071518	王健	73	90	78	92	66	79.81	399
1071519	杨林	85	78	88	78	79	81.56	408
1071520	赵彩萍	77	78	74	88	88	80.94	405
1071521	王艳	79	94	59	76	67	75.08	375
1071522	王健	95	92	90	93	88	91.60	458
1071523	许艳	70	78	90	61	89	77.66	388
1071524	王刚	90	95	63	84	83	82.91	415
1071525	高林	74	77	71	68	65	71.01	355
1071526	曹飞	92	68	91	76	92	83.81	419
1071527	张杰	74	63	65	60	62	64.88	324
1071528	魏小丽	79	80	80	68	79	77.29	386
1081529	冯旭东	91	73	73	66	63	73.21	366

图 10-4　使用条件格式后的成绩表

10.3.3　自动套用格式

如果对所建工作表没有特殊的要求，用户可以不必自己对工作表进行太多设置。因为 Excel 2003 内置了大量的工作表格式，这些格式中组合了数字、字体、对齐方式、边框、列宽和行高等属性。可以选择其中一种格式自动套用到选定的工作表单元格区域，既可以美化工作表，也可以提高用户的工作效率。自动套用表格的步骤如下：

- 选定要套用自动格式的单元格区域。
- 选择菜单栏中的“格式 | 自动套用格式”命令，弹出“自动套用格式”对话框。
- 在示例框中选择需要的格式，在“要应用的格式”中选取需要修改的应用格式，单击“确定”按钮结束设置。

10.3.4　使用样式

样式是应用于所选区域的格式组合。使用一种样式，就是采用该样式中定义的所有格式组合格式化单元格。样式包括内部样式和自定义样式，内部样式是 Excel 内部预定义的样式，可以直接使用，自定义样式是用户创建的各种格式的组合。

1．使用内部样式

首先选定应用样式的单元格区域，在菜单栏“格式”下拉菜单中选择“样式”命令，弹出“样式”对话框。在“样式名”下拉列表中选择一个样式，单击“确定”按钮完成内部样式的使用。

2．创建、修改和删除样式

用户也可以将常用的一些数据格式定义为样式。首先需要设置好单元格格式，并选定该单元格。在菜单栏“格式”下拉菜单中选择“样式”命令，弹出“样式”对话框。在“样式名”文本框中输入新样式的名称，在“样式包括”列表框选定格式类型，最后单击“添加”按钮完成自定义样式的创建。

同样也可以在该对话框中删除和修改样式。修改时先选择要修改的样式名，单击“修改”按钮，在弹出的“单元格格式”对话框中修改已定义的样式。删除时先选择要删除的样式名，单击“删除”按钮即可。

10.3.5 隐藏行和列

编辑工作表时，只希望那些需要修改的行或列显示在屏幕上，而其他不需要修改的行或列隐藏起来，这就可以使用 Excel 2003 的隐藏行和列功能。

要隐藏行或列，首先选定要隐藏的行或列，选择菜单栏中的“格式 | 行或列”命令，单击下一级菜单中的“隐藏”指令。

如果想要重新显示被隐藏的行或列，先选定跨越被隐藏的行或列的单元格区域，然后选择菜单栏中的“格式 | 行”或“格式 | 列”命令，单击下一级菜单中的“取消隐藏”指令即可。

10.3.6 设置底纹和工作表背景

为了改变工作表的视觉效果，可以为工作表单元格添加底纹和背景，以突出显示、美化单元格，增强可读性。

1．设置底纹

使用菜单添加底纹的具体操作步骤如下：

- 选定需要添加底纹的单元格区域。
- 选择菜单栏中的“格式 | 单元格”命令，弹出“单元格格式”对话框。
- 单击“图案”选项卡，在“颜色”和“图案”选项中选择所要的底纹格式。在“示例”选项区可以浏览所选底纹图案和颜色的效果。单击“确定”按钮完成设置。

2．设置工作表背景

Excel 默认的工作背景为白色。用户可以自己选择背景图案，像 Windows 的墙纸一样平铺在工作表数据后面。具体设置步骤如下：

- 选定需要设置背景的工作表。
- 选择菜单栏中的“格式 | 工作表 | 背景”命令，弹出“工作表背景”对话框。
- 选择用户的背景图案，单击“插入”按钮将图案插入工作表，作为工作表背景。

如果要删除工作表中的背景图案，选择菜单栏中的“格式 | 工作表 | 删除背景”命令即可。

10.4 工作表的操作和管理

使用工作表可以对数据进行组织和管理。新建一个工作簿时，Excel 会在工作簿中自动产生 3 个工作表。如果需要可以建更多的工作表，一个工作簿最多可以包含 255 个工作表。如果工作簿中包含的工作表比较多，就需要用到 Excel 中工作表的操作和管理功能。

10.4.1　工作表的基本操作

工作表的基本操作包括工作表的选择、移动、复制、插入、删除、重命名等。

1．工作表的选择

新建的工作簿中，总是将 Sheet1 作为活动工作表。对于包含有多个工作表的工作簿，如果要对活动工作表以外的其他工作表进行操作，就需要激活其他工作表，使其成为活动的工作表或工作表组。

(1) 选择单个工作表。只需要用鼠标单击需要选定的工作表标签，当标签变为白色时，该工作表即成为当前的活动工作表。

(2) 选择多个工作表。选择多个工作表的方法有以下两种：

● 按住 Ctrl 键，同时用鼠标单击需要选择的工作表标签即可，这样可以选择不相邻的一组工作表。

● 按住 Shift 键，单击第一个和最后一个工作表标签，可以选择相邻的连续的工作表组。

(3) 选定全部工作表。如果要选定工作簿中的所有工作表，可以在任意工作表的标签上单击右键，在弹出的快捷菜单中选择“选定全部工作表”，则所有工作表标签变为白色，都处于全部选定的状态。

如果要取消对工作表的选择，可以用鼠标左键单击未选中的工作表标签，或者用鼠标右键单击某个选定的工作表标签，然后在弹出的快捷菜单中选择“取消成组工作表”选项。

2．插入、删除、复制和移动工作表

(1) 插入工作表。插入工作表有两种方法：

● 选定工作表，在菜单栏“插入”下拉菜单中选择“工作表”命令，可以在当前工作表之前插入一个新的工作表。

● 使用鼠标在选定的工作表标签上单击右键，在弹出的快捷菜单中选择“插入”选项，然后在弹出的“插入”对话框中选择需要的模板。最后单击“确定”按钮完成工作表的插入。

(2) 删除工作表。如果用户不需要工作簿中的某张工作表了，可以将其删除。删除工作表也有两种方法：

● 首先选定需要删除的工作表，然后在菜单栏“编辑”下拉菜单中选择“删除工作表”命令，在弹出的对话框中单击“确定”按钮即可删除当前工作表。同时，和它相邻的后一个工作表成为活动工作表。

● 使用鼠标在选定的工作表标签上单击右键，在弹出的快捷菜单中选择“删除”选项，完成工作表的删除。

(3) 移动和复制工作表。Excel 允许在同一个或多个工作簿间移动或复制工作表。

如果移动、复制操作位于同一工作簿中，可以使用鼠标或菜单命令实现，具体方法有：

● 在工作表标签区使用鼠标直接移动或复制工作表。需要先选中要移动的工作表标签，用鼠标直接拖动到当前工作簿的某张工作表前(后)，完成工作表的移动。如果是复制、粘贴某张工作表，只需要在拖动鼠标的同时按住 Ctrl 键，就可以将该工作表副本复制到其他工作表之前(后)，原工作表仍存在。

● 使用菜单命令移动或复制工作表。先选定要移动的工作表，然后选择菜单栏中的“编

辑 | 移动或复制工作表”命令，弹出“移动或复制工作表”对话框。在“下列选定工作表之前”列表框中，单击选择需要在其前面插入移动或复制的工作表。如果需要将工作表添加或移动到目标工作簿的最后，则选择“移动到最后”。

● 如果是复制、粘贴工作表，只需要在“建立副本”前打上“√”。

如果要将工作表复制或移动到不同的工作簿中，首先应保证两个工作簿都是打开的，然后使用上面提到的使用菜单命令移动或复制工作表的方法操作，不同之处在于弹出的“移动或复制工作表”对话框中，需要在“工作簿”下拉列表中选择其他的工作簿名称。“下列选定工作表之前”和“建立副本”选项与在同一工作表中的操作一致。

3. 重命名工作表

新建工作簿中工作表的默认名为 Sheet1、Sheet2、Sheet3，用户也可以根据工作表的内容对工作表进行重命名，以方便工作表的管理。

使用菜单栏对工作表进行重命名时，首先要选定需要重命名的工作表，在菜单栏“格式”下拉菜单中选择“工作表”选项，在下一级菜单中选择“重命名”命令。该活动工作表的标签会处于编辑状态，此时用户可以输入新的名称。

还可以使用鼠标对工作表进行重命名。用鼠标右键单击需要重命名的工作表标签，在弹出的快捷菜单中选择“重命名”选项，标签进入编辑状态后输入新命名即可完成重命名操作。

4. 隐藏工作表

在 Excel 中，可以有选择地隐藏工作簿的一个或多个工作表，使其工作表名在标签栏不显示，但工作表仍存在于工作簿中。

隐藏工作表的具体操作步骤如下：

● 选定需要隐藏的工作表或工作表组。

● 选择菜单栏中的“格式 | 工作表 | 隐藏”命令即可。

如果要取消隐藏，只需要选择菜单栏中的“格式 | 工作表 | 取消隐藏”命令，在弹出的“取消隐藏”对话框中选择要取消隐藏的工作表，单击“确定”按钮即可。

5. 设置标签颜色

为了突出显示一些工作表，可以将这些工作表的标签设置为不同颜色。具体步骤如下：

● 选定需要设置的工作表或工作表组。

● 选择菜单栏中的“格式 | 工作表 | 工作表标签颜色”命令，弹出“设置工作表标签颜色”对话框。

● 在该对话框中选择所需设置颜色，单击“确定”按钮即可。

或者使用鼠标右键单击工作表标签，在弹出的菜单中选择“工作表标签颜色”命令，弹出“设置工作表标签颜色”对话框，然后选择颜色。

10.4.2 视图的切换

如果工作表中的数据很多，不能在工作簿窗口中完全显示出来，可以通过对视图的设置来显示工作表。

1. 全屏显示

选择菜单栏中的“视图 | 全屏显示”命令，这时将会全屏显示当前工作表，但全屏显示

也有可能无法完全显示工作表中的数据。

2. 改变显示比例

选择菜单栏中的“视图|显示比例”命令，弹出“显示比例”对话框。在此对话框中可以选择适当的显示比例。也可以在常用工具栏上直接设置缩放比例。缩放比例数在 10～400 之间。

3. 分页显示

如果缩放和全屏显示仍不能满足显示需要，还可以使用视图的分页显示。选择菜单栏中的“视图|分页浏览”命令，这个时候当前工作表按照默认格式分页。在该浏览视图中，还可以用鼠标拖动虚线，进行手动分页。

4. 使用视图管理器

视图管理器可以为工作表创建不同视图并管理视图。执行菜单栏中的“视图|视图管理器”命令，弹出“视图管理器”对话框。在该对话框中可以自己添加视图，也可以在用户已定义的视图中快速切换显示。

(1) 视图的命名。选定一个数据区域后，执行菜单栏中的“视图|视图管理器”命令，弹出“视图管理器”对话框，单击“添加”按钮，在出现的对话框的“名称”栏中输入视图名称，单击“确定”按钮完成命名。

(2) 视图的切换。执行菜单栏中的“视图|视图管理器”命令，弹出“视图管理器”对话框后，在“视图”文本框中选择要显示的视图名称，单击“显示”按钮完成视图的切换。

10.4.3 工作簿的窗口操作

1. 新建和排列窗口

当同时打开多个工作簿时，为了比较不同工作簿或不同工作表中的数据，可以对窗口进行重新排列。

(1) 新建窗口。新建窗口可以在多个窗口中显示一个工作簿。选择菜单栏中的“窗口|新建窗口”命令，屏幕出现两个窗口，这两个窗口显示的是同一个工作簿，名称分别为“工作簿：1”和“工作簿：2”。这样就可以在两个窗口中对比同一工作簿的不同工作表。

(2) 排列工作簿窗口。当同时打开多个工作表窗口时，可以根据设置进行自定义排列。选择菜单栏中的“窗口|重排窗口”命令，弹出“重排窗口”对话框，根据需要选择不同的排列方式。如果只是要同时显示活动工作簿中的工作表，选中“当前活动工作簿的窗口”复选框即可。

2. 工作表的拆分

当工作表的行数和列数很多时，屏幕显示只能看到工作表的部分数据。如果需要对照比较工作表中相距较远的数据，可以将工作表窗口按照水平和垂直方向拆分。拆分工作表就是把当前工作簿窗口拆分成几个窗格，每个窗格都可以用滚动条显示工作表的各个部分。

拆分工作表可以使用以下两种方法：

● 使用拆分框。水平滚动条的右端和垂直滚动条的顶端都有一个小方块，称为“拆分框”。使用鼠标点击拆分框，然后拖动至需要拆分的位置，释放鼠标后，可将窗口拆分为不同的部分。

● 使用菜单命令。先选定需要拆分的分隔点(单元格)，在菜单栏“窗口”下拉菜单中选择“拆分”命令，系统将以选中单元格的左上角为交点，将窗口分为四个窗口。

拆分后的窗格各自都有一个滚动栏，可以用鼠标分别选择查看窗格内的单元格。还可以用鼠标指向水平和垂直的分隔线交点，拖动交点改变窗格分隔位置。

要取消拆分，只需要在菜单栏“窗口”下拉菜单中选择“取消拆分”命令即可。

3．工作表的冻结

拆分工作表可以让用户在每个窗格都能浏览整个工作表。但有些数据要求在浏览时始终显示在窗口中，如学生的学号、姓名、班级等，这时可以使用工作表的冻结功能。冻结工作表实际上也是将当前窗口拆分成窗格。不同的是，活动工作表的上、左侧窗格被冻结，被冻结区域保持不动，其他内容可以通过滚动条的移动查看。

具体步骤是：先选定单元格，在菜单栏“窗口”下拉菜单中选择“冻结窗格”命令。系统将以选中单元的左上角为分界线，将窗口分隔为四个窗格。该单元格上面和左面的所有单元格被冻结，当滚动右侧和下面的滚动条时，被冻结的单元格始终显示。

要撤消冻结，可以在菜单栏“窗口”下拉菜单中选择“撤消冻结窗格”命令。

10.4.4　保护设置

为了向用户提供对工作簿不同级别的访问权限，避免工作表中的数据受到破坏和信息泄露，Excel 为工作簿提供了多级的安全保护机制，可以根据不同的情况对工作簿、工作表和单元格进行保护。

1．保护工作簿

为了限制工作簿的访问权限，可用两种方式对工作簿进行不同程度的保护。

第一种是给工作簿设置密码，防止未授权用户访问工作簿。首先选择菜单栏中的“工具 | 选项”命令，弹出“选项”对话框，如图 10-5 所示。选择“安全性”选项卡，在“打开权限密码”文本框中输入密码，密码可由 15 个以下的字符组成。单击“确定”按钮后确认密码，再单击“确定”按钮完成设置。当再次打开工作簿时，需要在弹出的密码对话框中输入正确密码后才能打开工作簿。

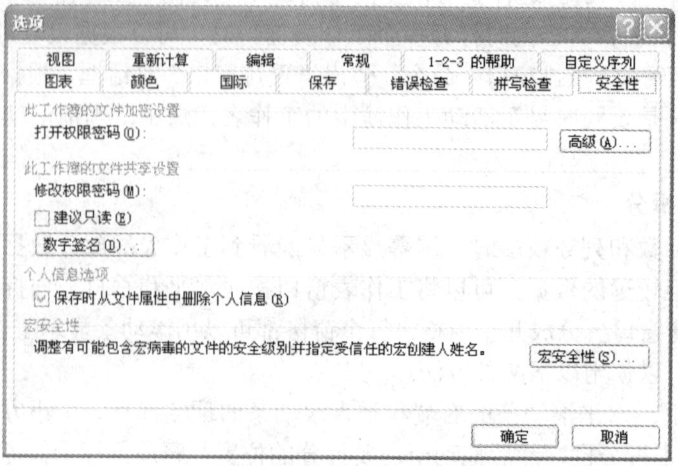

图 10-5　“选项”对话框

第二种是对工作簿设置结构或窗口的保护，用户访问时如果没有修改密码就不能对相应内容进行修改。首先要选定工作簿中的任意工作表，然后选择菜单栏中的“工具 | 保护 | 保护工作簿”，弹出“保护工作簿”对话框，如图 10-6 所示。

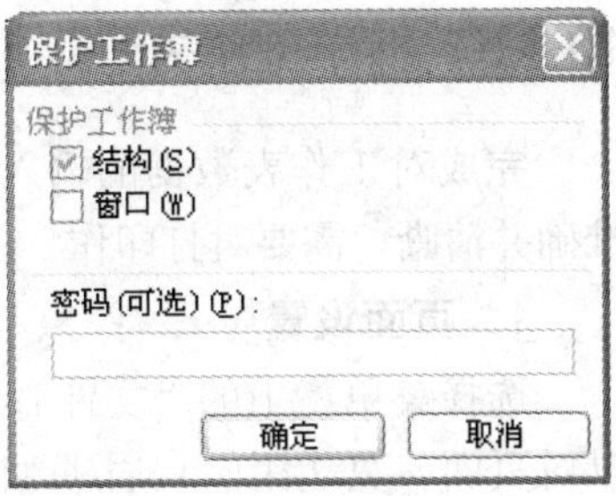

图 10-6　“保护工作簿”对话框

在复选框内可以选择保护对象：结构和窗口。在密码文本框中可以输入密码，单击“确定”按钮后确认密码，再单击“确定”按钮完成设置。要撤消工作簿的保护，可以选择菜单栏中的“工具 | 保护 | 撤消保护工作簿”。

2. 保护工作表

设置了对工作簿的保护，可以防止对工作簿的结构或窗口进行修改，但不能防止对工作表数据进行修改。因此需要对工作表设置保护，实现对工作表各元素的保护。

首先使要保护的工作表成为活动工作表，然后选择菜单栏中的“工具 | 保护 | 保护工作表”命令，弹出“保护工作表”对话框，如图 10-7 所示。选中“保护工作表及锁定的单元格内容”复选框。在“允许此工作表的所有用户进行”列表框中选择用户可以进行的操作。在“取消工作表保护时使用的密码”栏中输入密码，单击“确定”按钮确认密码后，再单击“确定”按钮完成设置。

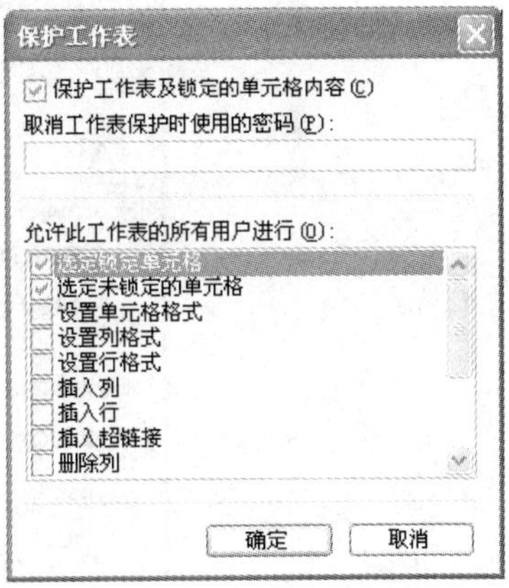

图 10-7　“保护工作表”对话框

要撤消对工作表的保护，可以选择菜单栏中的“工具 | 保护 | 撤消保护工作表”。

3. 保护单元格

如果单元格或单元格区域需要锁定，不允许其他人员修改其中内容，或者隐藏单元格中的计算公式，可以选择单元格保护方式。

首先要选定需要锁定、隐藏的单元格或单元格区域，然后选择菜单栏中的“格式 | 单元格”命令，弹出“单元格格式”对话框，选择“保护”选项卡，如图 10-8 所示。选择锁定或隐藏复选框，单击“确定”按钮完成设置。

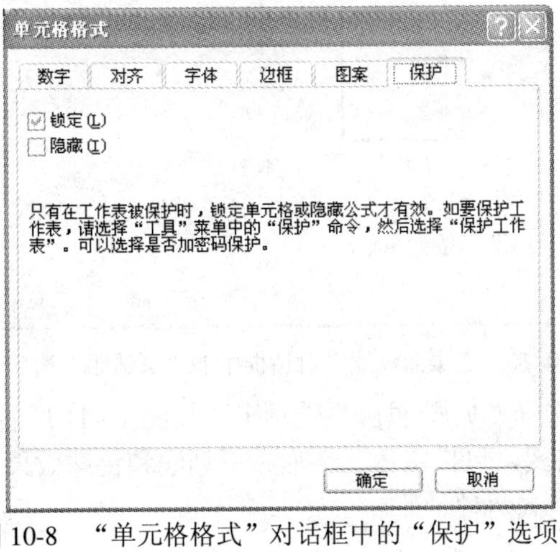

图 10-8　“单元格格式”对话框中的“保护”选项卡

10.4.5　打印工作表

完成对工作表数据的输入和编辑后，就可以将其打印输出了。为了使打印出的工作表准确并清晰，需要对打印作一些设置。这些设置包括页面设置、打印预览、打印选项设置等。

1. 页面设置

选择菜单栏中的“文件 | 页面设置”命令，弹出“页面设置”对话框。在该对话框中可以对页面、页边距、页眉/页脚、工作表进行设置。

(1) 页面设置。选择“页面”选项卡，如图 10-9 所示。在其中可以对页面打印的方向、缩放尺寸、纸张大小、打印质量、起始页码等进行设置。

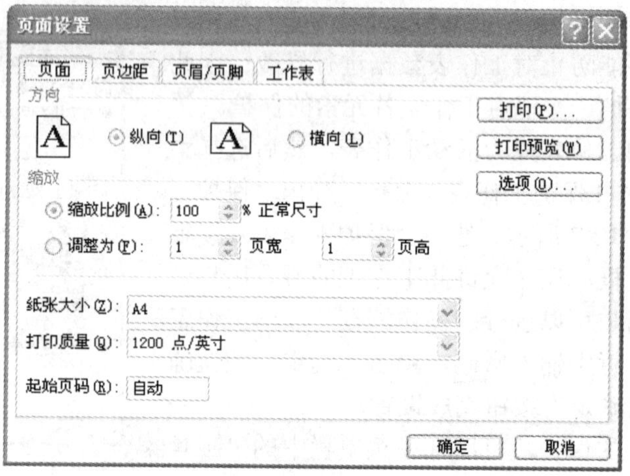

图 10-9　“页面设置”对话框中的“页面”选项卡

(2) 页边距设置。选择“页边距”选项卡，如图 10-10 所示。其中有“上”、“下”、“左”、“右”数字增减框，可以分别调整文档到上、下、左、右的页边距离。

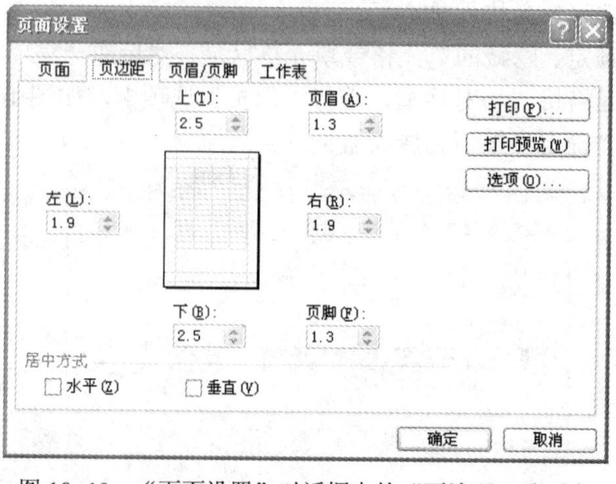

图 10-10　“页面设置”对话框中的“页边距”选项卡

(3) 页眉页脚设置。选择“页眉/页脚”选项卡，如图 10-11 所示。可以在其中设置用户定义的页眉/页脚的文字格式，包括字体、字形、下划线和特殊效果等。页眉/页脚格式包括 Excel 内部格式和自定义格式两种。

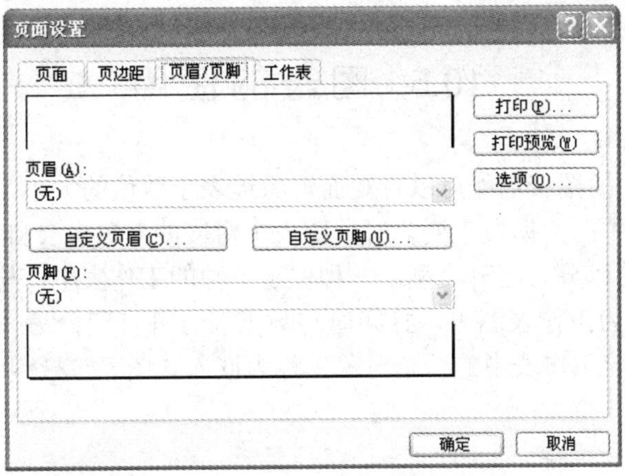

图 10-11　“页面设置”对话框页眉页脚选项卡

(4) 工作表设置。选择“工作表”选项卡，如图 10-12 所示。可以设置打印的区域、打印出来的标题行或列，打印顺序等。

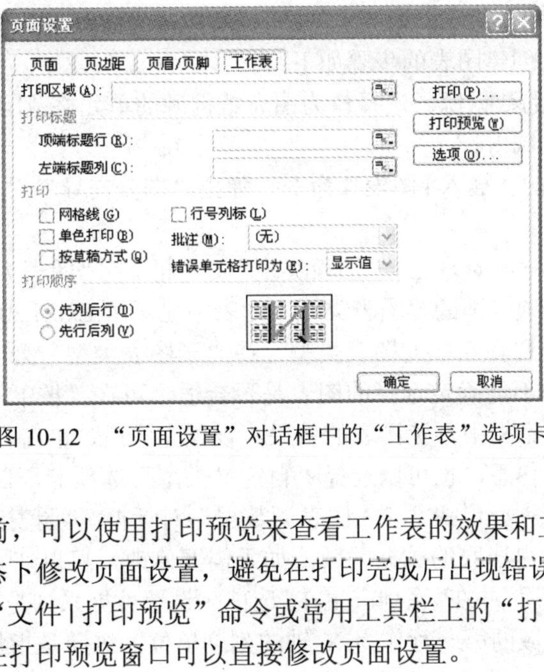

图 10-12　“页面设置”对话框中的“工作表”选项卡

2. 打印预览

在打印工作表之前，可以使用打印预览来查看工作表的效果和工作表格式设置情况，也可以在打印预览状态下修改页面设置，避免在打印完成后出现错误的麻烦。

通过菜单栏中的“文件 | 打印预览”命令或常用工具栏上的“打印预览”按钮，切换到“打印预览”窗口。在打印预览窗口可以直接修改页面设置。

3. 打印选项设置

设置完页面后就可以进行打印。选择菜单栏中的“文件 | 打印”命令或常用工具栏上的“打印”按钮，弹出“打印内容”对话框。在该对话框中可以选择打印机设置、页面设置、打印范围、打印内容和打印份数等。

★小技巧　如何让打印的每页都有相同的标题?

在菜单栏“文件”下拉菜单的“页面设置”中选择“工作表”选项卡，在“打印标题”栏中可以设计上标题和左标题。可以选择标题行或列，再进行打印预览，就会看到每页都自动加上了标题。

10.5 图表的使用

使用 Excel 2003 的图表功能可以直观而形象地表示数值的大小，使复杂的数据更加生动、易懂。当工作表中的数据发生变化时，图表中对应的对象也会自动更新。

Excel 中，图表可以分为两种类型：一种位于单独的工作表中，与源数据不在同一个工作表上，这种图表称为工作表图表，打印时与数据表分开打印；另一种图表与源数据在同一个工作表上，作为该工作表中的一个对象，称为嵌入式图表，打印时与工作表一起打印。

10.5.1 建立图表

Excel 2003 提供了约 14 种类型、一百多种不同格式的图表供选择，其中包括二维图表和三维图表。可以通过两种方式创建图表：使用“图表向导”创建图表；使用图表工具栏或 F11 键快速创建图表。

1．使用“图表向导”创建图表

使用“图表向导”创建图表的步骤如下：

(1) 选定生成图表的数据源。选择作为图表数据源的单元格范围，如果图表包含标题，应将标题包含在所选区域内。

(2) 选择菜单栏中的“插入 | 图表”命令，弹出“图表向导”对话框。用“图表向导”创建图表总共分为四步：

● 打开“图表向导—4 步骤之 1—图表类型”对话框。在“图表类型”对话框中选择“标准类型”选项卡，该选项卡下的“图表类型”列表中显示了 Excel 2003 内置的 14 种图表类型，用户可以根据需要选择相应的图表类型。在“子图表类型”列表中选择该类型中的某种图表样式。如果用户不能确定选择的图表是否合适，可在“按下不放可查看示例”按钮上按住鼠标左键，在对话框中预览图表的效果。设置完成后，单击“下一步”按钮。

如果对图表类型很熟悉，也可以选择“自定义类型”选项卡，自定义图表类型。

● 打开“图表向导—4 步骤之 2—图表源数据”对话框。“图表源数据”对话框默认使用打开图表向导之前用户选取的数据区域。如果需要修改，可以在“数据区域”文本框中重新输入数据区域的引用，并在“系列产生在”选项区设置数据系列是横向(行)还是纵向(列)。横向是指将所选数据区域的第一行作为 X 轴的刻度单位，纵向是指将所选数据区域的第一列作为 Y 轴的刻度单位。设置完成后，单击“下一步”按钮。

● 打开“图表向导—4 步骤之 3—图表选项”对话框。“图表选项”对话框包含六个选项卡，主要是对图表的一些选项进行设置。根据需要，可以选择“标题”、“坐标轴”、“网格线”、“图例”、“数据标志”、“数据表”等选项卡进行相应的设置。设置完成后，单击“下一步”按钮。

● 打开“图表向导—4 步骤之 4—制表位置”对话框。在“制表位置”中可以设置创建的图表是作为工作表图表还是嵌入式图表插入当前工作表。单击“完成”按钮结束图表的创建。

2. 使用其他方法创建图表

除了使用“图表向导”创建图表外，还可以使用工具栏和快捷键 F11 创建简单图表。

使用工具栏创建图表时，首先选择菜单栏中的“视图 | 工具栏 | 图表”命令，即可打开“图表”工具栏对话框，如图 10-13 所示。然后在工作表中选定图表源数据，在“图表”工具栏上打开“图表类型”的下拉列表，选择所需要的图表类型，即可创建图表。

或者按下 F11 键，直接就可以生成一个独立的图表，名为“Chart1”。

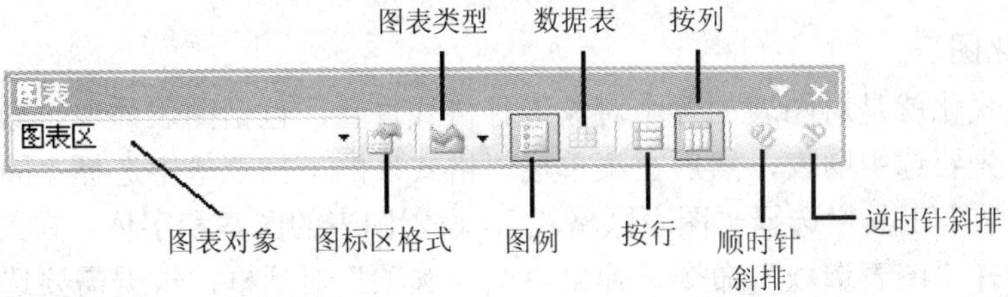

图 10-13　“图表”工具栏

10.5.2　图表的编辑和格式化

1. 图表的编辑

完成了对图表的创建工作后，图表上的信息都是按照缺省的外观显示的，可以利用 Excel 2003 提供的工具进一步编辑、修饰图表，例如制作图表标题、向图表中添加文本、设置图表选项、移动和复制图表等。根据生成图表的位置不同，选中图表的方式也不同。对于工作表图表，可以用鼠标单击工作表标签进行选定。对于嵌入式图表，用鼠标单击该图表选中。

(1) 选中图表的对象。一个图表由多个图表项即图表对象组成。为了对图表进行编辑，首先应选定需要编辑的图表对象。在 Excel 里，可以在“图表”工具栏上的“图表对象”下拉列表中选择需要编辑的图表对象，也可以在图表中直接用鼠标选中某个图表对象。

(2) 设置图表选项。首先选择菜单栏中的“图表 | 图表选项”命令，弹出“图表选项”对话框。可以看到共有六个选项卡，分别可以设置“标题”、“坐标轴”、“网格线”、“图例”、“数据标志”、“数据表”等。

(3) 缩放、移动、复制和删除。对于嵌入式图表，可以将图表拖动到工作表的任何区域。单击图表区的任何位置，当图表边框出现八个小黑方块时，用鼠标将其拖动到目的位置，松开鼠标即完成图表的移动操作。

如果要改变一个嵌入式图表的尺寸，单击该图表，当出现黑色小方块(操作点)时使用鼠标指向操作点，拖动鼠标可改变图表大小。对于工作表图表，需要在“常用”工具栏的“显示比例”列表框中输入或选择新的比例实现缩放。

单击图表区的任何位置选定图表，在菜单栏“编辑”下拉菜单中选择“剪切”、“复制”、“粘贴”、“删除”选项可以完成对图表的移动、复制和删除。操作方法与在 Word 中的一样。

(4) 更改图表类型。如果觉得创建好的图表不能很好地表达工作表中的数据内容，可以重新确定图表类型。首先选择需要改变类型的图表，在菜单栏“图表”下拉菜单中选择“图表类型”命令，弹出“图表类型”对话框，在此对话框中选择需要的图表类型，单击

“确定”按钮完成类型改变。

(5) 添加、删除数据系列。建立图表后，如果向数据区域添加了新数据，还可以把该数据系列添加到图表中。首先选定图表，在菜单栏“图表”下拉菜单中选择“源数据”选项，弹出“源数据”对话框。在“系列”选项卡中单击“添加”按钮，在“名称”文本框中输入字段名，然后选择源数据范围。单击“返回”和“确定”按钮，可完成数据系列的添加。

只需要在工作表中选定需要删除的数据系列直接删除，就可以在图表中删除整个数据系列了。

2. 格式化图表

图表的格式化就是对图表的各个对象进行格式设置，包括图表外观、颜色、文字和数字的格式。首先要选中图表，然后在菜单栏“格式”的下拉菜单中选择“图表区”选项，或在“图表选项”工具栏选择“图表区格式”，设置图表的图案和字体。在菜单栏“图表”下拉菜单中选择“图表选项”命令，弹出“图表选项”对话框，根据需要选择不同选项卡进行设置。

10.5.3　应用趋势线

有时候要分析一串数据的发展趋势，可以用趋势线进行预测分析。在Excel中，可以用图表生成趋势线，并根据实际数据对数据的发展趋势进行模拟，使用户直观地看出一系列数据的发展方向。

生成趋势线的具体操作如下：

- 选择要添加趋势线的数据系列。
- 选择菜单栏中的“图表|添加趋势线”命令，弹出“添加趋势线”对话框。
- 在“类型”选项卡中选择趋势预测/回归分析类型，如图10-14所示。
- 在“选项”选项卡中设置趋势线名称和预测周期，单击“确定”按钮即可生成趋势线，如图10-15所示。

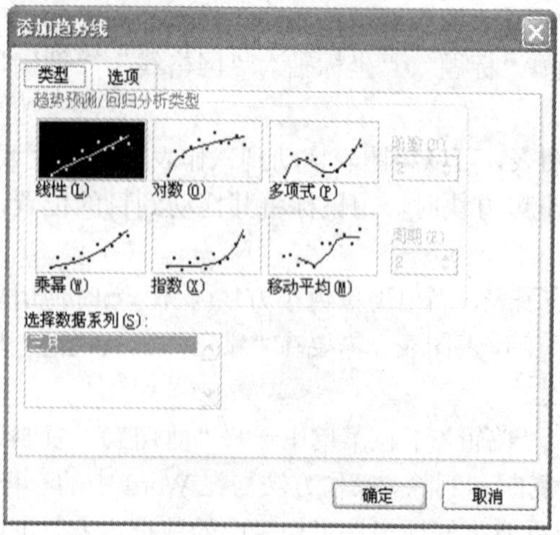

图10-14　“添加趋势线”对话框中的“类型”选项卡

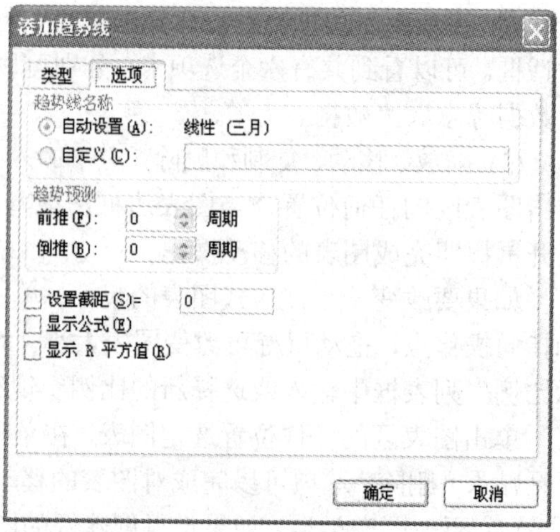

图10-15　“添加趋势线”对话框中的“选项”选项卡

10.6　公式和函数的应用

分析和处理 Excel 工作表中的数据，离不开公式和函数。Excel 2003 提供了强大的数据计算功能，通过公式和函数实现对数据的计算与分析。公式是函数的基础，它是单元格中的一系列值、单元格引用、名称或运算符的组合，可以生成新的值；函数是 Excel 预定义的内置公式，可以进行数学、文本、逻辑的运算或查找工作表的信息。与直接使用公式相比，使用函数进行计算的速度更快，同时还可以减少错误的发生。

10.6.1　公式的创建和使用

公式是利用单元格的引用地址对存放在其中的数值进行计算的等式。公式要以“=”开始，由三部分组成：等号、运算数据和运算符。等号表明后面的字符为公式的内容。运算数据既可以是常量数值，也可以是单元格引用地址或区域范围、标志名称。公式可以引用同一工作表中的其他单元格、同一工作簿不同工作表中的单元格或者其他工作簿中工作表的单元格。运算符包括有算术运算符、比较运算符、文本运算符、引用运算符。

1．公式的运算符

Excel 公式的运算符有以下几类：

- 算术运算符：完成加、减、乘、除等基本的数学运算。
- 比较运算符：用来比较两个数值的大小并返回逻辑值，即 True(真)和 False(假)。
- 文本运算符：文本运算符“&”将两个文本值连接在一起产生一个连续的文本值。
- 引用运算符：用来将单元格区域合并运算。

2．公式的运算顺序

对于同级运算，按照从左到右的顺序计算；对于不同级运算公式，则按照运算符的优先级从高到低进行计算。如果一个公式含有多个运算符号，其执行的先后顺序如表所示 10-2 所示。

表 10-2　公式运算符含义

运 算 符 号	表 示 含 义
:	区域运算符(引用运算符)
,	联合运算符(引用运算符)
空格	交叉运算符(引用运算符)
()	括号
–(负号)	负号
%	百分比
^	乘幂
*和/	乘和除
+ 和 –	加和减
&	文本运算符
=，<，>，<=，>=，<>	比较运算符

3. 输入公式

输入公式的操作类似输入文字型数据，不同的是输入公式的时候总是以“＝”号作为开头，然后才是公式的表达式。在工作表中输入公式后，单元格显示的是公式的计算结果，而编辑栏中显示输入的公式。输入公式可以在编辑栏中也可以在单元格中完成。

输入公式的步骤如下：

- 选定要输入公式的单元格。
- 在编辑栏中或单元格中输入“＝”，表示开始公式的输入。
- 输入公式内容。
- 按 Enter 键或编辑栏旁的“√”按钮，完成公式的输入。

4. 公式的使用

(1) 公式的自动重算。当单元格所引用数据发生变化时，使用公式的单元格就会重新计算结果。但如果一个单元格数据的改变将引起多个单元格数据的更新，就会使 Excel 的自动更新速度变慢，这时可以采用手动更新进行重算。在菜单栏“工具”下拉菜单中选择“选项”命令，弹出“选项”对话框。在此对话框中选择“重新计算”选项卡，在“计算”选项组中选中“手动重算”按钮，单击“确定”按钮完成自动重算。

(2) 公式的数值转换。公式中，每个运算符与特定类型的数据相关联，如果需要运算的数值与运算符类型不同，Excel 将自动转换数据的类型。

(3) 公式返回错误值及原因。使用公式时出现错误将会返回错误值，根据不同错误值的产生原因可以修改公式完成运算。

常见错误值及其产生原因：

- ####!：表示公式计算结果长度超过单元格的显示宽度。
- @div/0：表示公式中除数为零。
- #NAME?：表示公式中使用的名称不存在或被删除了。
- #N/A：表示公式中的数值不可用或者缺少函数参数。
- #NULL!：表示区域运算或单元格的使用不正确。

10.6.2 编辑公式

完成公式的创建后，可以对其进行编辑。对公式的编辑包括公式的显示、修改、移动和复制等。

1. 公式的显示

通常在单元格中显示的是公式的计算结果数值，如果需要在单元格中显示具体的公式，可以在菜单栏“工具”下拉菜单中选择“选项”命令，弹出“选项”对话框。在此对话框中单击“视图”选项卡，在“窗口选项”中选中“公式”复选框，然后单击“确定”按钮完成显示设置。这时单元格中显示的不再是公式的结果，而是公式本身了。

2. 公式的修改

由于在输入公式的过程中难免出现错误，或者在工作表操作中需要更新公式，可以直接对公式进行修改。对公式进行修改，既可以在编辑栏中进行，也可以在单元格中完成。在编辑栏中修改公式，首先要选定需要修改的单元格，然后在编辑栏中修改或输入新公式，修改完成后按 Enter 键或编辑栏左侧的“ √ ”按钮。在单元格中修改公式，首先在要修改公式的单元格上双击，使光标定位到该单元格，然后在单元格内直接输入公式或修改原公式，按 Enter 键或编辑栏左侧的“ √ ”按钮完成修改。

3．公式的移动和复制

公式和单元格中的其他数据一样，可以在工作表中复制或移动到新的位置。当移动公式时，公式内的单元格引用不会更改；当复制公式时，单元格引用将根据引用的类型而变化。

(1) 公式的移动。在 Excel 2003 中可以将已经创建好的公式移动到其他的单元格中。使用鼠标移动单元格的具体操作步骤如下：选定要移动的单元格，把鼠标移动到单元格边框上，当鼠标变为带箭头的十字状时，按住鼠标左键拖动到目的单元格，松开鼠标，原单元格的内容被移动到目的单元格内。和单元格的移动一样，也可以使用菜单栏或工具栏的“剪切”、“粘贴”命令完成公式的移动。

(2) 公式的复制。复制公式时，单元格的引用将根据所用的引用类型而变化。复制操作的具体步骤如下：首先选定需要复制的单元格，单击“常用”工具栏中的“复制”按钮，然后在目标区域单击右键，在弹出的快捷菜单中选择“选择性粘贴”命令，弹出“选择性粘贴”对话框，选中“公式”单选按钮，单击“确定”按钮完成操作。

10.6.3　数据的引用

Excel 2003 中将单元格的坐标作为单元格引用的标识。使用公式时可以引用同一工作表中的其他单元格、同一工作簿不同工作表中的单元格或者其他工作簿中工作表的单元格。引用单元格数据以后，公式的计算结果将随着被引用的单元格数据的变化而变化。

1．引用的类型

Excel 2003 提供了三种不同类型的引用：相对引用、绝对引用和混合引用。可以根据实际应用的需要选择相应的引用类型。

(1) 绝对引用。绝对引用表示单元格地址不随复制或移动目标单元格的变化而变化，被引用单元与引用单元的位置关系是绝对的。绝对引用的单元格的行和列号前都有“$”符号。例如，单元格中的公式“=A7+F3”使用绝对引用后变为“=$A$7+$F$3”，将它复制到其他单元格中时，公式仍然是“=$A$7+$F$3”。

(2) 相对引用。相对引用表示公式直接引用单元格区域名，不需要加“$”号。在公式移动或复制时，该引用相对目的单元格发生变化。使用相对引用后，系统会记住建立公式的单元格与被引用单元格的相对位置关系。在粘贴或移动公式时，目的单元格和被引用单元格之间仍保持这种相对关系，也就是说移动前、后的被引用单元格根据公式所在单元格和相对引用关系确定。例如，单元格 E8 中的公式使用的相对引用为“=A7+F3”，将该公式移动或复制到 G11 时，公式不再引用 A7 和 F3，而是引用 C10 和 H6 单元格。

(3) 混合引用。混合引用是指单元格引用地址一部分是绝对引用地址，另一部分是相对引用地址。如果“$”符号在行号前，表示行位置绝对不变，而列位置随目的位置变化。如果“$”符号在列号前，表示列位置绝对不变，而行位置随目的位置变化。

2. 引用范围

(1) 同一工作表中引用。引用同一工作表内的单元格，可以直接使用由单元格的行号、列号组合形成的地址作为引用名。

(2) 同一工作簿中引用。在同一个工作簿中，当前工作表引用其他工作表的数据，引用格式为：表名！单元格名。

(3) 不同工作簿间引用。当前工作簿中的工作表公式还能引用其他工作簿中的单元格或单元格区域，引用格式为：[工作簿名]表名！单元格名。

以上不同范围的引用都可以使用绝对引用、相对引用和混合引用。

10.6.4　函数的使用

函数是 Excel 系统中预定义的公式。函数处理数据的方式与直接创建的公式处理数据的方式是相同的。Excel 2003 提供了大量的内置函数以供调用，如常用函数、财务函数、日期与时间函数、数学与三角函数、统计函数、查找与引用函数、数据库函数、文本函数、逻辑函数和信息函数等。

1. 函数的语法格式

函数作为预定义的内置公式，具有一定的语法格式。所有函数都是由函数名和位于其后的一系列参数(用括号括起来)组成的。函数名通常以大写字母出现，用来描述函数的功能。参数是数字、单元格引用、工作表名或函数计算所需要的其他信息。

函数的格式为“=函数名(参数 1，参数 2，…)”。

在编辑函数时需要遵守一定的语法规定。例如，函数必须以“=”开头；参数要用()括起来；参数多于一个时要用“，”分隔；文本函数的参数可以是用双引号括起来的文本等。

2. 函数的输入

使用函数时如果能够记得函数的“名称”，可以直接在单元格中键入函数，输入方法与公式的输入方法相同。

如果不能确定函数的详细信息，可以在单元格中使用函数向导插入函数。具体步骤如下：

- 选定需要插入函数的单元格。
- 选择菜单栏中的“插入 | 函数”命令，弹出“插入函数”对话框。
- 如果对函数不了解，在“搜索函数”文本框中可以输入对函数的简单描述，单击“转到”按钮。在“或选择类型”下拉列表中提供了“推荐”的函数类别，“选择函数”列表框中列出了经系统搜索关键字后推荐的函数。
- 如果对函数类型了解，可以直接在“或选择类型”下拉列表中选择函数类别，在“选择函数”列表框中选择需要插入的函数，单击“确定”按钮。
- 弹出“函数参数”对话框，单击 Number1 文本框右侧的折叠按钮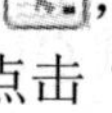，弹出对话框后使用鼠标选择所需要的单元格区域，再单击折叠按钮完成参数选择，点击“确定”按钮完成函数输入。

3. 常用函数

SUM(number1, number2, …)：将括号内的参数数值相加求和。

AVERAGE(number1, number2, …)：对括号内所有参数求平均值。

MAX(number1, number2, …)：对括号内所有参数求最大值。

MIN(number1, number2, …)：对括号内所有参数求最小值。

DATE(year, month, day)：返回特定日期的序列号。

10.6.5　自动运算

除了使用公式和函数计算单元格数值外，Excel 2003 还提供了一些简单快捷的自动计算方法。

1．使用工具栏快捷计算

选定需要计算的区域后，单击“常用”工具栏中的“求和” Σ ▾ 按钮旁的向下箭头，出现下拉菜单。在下拉菜单中可以选择“求和”、“平均”、“计数”、“最大值”、“最小值”等。选中运算后，运算结果出现在所选区域的右侧或下侧。如果选择“其他函数”则会弹出“插入函数”对话框，可以按照插入函数进行操作。

2．使用自动计算功能

Excel 2003 提供的自动计算功能仅在状态栏给出计算结果，而不会在单元格中出现。例如，当选定要计算的区域后，在状态栏会自动出现“求和=355”。除了计算求和，还可以在该状态栏单击右键，在弹出的快捷菜单中选择“求和”、“平均”、“计数”、“计数值”、“最大值”、“最小值”，设置需要自动计算的公式。

10.7　数据库的管理

Excel 不仅可以完成一般表格的制作，而且在数据管理方面也有很强大的功能。Excel 2003 为用户提供了强大的数据筛选、排序和汇总等功能，利用这些功能可以对不同的数据按照用户的需求进行分析和处理。在这里，数据管理的对象是特殊的电子表格数据文件，称之为数据清单。

10.7.1　数据清单

在 Excel 中，数据清单是指包含相关数据以及标题的一组工作表数据行。实际上，我们在对数据清单进行管理的时候，可以将数据清单看做是数据库，其中的行对应数据库中的记录，列对应于数据库中的字段，列名作为数据库中的字段名称。这样，Excel 就可以把数据库中的管理功能，如排序、筛选等，应用到数据清单中的数据上。

如果要使用数据管理功能，必须先将表格创建为数据清单。前面提到，数据清单是一种特殊的表格，这是因为数据清单至少由两个部分组成：表结构和数据。表结构是数据清单的第一行、列标题，利用这些标题可以对数据进行查找、筛选、排序等。纯数据部分是被管理的对象，不允许有非法数据出现。

建立数据清单应遵循以下准则：

- 每张工作表只能使用一个数据清单，因为有些数据管理功能一次只能在一个数据清单中使用。

● 数据清单的第一行创建列标题，使用的各种格式与清单其他数据应该有区别。

● 将相似项置于同一列，同列数据的数据类型和格式应完全相同。

● 数据清单与其他数据之间至少要留出一个空列和空行，有利于Excel检查和选定数据清单。

● 关键数据置于清单顶部或底部，避免筛选时被隐藏。

● 向数据清单添加新数据行时，Excel将扩展一致的格式和公式。

数据清单的创建操作同普通工作表格的创建完全相同，选择菜单栏中的“数据|记录单”命令，在弹出的“记录单”对话框中对数据清单进行输入、修改、删除和检索等。

在“记录单”对话框中可以输入一条新的记录，然后单击“新建”按钮完成数据的输入。也可以在对话框中输入部分条件，点击“上一条”、“下一条”按钮检索显示满足条件的记录。同样，也可以利用“记录单”删除数据清单中的记录。

10.7.2　数据的排序

排序是指按照一定的规则对数据进行整理、排列。排序的操作不会改变数据清单内容。通过排序，可以将表格中的数据按字母顺序、数值大小以及时间顺序进行排序。排序的方式可以按行或列、升或降序、字母大小写等规则进行操作。此外，还可以采用自定义方式进行排序。Excel 2003提供了多种对数据清单进行排序的方法。

1. 简单排序

当需要对某一列数据进行排序时，可以单击“常用”工具栏中的“升序”或“降序”按钮进行操作。具体的操作步骤如下：

● 选定数据清单中某一列的列名所在单元格。

● 单击“常用”工具栏中的“升序”或“降序”按钮。

2. 多重排序

多重排序也称为多列数据排序。当将一列数据排序后，会遇到列中某些数据完全相同的情况，这个时候可以根据多列数据进行排序。具体操作步骤如下：

● 在需要排序的数据清单中选中任意单元格。

● 选择菜单栏中的“数据|排序”命令，弹出“排序”对话框。

● 在弹出的对话框中，分别在“主要关键字”、“次要关键字”、“第三关键字”下拉列标框中选择需要的字段名和排序方式。

● 在“我的数据区域”选项选择排序区域。分别选择将第一行作为标题行还是数据行。单击“确定”按钮完成排序。

可以看到，多重排序最多可以设定三个层次的排序标准。Excel首先按照主要关键字排序，然后将主要关键字相同的数据行按照次要关键字进行第二次排序，最后将次要关键字相同的数据行按照第三关键字进行最后一次排序。

3. 自定义序列排序

如果要对文本进行排序，就需要使用Excel 2003的自定义序列排序功能。首先要对排序的序列进行自定义，然后使用单重或多重排序的方法进行排序。自定义序列的操作步骤如下：

- 选择菜单栏中的“工具 | 选项”命令，弹出“选项”对话框。
- 选择“自定义序列”选项卡，在“自定义序列”列表中选择“新序列”，在“输入序列”文本框中输入自定义序列，按 Enter 键完成每个序列项的输入。输入的顺序就是排序的顺序。
- 单击“添加”、“确定”按钮完成自定义。

10.7.3　数据的筛选

筛选是从数据清单中分析和查找符合特定条件的记录数据的快捷方法。筛选功能仅仅显示满足条件的行，不满足条件的数据只是暂时被隐藏起来，而并未真正被删除掉。筛选过程也不会改变数据清单的排序。Excel 2003 提供了两种筛选清单的命令：自动筛选和高级筛选。

1．自动筛选

自动筛选功能简单，用户可以在具有大量记录的数据清单中快速查找符合多重条件的记录。自动筛选的具体步骤如下：

- 选定数据清单任意一个单元格。
- 选择菜单栏中的“数据 | 筛选 | 自动筛选”命令，数据清单的列标题全部变成下拉列表框。单击下拉箭头选择筛选关键字，数据清单就会只显示含有该值的数据行。

对于某些特殊的条件，可以用自定义自动筛选来完成：

- 数据清单的列标题变成下拉列表框后，单击下拉箭头选择“自定义”，弹出“自定义自动筛选方式”对话框。
- 在对话框中可以设定两个筛选条件并确定它们的与、或关系。

要取消自动筛选恢复显示所有的数据，可以在菜单栏的“数据”下拉菜单中选择“筛选”命令，在下一级菜单中再一次选择“自动筛选”，取消对“自动筛选”选项的选择。

2．高级筛选

如果数据清单中的字段比较多，筛选条件也比较多，可以使用高级筛选对数据清单进行更复杂的筛选操作。

要使用高级筛选功能，必须先建立一个条件区域，用来指定筛选的数据需要满足的条件。因此，要将待筛选的数据列名(也称为字段名)复制到条件区域的第一行中。这些字段名必须与数据清单中的字段名完全相同。条件区域的其他行用来输入筛选条件。由于筛选只能在一个数据清单中操作，因此条件区域和数据清单不能连接，用空行隔开。

使用“高级筛选”功能的具体步骤如下：

- 在数据清单中的所在工作表中选定一个条件区域输入筛选条件。
- 选定数据清单中的任意一个单元格。
- 选择菜单栏中的“数据 | 筛选 | 高级筛选”命令，弹出“高级筛选”对话框。
- 在该对话框中，“方式”选项选择将筛选后的结果显示在原数据清单位置还是“复制到”文本框指定区域(与原数据清单同时存在于一个工作表中)；“列表区域”选项选择需要进行筛选的数据区域；“条件区域”选项指定含有筛选条件的区域，如果筛选不重复的记录，则选中“选择不重复的记录”复选框。

10.7.4　分类汇总及分级显示

分类汇总是用户对数据表格或原始数据进行分析处理时使用的另一种方法。Excel 2003 提供的“分类汇总”可以自动插入汇总信息行，并将分类汇总结果插入到相应类别数据行的最上端或最下端。利用汇总功能并选择合适的函数，例如计数、求平均、求和等函数，用户可以建立清晰的分析总结报告。

1．分类汇总

分类汇总功能可以自动对所选数据进行汇总。汇总的方式有求和、平均值、最大值、标准方差等。在进行分类汇总之前，必须对数据清单进行排序。分类汇总的具体操作步骤如下：

- 对工作表进行排序。
- 选定工作表，选择菜单栏中的“数据 | 分类汇总”命令，弹出“分类汇总”对话框。
- 在该对话框中：

在“分类字段”下拉列表框中选择含有分类字段的列选项。

在“汇总方式”下拉列表中选择汇总函数。

在“选定汇总项”下拉列表中选择汇总后数据所在列。

选中“替换当前分类汇总”复选框，选择替换原有的汇总分类。

选中“汇总结果显示在数据下方”复选框，将分类汇总结果和总计行插入数据之下。

- 单击“确定”按钮，完成分类汇总。

2．分级显示

经过分类汇总，要查看数据清单中的明细数据或单独查看汇总总计，就要用到分级显示。分类汇总后，在工作表的左端自动产生分级显示控制符。其中，“1”、“2”、“3”为分级编号，“+”、“-”为分级分组标记。单击分级编号，分别显示第 1、2、3 级数据。第 1 级为总计数据，第 2 级为汇总数据，第 3 级为全部数据。单击分级分组标记“+”、“-”，分别展开和隐藏本级本组细节。

如果要取消分类汇总，只需要选中任意一个单元格，选择菜单栏中的“数据 | 分类汇总”命令，弹出“分类汇总”对话框，在对话框中单击“全部删除”按钮，即可删除分类汇总结果。

10.7.5　数据透视表的使用

数据透视表是一种可以对大量数据快速汇总并建立交叉列表的交互式表格。使用数据透视列表可以全面地对数据清单进行重新组织和统计数据。它不仅能够按用户设计的格式来完成数据透视表的建立，自动更新数据，还能显示不同页面以筛选数据，转换行和列分别显示原数据的不同汇总结果。

1．数据透视表的组成

数据透视表一般由五部分组成：

- 页字段：数据透视表中按页显示的源数据清单或清单中的字段。
- 页字段项：页字段所含的字段项，决定了数据按页筛选的项。

- 行字段：在数据透视表中指定为按行方向显示该字段的字段项。
- 列字段：在数据透视表中指定为按列方向显示该字段的字段项。
- 数据区域：用来显示汇总数据的区域。

2. 创建数据透视表

创建一张数据透视表的具体操作步骤如下：

(1) 选择菜单栏中的“数据 | 数据透视在表和数据透视图”命令，弹出“数据透视表和数据透视图向导—3 步骤之 1”对话框。

(2) 在“请指定待分析数据的数据源类型”选项区中选中“Microsoft Excel 数据列表或数据库”按钮，在“所需创建的报表类型”选项区中选中“数据透视表”或“数据透视图”按钮，单击“下一步”按钮。

- 外部数据源使用的是存储在 Excel 2003 外部的文件或已建立的数据透视表。
- 多重合并计算数据区域是指建立数据透视表的数据源来源于几张工作表。
- 另一个数据透视表或数据透视图以同一个工作簿中另外一张数据透视表或数据透视图作为数据源。

(3) 弹出“数据透视表和数据透视图向导—3 步骤之 2”对话框，在此对话框中选择建立数据透视表的数据区域，单击“下一步”按钮。

(4) 弹出“数据透视表和数据透视图向导—3 步骤之 3”对话框，在此对话框中的“数据透视表显示位置”中设置是否将透视表创建在当前工作表。如果是，选定创建区域。

(5) 单击“布局”按钮，在弹出的“数据透视表和数据透视图向导—布局”对话框中对数据透视表的版式进行设置，单击“确定”按钮返回。

(6) 单击“完成”按钮，完成数据透视表的创建。

(7) 根据需要分别将“数据透视表字段列表”中的字段按钮拖放到透视表的相应位置，作为页字段、行字段、列字段和数据项。

习题

一、填空题

1. Excel 工作表最多有(　　)行。

A) 65 535　　B) 65 536　　C) 255　　D) 256

2. Excel 工作表的第 3 行第 4 列的单元格地址是(　　)。

A) D3　　B) D4　　C) 3D　　D) 4D

3. 在 A3 单元格中输入数据时，若键入 ’110081，则 A3 单元格的数据类型为(　　)。

A) 数值数据　　B) 文本数据　　C) 日期数据　　D) 时间数据

4. 工作簿文件的扩展名是(　　)。

A) DOC　　B) TXT　　C) XLS　　D) POT

5. 若要选定区域 A1：C4 和 D3：F6，应(　　)。

A) 按鼠标左键从 A1 拖动到 C4，然后按鼠标左键从 D3 拖动到 F6

B) 按鼠标左键从 A1 拖动到 C4，然后按住 Shift 键，并按鼠标左键从 D3 拖动到 F6
C) 按鼠标左键从 A1 拖动到 C4，然后按住 Ctrl 键，并接鼠标左键从 D3 拖动到 F6
D) 按鼠标左键从 A1 拖动到 C4，然后按住 Alt 键，并按鼠标左键从 D3 拖动到 F6

6. 设 A1 单元格的内容为 10，B2 单元格的内容为 20，在 C2 单元格中输入“B2-A1”，按回车键后，C2 单元格的内容是(　　)。

A) 10　　B) –10　　C) B2–A1　　D) #######

7. 下列操作中，不能退出 Excel 的是(　　)。

A) 执行“文件 | 关闭”菜单命令
B) 执行“文件 | 退出”菜单命令
C) 单击标题栏左端 Excel 窗口的控制菜单按钮，选择“关闭”命令
D) 按快捷键 Alt+F4

8. Excel 工作表的单元格区域 A1：C3 已输入数值 10，若在 D1 单元格内输入公式“=SUM(A1，C3)”，则 D1 的显示结果为(　　)。

A) 20　　B) 60　　C) 30　　D) 90

9. 在 Excel 工作表中，F3 为当前单元格，若将 F3 单元格中的内容清除，下列操作中不正确的是(　　)。

A) 按 Del 键
B) 通过“编辑”菜单中的“删除”命令完成
C) 通过“编辑”菜单中的“清除”命令完成
D) 通过“编辑”菜单中的“剪切”命令完成

10. 在单元格中输入(　　)，可使该单元格显示 0.3。

A) 6/20　　B) =6/20　　C) “6/20”　　D) =“6/20”

11. 使工作表中表格大标题对表格居中显示的方法是(　　)。

A) 在标题行处于表格宽度居中位置的单元格里输入表格标题
B) 在标题行任一单元格内输入表格标题，然后单击“居中”工具按钮
C) 在标题行任一单元格内输入表格标题，然后单击“合并及居中”工具按钮
D) 在标题行处于表格宽度范围内的单元格中输入标题，选定标题行处于表格宽度范围内的所有单元格，然后单击“合并及居中”按钮

12. 在 Excel 工作表中，可以使用(　　)菜单中的“单元格”命令，将单元格内的数值按所需格式加以格式化。

A) 编辑　　B) 插入　　C) 格式　　D) 工具

13. 在打印工作表前就能看到实际打印效果的操作是(　　)。

A) 仔细观察工作表　　B) 打印预览
C) 按 F8 键　　D) 分页预览

14. 对工作表建立的柱形图表，若删除图表中某数据系列柱形图(　　)。

A) 数据表中相应的数据不变
B) 数据表中相应的数据消失
C) 若事先选定与被删柱形图相应的数据区域，则该区域数据消失，否则将不变
D) 若事先选定与被删柱形图相应的数据区域，则该区域数据不变，否则将消

15．在数据表(有“工资”字段)中查找工资>1280 的记录，其有效方法是(　　)。

A) 依次查看各记录“工资”字段的值

B) 按 Ctrl+A 组合键，在弹出的对话框的“工资”栏输入：工资>1280，再单击“确定”按钮

C) 在记录单对话框中连续单击“下一条”按钮

D) 在记录单对话框中单击“条件”按钮，在“工资”栏输入：工资>1280，再单击“下一条”按钮

16．下列操作中不能完成对数据表排序的是(　　)。

A) 单击数据区中任一单元格，然后单击工具栏上的“升序”或“降序”按钮

B) 选择待排序的数据区域，然后单击工具栏上的“升序”或“降序”按钮

C) 选择待排序的数据区域，然后使用“编辑”菜单中的“排序”命令

D) 选择待排序的数据区域，然后使用“数据”菜单中的“排序”命令

17．高级筛选的条件区域在(　　)。

A) 数据表的前几行　　B) 数据表的后几行

C) 数据表中间某单元格　　D) 数据表的前几行或后几行

18．用筛选条件“数学>65 与总分>260”对成绩数据表进行筛选后，在筛选结果中都是(　　)。

A) 数学>65 的记录　　B) 总分>260 的记录

C) 数学>65 且总分>260 的记录　　D) 数学>65 或总分>260 的记录

19．需要(　　)而变化的情况下，必须引用绝对地址。

A) 在引用的函数中填入一个范围时，为使函数中的范围随地址位置不同

B) 把一个单元格地址的公式复制到一个新的位置时，为使公式中单元格地址随新位置

C) 把一个含有范围的公式或函数复制到一个新的位置时，为使公式或函数中范围不随新位置不同

D) 把一个含有范围的公式或函数复制到一个新的位置时，为使公式或函数中范围随新位置不同

20．下面(　　)选项中的两个数相等。

A) －50% 和－5 / 100　　B) ＝50% 和＝50 / 100

C) ＝"50%" 和＝"50 / 100"　　D) ＝"50%" 和＝50 / 100

21．在单元格中输入公式时，编辑栏上的“√”按钮表示(　　)操作。

A) 拼写检查　　B) 函数向导

C) 确认　　D) 取消

22．绝对地址在被复制或移动到其他单元格时，其单元格地址(　　)。

A) 不会改变　　B) 部分改变

C) 发生改变　　D) 不能复制

23．在 Excel 中，如果没有预先设定整个工作表的对齐方式，则数字自动以(　　)方式存放。

A) 左对齐　　B) 右对齐

C) 两端对齐　　D) 视具体情况而定

24．关于 Excel 区域定义不正确的论述是(　　)。

A) 区域可由单一单元格组成　　B) 区域可由同一列连续多个单元格组成

C) 区域可由不连续的单元格组成　　D) 区域可由同一行连续多个单元格组成

25．新建一个工作簿后默认的第一张工作表的名称为(　　)。

A) Excel1　　B) Sheet1　　C)Book1　　D) 表 1

26．Excel 中图表文件的扩展名为(　　)。

A) xlc　　B) xls　　C) xlt　　D) xla

27．在某一单元格中显示的内容是"# NUM!"，它表示(　　)。

A) 在公式中引用了无效的数据　　B) 公式的数字有问题

C) 在公式中使用了错误的参数　　D) 使用了错误的名称

28．在单元格输入负数时，可使用的表示负数的两种方法是(　　)。

A) 反斜杠(\)或连接符(–)　　B) 斜杠(/)或反斜杠(\)

C) 斜杠(/)或连接符(–)　　D) 在负数前加一个减号或用圆括号

29．SUM(5, 6, 7)的值是(　　)。

A) 18　　B) 210　　C) 4　　D) 8

30．设在 B5 单元格存有一公式为 SUM(B2：B4)，将其复制到 D5 后，公式变为(　　)。

A) SUM(B2：B4)　　B) SUM(B2：D5)

C) 5UM(D5：B2)　　D) SUM(D2：D4)

31．在同一个工作簿中要引用其他工作表某个单元格的数据(如 Sheet8 中 D8 单元格中的数据)，下面的表达方式中正确的是(　　)。

A) =Sheet8!D8　　B) =D8(Sheet8)　　C) +Sheet8!D8　　D) $Sheet8>$D8

32．在 Excel 中，一个数据清单由(　　) 三个部分组成。

A) 数据、公式和函数　　B) 公式、记录和数据库

C) 工作表、数据和工作薄　　D) 区域、记录和字段

33．在“页面设置”对话框中的“页面”选项卡中的打印质量的数字越大，则表示打印的质量越(　　)，打印的速度越(　　)。

A) 低、快　　B) 高、快　　C) 高、慢　　D) 低、慢

34．日期 2005－1－30 在 Excel 系统内部存储的格式是(　　)。

A) 2005.1.30　　B) 38 380

C) 38 382　　D) 2005－1－30

二、填空题

1．Excel 工作簿最多可以包含_____个工作表。

2．Excel 工作表最多有_____列。

3．日期 1900-1-20 在系统内部存储的格式是_____。

4．若在 F3 单元格中输入 5/20，该单元格显示结果为_____。

5．在 Excel 工作表中输入日期和时间可以使用快捷键。若要输入当天日期可按_____组合键，若要输入现在时间可按_______组合键。

6．将鼠标指针指向某工作表标签，按 Ctrl 键拖动标签到新位置，则完成_____操作；

若拖动过程中不按 Ctrl 键，则完成________操作。

7. 在 Excel 工作表中，若要选择不连续的单元格，首先单击第一个单元格，按住_____键不放，然后单击其他单元格。

8. 将 C3 单元格的公式“=A2+B3-C1”复制到 D4 单元格，则 D4 单元格中的公式是_______。

9. 单元格中，若未设置特定格式，数值数据会_____对齐，文本数据会______对齐。

10. D5 单元格中有公式“=A5+B4”，删除第 3 行后，D4 单元格中的公式是_____。

11. 在 Excel 工作表中，使用_______菜单中的“单元格”命令可以插入一个或多个单元格。

12. 在 Excel 工作表中，可以使用“工具”菜单中的_____命令建立自定义填充序列。

13. 在工作表中，若单元格的数值为零时，可以使用“工具”菜单的______命令将零隐藏。

14. 单元格中的数据在水平方向可以左对齐、居中或右对齐，在重直方向可以_____、居中或 _____对齐。

15. 在 Excel 中，调整列宽最简便的方法是：先将鼠标指针移到待调整列宽的右边线上，待指针变成左右双向箭头时，_____系统便会自动调整列宽。

16. Excel 工作表中显示的灰色网格线不是实际表格线，可以使用“格式”菜单中的_______命令，为所选定的单元格区域加上实际表格线，才能打印出表格线。

17. 在 Excel 中，对已建立的工作表可使用_______、______和图表工具三种方法建立图表。

18. 在 Excel 的“打印预览”模式下，若单击“分页预览”按钮，则工作表中分页处用蓝色线条表示，称之为分页符。若未设置分页符，则分页符用______表示，否则用______表示。

19. Excel 允许同时对最多_______个关键字进行排序。

20. 在 Excel 的数据清单中，筛选数据的方法有两种：_______和_______。

21. 在对数据进行数据筛选时，若筛选条件涉及到多个字段，用_____筛选能一次完成。

22. 在对数据进行分类汇总前，必须对数据进行_____操作。

23. 工作表内的长方形空白，用于输入文字、公式的位置称为_______。

24. 在 Excel 的单元格中输入时间时，表示上午、下午的 AM、PM 大小写均可，但是它们与时间之间一定要加_______符号。

25. 标识单元格区域的分隔符号必须使用________符号。

26.“条件格式”命令最多可以设置_______个条件。

27. 在 Excel 中设置的打印方向有________和________两种。

28. 当输入的数据位数太长，一个单元格放不下时，数据将自动改为_______。

29. 运算符包括_____、_____、_____和_____。

三、实训练习题

1. 对于以下表格：

季度销售情况表

姓名	一月	二月	三月	合计
李洋	8780	12300	10200	
刘峰	12540	11600	15400	
王莉	8780	10300	9430	
张青	16200	17400	12700	
陈婷	7650	8380	9560	

要求：

(1) 在刘峰与王莉中间插入一行，其数据如下：

姓名	一月	二月	三月
许小阳	0	5600	7200

(2) 计算每位职工第一季度销售额。
(3) 清除“陈婷”这一行中三月份的数据。
(4) 把“陈婷”这一行移到“李洋”前面。
(5) 为所有数值添加两位小数位、千分位分隔符。
(6) 设置单元格行高为18磅。
(7) 将最终的表格以“E2”为文件名保存在D盘以自己姓名命名的文件夹中。

2．销售人员工资表如下所示。

销售人员工资表

项目 姓名	工资发放项目			扣款项目		实际工资	个人所得税	实发工资
	基本工资	奖金	量化补贴	水费	电费			
张志兵	1300	200	860	20	40			
刘武进	1230	200	500	25	45			
陈劲宏	1100	200	300	18	23			
林　霞	1150	200	300	21	36			
王小红	1000	200	100	18	17			

要求：

(1) 计算每位销售人员的实际工资(实际工资＝工资发放项目－扣款项目)。
(2) 计算每位销售人员应交的个人所得税(个人所得税＝实际工资×10%)。
(3) 计算每位销售人员的实发工资(实发工资＝实际工资－个人所得税)。
(4) 标题文字为12磅黑体，表内文字为10磅宋体。

3．绘制如下表格。请任意输入10个人的五门课成绩，并完成“总分”、“平均”两列数据计算。表格完成后，对总分按升序进行排序，并根据表中数据及排序结果生成统计直方图。(标题字体为隶书，字号为18磅；表内文字字体为宋体，字号为12磅。)

中学高二(2)班期末考试成绩表

编　号	姓名	性别	英语	物理	化学	数学	体育	总分	平均
980001	刘利民	男							
980002	李小红	女							
980003	黄辛荷	女							
980004	孙乃迪	男							
980005	杜　彭	男							
980006	李　丽	女							
980007	高小杨	男							
980008	张劲松	男							
980009	李　强	男							
980010	胡胜明	男							
班级各门课平均分									

4．对于以下表格：

世界视听产品市场预测及亚洲所占比例

	1994～2000 年平均增长率/(%)		亚洲市场所占比例/(%)	
	全世界	亚洲	1994 年	2000 年
彩色电视机	2.5	6	22.1	27.1
磁带录像机	1.9	7.2	14.3	19.3
摄录像一体机	4.2	12.2	9.5	14.8
激光视盘机	6.8	6.4	52.9	51.7
便携式音响	2.4	5	31.3	36.4
家庭音响	-0.6	10	10.1	18.5
汽车音响	2	6.4	7.9	10.2
平均增长率				

要求：

(1) 计算出四列数据平均值，填入“平均增长率”一行的单元格中。

(2) 设置工作表的标题行行高为 25，标题文字为宋体，16 磅，加粗。表内文字为楷体，加粗，12 磅，蓝色，水平居中，垂直居中。添加内外边框线，粗细自定，浅黄色底纹。最后一行的底纹设置为绿色。

(3) 利用表中数据创建图表(三维饼图)，显示数据标志，其格式为宋体，字号为 8，图例格式为宋体，字号为 9。

5．绘制如下表格，完成“总分”、“平均分”两列数据计算，并对“总分”按升序进行排序；再根据表中数据及排序结果，用自动筛选功能，筛选出总分高于 410 分，且平均分高于 85 分的同学。(标题字体为隶书，字号为 18 磅；表内文字字体为宋体，字号为 12 磅。)

成 绩 表

学号	姓名	性别	数学	物理	化学	语文	英语	总分	平均分
200101	张小红	女	90	78	78	76	78		
200102	陈 玲	女	83	86	83	76	78		
200103	高小霞	女	78	90	85	76	90		
200104	岳 伟	男	95	83	86	85	76		
200105	齐亚宁	女	78	90	83	90	85		
200106	丁思诚	男	90	90	85	76	85		
200107	李 旭	男	85	77	85	95	90		
200108	谢亦宁	男	95	83	76	90	100		
200109	张筱菲	女	95	100	76	95	83		
200110	刘 智	男	90	85	100	86	95		

6．请按下列要求建立数据表格和图表，并以 stu.xls 为文件名存放，具体要求如下：

(1) 根据下面给出的学生成绩建立一数据表格(存放在 A1：F4 的区域内)，并计算每位学生的平均成绩(用 AVERAGE 函数)，其数据表格保存在 Sheet1 工作表中。

序号	姓名	数学	外语	政治	平均成绩
1	王萍	85	79	79	
2	刘林	90	84	81	
3	李莉	81	95	73	

(2) 将工作表 Sheet1 更名为“成绩统计表”。

(3) 选“姓名”和“平均成绩”两列数据，以姓名为横坐标标题，平均成绩为纵坐标标题，绘制各学生的平均成绩的簇状柱形图，图表标题为“平均成绩图”，嵌入在数据表格 A6：F16 的区域内。

7．请完成下面的内容，并以 sales.xls 为文件名存放，具体要求如下：

(1) 根据下列已知数据建立一数据表格(存放在 A1：E6 的区域内)。

全球通移动电话				
公司	型号	裸机价(元)	入网费(元)	全套价(元)
诺基亚	N6110	1,367.00	890.00	
摩托罗拉	CD928	2,019.00	900.00	
爱立信	GH398	1,860.00	980.00	
西门子	S1088	1,730.00	870.00	

(2) 在 E 列中求出各款手机的全套价。公式为：全套价=裸机价+入网费，或使用 SUM()函数，结果保留两位小数。

(3) 在 C7 单元格中利用 MIN()函数求出各款裸机的最低价。

(4) 绘制各公司手机全套价的簇状柱形图，要求有图例显示，图表标题为“全球通移动电话全套价柱形图(元)”，分类轴名称为“公司名称”(即 X 轴)，数值轴名称为“全套价格”

(即 Y 轴)，嵌入在数据表格下方(存放在 A9：F20 的区域内)。

8. 对于以下表格：

工资发放登记表(一月)

姓名	基本工资	岗位津贴	书报费	洗理费	交通补贴	应发工资	税金	实发工资
张三	1200	500	50	12	100			
王虹	1100	400	35	12	100			
孙明	980	100	25	8	100			
赵小朋	1400	600	80	12	100			
丁丁	1100	100	35	14	100			
肖小杨	900	50	20	12	100			
孙青	980	100	25	12	100			
田园	450	20	10	8	100			
常志刚	360	20	10	8	100			

要求：

(1) 计算应发工资(应发工资=基本工资+岗位津贴+书报费+洗理费+交通补贴)。

(2) 计算税金。

当应发工资−800≤0 时，不扣税(税金=应发工资×0)；

当 0＜应发工资−800≤500 时，税金=(应发工资−800)×5%；

当应发工资−800＞500 时，税金=20+(应发工资−800−500)×10%。

(3) 计算实发工资，实发工资=应发工资−税金。

(4) 按此表样，分别制作出二、三月的工作表，并将工资表名改为“1 月”、“2 月”、“3 月”。

(5) 插入一张工作表，并命名为“汇总表”，在汇总表中计算出所有数据项 1 至 3 月的汇总值。

(6) 对表格进行相应的修饰美化(包括字体、字号、边框、底纹等)。

第 11 章　演示文稿制作软件

与上章介绍的 Excel 一样，PowerPoint 也是微软(Microsoft)公司出品的 Office 系列办公软件的一个组件。它是制作和演示幻灯片的软件，能够帮用户有效地构造出集文字、图形、图像、声音以及视频剪辑等多媒体元素于一体的演示文稿。用户不仅可以在投影仪或者计算机上进行演示，也可以将演示文稿打印出来，制作成胶片，甚至可以创建高度交互式的多媒体演示文稿，在网络上发布演示文稿，应用到更广泛的领域中。

本章以 PowerPoint 2003 为例，介绍 PowerPoint 2003 的基本操作和主要功能。主要内容包括：PowerPoint 2003 基本操作、演示文稿的创建、演示文稿的编辑、幻灯片的设计、演示文稿的放映以及扩展操作。

11.1　PowerPoint 的基础知识

11.1.1　PowerPoint 2003 的启动和退出

作为 Microsoft Office 2003 系列的一个组件，PowerPoint 2003 同 Excel 2003 和 Office 2003 一样，有相似的启动和退出方法。

1. PowerPoint 2003 的启动

可以使用以下几种方法启动 PowerPoint 2003：

- 利用开始菜单启动：单击“开始”菜单，在菜单中单击“所有程序 | Microsoft Office | Microsoft PowerPoint 2003”项。
- 利用快捷方式启动：双击桌面“Microsoft PowerPoint 2003”图标。
- 利用现有电子表格文件启动：双击以“.ppt”为后缀名的文件。

前两种方法启动 PowerPoint 2003 并分别建立一个新的演示文稿，第三种方法打开该演示文稿文件，同时启动 PowerPoint 2003。

2. 退出 PowerPoint 2003

退出 PowerPoint 2003 的方法有以下几种：

- 利用菜单栏退出：单击菜单栏上的“文件 | 退出”命令。
- 利用窗口控制菜单图标退出：在 PowerPoint 2003 窗口左上角单击窗口控制菜单图标，在弹出的控制菜单中选择“关闭”选项；或者双击该窗口控制菜单图标。
- 按 Alt+F4 组合键或单击 PowerPoint 2003 窗口右上角的“关闭”按钮退出。

退出系统时，如果没有将当前演示文稿保存，系统会自动弹出对话框，提示是否对文件进行保存。选择“是”，对文档进行保存；选择“否”，将不对文档进行保存而直接退出 PowerPoint 2003；选择“取消”，则不做任何操作，返回当前 PowerPoint 2003 演示文稿窗口。

11.1.2　PowerPoint 2003 的窗口界面

首先，我们来熟悉一下 PowerPoint 的工作界面。启动 PowerPoint 2003，打开工作界面如图 11-1 所示。PowerPoint 2003 的主界面分为两个不同的窗口：一个是 PowerPoint 2003 的程序窗口，另一个是演示文稿窗口。PowerPoint 2003 可以同时打开多个演示文稿，但只显示活动的演示文稿。

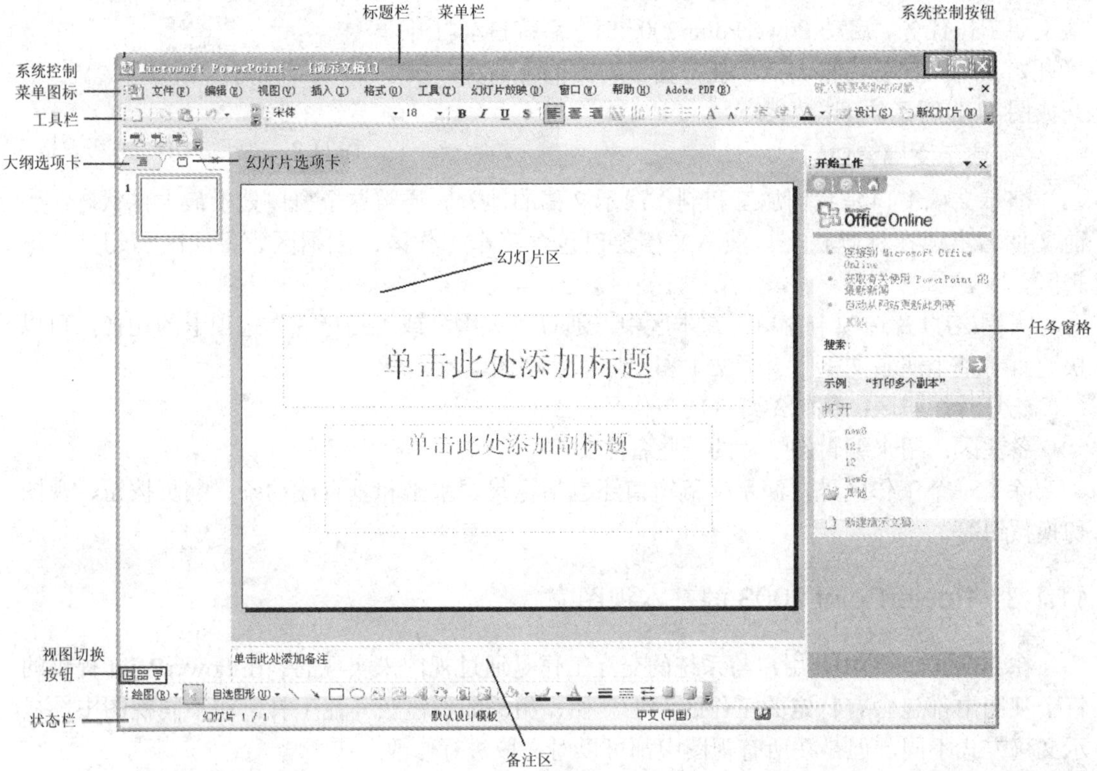

图 11-1　演示文稿用户界面

1．应用程序界面

PowerPoint 2003 的应用程序窗口由 5 个部分组成：标题栏、菜单栏、工具栏、状态栏以及任务窗格。

标题栏：标题栏位于屏幕的顶端，包括系统控制菜单按钮、应用程序名“Microsoft PowerPoint”、最小化按钮、最大化按钮以及关闭按钮。

菜单栏：菜单栏位于标题栏下方，共有 9 个菜单。通过展开其中的每一条菜单，选择相应的命令项，完成演示文稿的所有编辑操作。

工具栏：同前两个 Microsoft Office 2003 组件一样，工具栏将一些最为常用的命令按钮用图标表示，集中在工具条上。默认情况下，启动 PowerPoint 2003 后会出现常用工具栏、格式工具栏和绘图工具栏。

状态栏：状态栏位于应用程序窗口底部。在 PowerPoint 2003 的不同视图中，状态栏显示不同的信息。例如，在普通视图中，状态栏左端将显示当前的幻灯片编号和总幻灯片数，状态栏右端将显示当前幻灯片所用的模板名字。

任务窗格：任务窗格将常用的对话框命令以窗格形式显示。利用这个窗口，可以快捷地完成编辑演示文稿的一些主要工作任务。启动 PowerPoint 2003 时，系统自动打开“开始工作”任务窗格。点击任务窗格右上的下箭头，展开如图 11-2 所示的下拉列表。

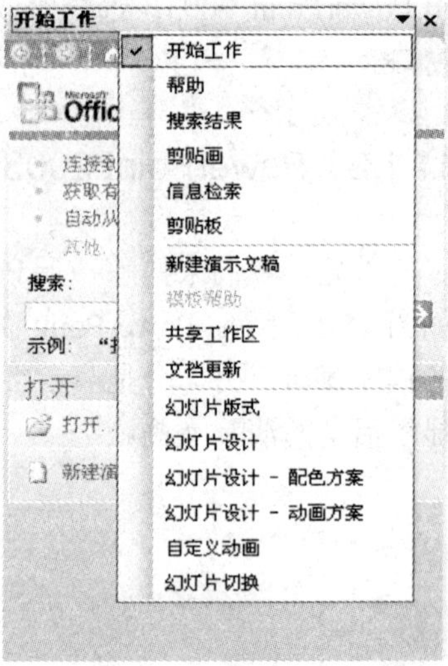

图 11-2　“开始工作”任务窗格

2．演示文稿窗口

演示文稿窗口是我们加工和制作演示文稿的地方。通常这个窗口处于最大化状态，当前文件名出现在标题栏上。演示文稿窗口包含三个工作区：大纲区、备注区和幻灯片编辑区。

大纲/幻灯片选项卡窗口：在本区中，通过“大纲”或“幻灯片”选项卡的切换，可以快速查看整个演示文稿中大纲文本和幻灯片缩略图。

幻灯片编辑区：编辑幻灯片的工作区。

备注区：用来编辑幻灯片的一些备注文本。

除了三个工作区外，演示文稿窗口还包括标尺、水平和垂直滚动条、翻页按钮、视图切换按钮等。

11.1.3　PowerPoint 2003 的基本视图

在 PowerPoint 中，用户与系统的交互工作是通过视图来实现的。在 PowerPoint 提供的每个视图中都包含有特定的工作区、工具栏、相关的按钮及其他工具。在不同视图中，显示文稿方式不同，但是在所有视图中都可以对文稿进行修改。

Microsoft PowerPoint 有三种主要视图：普通视图、幻灯片浏览视图和幻灯片放映视图。单击视图切换按钮，或者在菜单栏的“视图”下拉菜单中选择，可在各视图之间切换。

1．普通视图

普通视图是启动 PowerPoint 2003 后默认打开的视图方式，是主要的编辑视图，可用于撰写或设计演示文稿。该视图有三个工作区域：左侧为可在幻灯片文本大纲和幻灯片缩略图之间切换的选项卡；右侧为幻灯片窗格，以大视图显示当前幻灯片；底部为备注窗格。拖动窗格间的分隔条可以调整窗格的大小。

使用大纲窗格，可以组织和键入演示文稿中的所有文本，然后重新排列项目符号、段落和幻灯片。使用幻灯片窗格，可以查看每张幻灯片中的文本外观和对象布局效果，并且能够在单张幻灯片中添加图片、影片和声音等对象。使用备注窗格，可以添加备注信息，这些备注可以打印为备注页或在将演示文稿保存为网页时显示它们。

(1) 大纲视图。单击普通视图左侧的“大纲”选项卡，将显示大纲视图。大纲视图与普通视图比较类似，只是大纲窗格变得比较大，而幻灯片窗格缩小显示在窗口的右上方。

大纲视图文本由每张幻灯片的标题和正文组成，每张幻灯片的标题都出现在数字编号和图标的旁边，每一级标题都是左对齐，下一级标题自动缩进。可以使用“大纲”工具栏中的按钮来控制演示文稿的结构。如果“大纲”工具栏没有显示出来，选择菜单栏中的“视图 | 工具栏”命令，再从“工具栏”级联菜单中选择“大纲”命令来显示它。利用大纲视图，可以看到整个演示文稿中各张幻灯片的主要内容，适合组织和创建演示文稿的文本内容。

(2) 幻灯片视图。单击普通视图左侧的“幻灯片”选项卡，将显示幻灯片视图。在幻灯片视图中，整个视窗被分为两个部分，左侧将演示文稿的全部幻灯片以缩略图的形式排列。右侧窗口的整个主体被幻灯片的编辑窗格所占据。单击左侧窗格的幻灯片缩略图，即可在右侧窗口显示相应的幻灯片。

幻灯片视图适用于对具体某张幻灯片的内容进行编排，如设置文本的格式，设置幻灯片背景颜色，插入各种图片、表格、图表、绘图对象、文本框、电影、声音、超链接和动画等。幻灯片视图是调整、修饰幻灯片的最佳显示模式。

(3) 备注页视图。备注页视图在视图切换按钮上没有对应的按钮，只能在菜单栏中的“视图”下拉菜单中选择“备注页”选项进行切换。备注页视图在窗口上半部分显示幻灯片，下半部分可以添加与当前幻灯片内容相关的备注，这些备注在放映演示文稿时将被用作参考资料，或者被直接打印出来。

2. 幻灯片浏览视图

单击菜单栏中的“视图 | 幻灯片浏览”命令，可以切换到幻灯片浏览视图。在幻灯片浏览视图里，演示文稿的全部幻灯片是以缩略图形式显示排列的，可以看到整个演示文稿的外观。因此，用户可以很容易实现插入、复制、移动或删除幻灯片等操作。但在此视图中不能直接对幻灯片内容进行修改和编辑，只能双击需要修改的幻灯片切换到其他视图方式下进行编辑。

在幻灯片浏览视图中，可以使用“幻灯片浏览”工具栏中的按钮来设置幻灯片的放映时间，选择幻灯片的动画切换方式等。

3. 幻灯片放映视图

单击视图切换按钮条上的“从当前幻灯片开始幻灯片放映”按钮切换到幻灯片放映视图。在幻灯片放映视图中，屏幕上的 PowerPoint 标题栏、菜单栏、工具栏和状态栏均隐藏起来，只剩下整张幻灯片的内容占满屏幕，就像对演示文稿在进行真正的幻灯片放映一样。在放映幻灯片时，单击鼠标即可更换显示下一张幻灯片。按 Esc 键立即结束放映。

11.1.4 演示文稿的打开、关闭和保存

1. 打开演示文稿

启动 PowerPoint 2003 后，在“开始工作”任务窗格的“打开”区域会列出最近打开过的演示文稿，直接单击演示文稿的名称可以打开演示文稿。

如果在列出的文件中没有需要的文件，打开演示文稿的具体方法有以下两种：

● 在“开始工作”任务窗格中，单击打开区域的“打开”选项，弹出“打开”对话框，选择演示文稿并打开。

● 利用菜单栏选项打开现有工作簿文件。在菜单栏的“文件”下拉菜单中选择“打开”选项，或单击常用工具栏上的“打开”按钮，在弹出的“打开”对话框中选择演示文稿并打开。

2. 关闭演示文稿

关闭演示文稿的方法有以下几种。

● 利用菜单栏退出。单击菜单栏上的“文件”选项，在下拉菜单中选择“关闭”选项。

● 利用演示文稿窗口控制菜单图标。在演示文稿窗口左上角单击演示文稿窗口控制菜单图标，在弹出的控制菜单中选择“关闭”选项；或者双击该菜单图标。

● 单击演示文稿窗口右上角的“关闭”按钮 ×。

退出系统时，如果没有将当前演示文稿保存，系统会自动弹出对话框，提示是否对文件进行保存。

3. 保存演示文稿

在保存演示文稿时，选择菜单栏中的“文件 | 保存”命令，或单击常用工具栏上的“保存”按钮，当前演示文稿按原命名的文件存盘。如果是第一次保存，会弹出 “另存为”对话框，转为另存为操作。

在菜单栏中的“文件”下拉菜单中选择“另存为”选项，也会弹出“另存为”对话框。在“另存为”对话框中的“保存位置”栏选择保存的文件位置，在“文件名”文本框中输入演示文稿的名称，在“保存类型”下拉列表框中选择保存类型，单击“确定”按钮，即可将演示文稿保存在指定位置。

此外，还可以将演示文稿保存为 Web 页。在菜单栏中的“文件”菜单中选择“另存为 Web 页”命令，弹出“另存为”对话框，默认文档为“单个文件网页”，默认的页标题为该演示文稿的幻灯片标题，然后单击“确定”按钮。

11.2 演示文稿的创建

演示文稿，就是 PowerPoint 软件制作和演示的文件，缺省的文件扩展名为 .ppt。它是由若干张幻灯片组成的。在 Microsoft PowerPoint 中制作一个演示文稿的过程实际上就是依次制作一系列幻灯片的过程，基本步骤包括：初步创建演示文稿；添加新幻灯片和内容；选取版式，也就是幻灯片上标题和副标题文本、列表、图片、表格、图表和视频等元素的排列方式；更改配色方案或应用不同的设计模板；创建放映效果等。在本节中，我们将介绍如何创建一个演示文稿。

启动 Microsoft PowerPoint 2003 后，系统将打开“开始工作”任务窗格，选择创建演示文稿或者打开已有的演示文稿。如果希望创建演示文稿，可以从“开始工作”任务窗格中选择“新建演示文稿”，则“开始工作”任务窗格切换为“新建演示文稿”任务窗格。该任务窗格提供了“空演示文稿”、“根据设计模板”、“根据内容提示向导”、“根据现有演示文稿”等创建新演示文稿的方法，下面详细介绍利用这四种方法创建演示文稿的过程以及通过导入大纲创建演示文稿的过程。

11.2.1 创建空演示文稿

创建空演示文稿，也就是从具备最少设计且未应用任何颜色的幻灯片开始创建。这样可以充分使用颜色、版式和一些样式的特性进行设计，具有最大程度的灵活性。

在“新建演示文稿”任务窗格中单击“空演示文稿”选项，此时“新建演示文稿”任务窗格切换为“幻灯片版式”任务窗格。PowerPoint 2003 提供了四大类共 31 种自动版式供用户选择。这些版式的结构图中只包含黑色和白色，不包括任何形式的样式，更不含有具体的内容，只包括一些称为占位符的矩形框。不同版式的占位符不同，所有的占位符都有提示文字，可以根据占位符中的提示文字在占位符中填入标题、文本、图片、图表、组织结构图和表格等内容。

11.2.2 使用设计模板创建演示文稿

设计模板是指一个演示文稿整体上的外观设计，它包含预定义的文字格式、配色方案、占位符大小和位置、幻灯片母版和可选的标题母版幻灯片等。PowerPoint 2003 提供了丰富多彩的模板，每个模板都具有某种风格和寓意。因此使用模板能够创建更为符合演示内容、比较专业的演示文稿。

使用设计模板创建演示文稿可以有两种方式。

1. 使用设计模板

如果在“新建演示文稿”任务窗格内点击“使用设计模板”，“新建演示文稿”任务窗格切换为“幻灯片设计”任务窗格。在“幻灯片设计”任务窗格中同样也列出了几十种设计模板。单击要应用的设计模板，设计模板的背景和版式就应用到了新幻灯片。我们只需要在幻灯片中输入文字和插入各种对象即可。

2. 使用本机上的模板

执行“新建演示文稿”任务窗格内的“本机上的模板”命令，弹出“新建演示文稿”对话框。

- 选择“常用”选项卡中的“空演示文稿”或“内容提示向导”，分别可以创建空演示文稿或使用内容向导创建演示文稿。
- 选择“设计模板”选项卡，列表框内列出了几十种设计模板可供选择，每种设计模板都包含同一种格式和八种颜色搭配成的模板。
- 选择“演示文稿”选项卡，列表框内列出了几十种不同行业的专业演示文稿模板，每一个演示文稿模板都包含一个完整演示过程所需的多张幻灯片组。选定需要的模板后单击“确定”按钮。

在 PowerPoint 2003 默认的状态下会将选中的模板应用到所有的演示文稿中。如果我们只希望在当前幻灯片中使用该模板，可以单击选定模板右侧的下箭头，选择“应用于选定幻灯片”即可。

在已经具备设计概念、字体和颜色方案的 PowerPoint 模板的基础上创建演示文稿，除了使用 PowerPoint 提供的模板外，还可使用自己创建的模板。在 11.4 节中将介绍模板的设计。

11.2.3 使用内容提示向导创建演示文稿

“内容提示向导”为用户创建演示文稿提供建议和设计方案。它可根据不同专业，提供各种演示文稿的模板，如市场计划、商品介绍、销售记录、文件清单等，不但能够帮助用户完成演示文稿的相关格式设置，还能够帮助输入演示文稿的主要内容。对于 PowerPoint 的初学者，“内容提示向导”是创建演示文稿的最佳途径。

要使用“内容提示向导”来创建演示文稿总共有 5 步，具体操作步骤如下：

(1) 执行“新建演示文稿”任务窗格中的“根据内容提示向导”命令，弹出“内容提示向导”对话框。

(2) 单击“下一步”按钮，弹出“演示文稿类型”对话框。该对话框中提供了 7 种演示文稿类型，在相应列表中选择一种适合的演示文稿类型。

(3) 单击“下一步”按钮，弹出“演示文稿样式”对话框，选择幻灯片的输出类型。输出类型共有 5 种：屏幕上的演示文稿、Web 演示文稿、黑白投影机、彩色投影机、35 毫米幻灯片。通常我们选择“屏幕演示文稿”输出类型，默认在计算机屏幕播放。

(4) 单击“下一步”按钮，弹出“演示文稿选项”对话框。在该对话框中可以输入演示文稿的标题、每张幻灯片所包含的对象(页脚、日期和编号)等内容。

(5) 单击“下一步”按钮，在弹出的对话框中单击“完成”按钮。

使用“内容提示向导”创建的演示文稿经常包含多张幻灯片，可以使用幻灯片窗格右侧的垂直滚动条来切换幻灯片，也可以在大纲窗格中单击幻灯片编号来显示不同的幻灯片。创建的演示文稿基本可以满足办公需要。如果有需要，还可以对演示文稿进行修改，或者添加新的幻灯片，以便得到自己所需的演示文稿。

11.2.4 根据现有演示文稿创建

如果已经有一份演示文稿很接近新建的内容，则只需要在该演示文稿中做一些修改，充分利用原有文稿的样式和背景设计来创建新的演示文稿。

11.2.5 导入大纲创建演示文稿

除了使用“新建演示文稿”任务窗格列出的四种创建方式以外，PowerPoint 也支持从其他文档导入已经设计好的标题样式，创建大纲式的演示文稿。

导入文档的时候，PowerPoint 根据已经设置好的文档创建大纲。第一个标题成为幻灯片标题，第二个标题成为第一级文本，第三个标题便是第二级文本……。也就是说，文档的每一个段落即为幻灯片的标题。

导入大纲创建演示文稿的步骤是：

(1) 在菜单栏中的“文件”下拉菜单中选择“打开”按钮，弹出“打开”对话框。

(2) 在对话框中的“文件类型”下拉列表中选择“所有大纲”，选定需要导入的文档，单击“打开”按钮完成导入。

PowerPoint 在大纲视图中显示刚打开的文档所创建的大纲，标题是文档的段落，内容便是原来文档的各个部分。PowerPoint 2003 支持将 .doc、.rtf、.txt 或 .htm 等格式的文件导入来创建演示文稿。

★**小技巧**　如何快速创建演示文稿?

Office 2003 系列软件之间有着较高的兼容性，如果我们用 Word 写好了一份报告，并且要根据内容制作幻灯片，只需打开 Word 文档，选择“文件 | 发送”命令，再选择发送到 PowerPoint，PowerPoint 2003 就会根据 Word 文档中的标题自动建立幻灯片。

11.3　演示文稿的编辑

每一张幻灯片都是由若干对象组成的，所以制作每一张幻灯片的过程实际上是向幻灯片插入每一个被指定对象的过程。为了制作富有感染力的幻灯片，不能仅仅使用文字对象，PowerPoint 还支持使用图片、表格，甚至影像和声音等类型的对象。本节介绍幻灯片中对象的插入及编辑的方法。我们可以在普通视图、大纲视图、幻灯片视图中对演示文稿进行编辑。一般在大纲视图里进行演示文稿大纲的重组以及幻灯片组的调整，在幻灯片视图里编辑单张幻灯片。

11.3.1　幻灯片的基本操作

在制作演示文稿的过程中，经常需要添加新的幻灯片，复制、移动或者删除某张幻灯片。我们可以在幻灯片视图中完成对幻灯片的基本操作。

1. 选定幻灯片

- 选定单张幻灯片。在幻灯片视图中单击该幻灯片即可。
- 选定多张连续的幻灯片。可以先单击第一张幻灯片的缩略图，使该幻灯片的周围出现蓝色的边框，然后按住 Shift 键，再单击最后一张幻灯片的缩略图。
- 选定多张不连续的幻灯片。可以先单击第一张幻灯片的缩略图，然后按住 Ctrl 键，再分别单击要选定的幻灯片缩略图。

2. 插入新幻灯片

在制作演示文稿的过程中，可以随时添加新的幻灯片。具体方法是：

- 选定要插入新幻灯片的位置。当选定一张幻灯片后，新的幻灯片将插入到该幻灯片的前面；也可以单击选择幻灯片之间的空白位置，则新的幻灯片插入到两张幻灯片之间。
- 单击菜单栏中“常用”工具栏中的“新幻灯片”按钮，或者选择菜单栏中的“插入 | 新幻灯片”命令，即可插入一张新幻灯片。使用组合键 Ctrl+M 也可以添加一张新幻灯片。
- 双击新插入的幻灯片，即可进入普通视图，这时就可以向该幻灯片中输入文本或者插入图片等对象。

如果要将其他演示文稿中的幻灯片插入到当前的演示文稿中，首先选定要插入新幻灯片的位置，然后选择菜单栏中的“插入 | 幻灯片(从文件)”命令，弹出“幻灯片搜索器”对话框。在“文件”文本框中输入源演示文稿的路径和名称，或者单击“浏览”按钮来查找演示文稿。选定要复制的幻灯片，然后单击“插入”按钮。如果要将整个演示文稿插入到目标演示文稿中，请单击“全部插入”按钮。

3．删除幻灯片

如果要在演示文稿中删除某张幻灯片，可以按照下述步骤进行：

(1) 在幻灯片视图或大纲视图中，选定要删除的幻灯片。

(2) 按“Delete”键，或者选择菜单栏中的“编辑|删除幻灯片”命令。

4．复制和粘贴幻灯片设计

要复制和粘贴幻灯片，首先选择需要进行操作的幻灯片或幻灯片组，之后右键单击所选的幻灯片之一，在弹出的快捷菜单中选择“复制”命令，随后在幻灯片视图或大纲视图中右键单击目标演示文稿中要在其后插入幻灯片的幻灯片，最后单击快捷菜单中的“粘贴”命令。

如果要将幻灯片复制并粘贴到采用不同设计模板的幻灯片中，所粘贴的幻灯片将继承源幻灯片的样式。此时可以使用所粘贴幻灯片下面的“粘贴选项”按钮，选择保持原始设计样式或适应其目标的样式。

- 选择“保留源格式”选项可还原到源幻灯片的原始样式。
- 选择“只保留文本”选项可以使被粘贴的文本与目标中的任何文本格式相匹配。
- 选择“使用设计模板格式”选项则应用当前模板的样式。

11.3.2 向幻灯片中插入文字

为了有效地通过演示文稿传达信息，文本是必不可少的。文本对象是幻灯片的基本组成部分，也是最重要的部分。有四种类型的文本可以添加到幻灯片中：占位符文本、自选图形文本、文本框中的文本和艺术字文本。

1．在占位符中添加文本

在插入一个版式后可以发现，幻灯片版式包含多种组合形式的文本和对象占位符。占位符是一种带有虚线或阴影线边缘的框，绝大部分幻灯片版式中都有这种框。在这些框内可以放置标题及正文，或者是图表、表格和图片等对象。还可以调整占位符的大小并移动它们，并且可以用边框和颜色设置其格式。

要在占位符中输入文本，首先在文本占位符内单击鼠标，激活虚线边框，同时在占位符内出现一个闪烁的插入提示光标，表明可以在此键入或粘贴文本。如果文本大小超出了占位符的宽度，PowerPoint 会逐渐自动减小键入的字号和行间距以使文本大小合适。输入完毕，单击该占位符外的空白区域。

2．向文本框中添加文本

如果要在占位符以外的其他地方添加文本，首先需要先插入文本框，再向文本框内添加文本。

首先单击“绘图”工具栏中的“文本框”按钮，或选择菜单栏中的“插入|文本框”命令，在下一级菜单中还可以选择“水平”和“垂直”文字，然后单击幻灯片中需要插入文字的位置，文本框出现。这是一种可移动、可调大小的文字和图形输入框。在文本框闪烁的插入提示光标处，可键入或粘贴文本。文本框的宽度将自动适应键入文字的长度，但不自动换行。

如果在幻灯片上拖动鼠标也能绘制出文本框，用这种方式插入的文本框在输入文本超出文本框的宽度时会自动将超出文本框的部分转到下一行。

使用不同的文本框，可以在一页上放置数个文字块，或使文本框中的文字排列方向与文档中其他文字不同。

3. 向自选图形中添加文本

自选图形是一组现成的形状，如矩形和圆等基本形状，以及各种线条和连接符、箭头总汇、流程图符号、星与旗帜和标注等，可用于文本信息。在自选图形中键入文本后，文本被附加到图形中，并可以随图形移动或旋转。

在“绘图”工具栏选择“自选图形”按钮下拉菜单中的任意图形或者工具栏中的绘图工具，都能在演示文稿中添加自选图形。完成自选图形的添加后，单击工具栏中的“文本框”按钮，然后点击自选图形，整个自选图形都被激活了。此时，闪烁的插入提示光标出现在自选图形正中，可以开始添加文本。这样添加的文本会随着图形移动或旋转。

如果需要输入的文本不必随图形移动或旋转，需要先在自选图形任意处添加文本框，然后在文本框中输入文本。

4. 向幻灯片添加艺术字

艺术字是使用特殊文本效果创建的文本对象，可以伸长、倾斜、弯曲和旋转或设计成 3D 或垂直效果。PowerPoint 利用艺术字可以创建个性鲜明的标志或标题。具体操作方法如下：

(1) 选择幻灯片，切换到幻灯片视图。

(2) 在“绘图”工具栏上单击“插入艺术字”按钮，或选择菜单栏中的“插入 | 图片”命令，在弹出的下一级菜单中选择“艺术字”选项，弹出“‘艺术字’库”对话框。

(3) 单击选择所需的艺术字效果，再单击“确定”按钮，弹出“编辑‘艺术字’文字”对话框。

(4) 在该对话框中，在“文字”框中键入所需的文本，在“字体”列表中更改字体，在“字号”列表中更改字号。单击“加粗”按钮，使文本变粗。单击“倾斜”按钮，使文本倾斜。

11.3.3　幻灯片的格式化

在幻灯片中键入文本后，还要继续修饰文字，设置相应的段落对应格式和文字对齐方式。

1. 幻灯片中的文本设置

(1) 选中文字。和 Word 文档中一样，在删除文本、将文本移动或复制到其他位置时，必须先选定文本。如果要选定文本框中的全部文本，只需要在文本框处单击使其处于编辑状态，使用组合键 Ctrl+A 或者选择菜单栏中的“编辑 | 全选”命令即可。如果只需要选定部分文本，只需要在文本框处于编辑状态下拖动鼠标选择文本即可。

(2) 移动和复制文本。如果要移动文本框中的全部文本，只需要移动文本框就可以了。首先单击文本框，使文本处于编辑状态，然后将鼠标指针移到文本框的边框上，当鼠标指针变成十字箭头形状时按住鼠标左键拖动至目标位置即可。如果只需要移动文本框中部分文本或者复制粘贴文本，则可以像 Word 中一样使用菜单栏中的“复制”、“剪切”和“粘贴”

命令。

(3) 设置文本格式。像 Office 系列其他两种组件一样，PowerPoint 2003 提供了强大的文本格式处理功能，可以对演示文稿中的文本进行设置。

在菜单栏中选择“格式|字体”命令，在弹出的“字体”对话框中设置文本的字体、字号、加粗、倾斜、下划线和字体颜色等。

对于文本中的英文字母可以在输入后改变大小写。首先选定需要更改的文本，执行菜单栏中的“格式|更改大小写”命令，弹出“更改大小写”对话框，可以根据选择文本情况进行选择。

2. 设置段落格式

对文本的段落设置包括对齐方式、行距和段间距、段落级别等。

(1) 设置对齐方式。默认情况下，在占位符中输入的文本会根据情况自动设置对齐方式。如果需要设定不同的对齐方式，首先选中要设置对齐方式的段落，在菜单栏上选择“格式|字体对齐方式”命令，在级联菜单中选择四种对齐方式“顶端对齐”、“居中”、“罗马对齐方式”和“底端对齐”中的一种。“罗马对齐方式”即系统将含有英文和日文的文本按英文的底部边缘对齐。

(2) 设置行距和段间距。在菜单栏中选择“格式|行距”命令，弹出“行距”对话框。可以直接在该对话框的选项栏内键入需要的行距和段间距大小，并且可以通过“预览”按钮对修改结果进行预览。

(3) 设置段落级别。在幻灯片中使用文字标题时，最好的方法就是设置段落级别并且使用不同的项目符号和编号来标识内容层次，这样制作出来的幻灯片既醒目又条理清晰。

设置段落级别首先要选定需要设置的段落，然后在菜单栏中选择“格式|项目符号和编号”命令，弹出“项目符号和编号”对话框。选择“项目符号”选项卡，如图 11-3 所示，在其中选择项目符号、相对于文本的比例、颜色、图片或自定义符号等选项。

选择“编号”选项卡，如图 11-4 所示，在其中可选择编号类型、相对于文本的比例、颜色和起始值等。

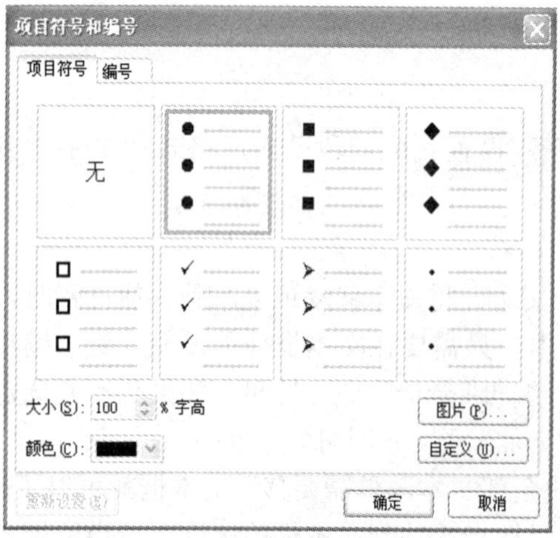

图 11-3　“项目符号”选项卡

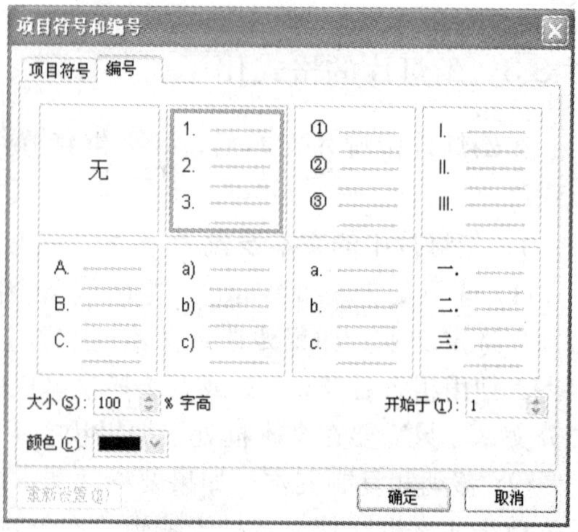

图 11-4　“编号”选项卡

也可以通过点击“格式”工具栏上的“项目符号”按钮和“编号”按钮来设置段落级别。

如果要调整的是段落的上下位置，也就是项目符号或编号的顺序，可以使用“格式”工具栏上的“上移”按钮和“下移”按钮。

3. 设置文本背景和填充色

用户可以为幻灯片的各种对象设置不同的颜色、阴影、图案或者纹理的背景，也可以使用图片作为幻灯片背景，从而使幻灯片产生更精致的效果。默认的情况下文本框的填充颜色都是“无填充颜色”。如果要设置文本框背景颜色，可以按照下述步骤进行：

(1) 选定需要更改颜色的文本框或占位符。

(2) 选择“格式 | 占位符”命令，出现“设置占位符格式”对话框。

(3) 选择“颜色和线条”选项卡，在“填充”区域选择填充颜色，在“线条”区域选择文本框的线条样式。

★小技巧　如何快速改变选中文字的大小？

在 PowerPoint 中，选中要调整字体的文字，按 Ctrl+]组合键可以快速地按比例放大文字，按 Ctrl+[组合键可以快速地按比例缩小文字。同样，用 Ctrl+B 组合键可以加粗字体，用 Ctrl+U 组合键可以为字体加上下划线，用 Ctrl+I 将字体变为斜体字。

11.3.4　创建多媒体演示文稿

为了增强演示文稿的视觉效果，使幻灯片更为生动形象，仅靠文字对象是不够的。我们还可以向幻灯片中插入图片、剪贴画、组织结构图，甚至声音和影像等多媒体对象，创建多媒体的演示文稿。

1. 插入图片

在幻灯片中插入的图片可以是图片文件也可以是剪贴画。

(1) 插入剪贴画。一种插入剪贴画的方法的具体步骤如下：

① 选择菜单栏中的“插入 | 图片”命令，在下一级菜单中选择“剪贴画”，或者使用“绘图”工具栏上的“插入剪贴画”按钮，在窗口右侧将打开“剪贴画”任务窗格。

② 在“搜索文字”对话框中输入要搜索的主题并在系统“收藏集”中进行搜索。

③ 搜索完毕后，“展开结果”列表框列出经过搜索得到的图片，选择图片插入到幻灯片中。

另一种方法是，在任务窗格中选择“幻灯片版式”任务窗格，在其中选择一个含有剪贴画占位符的幻灯片版式，然后单击占位符中的“插入剪贴画”图标，弹出“选择图片”对话框，可以直接选择系统提供的几十个剪贴画，也可以输入要搜索的主题进行搜索。

(2) 插入图片文件。向幻灯片插入图片的方式和在 Word 中插入图片的方式相似，即选择菜单栏中的“插入 | 图片”命令，在下一级菜单中选择“来自文件”，弹出“插入图片”对话框，在其中选择图片文件，单击“插入”按钮完成。

★小技巧　如何存储文稿中的图片？

右击需要保存的图片，在随后弹出的快捷菜单中选择“另存为图片”选项，打开“另存为图片”对话框，取名保存即可。

2. 插入组织结构图

组织结构图由一组文本框和连线构成，它可以用来显示一个部门或机构的等级和层次，广泛应用于学科分支情况、体育比赛项目等演示文稿。如果要向幻灯片中插入组织结构图，可以使用以下两种方法：

● 在任务窗格中选择“幻灯片版式”任务窗格，在其中选择一个含有组织结构图占位符的幻灯片版式，单击占位符中的“插入组织结构图或其他图标”图标，弹出“图示库”对话框，如图 11-5 所示，选择第一个图示插入组织结构图。

● 选择菜单栏中的“插入 | 图片”命令，在下一级菜单中选择“组织结构图”，即可完成组织结构图的插入。

向幻灯片插入的组织结构图默认包含四个图框，用户可以在每个图框内输入文本。如果要修改组织结构图中的内容，可以通过“组织结构图”工具栏进行修改。“组织结构图”工具栏如图 11-6 所示。

图 11-5 “图示库”对话框

图 11-6 “组织结构图”工具栏

工具栏中，通过“插入形状”下拉列表可以添加“下属”、“助手”和“同事”图框；通过“版式”下拉列表可以选择组织结构图分支结构；通过“选择”下拉列表选择组织结构图的基本组成元素；通过“适应文字”按钮自动调整文本大小，以适应每个图框；通过“组织结构图样式库”按钮可打开对话框，供用户选择组织结构图的图示样式，也就是对组织结构图进行美化。

3. 插入表格

PowerPoint 2003 支持多种在演示文稿中创建表格的方法。如果需要在 PowerPoint 2003 中创建表格，可以利用幻灯片版式创建表格占位符插入表格，或者向已存在的幻灯片中直接插入表格。如果需要插入一个比 PowerPoint 提供的表格更大或拥有更强大格式功能的表格，可以创建嵌入的 Microsoft Word 表格、Microsoft Excel 工作表或 Microsoft Access 表格。

(1) 利用幻灯片版式插入表格。在任务窗格中选择“幻灯片版式”任务窗格，在其中选择一个含有表格占位符的幻灯片版式，双击占位符中的“双击此处添加表格”按钮，弹出“插入表格”对话框，选择需要插入表格的行数和列数，单击“确定”按钮生成表格。

(2) 直接插入表格。如果向已生成的幻灯片直接插入表格，只需要选择菜单栏中的“插入 | 表格”命令，在弹出的“插入表格”对话框中选择需要插入表格的行数和列数，单击“确定”按钮生成表格。

4. 插入声音和影像

除了插入各种图片、表格对象外，我们还可以在幻灯片中插入影音和声音文件。这些文件位于计算机、网络、Internet 或 Microsoft 剪辑管理器中，还可以录制自己的声音并添加到演示文稿中，或者使用 CD 中的音乐。

1) 插入声音

插入声音的具体步骤如下：

(1) 选定需要添加音乐或声音效果的幻灯片。

(2) 在菜单栏中选择“插入 | 影片和声音”命令，展开级联菜单。

如果单击“文件中的声音”，弹出“插入声音”对话框，选择并插入需要的声音文件。

如果单击“剪辑管理器中的声音”，打开“剪贴画”任务窗格，在“搜索文字”对话框中输入要搜索的主题，在“结果类型”下拉列表框中选择“声音”进行搜索。搜索完毕后，在展开的结果列表框中会列出搜索到的音乐，选择并插入到幻灯片中即可。

(3) 插入声音后弹出对话框，如图 11-7 所示。若要在转到幻灯片时自动播放音乐或声音，单击“自动”按钮。若要在单击声音图标 之后播放音乐或声音，单击“在单击时”按钮。

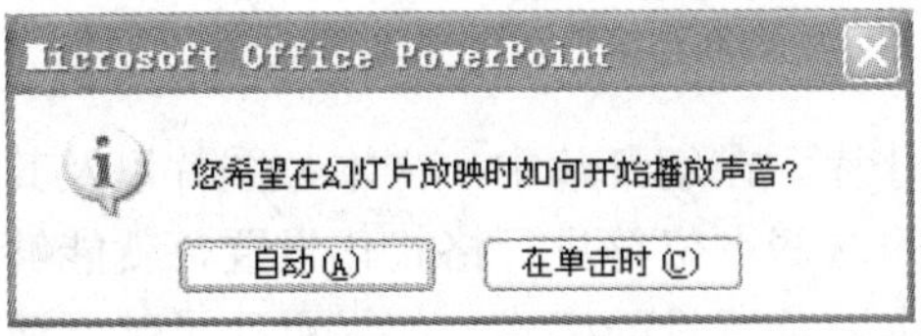

图 11-7　选择自动播放声音对话框

除了支持声音文件外，PowerPoint 2003 还可以直接录制声音并添加，或者添加光驱中播放的 CD。

将音乐或声音插入幻灯片后，会显示一个代表该声音文件的声音图标 。如果要隐藏该图标，可以将它拖出幻灯片并将声音设置为自动播放。

如果声音文件大于 100 KB，默认情况下会自动将声音链接到演示文稿，而不是嵌入文件。此默认值可以任意更改(大于或小于 100 KB 均可)。演示文稿链接文件后，如果要在另一台计算机上播放此演示文稿，则必须在复制该演示文稿的同时复制它所链接的文件。

2) 插入影像

影像格式包括 AVI、QuickTime 和 MPEG 等，文件扩展名包括 .avi、.mov、.qt、.mpg 和.mpeg 等。

添加影像文件的具体操作步骤如下：

(1) 选定需要添加影像的幻灯片。

(2) 选择菜单栏中的“插入 | 影片和声音”命令，展开级联菜单。

如果单击“文件中的影片”，弹出“插入影片”对话框。选择并插入需要的影片文件。

如果单击“剪辑管理器中的影片”，打开“剪贴画”任务窗格，在“搜索文字”对话框中输入要搜索的主题，在“结果类型”下拉列表框中选择“影片”进行搜索。搜索完毕后，在展开的结果列表框中会列出搜索到的影片，选择并插入到幻灯片中。

(3) 插入影片后弹出选择自动播放的对话框，若要在转到幻灯片时自动播放影片，单击“自动”按钮。如果仅需要在单击影片时播放它，单击“在单击时”按钮。

尽管插入影片的操作使用“插入”菜单，但影片文件将自动链接到演示文稿中，而不像图片或绘图一样嵌入到演示文稿中。如果要在另一台计算机上播放带有链接文件的演示文稿，则必须在复制该演示文稿的同时复制它所链接的文件。

★小技巧　如何对齐多个对象?

在 PowerPoint 2003 中，先选择菜单栏中的“视图 | 工具栏 | 绘图”选项，展开“绘图”工具栏，然后同时选中多个需要对齐的对象，按“绘图”工具栏上的“绘图”按钮，在随后弹出的快捷菜单中，选中其中一种对齐方式即可。

11.4 设计幻灯片外观

要使演示文稿所有的幻灯片风格一致，可以通过设置它们的外观来实现。PowerPoint 提供了“母版”、“配色方案”和“应用设计模板”等几种途径，可方便地对演示文稿的外观进行设置和调整。

11.4.1 母版

母版是一张特殊的幻灯片。在幻灯片中，文本、图片以及其他对象是放置在不同的占位符中的。通过对母版上的这些占位符进行格式化设置，就能够控制所有基于该母版所创建的幻灯片中的标题、文本以及背景的格式。如果更改了某一演示文稿的母版，将会影响所有基于该母版的幻灯片样式。

在 PowerPoint 2003 中有 4 种母版类型，即幻灯片母版、标题母版、备注母版和讲义母版。其中，幻灯片母版控制根据该母版创建的幻灯片标题和文本的格式与类型；标题母版主要用于设置演示文稿的标题版式幻灯片的格式和位置；备注母版用于控制备注页的版式以及文本格式；讲义母版用于添加或修改幻灯片在讲义视图中每页讲义上出现的页眉和页脚信息等。

1. 幻灯片母版

幻灯片母版是所有母版的基础，存储关于设计模板的信息，这些模板信息包括字形、占位符大小和位置、背景设计和配色方案 。PowerPoint 中的每个设计模板都包含一个幻灯片母版。如果要修改基于同一母版的所有幻灯片的同一位置，只需要在幻灯片的母版上做一次修改即可，PowerPoint 将自动更新所有的幻灯片，并对以后新添加的幻灯片应用这些修改。例如，如果要更改幻灯片中标题文本的字体，只需更改母版上标题文本的字体即可。

通常可以使用幻灯片母版进行下列操作：

- 更改字体或项目符号。
- 插入要显示在多个幻灯片上的艺术图片(如徽标)。
- 更改占位符的位置、大小和格式。

选择菜单栏中的“视图 | 母版”命令，再从出现的级联菜单中选择“幻灯片母版”命令，出现“幻灯片母版”视图，同时弹出“幻灯片母版视图”工具栏。幻灯片母版中给出了包含 5 个由虚线框所包围的占位符，分别是标题区、对象区、日期区、页脚区和数字区。

插入幻灯片母版的方法是：

(1) 在菜单栏中的“视图”下拉菜单中选择“母版”命令，在级联菜单中单击“幻灯片母版”。

(2) 若要在 PowerPoint 中插入使用默认样式的幻灯片母版 ，在“幻灯片母版视图”工具栏上单击“插入新幻灯片母版”按钮 。

(3) 若要通过添加新的设计模板插入幻灯片母版，在“格式”工具栏上单击“设计”按钮 ，在打开的“幻灯片设计”任务窗格选择设计模板。

在幻灯片母版中除了能编辑占位符外，还可以编辑母版的背景和配色方案、动画图案等。如果需要对幻灯片母版进行编辑，可以单击需要修改的占位符，然后在菜单栏的“格式”下拉菜单中选择“字体”命令编辑文本的格式，在菜单栏的“插入”下拉菜单中选择“图片”命令插入图片等。

★小技巧　如何让公司或学校的标志出现在每一张幻灯片上？

我们只需将标志放在母版上，一次操作就可以全程使用了。在“视图”菜单单击“母版”，再选择“幻灯片母版”命令。在母版视图中，将标志放置在合适的位置上，然后关闭母版视图。即使在插入新的幻灯片时，该标志也会出现。

2．标题母版

标题母版位于幻灯片母版的开头。标题母版存储设计模板中属于幻灯片标题样式的信息，包括包含标题、副标题及页眉和页脚的占位符的大小和位置、背景设计和配色方案。可使用标题母版更改演示文稿中所有使用此母版的标题幻灯片的格式和设置，包括演示文稿的标题和副标题的格式。

默认情况下，标题母版会从幻灯片母版继承一些样式，如字体和字号。但是如果直接对标题母版做了更改，这些更改会一直保留下去，不会受幻灯片母版更改的影响。

插入标题母版的具体做法是：

(1) 在菜单栏的“视图”下拉菜单中选择“母版”命令，在级联菜单中单击“幻灯片母版”。

(2) 若要在现有的幻灯片母版中插入标题母版，选择左侧的幻灯片母版缩略图，然后在“幻灯片母版视图”工具栏上单击“插入新标题母版”按钮。

如果要对标题母版进行编辑，只需要在标题母版的占位符“单击此处编辑母版标题样式”处单击鼠标，输入并编辑文本、图片等对象即可。

3．讲义母版

讲义母版用于格式化讲义。选择菜单栏“视图”下拉菜单中的“母版”命令，再从出现的级联菜单中选择“讲义母版”命令，进入讲义母版设置窗口，同时弹出“讲义母版”工具栏。“讲义母版”工具栏有六个按钮，分别代表显示幻灯片的张数和排列的样式。

在讲义母版视图可以编辑 4 个占位符：页眉区、日期区、页脚区和数字区。

如果要设置页眉和页脚，可以在菜单栏“视图”下拉菜单中选择“页眉和页脚”，弹出“页眉和页脚”对话框。在其中选择“备注和讲义”选项卡，进行页眉和页脚的设置，最后单击“全部应用”按钮完成。

4．备注母版

备注母版用于格式化备注页面。选择菜单栏“视图”下拉菜单中的“母版”命令，再从出现的级联菜单中选择“备注母版”命令，进入备注母版设置窗口，弹出“备注母版视图”工具栏。

备注母版包含 6 个占位符：页眉区、日期区、页脚区、数字区、幻灯片区和备注文本区。

单击“备注文本区”，此时“备注文本区”外框显示为粗线条，表明该区处于编辑状态，可以对该文本框进行设置。分别选中“备注文本区”中的各级文本，可以对它们进行字形、字体、效果和颜色等设置。还可以根据需要在备注区添加上图片及其他对象。

11.4.2　配色方案

配色方案是一组可用于演示文稿的预设颜色。如果使用母版制作演示文稿，若对PowerPoint 预设的配色方案不满意，可以对现有的配色方案进行修改或者重新设置。

1. 使用配色方案

配色方案是由幻灯片设计中使用的背景、文本和线条、阴影、标题文本、填充、强调和超链接的各个颜色组合而成的。图 11-8 列出了一种颜色组合。其中，1 用于标题文本和正文的颜色，2 用于背景、填充和阴影的颜色，3 用于超链接、填充和强调(例如项目符号)的颜色。

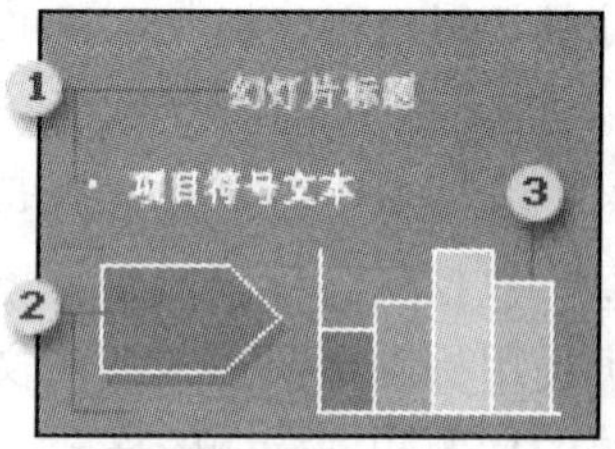

图 11-8　配色方案举例

应用配色方案的操作步骤如下：

(1) 使用菜单栏“格式”下拉菜单中的“幻灯片设计”命令，在任务窗格选择“幻灯片设计—配色方案”。

(2) 在任务窗格列出的配色方案列表中选择一种配色方案，点击右侧的下拉箭头，弹出三个选项：“应用于所有幻灯片”、“应用于所选幻灯片”和“显示大型预览”。选择“显示大型预览”，可以在任务窗格预览“配色方案”的效果。

2. 自定义配色方案

如果用户经常使用同一个设计模板并且要通过更改强调色或背景色以使其略有不同，或者希望将演示文稿颜色与演示场合(如贸易展览)的主题颜色相匹配，可以修改配色方案，具体操作步骤如下：

(1) 在任务窗格列出的配色方案列表中选择一种配色方案后，点击任务窗格下侧的“编辑配色方案”，弹出“编辑配色方案”对话框。

(2) 在对话框中选择“自定义”选项卡，在“配色方案区”的列表中选中某一区域，单击“更改颜色”按钮后，在弹出的“颜色”对话框中选择一种新的颜色。

(3) 设置完所有区域后单击“应用”按钮，则将自定义配色方案应用到演示文稿。

(4) 单击“添加为标准配色方案”按钮，将自定义方案添加到标准的配色方案列表中。

11.4.3　应用设计模板

应用设计模板是控制演示文稿统一外观的最有力、最快捷的一种方法。它是通用于各种演示文稿的模型，可以直接应用于用户的演示文稿。设计模板决定了幻灯片的主要外观，包括背景、预制的配色方案、背景图形等。在应用设计模板时，演示文稿仅应用设计模板中包含的各种格式、文字样式、背景等外观样式而不改变文件的文字内容。

在“幻灯片设计”任务窗格中可以找到 PowerPoint 提供的若干模板。该任务窗格包含一个缩略图列表，其中的每一个缩略图代表一个可用的设计模板。每个模板都有一个名称，并以独立文件的形式存在(文件扩展名为 .pot)。该列表总共分为三个部分：在当前文稿中使用的模板、最近使用过的模板和可供使用的模板。

应用设计模板只需单击其中一个缩略图即可将其应用到当前演示文稿的所有幻灯片中。点击右侧的下拉箭头，有三个选项："替换所有设计"、"添加设计方案"和"显示大型预览"。选择"显示大型预览"，可以在任务窗格预览"应用设计模板"的效果。

在 PowerPoint 2003 中，也可以将自己设计的演示文稿幻灯片保存为模板，以便能够根据该模板创建其他的演示文稿。只需要将设计好的模板另存为"演示文稿设计模板"类型的文件即可。

★小技巧　如何套用更多的网络模板?

微软公司的站点提供了免费下载的网络模板。打开"新建演示文稿"任务窗格，点击下方的"Microsoft.com 上的模板"按钮，即可打开该站点上的中文模板库。它包括了"出版和教育"、"办公"、"简报"等 14 大类共二百多个模板。按下"预览"按钮即可进行预览，而单击某个模板名称，就会显示"模板最终许可协议"，在接受协议后单击"在 PowerPoint 中编辑"，IE 就会将模板下载到你的硬盘中，并会自动用 PowerPoint 打开该模板。如果你对模板的效果满意，可以用"另存为"将它保存为模板，以后就可以像普通模板那样方便调用了。

11.5　演示文稿的放映

制作完成一份美观的演示文稿后，接下来就要设计一种能够清晰展示的演示过程。但是由于演示的对象不同、场合不同，必须根据实际情况选择具体的播放方式。

11.5.1　动画效果的制作

要使幻灯片放映过程充满乐趣，最好的方法就是设置各种动画效果。PowerPoint 为用户提供了强大的动画设计功能，使用户既可以控制幻灯片的文本、声音、图像及其他对象的进入方式和顺序，也可以控制幻灯片之间进行切换的动画效果。

1. 幻灯片的动画设计

幻灯片的动画设计就是给幻灯片中文本或对象添加特殊视觉或声音效果。例如，可以使文本项目符号逐字从左侧飞入，或在显示图片时播放掌声。每一张幻灯片都使用了很多对象，使用幻灯片的动画效果可以为不同层次的对象设置不同的动画效果。

PowerPoint 中设置动画效果时可以使用预设的动画方案或者自定义动画方案。

(1) 使用预设动画方案。使用 PowerPoint 预设的多种动画方案可以给幻灯片中的文本添加预设的视觉效果，简化动画设计。每个方案通常包含幻灯片标题效果和应用于幻灯片的项目符号或段落的效果，可以应用于选定幻灯片、所有幻灯片或幻灯片母版中的对象。使用动画方案可以使整个演示文稿具有一致的风格，而演示文稿的每张幻灯片又具有互不相同的动画效果。

使用预设动画方案快速创建动画效果的操作步骤如下：

① 选定需要设置动画效果的幻灯片。

② 在菜单栏“幻灯片放映”下拉菜单中选择“动画方案”命令，打开“幻灯片设计”任务窗格。或者在菜单栏“格式”下拉菜单中选择“幻灯片设计”命令，在任务窗格中点击“动画方案”也可以打开该任务窗格。

③ 在“应用于所选幻灯片”列表框中选择所需要的动画方案。如果需要了解动画方案的具体效果，可以将鼠标指向相应动画方案，系统会弹出效果的详细信息。选定动画方案后，在幻灯片窗口可以预览该动画方案的效果。

④ 选择“应用于所有幻灯片”选项，可以为所有的幻灯片添加同一个动画效果。选择“播放”按钮，则在幻灯片窗口可以预览该动画方案的效果。选择“幻灯片放映”按钮，从当前幻灯片放映后面的幻灯片。

(2) 使用自定义动画。除了使用 PowerPoint 2003 预设的各种动画方案外，我们还可以使用“自定义动画”任务窗格，设计在放映演示文稿的过程中对象在何时以何种方式出现在幻灯片上。自定义动画可应用于幻灯片、占位符或段落中的对象。例如，可以将飞入动画应用于幻灯片中所有的项目，也可以将飞入动画应用于项目符号列表中的单个段落。

使用自定义动画效果的步骤如下：

① 选定需要使用动画的幻灯片。

② 选择要使用动画显示的对象。

③ 选择菜单栏中的“幻灯片放映 | 自定义动画”命令，出现“自定义动画”任务窗格。或者在菜单栏“格式”下拉菜单中选择“幻灯片设计”命令，单击“幻灯片设计”右侧的下箭头，在弹出的级联菜单中选择“自定义动画”，也可以打开该任务窗格。

④ 单击“添加效果”按钮 添加效果，出现的级联菜单如图 11-9 所示。

图 11-9　“添加效果”级联菜单

单击“进入”按钮，选择对象进入幻灯片放映的方式。单击“强调”按钮，添加某种强调效果。单击“退出”按钮，选择离开幻灯片方式。单击“动作路径”按钮，选择对象运动的路径。

⑤ 选择“播放”按钮，在幻灯片窗口可以预览该动画方案的效果。选择“幻灯片放映”按钮，从当前幻灯片放映后面的幻灯片。

经过设置的动画效果在自定义动画列表中按应用的顺序从上到下显示。如果要改变动画次序，只需要在自定义动画列表中单击选择要改变顺序的对象，然后拖动箭头在列表中上下移动对象。如果要删除某个动画效果，只需要在自定义动画列表中单击要删除的动画项目，然后单击“删除”按钮 删除 即可。

2．幻灯片的切换

设置幻灯片的切换，就是设置演示文稿每一张幻灯片放映之间的切换方式。如果给单张幻灯片设置切换效果，具体操作如下：

(1) 选择菜单栏中的“幻灯片放映 | 幻灯片切换”命令，出现“幻灯片切换”任务窗格。或者在菜单栏“格式”下拉菜单中选择“幻灯片设计”命令，单击“幻灯片设计”右侧的下箭头，在弹出的级联菜单中选择“幻灯片切换”，也可以打开该任务窗格。该任务窗格如图 11-10 所示。

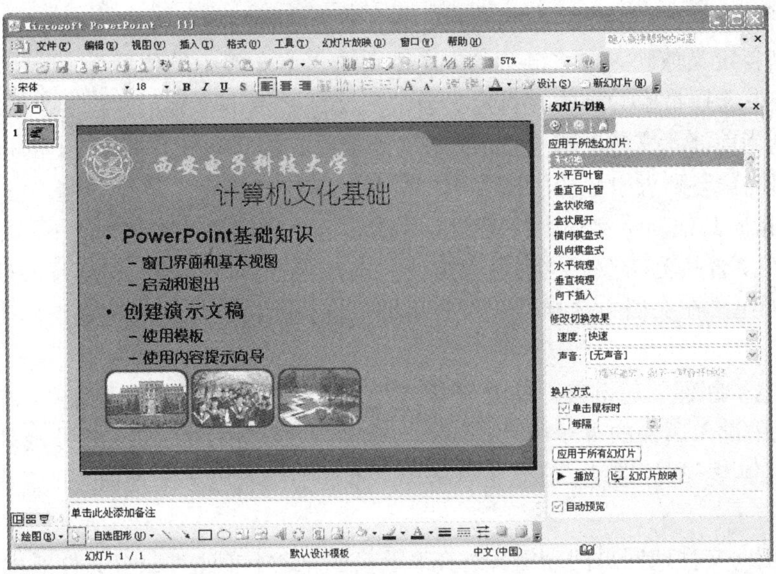

图 11-10　“幻灯片切换”任务窗格

(2) 在“应用于所选幻灯片”列表框中有 PowerPoint 提供的几十种动画切换效果。选择一种切换效果，在幻灯片窗口中可以看到这种效果。

(3) 在“修改切换效果”选项组中可以在“速度”下拉列表中设置幻灯片的切换速度，有“慢速”、“中速”和“快速”。在“声音”下拉列表中设置幻灯片切换时发出的声音。在“换片方式”选项组内可以设置单击鼠标手动换页还是固定间隔时间自动换页。

(4) 单击“应用于所有幻灯片”按钮，将以上的设置应用于所有的幻灯片上。选择“播放”按钮，则在幻灯片窗口可以预览该动画方案的效果。选择“幻灯片放映”按钮，从当前幻灯片放映后面的幻灯片。

如果有多张幻灯片需要使用同样的切换效果，可以在选定这些幻灯片后，单击选择所需幻灯片切换方式即可。

11.5.2　制作具有交互功能的演示文稿

放映幻灯片时，用户可以使用右键快捷菜单中的播放控制命令控制放映的顺序。此外，用户还可在制作演示文稿时预先为幻灯片对象创建超链接，设置超链接和动作按钮，并将超链接的目的指向需要转到的其他地方，可以是某个文件、电子邮件地址、网页和 Office 文件中的某个位置，从而制造出一个具有交互使用功能的多媒体演示文稿。

超链接本身可能是文本、图形、形状或艺术字。文本超链接用下划线显示，并且文本采用与配色方案一致的颜色。图片、形状和其他对象的超链接没有附加格式。动作按钮是 PowerPoint 提供的现成的按钮，也可以插入演示文稿并为其定义超链接。

1. 创建超链接

创建超链接首先选择需要进行超链接的文本或对象，然后单击“插入超链接”按钮或者在菜单栏的“插入”下拉菜单选择“超链接”选项，弹出“编辑超链接”对话框。在“列表框”分别可以选择“原有文件或网页”、“本文档中的位置”、“新建文档”、“电子邮件”。

(1) 创建指向自定义放映或当前演示文稿中某个位置的超链接。

● 链接到自定义放映。在“链接到”之下单击“本文档中的位置”。在“请选择文档中的位置”列表中选择希望看到的“自定义放映”文件。单击“显示并返回”复选框。

● 链接到当前演示文稿的某个位置。在“链接到”之下单击“本文档中的位置”。在“请选择文档中的位置”列表中选择所需要的幻灯片，单击“确定”按钮返回。

(2) 创建指向其他演示文稿中特定幻灯片的超链接。在“链接到”之下，单击“原有文件或网页”。在“查找范围”下拉列表中定位并选择含有要链接到的幻灯片的演示文稿。单击“书签”，弹出“在文档中选择位置”对话框，选择所需幻灯片的标题，单击“确定”按钮返回。

(3) 创建电子邮件的超链接。在“链接到”之下单击“电子邮件地址”。在“电子邮件地址”文本框中键入所需的电子邮件地址，或者在“最近用过的电子邮件地址”下拉列表框中选取所需的电子邮件地址。在“主题框”文本框中键入电子邮件消息的主题。单击“确定”按钮返回。

(4) 创建指向文件或网页的超链接。在“链接到”之下单击“原有文件或网页”。在“查找范围”下拉列表中定位并选择至所需的页或文件，或者在“地址”文本框输入目标文件或网页的URL。单击“确定”按钮返回。

(5) 创建指向新文件的超链接。在“链接到”之下单击“新建文档”。在“新建文档名称”文本框中键入新文件的名称。若要更改新文档的路径，单击“更改”按钮。在“何时编辑”选项组可以选择所链接的文档在当前或者以后编辑。单击“确定”按钮返回。

在创建指向非幻灯片的超链接时，其目标被编码为URL(统一资源定位符)，例如http://www.xidian.edu.cn/ 或 file://Computer Name/Shared Folder/FileName.htm。创建指向本地文件系统的网页或文件的超链接时，超链接的目标由文件的路径表示，例如 C:\Documents and Settings\myname\My Documents\file.xls。

放映时，如果链接指向另一个幻灯片，目标幻灯片将显示在 PowerPoint 演示文稿中。如果它指向某个网页、网络位置或不同类型文件，则会在适当的应用程序或 Web 浏览器中显示目标页或目标文件。

2. 插入动作按钮

当希望将转到下一张、上一张、第一张和最后一张幻灯片等操作用易懂的符号表示时，我们可以在幻灯片中添加动作按钮。除了常见动作按钮外，PowerPoint 还提供了包含播放影片或声音的动作按钮。

如果要向幻灯片中插入动作按钮，有以下两种方法：

(1) 在单张幻灯片中插入动作按钮。

① 在菜单栏“幻灯片放映”下拉菜单中选择“动作按钮”，在级联菜单中选择所需的按钮，例如，“第一张”、“后退或前一项”、“前进或下一项”、“开始”、“结束”或“上一张”。

② 将鼠标指针移到幻灯片的空白位置外单击，即可插入一个默认大小的按钮，同时显示“动作设置”对话框。插入动作按钮后的幻灯片如图 11-11 所示。

③ 对话框有“单击鼠标”和“鼠标移过”两个选项卡，分别可以设置放映时选择动作按钮的方式。单击“确定”按钮，接受“超链接到”列表中建议的超链接，或单击下拉箭头选择所需的链接。

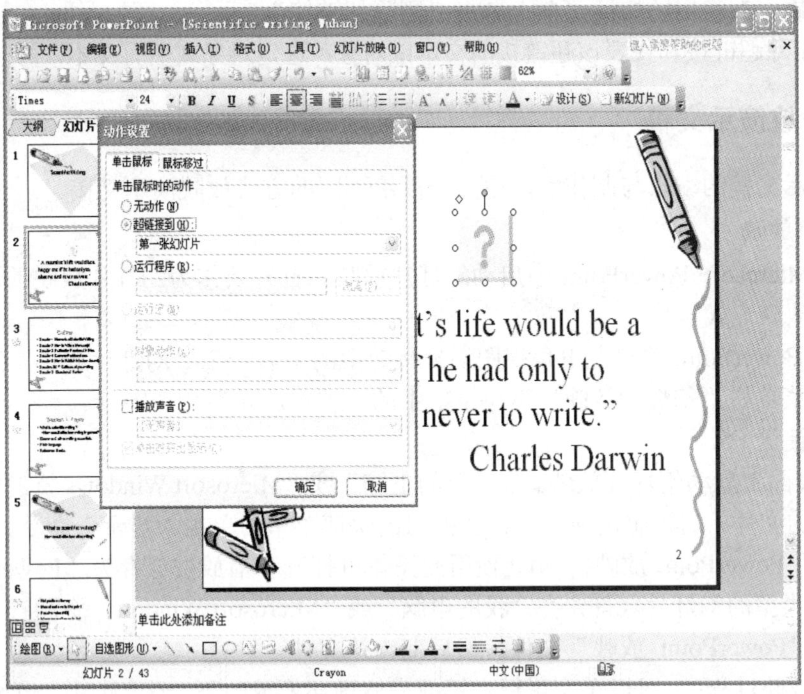

图 11-11　插入动作按钮以及“动作设置”对话框

(2) 在每张幻灯片中插入动作按钮。如果要给每一张幻灯片都插入动作按钮，可以在母版上插入动作按钮，该按钮在整个演示文稿中可用。如果正在使用多个幻灯片母版，则必须在每个母版上添加动作按钮。

① 在菜单栏的“视图”下拉菜单中选择“母版”命令，再单击“幻灯片母版”。

② 按照在单张幻灯片中插入动作按钮的方法添加动作按钮。

③ 在“母版视图”工具栏上单击“关闭母版视图”，完成设置。

3．编辑超链接

(1) 更改超链接的颜色。在菜单栏的“格式”下拉菜单中选择“幻灯片设计”。打开“幻灯片设计”任务窗格，选择“配色方案”，单击任务窗格下的“编辑配色方案”选项，弹出“编辑配色方案”对话框。在该对话框中选定“自定义”选项卡。在“配色方案颜色”之下，单击“强调文字和超链接”或“强调文字和已访问的超链接”，再单击“更改颜色”按钮，在弹出的对话框中单击“标准”选项卡，以便从“标准”调色板中选择颜色。或者单击“自定义”选项卡，以调配自己的颜色。

(2) 更改超链接目标。首先选择超链接，然后单击“插入超链接”按钮。在“编辑超链接”对话框中更改要链接的目标。

(3) 更改超链接文本。只需要单击选取需要修改的超链接文本，然后键入新文本即可。

(4) 更改动作按钮的目标。选择幻灯片或母版中的动作按钮后，单击“插入超链接”按钮，在“链接到”框中选择要链接的目标。

4．删除超链接

(1) 只删除超链接，但不删除代表该超链接的文本或对象：用鼠标右键单击代表超链接的文本或对象，在弹出的快捷菜单上单击“删除超链接”。

(2) 要删除超链接和代表该超链接的文本或对象：选定对象或所有文本，再按 Delete 键。

11.5.3　播放演示文稿

完成演示文稿的编辑与制作后，用户可以用不同的方式放映演示文稿。

1. 简单放映

(1) 在 Microsoft PowerPoint 中启动幻灯片放映。打开要作为幻灯片放映的演示文稿后有以下三种放映方式：

- 单击 PowerPoint 窗口左下角视图切换按钮中的最后一个“幻灯片放映”按钮。
- 选择菜单栏“幻灯片放映”下拉菜单中的“观看放映”命令。
- 按快捷键 F5。

(2) 在桌面上启动幻灯片放映。在“我的电脑”或“Microsoft Windows 资源管理器”中找出要放映的文件。右键单击文件名，在弹出的快捷菜单中单击“显示”命令。

(3) 启动 PowerPoint 放映(.pps)。使用此操作可打开和播放被保存为“PowerPoint 放映(.pps)”文件类型的幻灯片。首先在“我的电脑”或“Microsoft Windows 资源管理器”中定位要打开的“PowerPoint 放映”文件，然后双击该文件。

在整个放映过程中，可以单击鼠标左键或空格键切换放映下一张幻灯片。也可以按 Page Up 和 Page Down 键进行切换。或者在放映画面上点击鼠标右键，在弹出的快捷菜单中选择“上一张”、“下一张”进行切换选择，还可以选择“定位”，在级联菜单中选择其他幻灯片标题进行定位切换，而不必按顺序播放。

2. 设置放映方式

在菜单栏“幻灯片放映”下拉菜单中选择“设置放映方式”命令，弹出“设置放映方式”对话框，如图 11-12 所示。

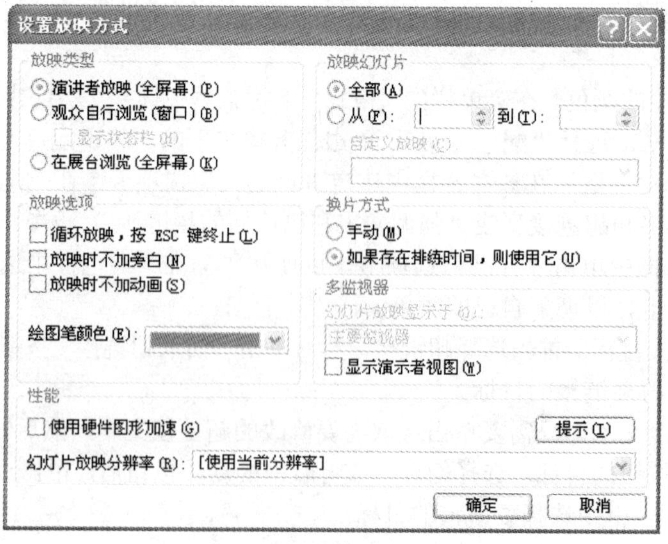

图 11-12　“设置放映方式”对话框

在“放映类型”选项组中可以选择相应的放映类型。

● “演讲者放映(全屏幕)”选择全屏显示演示文档，是系统默认的放映方式。演示者可以完整地控制整个放映结果，还可以在播放过程中录制旁白，通过“换片方式”选择手动或自动演示。

● “观众自行浏览(窗口)”适用于小规模的演示，可以利用滚动条或“浏览”菜单显示所需要的幻灯片。

● “在展台浏览(全屏幕)”适用于展示会场或会议无人管理时放映幻灯片，放映过程不能控制。

在“放映幻灯片”选项组可以选择放映幻灯片的范围。

3. 自定义放映

以上我们介绍的是最简单的放映方法，除此之外，我们还可以根据需要创建一个或多个自定义放映方式。利用该功能，可以使一个演示文稿适于多种不同的观众，而不用针对不同的观众创建多个几乎完全相同的演示文稿。

(1) 创建自定义放映。创建自定义放映就是以不同的方法对演示文稿中的幻灯片进行分组创建自定义放映或添加超链接到自定义放映。所有自定义放映都包含在一个演示文稿文件中，但它们相互独立并单独运行。要实现自定义放映，可以使用两种方式完成。

首先，我们可以考虑将同一个演示文稿的不同放映方式保存为不同的“自定义放映方式”。例如，用户可能需要向公司各个部门提供一个演示文稿，幻灯片演示文稿包含幻灯片1～5，由图 11-13 中的 5 张幻灯片组成。为了向财务部门强调公司的财务信息，可以创建一个名称为“放映 1”的自定义放映方式，该组只包含和财务信息密切相关的幻灯片 1、3、5；然后为销售部门创建一个名称为“放映 2”的自定义放映方式，该组仅包含本公司市场销售情况的幻灯片 1、2、4、5。

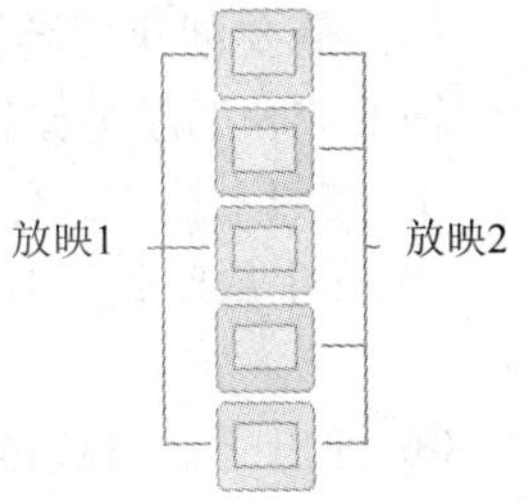

图 11-13 自定义放映幻灯片

创建基本的自定义放映的步骤如下：

① 在菜单栏“幻灯片放映”菜单中单击“自定义放映”命令，弹出“自定义放映”对话框。如果没有建立过自定义放映，窗口是空白的。

② 单击“新建”按钮，弹出“定义自定义放映”对话框，如图 11-14 所示。

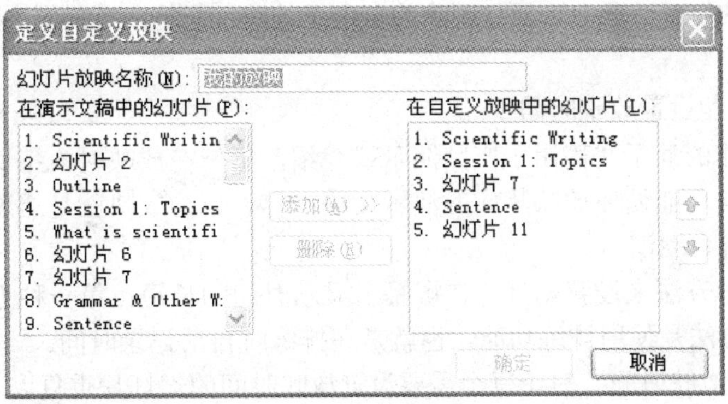

图 11-14 “定义自定义放映”对话框

③ 在“在演示文稿中的幻灯片”列表框中选择要添加到自定义放映的幻灯片，单击“添加”按钮，幻灯片即被添加到右侧“在自定义放映中的幻灯片”列表框。如果要选择多张

幻灯片，在选取幻灯片的同时要按下 Ctrl 键。如果要改变幻灯片的显示顺序，在右侧“在自定义放映中的幻灯片”列表框中选择幻灯片，再使用箭头按钮使幻灯片在列表框中上下移动。

④ 在“幻灯片放映名称”文本框中键入名称，单击“确定”按钮完成一个自定义放映的创建。

另外，我们也可以使用超链接到自定义放映作为组织放映内容的方式。通过建立超链接到自定义放映，可以在主放映中添加支持的自定义放映。例如，在图 11-15 所示完整组织的演示文稿中，当演示到某处时，某一部门可能想要获得项目 A 的详细信息，而另一部门却关心项目 B 的信息。我们可以首先新建一个关于本公司的主自定义放映，然后针对各个部门创建自定义放映，并且从主放映链接到这些放映。每一个超链接的放映方式都源自主幻灯片集又可回到主幻灯片集，并且所有的放映方式都包含在一个演示文稿文件中。

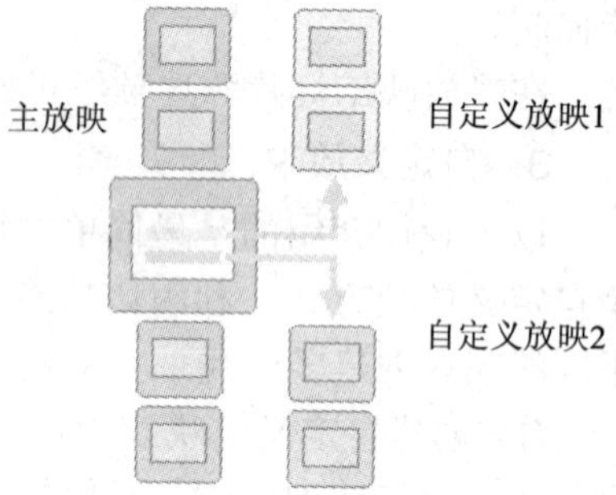

图 11-15　自定义放映超链接

如果需要创建超链接自定义放映，只需要在创建基本自定义放映基础上再创建从主放映到辅助放映的超链接即可。步骤如下：

① 按照上述方式创建基本的自定义放映 1 或 2。

② 在主放映幻灯片中选择希望用于代表超链接的文本或对象，单击“插入超链接”按钮。

③ 弹出“插入超链接”对话框，在“链接到”之下，单击“本文档中的位置”。如果希望链接到自定义放映，在列表中选择希望看到的自定义放映，单击“显示并返回”复选框。

与之前方法不同之处在于超链接自定义放映可以在播放过程中选择不同自定义放映，而前一种方法只能在放映前提前设置，设置位于图 11-12 所示的“设置放映方式”对话框中。

(2) 删除自定义放映。在菜单栏“幻灯片放映”菜单中单击“自定义放映”命令，在弹出的“自定义放映”对话框中选择要删除的自定义放映，先单击“删除”按钮，再单击“关闭”按钮。

4. 自动放映和设置放映时间

如果用户制作的演示文稿用于产品演示或介绍，不想在放映时人工切换每张幻灯片，可以使用自动放映功能循环放映相应的演示文稿内容。自动放映就是通过控制每一个幻灯片的放映时间进行自动演示。

可以通过两种方法来设置幻灯片在屏幕上显示时间的长短：第一种方法是手动设置放映时间；第二种方法是使用排练功能，也就是在排练时自动记录时间。

(1) 手动设置放映时间。对于每个需要设置放映时间的幻灯片重复以下步骤：

① 选择要设置放映时间的幻灯片。

② 在菜单栏“幻灯片放映”下拉菜单中选择“幻灯片切换”命令，打开“幻灯片切换”任务窗格。

③ 在“换片方式”选项组选择“每隔”复选框，在文本框内输入幻灯片在屏幕上需要显示的秒数。如果希望下一张幻灯片在单击鼠标或时间达到输入的秒数时(无论哪种情况先发生)显示，则同时选中“单击鼠标时”复选框。

④ 如果要将此时间应用到选定的幻灯片上，单击“应用”按钮；如果要将此时间应用到所有的幻灯片上，单击“全部应用”按钮。

(2) 排练时记录排练时间。

① 在菜单栏“幻灯片放映”下拉菜单中单击“排练计时”以激活排练方式，在屏幕上开始幻灯片放映并出现“预演”工具栏。

② 准备播放下一张幻灯片时，单击“下一项”按钮，这时计时器会自动记录该幻灯的放映时间；如果单击“重复”按钮，可以重新开始计时当前幻灯片的放映；如果要暂停计时，可以单击“暂停”按钮。再次单击“暂停”按钮，继续幻灯片的放映。

③ 放映完毕时，弹出对话框。选择是否保留幻灯片排练时间。单击“是”，接受排练时间；单击“否”，重新开始。

使用排练时间进行自动放映时，需要在放映前先设置放映方式。选择菜单栏“幻灯片放映”下拉菜单中的“设置放映方式”命令，出现如图 11-12 所示的“设置放映方式”对话框。在“换片方式”选项组中选择“如果存在排练时间，则使用它”单选按钮。单击“确定”按钮后，就可以使用自动放映方式进行演示了。

11.6　演示文档的扩展操作

对于所创建的演示文稿，PowerPoint 2003 还提供了其他的一些功能。我们可以将制作的演示文稿用不同的格式打印出来，还可以使用打包功能，将编辑过程中每一个被链接进来但存放在不同路经的其他源文件收集在一起。此外，本节还将介绍演示文稿的网上发布功能。

11.6.1　演示文稿的打印

PowerPoint 既可用彩色、灰度或纯黑白打印整个演示文稿的幻灯片、大纲、备注和讲义，也可打印特定的幻灯片、讲义、备注页或大纲页。

大多数演示文稿设计为彩色显示，而幻灯片和讲义通常使用黑白或灰色阴影(灰度)打印。选择打印时，需要在演示文稿中设置颜色以匹配所选打印机的功能。用户可以使用打印预览查看幻灯片、备注和讲义用纯黑白或灰度显示的效果，并可以在打印前调整对象的外观。

1. 打印幻灯片

可以选择只打印幻灯片并用它们作为讲义。幻灯片每页打印一张，可调整它的大小以适合各种纸张大小。如果需要创建投影机的透明胶片，执行此操作可以在透明胶片上打印演示文稿。PowerPoint 对于选定的打印机自动优化幻灯片，将其打印为黑白或彩色。

(1) 设置要打印的幻灯片大小。在菜单栏“文件”下拉菜单中选择“页面设置”命令，弹出“页面设置”对话框。在“幻灯片大小”框中选择所需的选项。在“宽度”和“高度”框中输入所需的尺寸。在“方向”选项组中选择打印幻灯片的方向。

(2) 在“打印预览”工具栏的“打印内容”框中单击“幻灯片”，可以预览打印的效果，如图 11-16 所示。

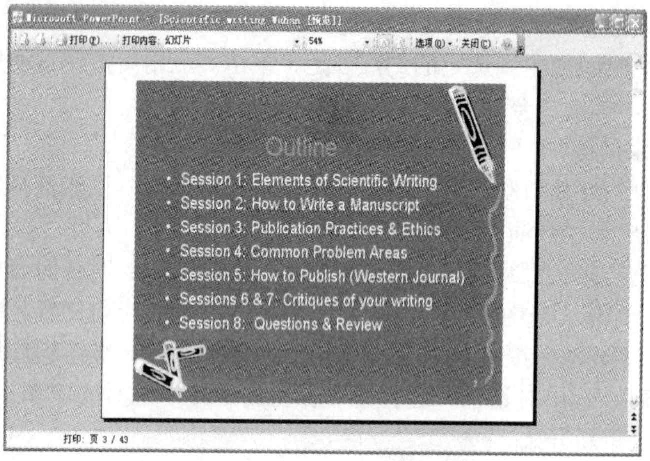

图 11-16 幻灯片打印预览

(3) 在“打印预览”工具栏上单击“打印”按钮，启动打印。

2. 打印大纲

用户还可以选择打印大纲中的所有文本或仅打印幻灯片的标题，打印方向可以是横向(水平)，也可以是纵向(垂直)。

(1) 打开要打印的演示文稿。

(2) 切换到大纲视图，在“常用”工具栏上单击“全部展开”按钮，放映幻灯片的标题或文本的所有级别都被展开显示。

(3) 在菜单栏“文件”菜单中单击“打印预览”命令，进入打印预览界面。在“打印内容”下拉列表框中选择“大纲视图”，如图 11-17 所示。

(4) 在“打印预览”工具栏中单击“打印按钮”启动打印。

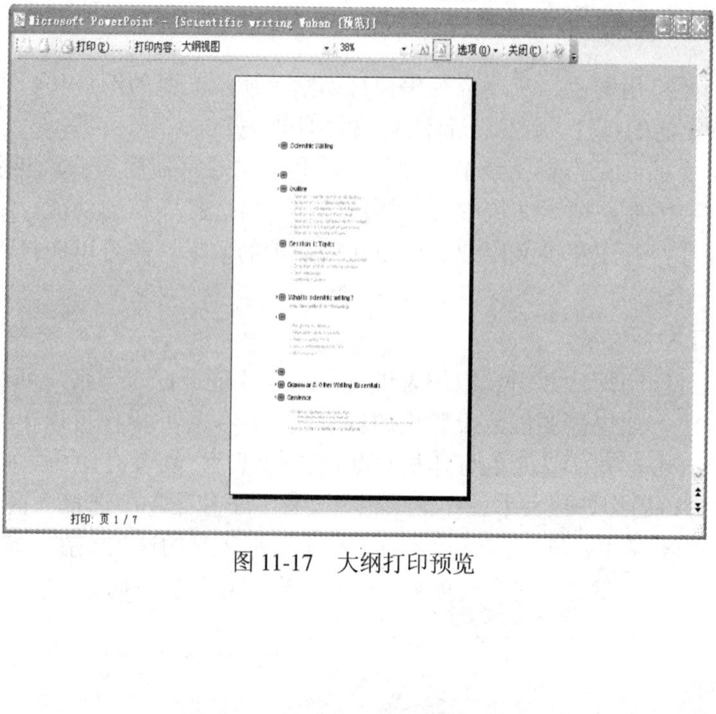

图 11-17 大纲打印预览

3. 打印备注页

打印的备注页可以用于演示时自己使用，或将其包含在给听众的印刷品中。备注页可用颜色、形状、图表和版式选项来进行设计和格式化。在 PowerPoint 中，可以用“演讲者备注”格式打印备注，即每个备注页包含与其相关的一个幻灯片副本并且每页只显示一张幻灯片，幻灯片下面有打印的备注。如果要每页打印两张幻灯片，且在幻灯片旁包含打印的相关备注，可将演示文稿发送到 Microsoft Word 进行打印。备注页的页眉和页脚与幻灯片的页眉和页脚是分开的。

如果要打印带有幻灯片缩略图的备注，需进行以下步骤：

(1) 打开要打印备注页的演示文稿。

(2) 在菜单栏“文件”下拉菜单中选择“打印预览”命令，进入打印预览界面。

① 在“打印内容”下拉列表框中选择“备注页”，如图 11-18 所示。

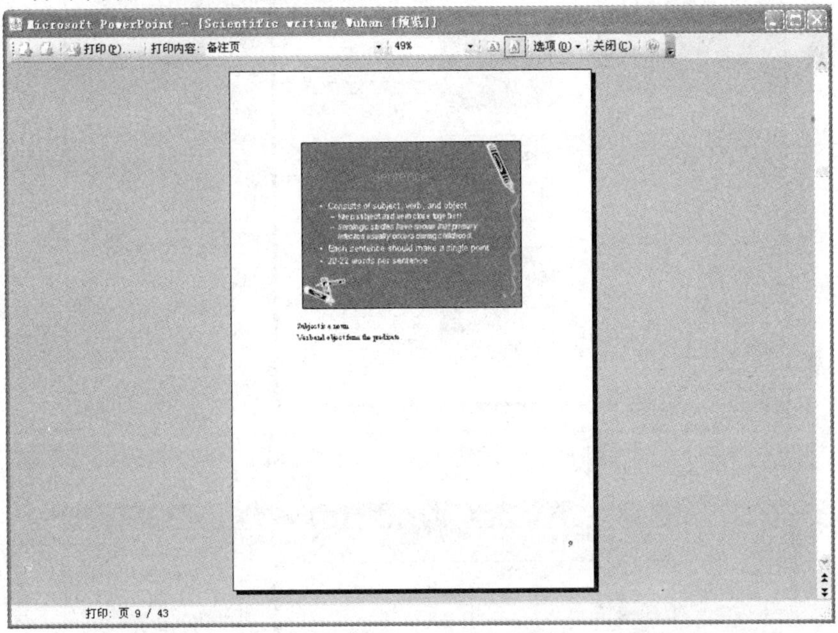

图 11-18　备注页打印预览

② 如果要指定页面方向，在“打印预览”工具栏中单击“纵向”或者“横向”。

③ 要设置页眉和页脚，单击“选项”按钮，然后单击“页眉和页脚”按钮，在弹出的“页眉和页脚”对话框中进行设置。

④ 单击“打印”按钮启动打印。

默认情况下，PowerPoint 设置为用彩色打印演示文稿幻灯片，也可以将默认打印设置更改为打印备注。要将打印设置更改为打印备注，可执行下列操作：

(1) 在菜单栏“工具”下拉菜单中单击“选项”命令，弹出“选项”对话框。

(2) 单击“打印”选项卡，在“此文档的默认打印设置”下单击“使用下列打印设置”。在“打印内容”下拉列表框中选择“备注页”。

(3) 设置备注页的属性。

(4) 选择菜单栏“文件”下拉菜单中的“打印”命令，直接进行打印。

4. 打印讲义

PowerPoint 中可以设计和创建类似于备注页的讲义。打印时可以选择多个版面：从每页 1 张幻灯片到每页 9 张幻灯片。“每页 3 张幻灯片”选项包含听众填写备注的空行。打印讲义的步骤如下：

(1) 打开要打印的演示文稿。

(2) 在菜单栏“文件”下拉菜单中选择“打印预览”命令，进入打印预览界面。

① 在“打印内容”下拉列表框中选择“讲义”(每页 3 张幻灯片)或“讲义(每页 6 张幻灯片)”，分别如图 11-19 和图 11-20 所示。

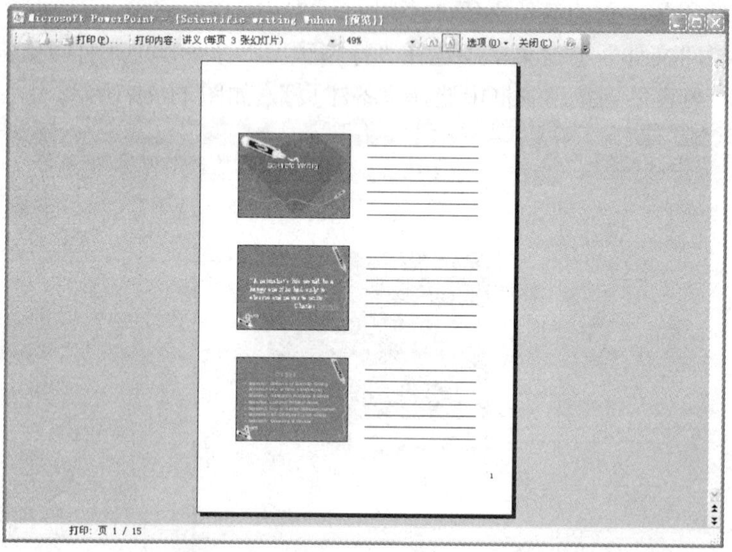

图 11-19　讲义打印预览(每页 3 张)

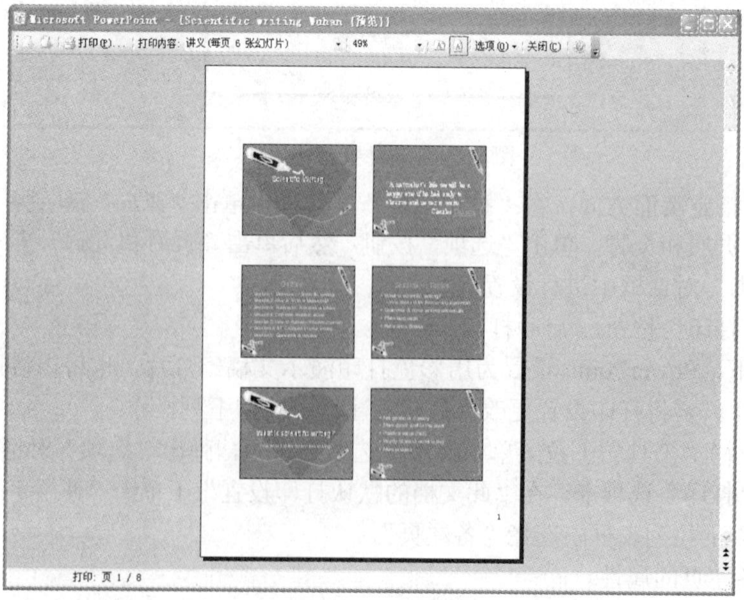

图 11-20　讲义打印预览(每页 6 张)

② 如果要指定页面方向，可在“打印预览”工具栏上单击“纵向”按钮或者“横向”按钮进行选择。

③ 要设置页眉和页脚，单击“选项”按钮，然后单击“页眉和页脚”按钮，在弹出的“页眉和页脚”对话框中进行设置。

(3) 单击“打印”按钮启动打印。

11.6.2　演示文稿的打包

使用 Office PowerPoint 2003 中的“打包成 CD”功能，可以将一个或多个演示文稿连同支持文件一起复制到 CD 中。默认情况下，Office PowerPoint 将播放器也打包在 CD 上，即使在没有安装 PowerPoint 的计算机上也可以观看放映。

1. 将演示文稿打包成 CD

(1) 打开要打包的演示文稿。

(2) 将 CD 插入到 CD 驱动器中。

(3) 在菜单栏“文件”下拉菜单中选择“打包成 CD”命令，弹出“打包成 CD”对话框。

① 在“将 CD 命名为”框中为 CD 键入名称。

② 若要添加其他演示文稿或其他不能自动包括的文件，单击“添加文件”按钮，弹出“添加文件”对话框。选择要添加的文件，然后单击“添加”按钮。默认情况下，当前打开的演示文稿已经出现在“要复制的文件”列表中。

③ 默认情况下，演示文稿被设置为按照“要复制的文件”列表中排列的顺序进行自动运行。若要更改播放顺序，先选择演示文稿，然后单击向上箭头或向下箭头，将其移动到列表中的新位置。

④ 若要更改默认设置，单击“选项”按钮，弹出“选项”对话框。在此对话框中可以选择包含的文件、演示文稿播放的方式，还可以设置打开和修改打包文件的密码。

(4) 如果有 CD 刻录硬件设备，单击“复制到 CD”按钮将演示文稿打包刻录到 CD 中。否则单击“复制到文件夹”按钮将演示文稿打包到计算机或某个网络位置上的文件夹中。

2. 安装打包的演示文稿

如果要在另一台计算机上安装打包的演示文稿，可以按照下述步骤进行：

(1) 如果打包时对演示文稿播放的方式选择了“按指定顺序自动播放所有演示文稿”、仅自动播放第一个演示文稿”或“让用户选择要浏览的演示文稿”，则插入 CD 或打开文件夹后将会自动播放演示文稿。

(2) 如果打包时选择了“不自动播放 CD”，插入 CD 后不会自动播放演示文稿，需要转到 CD 或文件夹，双击 play.bat 文件进行自动播放，或者也可以执行 PowerPoint 播放器文件 Pptview.exe，然后选择要播放的演示文稿，单击“打开”按钮。

★小技巧　如何将演示文稿保存为图片？

打开相应的演示文稿，执行“文件另存为”命令，打开“另存为”对话框，按“保存类型”右侧的下拉按钮，在随后弹出的下拉列表中选定一种图形类型再取名保存。

11.6.3 网上发布演示文稿

在网上发布演示文稿的过程就是将 PowerPoint 演示文稿转换为 HTML 网页文件的过程。转换完成后可以通过浏览器观看演示文稿内容。具体步骤如下：

(1) 打开要在网上发布的演示文稿。

(2) 在菜单栏“文件”下拉菜单中选择“另存为网页”，弹出“另存为”对话框。

① 在“文件名”列表框中键入网页的名称。

② 在“保存类型”框中选择“单个文件网页”，保存为将所有支持信息都并入一个文件中的网页。

③ 点击“更改标题”按钮，在弹出的“设置页标题”对话框中设置网页的页标题栏文本。

④ 单击“发布”按钮，弹出“发布为网页”对话框。在“发布内容”下选择希望发布的幻灯片，选中“显示演讲者备注”复选框，将显示演示文稿的演讲者备注。在“浏览器支持”下选择要优化特定的浏览器或浏览器版本。单击“Web 选项”，选择设置其他网页格式和显示选项。在“保存位置”框中为网页指定存放位置，或单击“浏览”按钮找到其他存放位置。

(3) 单击“发布”按钮发布。

通过此过程，使用 Internet Explorer 4.0 或更高版本的 Web 浏览器的用户可查看到演示文稿的所有幻灯片。只需要双击另存为的网页文件就可以通过网络浏览演示文稿。通过图 11-21 可以看到，位于浏览器窗口左侧的窗格列出了所有幻灯片标题，在底部状态栏中间带有幻灯片的翻页按钮，利用它们可以在幻灯片之间进行切换。在底部状态栏右侧带有一个“全屏幻灯片放映”按钮，利用它可以全屏播放演示文稿，这和演示文稿的全屏放映相似。

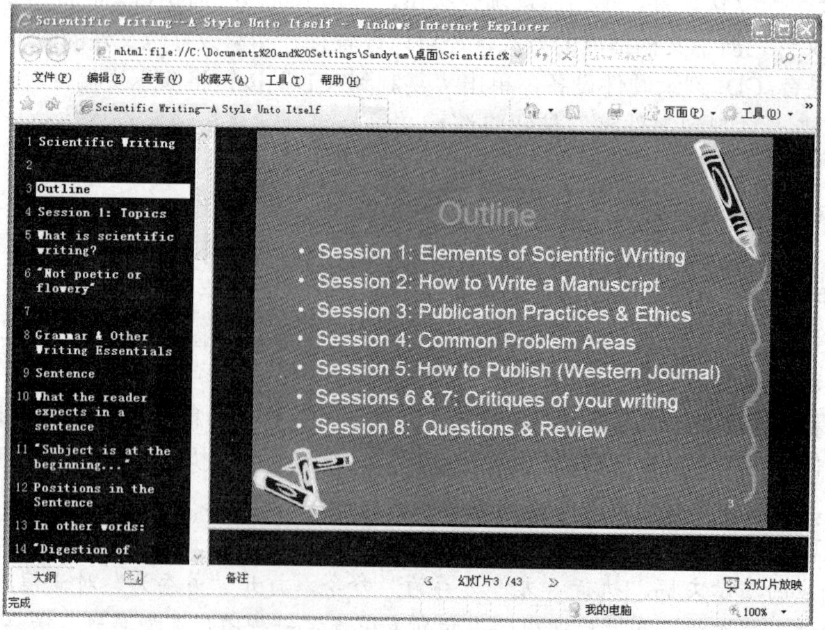

图 11-21　使用浏览器浏览演示文稿

习题

一、选择题

1．PowerPoint 系统是一个(　　)软件。

A) 文字处理　B) 表格处理　C) 图形处理　D) 文稿演示

2．PowerPoint 的核心是(　　)。

A) 标题　B) 版式　C) 幻灯片　D) 母版

3．演示文稿的讲义部分是(　　)。

A) 用来描述要表达的观点

B) 用来对幻灯片作附加说明

C) 一套缩小了的幻灯片打印件，是提供给观众的文字资料

D) 由多级标题构成，供文稿编写人员在编写文稿时掌握文稿全貌情况

4．PowerPoint 默认其文件的扩展名为(　　)。

A) .pps　B) .ppt　C) .ppw　D) .ppn

5．在幻灯片浏览中，可多次使用(　　)键+单击来选定多张幻灯片。

A) Ctrl　B) Alt　C) Shift　D) Tab

6．在幻灯片浏览视图中，可使用(　　)键+拖动来复制选定的幻灯片。

A) Ctrl　B) Alt　C) Shift　D) Tab

7．在幻灯片视图中，要进入标题母版，应采用(　　)方法。

A) Ctrl+单击窗口左下角的“幻灯片视图”按钮

B) Shift+单击窗口左下角的“幻灯片视图”按钮

C) Ctrl+单击窗口左下角的“大纲视图”按钮

D) Shift+单击窗口左下角的“大纲视图”按钮

8．在演示文稿放映过程中，可随时按(　　)键终止放映，返回到原来的视图中。

A) Enter　B) Esc　C) Pause　D) Ctrl

9．PowerPoint 的母版有(　　)等几种。

A) 幻灯片母版　B) 版式母版　C) 大纲母版　D) 备注母版

10．一般地，一个演示文稿可由(　　)几部分组成。

A) 幻灯片　B) 备注　C) 讲义　D) 大纲

11．在(　　)模式下，不能使用视图菜单中的演讲者备注选项添加备注。

A) 幻灯片视图　B) 大纲视图　C) 幻灯片浏览视图　D) 备注页视图

12．新建一个演示文稿可采用(　　)等方法来实现。

A) 内容提示向导　B) 系统设计模板

C) 导入 Word 文件的大纲　D) 创建空演示文稿

13．在幻灯片“自定义动画”对话框的“效果”选项卡中，可对选定对象进行(　　)等方面的动画效果设置。

A) 动画方式　B) 动画声音　C) 动画时间　D) 动画顺序

14．幻灯片中可设置动画效果的对象是(　　)。

A) 文本　B) 图形　C) 表格　D) 艺术字体

15．创建的超链接可跳到(　　)等不同的位置。

A) 当前的幻灯片　B) 另一张幻灯片

C) 某一应用程序文档　D) Internet 地址

16. 在制作 PowerPoint 演示文稿时可以使用设计模板，方法是单击(　　)菜单，选中“应用设计模板”命令。

A) 编辑　B) 格式　C) 视图　D) 工具

17．PowerPoint 可存为多种文件格式，下列(　　)文件格式不属于此类。

A) ppt　B) pot　C) psd　D) html

18．下列操作中，(　　)不是退出 PowerPoint 的操作。

A) 单击“文件”下拉菜单中的“关闭”命令

B) 单击“文件”下拉菜单中的“退出”命令

C) 按组合键 Alt+F4

D) 双击 PowerPoint 窗口的“控制菜单”图标

19．打印演示文稿时，如在“打印内容”栏中选择“讲义”，则每页打印纸上最多能输出(　　)张幻灯片。

A) 2　B) 4　C) 6　D) 8

20．插入到幻灯片的图片可以进行简单的编辑，方法是选择(　　)菜单，在“工具栏”中单击(　　)选项。

A) 视图，颜色　B) 视图，图片　C) 编辑，对象　D) 格式，背景

21．在 PowerPoint 中打开了一个演示文稿，对文稿作了修改，并进行了“关闭”操作以后(　　)。

A) 文稿被关闭，并自动保存修改后的内容

B) 文稿不能关闭，并提示出错

C) 文稿被关闭，修改后的内容不能保存

D) 弹出对话框，询问是否保存对文稿的修改

22．在一个演示文稿中选择了一张幻灯片，按下“Del”键，则(　　)。

A) 这张幻灯片被删除，且不能恢复

B) 这张幻灯片被删除，但能恢复

C) 这张幻灯片被删除，但可以利用“回收站”恢复

D) 这张幻灯片被移到回收站内

23．在 PowerPoint 2003 中，如果希望在演示过程中终止幻灯片的放映，则随时可按(　　)键。

A) Esc　B) Alt+F4　C) Ctrl+C　D) Delete

24．如果想给幻灯片中的某段文字或是某个图片添加动画效果，可以单击“幻灯片放映”菜单中的(　　)命令。

A) 动作设置　B) 自定义动画　C) 幻灯片切换　D) 动作按钮

25. PowerPoint 提供了几种视图方便用户进行操作，分别是普通视图、幻灯片浏览视图和(　　)。

A) 幻灯片放映视图　B) 图片视图　C) 文字视图　D) 一般视图

26. PowerPoint 2003 中，可以改变幻灯片的顺序的视图是(　　)。

A) 幻灯片　B) 幻灯片浏览　C) 幻灯片放映　D) 备注页

27. 在 PowerPoint 2003 中，如果要退出 PowerPoint 2003，可以(　　)。

A) 单击“文件”菜单中的“退出”　B) 单击“文件”菜单中的“关闭”

C) 单击菜单栏上的“关闭窗口”按钮　D) 双击标题栏

28. 在 PowerPoint 2003 的“幻灯片切换”对话框中，允许的设置是(　　)。

A) 设置幻灯片切换时的视觉效果和听觉效果

B) 只能设置幻灯片切换时的听觉效果

C) 只能设置幻灯片切换时的视觉效果

D) 只能设置幻灯片切换时的定时效果

29. 在(　　)方式下能实现用一个屏显示多张幻灯片。

A) 幻灯片视图　B) 大纲视图

C) 幻灯片浏览视图　D) 备注页视图

30. 幻灯片中占位符的作用是(　　)。

A) 表示文本长度　B) 限制插入对象的数量

C) 表示图形大小　D) 为文本、图形预留位置

31. 幻灯片上可以插入(　　)等多媒体信息。

A) 声音、音乐和图片　B) 声音和影片

C) 声音和动画　D) 剪贴画、图片、声音和影片

32. PowerPoint 的“设计模板”包含(　　)。

A) 预定义的幻灯片版式　B) 预定义的幻灯片背景颜色

C) 预定义的幻灯片配色方案　D) 预定义的幻灯片样式和配色方案

33. PowerPoint 的“超级链接”命令可(　　)。

A) 实现幻灯片之间的跳转　B) 实现演示文稿幻灯片的移动

C) 中断幻灯片的放映　D) 在演示文稿中插入幻灯片

34. 如果将演示文稿置于另一台不带 PowerPoint 系统的计算机上放映，那么应该对演示文稿进行(　　)。

A) 复制　B) 打包　C) 移动　D) 打印

35. 在幻灯片页脚设置中，下面的(　　)项是讲义或备注的页面上存在的，而在用于放映的幻灯片页面上则无此选项。

A) 日期和时间　B) 幻灯片编号　C) 页脚　D) 页眉

二、填空题

1. 在 PowerPoint 中，插入幻灯片时总是插在当前幻灯片的_____。

2. 在 PowerPoint 中，控制幻灯片外观的方法有_____、配色方案、设计模板。

3. 在 PowerPoint 中，模板是一种特殊文件，其扩展名为_____。

4．在 PowerPoint 中，格式菜单下的“字体对齐方式”有底端对齐、_____、罗马方式对齐、顶端对齐。

5．文件菜单中“新建”命令的功能是建立_____。

6．常用工具栏上“新幻灯片”按钮的功能是建立_____。

7．“页眉和页脚”是_____菜单中的命令。

8．放映演示文稿的快捷键是______。

9．演示文稿中，可以包含_____幻灯片。

10．幻灯片版式对话框中包含_____种版式。

11．当启动 PowerPoint 后，在 PowerPoint 对话框中列出了____、____和_____三种用 PowerPoint 创建新演示文稿的方法。

12．在 PowerPoint 中，可以对幻灯片进行移动、删除、复制、设置动画效果，但不能对单独的幻灯片的内容进行编辑的视图是_____。

13．在 PowerPoint 中，为幻灯片设置动画效果可单击_____下拉菜单中的____或_______命令。

14．如要在幻灯片浏览视图中选定若干张幻灯片，那么应先按住_____键，再分别单击各幻灯片。

15．在________和_______视图下可以改变幻灯片的顺序。

16．按快捷键_____可以打开“新幻灯片”对话框。

17．对系统提供的默认模板不满意时，可选择_____菜单中的“应用设计模板”命令，并在打开的“应用设计模板”对话框中选择一种自己喜欢的模板类型。

18．选择文件菜单中的_____命令可以关闭演示文稿。

19．选定幻灯片上的多个图片后，可以通过_____命令把它们组合起来。

20．幻灯片的配色方案可以选择系统提供的_____配色方案，也可以自己定义。

21．普通视图是将幻灯片、大纲、______集成到一个视图中来制作演示文稿的。

22．在演示文稿中，插入新幻灯片的快捷键是______。

23．启动 PowerPoint 后，在任务窗格提供了三种新建演示文稿的方法，即内容提示向导、______、空演示文稿。

24．在______视图中，可以放大幻灯片的某部分以便作详细的修改。

三、实训练习题

1．毫无疑问，每个人都有自己的故乡，每个人都爱自己的故乡。请把你的故乡用幻灯片的形式介绍给大家。完成后以自己的学号命名并保存。

要求：

(1) 幻灯片页数不少于 10 页，标题设为“我的故乡”，样式设为艺术字库第三行第一列，隶书，36 号；以“欢迎您”为副标题，样式设为艺术字库第 2 行第 6 列，华文行楷，28 号，竖排。

(2) 将第一页的幻灯片版式设置为“项目清单”，同时将每一个小标题设为动作按钮，点击后可将内容链接到所需页码。

(3) 从第二页开始，在每页右下角设置一动作按钮，使得内容演示完后单击此按钮可返回到第一页。

(4) 设置幻灯片的放映方式为演讲者放映。

(5) 设置幻灯片的切换效果分别为“向左插入”、“垂直百叶窗”、“盒状展开”、“新闻快报”，切换速度为中速。

(6) 根据内容需要，可为每页幻灯片添加不同的背景、图片、公式、表格、文字、项目符号和编号，并为内容设置不同的动画效果，样式自定，使得幻灯片图文并茂。

2．按要求制作幻灯片，内容为一年内的民俗节日(如元宵节、端午节等)的介绍，完成后保存在以自己姓名命名的文件夹中，文件名自定。

要求：

(1) 幻灯片页数不少于五页，文字、背景、动画效果及切换方式自定。

(2) 将第一页幻灯片版式设置为“项目清单”，同时将每一个小标题设置为动作按钮，使讲述者点击相应的按钮即可将讲述内容超级链接到所需页码。

(3) 从第二页开始，在每页右下角设置一动作按钮，使内容演示完毕后单击此按钮即可返回到第一页。

(4) 设置幻灯片的放映方式为演讲者放映。

(5) 在幻灯片中插入一张“成绩表”图表，选择图表的类型为“柱形图”，并添加标题“成绩表”，标题设置为红色 48 号楷体。

3．以“地球是我们共同的家”为标题，“请保护自然环境”为副标题，制作一个 10 页幻灯片。完成后保存在以自己姓名命名的文件夹中，文件名自定。

要求：

(1) 将“地球是我们共同的家”设置为艺术字，样式为艺术字库第三行第一列，隶书，36 号，并为其添加阴影，样式为阴影样式 2。

(2) 为幻灯片添加背景及动画效果，样式自定。

(3) 设置幻灯片的切换效果为“垂直百叶窗”，切换速度为中速。设置幻灯片放映方式为展台自动放映。

(4) 请绘制五角星图形，设置为“三维效果”、“红色”、“半透明”。

(5) 请绘制绿色立方体，添加“略向左移”的黑色阴影。

(6) 将上面的图形复制到左下角。

(7) 请画一个三角形，将其旋转 90° (不使用鼠标)。

(8) 在一张幻灯片中绘制三个图形，并将它们“水平居中”，然后将它们“垂直翻转”。

(9) 绘制叠放在一起的圆形和正方形，改变它们的次序。

4．制作一个页幻灯片，向其中插入表格。完成后保存在以自己姓名命名的文件夹中，文件名自定。

要求：

(1) 新建幻灯片，选取自动版式为图表，输入标题为“XX 学校三年级学生成绩比较”，设置字体为隶书，字号为 60，样式为阴影样式 2。

(2) 双击图表占位符，设置列标题为一班、二班、三班、四班，行标题为语文、数学、英语；自由输入成绩。要求：显示数据表，不显示图例。

(3) 添加幻灯片 2 ，选取版式为表格，输入标题为“一班前五名学生成绩”，设置字体为楷体，字号为44。

(4) 双击表格占位符，插入6行5列的表格，列标题为姓名、语文、数学、英语、总分，在下面5行输入5个学生姓名以及各科成绩；

(5) 设置标题行和姓名列的底纹为“信纸”，所有单元格对齐方式为居中。

(6) 设置所有幻灯片的背景为填充效果：茵茵绿原。

(7) 设置所有幻灯片切换为向左插入、中速、单击鼠标换页。

5. 以“绿色奥运”为主题，通过互联网检索5篇相关资料(包括文件、新闻、评论、图片等)。创建一个至少包含四个幻灯片的演示文稿。完成后保存在以自己姓名命名的文件夹中，文件名自定。

要求：

(1) 该文稿包括封面、主要目录、部分详细内容。

(2) 封面标题“绿色奥运”为艺术字，黑体，96号；封面插入垂直文本框，输入作者信息，楷体，44号，红色。插入背景音乐《You and Me》，设置为自动播放，循环播放。

(3) 第二张幻灯片为目录，插入图片(搜索合适图片)，插入动作按钮“内容”和“奥运介绍”，分别链接至第三张、第四张幻灯片；插入“2008奥运”按钮，链接至2008奥运会官方网站。

(4) 第三张幻灯片展示内容。将第三张幻灯片的设计模板设置为Bold Stripes.pot，将所有幻灯片的背景预设为“雨后天晴”、垂直。设置幻灯片母版文字字体为“方正姚体”。插入动作按钮，返回至第二张幻灯片。

(5) 在第四张幻灯片中插入影片“奥运介绍.wmv”，设置为自动播放。插入动作按钮，返回至第二张幻灯片。

(6) 设置每张幻灯片的切换方式为“盒状展开”，速度为“中速”。

(7) 将演示文稿打包，文件夹名为“绿色奥运”。

参 考 文 献

[1] http://news.xinhuanet.com/politics/2007-03/02/content_7072358.htm
[2] 彭兰. 网络文化发展的动力要素. 新闻与写作，2007.4
[3] http://idke.ruc.edu.cn/news/2008/cloud-computing.htm
[4] http://research.microsoft.com/asia/
[5] http://www.midomi.com/index.php
[6] (美) Dan Oja June Jamrich. 计算机文化. 吕云翔，张少宇，曹蕾，等, 译. 北京：机械工业出版社，2006
[7] 艾明晶，焦福菊，等. 大学计算机文化基础. 北京：清华大学出版社，2007
[8] (美) Parker Charies S，Moriey Deborah，Miketta Brett. 计算机导论. 张智萍，李华飙，译. 北京：科学技术出版社，2006
[9] 谭浩强. C++程序设计. 北京：清华大学出版社，2004
[10] 马季兰，彭新光. Linux 操作系统. 北京：电子工业出版社，2002
[11] 许录平，等. 计算机文化基础. 西安：西安电子科技大学出版社，2000
[12] 朱喜福. Java 程序设计. 2 版. 北京：人民邮电出版社，2007
[13] 史嘉权，等. 数据库系统基础教程. 北京：清华大学出版社，1999
[14] 刘彦明，李兵兵，荣政. 计算机软件技术基础. 西安：西安地图出版社，1999
[15] 王永山，杨宏五，杨婵鹃. 微型计算机原理与应用. 3 版. 西安：西安电子科技大学出版社，1992
[16] 周珂令，刘琨，关延虹. Windows XP 实用教程. 北京：科学出版社，2002
[17] 微软公司白皮书. Windows XP Service Pack 3 概述